华中科技大学出版社 HUSTP

高等职业教育土建类“十四五”规划教材

建设工程
招投标与合同管理

JIANSHE GONGCHENG ZHAOTOUBIAO YU HETONG GUANLI

主　编　刘海涛

副主编　曹　婷　阚张飞

周桂平　武　锋

華中科技大學出版社
http://www.hustp.com
中国·武汉

内容简介

本书按照高等职业教育工程造价专业对建设工程招标投标与合同管理的要求，以国家现行建筑法、招投标法、合同法等相关法律及管理规定为依据，根据编者多年工作经验和教学实践，在自编教材基础上修改、补充编撰而成。本书对建设工程招投标及合同管理的理论、方法、要求等做了详细的阐述，并加入大量相关案例。教材整个编写过程坚持以理论为基础，突出教材的实用性和实践性。

本书内容精练，文字通俗易懂，注重教材内容的科学性和政策性，与土建类注册工程师执业标准、现行法律法规结合，旨在提高学生及工程管理人员的实际操作能力。

本书可作为高职院校、民办高校及地方本科院校工程造价、建筑经济等相关专业的教学用书，亦可作为社会从业人士的业务参考书及培训用书。

为了方便教学，本书还配有电子课件等资料，可以在"我们爱读书"(www.ibook4us.com)浏览，任课教师可以发邮件至 husttujian@163.com 索取。

图书在版编目(CIP)数据

建设工程招投标与合同管理/刘海涛主编. —武汉：华中科技大学出版社，2021.1(2022.2 重印)
ISBN 978-7-5680-6959-5

Ⅰ. ①建…　Ⅱ. ①刘…　Ⅲ. ①建筑工程-招标-高等职业教育-教材②建筑工程-投标-高等职业教育-教材③建筑工程-经济合同-管理-高等职业教育-教材　Ⅳ. ①TU723

中国版本图书馆 CIP 数据核字(2021)第 017635 号

建设工程招投标与合同管理
Jianshe Gongcheng Zhaotoubiao yu Hetong Guanli

刘海涛　主编

策划编辑：康　序
责任编辑：张　娜
责任监印：朱　玢
出版发行：华中科技大学出版社(中国·武汉)　　电话：(027)81321913
武汉市东湖新技术开发区华工科技园　　邮编：430223
录　　排：武汉三月禾文化传播有限公司
印　　刷：武汉市籍缘印刷厂
开　　本：787mm×1092mm　1/16
印　　张：21
字　　数：551 千字
版　　次：2022 年 2 月第 1 版第 2 次印刷
定　　价：48.00 元

前言 PREFACE

本书根据高等职业教育工程造价专业人才培养目标，以注册造价工程师执业岗位能力培养为导向，同时遵循高等职业院校学生认知规律和学习特性，以国家法律法规、相关政策文件及网络招投标资料为基础，以专业知识、职业技能、自主学习能力及综合素质培养为课程目标，紧密结合职业资格证书中的相关考核要求，确定本书编写内容。

全书共分为11个项目，主要包括建设工程招标投标基本原理，建设工程招标，建设工程投标，建设工程开标、评标和中标，电子招标投标，建设工程合同相关法律基础，合同法基本原理，建设工程施工合同，建设工程其他合同，FIDIC工程施工合同，建设工程索赔等。根据编者多年工作经验和教学实践，本书在原有自编教材基础上修改、补充编撰而成。本书可作为高等职业教育工程造价、建筑经济、建筑工程、市政工程、工程管理、房地产管理等相关专业的教学用书，也可作为土建类其他层次职业教育相关专业的培训教材和土建工程技术人员的参考书。

建设工程招投标与合同管理是土建类专业一门理论与实践结合紧密的专业课程。本书编写过程中始终坚持"知识为基、素质为纲、能力为本、注重实践"的原则。本书对建筑工程施工招标及合同管理的相关内容做了详细阐述。结合我国目前招投标的实际状况及工程合同管理具体内容，力求理论联系实际，注重对学生实践能力的培养，突出针对性和实用性，以满足学生学习的需要。本书内容精练，文字通俗易懂，注重内容的科学性和政策性，与土建类注册工程师执业标准、现行法律法规结合，旨在提高学生及工程管理人员的实际操作能力。

本书由刘海涛(上海城建职业学院)担任主编，曹婷(上海城建职业学院)、阚张飞(扬州中瑞酒店管理职业学院)、周桂平(河南海大会计师事务所)、武锋(兰州现代职业学院)担任副主编。写作具体分工如下：刘海涛负责编写项目1、5、7，曹婷负责编项目2、3，河南省建总公司张国华负责编写项目4，周桂平负责编写项目9中任务1至任务3和项目10，阚张飞负责编写项目8，孙洁负责编写项目6及项目9的任务4，武锋负责编写项目11。

本书文字工作完成后，河南省建设集团有限公司高级工程师张国华、河南省城乡规划设计研究总院经营部总经理蒋麦林教授级高工在百忙之中对全书进行了认真审阅并提出了宝贵意见，在此对他们的辛勤工作表示衷心的感谢。

为了方便教学，本书还配有电子课件等资料，可以在"我们爱读书"(www.ibook4us.com)浏览，任课教师可以发邮件至 husttujian@163.com 索取。

编　者

2021年1月

目录 CONTENTS

Chapter 1

项目1 建设工程招标投标基本原理

任务1 工程承发包

1.1.1 工程承发包的概念

承发包是一种商业行为，是指交易的一方负责为交易的另一方完成某项工程或供应一批货物，并按一定的价格取得相应报酬的一种交易行为。工程承发包交易的双方为发包人和承包人（建筑施工企业），双方签订承发包合同，明确双方各自的经济责任、权利与义务，承包人负责按对方的要求完成某一工程的全部或其中一部分工作，并按商定的价格取得相应的报酬。

1.1.2 工程承发包的内容

工程承发包的内容主要包括工程项目的项目建议书、可行性研究、勘察设计、材料及设备的采购供应、建筑安装工程施工、生产准备、竣工验收以及工程监理等多项工作。工程承发包的内容，就是建设工程各个阶段的全部工作。对于承包人来说，承包内容可以是建设过程的全部工作，也可以是某一阶段的全部或一部分工作。

1.1.3 工程承发包的方式

工程承发包的方式是指工程承包人与发包人之间经济关系的形式。依据不同的分类标准，工程承发包方式表现出其多样性的特点。

1.按承发包范围划分承发包方式

按承发包范围（即承发包内容）划分的工程承发包方式，有建设全过程承发包、阶段承发包和专项承发包三种。

1）建设全过程承发包

建设全过程承发包又称为“交钥匙”“统包”或“一揽子承包”，也可称为“项目总承包”。发包人一般只提出使用要求和竣工期限，承包人就对项目建议书、可行性研究、勘察设计、设备询价与选购、材料订货、建筑安装工程施工、生产技术人员培训、竣工投产和建设后评估等全过程实行全面总承包，并负责对各项分包任务进行综合管理协调和监督工作。

建设全过程承发包主要适用于大中型建设项目，要求承包人必须具有雄厚的技术、经济实力和丰富的组织管理经验，为了适应这种要求，国外某些大承包人往往和勘察设计单位组成一体化的承包公司，或者更进一步扩大到若干专业的承包人和器材生产供应厂商，形成横向的经济联合体。这是近二三十年来建筑业的一种新发展趋势。近几年，我国各部门和地方建立的建设工程承包公司(集团)也属于这种承包人，同时也要求发包人很有经验，能够同承包人讨论需要承包人干什么、技术要求、工程款支付方式和施工监督的方式等问题。采用这种承发包方式的优点是可以积累建设经验和充分利用已有的经验，节约投资，缩短建设周期并保证建设的质量，提高经济效益。

2）阶段承发包

阶段承发包是指发包人和承包人就建设过程中某一阶段或某些阶段的工作进行发包与承包。这些工作包括可行性研究或设计任务书、勘察设计、建筑安装工程施工等。在施工阶段，还可依承发包内容的不同，细分为以下三种方式。

(1) 包工包料。即承包人承包了工程施工所用的全部人工和材料。这是国际上采用较为普遍的施工承发包方式。

(2) 包工部分包料。即承包人只负责提供施工的全部人工和一部分材料，其余部分则由建设单位或其他承包人负责供应。我国在计划经济时期多年实行的施工单位承包全部用工和地方材料，建设单位负责供应部分材料以及某些特殊材料，就属于这种承发包方式。在市场经济条件下，仍然存在这种承发包方式，对于部分价值高、技术含量高的材料，发包人往往自行采购，而其他的材料及全部用工由承包人提供，这样有利于成本控制、质量保证。

(3) 包工不包料。即承包人仅提供劳务而不承担供应任何材料的义务。目前在国内外的建设工程中都存在这种承发包方式。

3）专项承发包

专项承发包的内容是某一建设阶段中的某一专门项目，由于专业性较强，多由有关的专业承包人承包，故称专项承包。例如，可行性研究中的辅助研究项目，勘察设计阶段的工程地质勘察、供水水源勘察、基础或结构工程设计、工艺设计，建设准备过程中的设备选购和生产技术人员培训，以及施工阶段的深基础施工等。

2. 按承包人所处的地位划分承发包方式

在工程承发包中，一个建设项目往往不止一个承包人。不同承包人之间、承包人与建设单位之间的关系不同，地位不同，也就形成了不同的承发包方式。主要有下列几种。

1）总承发包

一个建设项目建设全过程或其中某个阶段的全部工作，由一个承包人负责组织实施；这个承包人可以将若干专业性工作交给不同的专业承包人去完成，并统一协调和监督他们的工作，在一般情况下，建设单位仅同这个承包人发生直接关系，而不同各专业承包人发生直接关系。这样的承发包方式叫作总承发包，或简称总包，承担这种任务的单位叫作总承包人，通常有咨询公司、勘察设计机构、一般土建公司以及设计施工一体化的大建筑公司等。

采用总承发包方式有利于理清工程建设中业主与承包人、总包与分包、执法机构与市场主体之间的各种复杂关系，组织协调的工作量要比平行承发包小得多，合同管理也比平行承发包简单，对投资控制有利。对进度控制和质量控制有有利的一面也有不利的一面。总包合同的价格，一般要比平行承发包合同的价格高5%～15%，这是因为总承包人所要承担的风险更大。

2）分承发包

分承发包简称分包。总承包人在与发包人签订某工程项目总包合同之后，总承包人将该工程项目的某一部分工程（如土方工程、模板工程、钢筋工程等）或某一单项工程（如钢结构制作和安装、电梯安装、卫生设备安装等）分包给分包人完成。工程项目所涉及的权利义务关系，只能在总承包人与分承包人之间发生；发包人与分承包人之间不直接发生合同法律关系。但是，分承包人要间接地承担总承包人对发包人承担的相关工程项目的义务。

分承包人承包的工程不能是总承包范围内的主体结构工程或主要部分（关键性部分），主体结构工程或主要部分必须由总承包人自行完成。

3）独立承发包

独立承发包是承包人依靠自身力量自行完成承包任务的承发包方式，此方式适用于规模较小、技术要求比较简单的工程项目。

4）联合承发包

联合承发包是指由两个或两个以上的独立经营的承包人联合起来承包一项工程任务，由参加联合的各单位推选代表统一与发包人签订合同，共同对发包人负责，并协调各方之间的关系，是相对于独立承发包而言的承发包方式。参加联合的各方仍是各自独立经营的企业，只是必须就共同承包的工程项目事先达成联合协议，以明确各个联合承包人的权利和义务，包括投入的资金数额、工人和管理人员的派遣、机械设备种类、临时设施的费用分摊、利润的分享以及风险的分担等。目前，承发包市场竞争激烈，对于一些工程规模巨大或技术复杂的项目，由一家承包人总承包有困难的时候，可以由几家承包人联合起来承包，以发挥各方的特长和优势，降低报价，提高工程质量，缩短工期，增强市场竞争力。

5）直接承发包

直接承发包就是在同一工程项目上，不同承包单位分别与建设单位签订承包合同，各自直接对建设单位负责。各承包人之间不存在总分包关系，现场的协调工作可以由发包人自己去做，或由发包人委托一个承包人牵头去做，也可聘请专门的项目经理来管理。

3. 按获得承包任务的途径划分承发包方式

1）计划分配

在计划经济体制下，由中央和地方政府的计划部门分配建设工程任务，由设计、施工单位与建设单位签订承包合同。

2）投标竞争

通过投标竞争，优胜者获得工程任务，与发包人签订承包合同。我国现阶段工程任务的承发包方式以投标竞争为主。

3）委托承包

委托承包是指发包人与承包人协商，签订委托承包人承包某项工程任务的合同。

4）指令承包

指令承包是由政府主管部门依法指定工程承包单位，这是一种具有强制性的行政措施，仅适用于某些特殊情况。如少数特殊工程或偏僻地区工程，施工企业不愿投标的，可由项目主管部门或当地政府指定承包人。

4. 按合同计价方法划分承发包方式

1）固定总价合同

固定总价合同是指根据合同规定的工程施工内容和有关条件，发包人应付给承包人的款额是一个规定的金额，即明确的总价，总价一次包死，一般不予变更。固定总价合同适用于以下几种情况：

(1) 工程量小、工期短，预计在施工过程中环境因素变化小，工程条件稳定并合理；

(2) 工程设计详细，图纸完整、清楚，工程任务和范围明确；

(3) 工程结构和技术简单，风险小；

(4) 投标期相对宽裕，承包人可以有充足的时间详细考察现场、复核工程量、分析招标文件、拟订施工计划。

2) 单价合同

单价合同是承包人在投标时，按招投标文件就分部分项工程所列出的工程量表确定各分部分项工程费用的合同类型。这类合同的适用范围比较宽，其风险可以得到合理的分摊，该合同能够成立的关键在于双方对单价和工程量技术方法的确认。单价合同也可以分为固定单价合同和可调单价合同。

(1) 固定单价合同。

这也是经常采用的合同形式。特别是在设计或其他建设条件(如地质条件)还没完全落实，而以后又需增加工程内容或工程量的情况下，可以按单价适当追加合同内容。在工程全部完成时以实际完成的工程量最终结算工程总价款。

(2) 可调单价合同。

合同单价可调，一般是在工程招标文件中规定。在合同中签订的单价，根据合同约定的条款，如在工程实施过程中物价发生变化时，可作调整。有的工程在招标或签约时，因某些不确定因素而在合同中暂定某些分部分项工程的单价，在工程结算时，再根据实际情况确定实际结算单价。

3) 成本加酬金合同

成本加酬金合同也称为成本补偿合同，这是与固定总价合同正好相反的合同，工程施工的最终合同价格按照工程的实际成本再加上一定的酬金计算。

成本加酬金合同通常用于如下情况：工程特别复杂，工程技术、结构方案不能预先确定，或者尽管可以确定工程技术和结构方案，但是不可能进行竞争性的招标活动以总价合同形式确定承包人，如研究开发性质的工程项目；时间特别紧迫，如抢险、救灾工程，来不及进行详细的计划和商谈。

成本加酬金合同的主要做法有：成本加固定酬金、成本加固定百分比酬金、成本加浮动酬金。

(1) 成本加固定酬金。

这种承发包方式的工程成本实报实销，在成本上增加的费用是一笔固定金额的酬金。酬金一般是按估算工程成本的一定百分比确定，数额是固定不变的。

(2) 成本加固定百分比酬金。

承包人的实际成本实报实销，同时按照实际成本的固定百分比付给承包人一笔酬金。这种合同计价方式，工程总价及付给承包人的酬金随工程成本增加而相应增加，这不利于鼓励承包人降低成本，正是由于这种弊病所在，使得这种合同计价方式很少被采用。

(3) 成本加浮动酬金。

这种方式签订的合同又称为成本加奖罚金合同，在签订合同时双方事先约定该工程的预期成本或目标成本和固定酬金，然后将实际发生的成本与预期成本比较，若实际成本低于预期成本，就奖励某一固定的或节约成本的某一百分比的酬金，若实际成本高于概算成本就罚某一固定的或增加成本的某一百分比的酬金。

这种合同计价方式可以促使承包人关心和降低成本，缩短工期，而且目标成本可以随着设计的进展加以调整，所以承发包双方都不会承担太大的风险，故这种合同计价方式应用较多。

1.1.4 工程招标投标的历史沿革

我国最早于20世纪初采用招标投标方式承发包工程，当时张之洞创办湖北皮革厂，五家营造商参加招标投标活动。但是，由于当时我国的封建和半封建社会形态，招标投标在我国近代并未像资本主义社会那样以一种法律制度形式得到确定和发展。

新中国成立以后的一段时间内，我国一直都采用行政手段指定施工单位、层层分配任务的办法，这一时期我国工程招标投标工作没有开展。1980年10月17日，国务院在《关于开展和保护社会主义竞争的暂行规定》中首次提出，为了改革现行经济管理体制，进一步开展社会主义竞争，对一些适宜承包的生产建设项目和经营项目，可以试行招标投标的办法。1981年，吉林省吉林市和深圳特区率先试行工程招标投标，并取得了良好的效果，这个尝试在全国起到了示范作用，并揭开了我国招标投标的新篇章。此后，随着改革开放的发展和市场机制的不断完善，我国在基本建设项目、机械成套设备、进口机电设备、科技项目、项目融资、土地承包、城镇土地使用权出让、政府采购等许多政府投资及公共采购领域，都逐步推行了招标投标制度。20世纪80年代初，我国率先在工程建设领域推行招标投标制，作为建筑业和基本建设管理体制改革的突破口，从此拉开了我国招标投标制度全面推广和发展的序幕。

1983年6月7日，原城乡建设环境保护部颁布了《建筑安装工程招标投标试行办法》，规定"凡经国家和省、市、自治区批准的建筑安装工程，均可按本办法的规定，通过招标，择优选定施工单位。持有营业执照的国营建筑企业和集体所有制施工单位，均可通过投标，承揽工程任务"。这是建设工程招标投标的第一个部门规章，也是我国第一个对招标投标做出较详尽规定的办法。1992年12月30日，建设部发布了《工程建设施工招标投标管理办法》规定，凡政府和公有制企业、事业单位投资的新建、改建、扩建和技术改造工程项目的施工，除某些不适宜招标投标的特殊工程外，均应按照本办法，实行招标投标。这个规定对规范招标投标各方行为起了积极作用。1999年8月30日，第九届全国人民代表大会常务委员会第十一次会议通过了《中华人民共和国招标投标法》(简称《招标投标法》)，这部法律是为了规范招标投标活动，保护国家利益、社会公共利益和招标投标活动当事人的合法权益，提高经济效益，保证项目质量而制定的。2017年12月28日第十二届全国人民代表大会常务委员会第三十一次会议《关于修改＜中华人民共和国招标投标法＞、＜中华人民共和国计量法＞的决定》对《中华人民共和国招标投标法》进行修正。

为了进一步规范施工招标资格预审文件、招标文件编制活动，促进招标投标活动的公开、公平和公正，国家发展和改革委员会、财政部、建设部、铁道部、交通部、信息产业部、水利部、民用航空总局、广播电影电视总局联合制定了《＜标准施工招标资格预审文件＞和＜标准施工招标文件＞试行规定》及相关附件，自2008年5月1日起施行，并于2013年、2017年进行了修订，文件的贯彻实施，对于进一步统一工程招标投标规则、提高招标文件质量、规范招标投标活动、加强政府投资管理，预防和遏制腐败，促进形成统一开放、竞争有序的招标投标市场，具有重要意义。

任务2 建筑市场概述

1.2.1 建筑市场的概念

建筑市场是整个国民经济大市场的有机组成部分。建筑市场有广义的市场和狭义的市场之分。狭义的建筑市场是指以建筑产品为交换内容的场所，如：水泥、钢材的生产工具供应，商品混凝土的供应，构、配件的生产（木门、钢窗、铝合金窗等）。广义的建筑市场是工程建设生产和交易关系的总和，分为以下三个部分：

① 与工程建设有关的各种要素市场，如：技术、租赁、劳务、资本、材料等市场；

② 为工程建设提供专业服务的有关组织体系；如：广告（招标公告）、通讯、中介机构、经纪人等。

③ 建筑商品生产过程及流动过程的经济联系和经济关系等，如：勘察、设计、建筑安装等。

与一般市场相比较，建筑市场有以下特征：

1. 交易的直接性

建筑市场上的交易双方为需求者和供给者，他们之间预先进行订货式的交易，先成交，后生产，无法经过中间环节。

2. 建筑产品的交易过程持续时间长

建筑产品的周期长，价值巨大，供给者也无法以足够资金投入生产，大多采用分阶段按实施进度付款，待交货后再结清全部款项。因此，建筑产品的交易过程持续时间较长。

3. 显著的地区性

建筑产品的生产经营通常总是相对集中于一个相对稳定的地理区域。这使得交易双方只能在一定范围内确定相互之间的交易关系。

4. 风险较大

不仅对供给者有风险，而且对需求者也有风险。

5. 完整的建筑市场体系

发包人、承包人、中间服务机构构成了建筑市场的主体，有形建筑工程、无形建筑产品构成了建筑市场的客体，以招标投标活动为主要交易形式的市场竞争机制，以资质管理为主要内容的市场监督管理体系，共同构成了完整的建筑市场体系。

1.2.2 建筑市场的主体

参与建筑生产交易过程的各方被称为建筑市场的主体。如：发包人、承包人、分包人、材料供应人、设计单位、设备供应单位、咨询机构、商品混凝土供应单位、构配件生产商、机械租赁商等。以下重点介绍发包人、承包人、咨询机构这三个重要的建筑市场主体。

1. 发包人

发包人是指既有某项工程建设要求，又有该项工程建设相应的建设资金和各种准建手续，在建筑市场中发包该工程建设的勘察、设计、施工任务，并最终得到建筑产品的政府部门、企业单位或个人。发包人只有发包工程或组织工程建设时才成为建筑市场的主体。对发包人实行项目法人责任制管理，发包人可以是企业或单位、联合投资董事会、各类开发公司。

发包人在项目建设过程中的主要职责是：可行性研究；根据可行性研究报告进行建设项目决策；建设项目的资金筹措与管理；建设项目的招标与合同管理；建设项目的施工与质量管理；建设项目的竣工验收；建设项目的统计与文档管理。

2. 承包人

承包人是指有一定生产能力、机械装备、流动资金，具有承包工程建设任务的营业资格，在建筑市场中能够按照发包人的要求，提供不同形态的建筑产品，并最终得到相应的工程价款的建筑业企业。

对承包人的要求是：必须是建筑业企业；具有一定的资质等级要求，如：注册资金、工程技术人员、经济管理人员、净资产、工程结算收入、技术装备等。

对承包人应具备的实力要求：技术实力要求（人员、装备等）；经济实力要求（资金、融资能力、周转能力、担保、投保等）；管理实力要求（工期、质量、成本）；信誉实力要求。

3. 咨询机构

咨询机构是指具有一定注册资金和工程技术人员、经济管理人员，取得建设咨询证书和营业执照，能对工程建设提供估算测量、管理咨询、建设监理等智力型服务并获取相应费用的企业。其业务内容主要有：勘察设计、工程造价、工程管理、招标代理、工程监理等。

咨询机构受聘于发包人，承担项目的重要责任，同时承担来自发包人、承包人及职业的风险。

1.2.3 建筑市场的客体

建筑市场的客体，一般称为建筑产品，是不同建筑生产阶段的生产成果和交易内容。由于建筑产品本身及其生产过程具有不同于其他工业产品的特点，所以，建筑产品在不同的生产交易阶段，表现为不同的形态。它可以是工程设施与设备、建筑产品构配件、各种设计图纸及报告，也可以是非物化的劳动。

任务3 建筑市场的管理

1.3.1 招标工作机构

1. 招标工作机构的形式

我国招标工作机构主要有以下三种形式：

（1）由招标人的基本建设主管部门（处、科、室、组）或实行建设项目业主责任制的发包人单位负责有关招标的全部工作。这些机构的工作人员一般是从各有关部门临时抽调的，项目建成后往往转入生产或其他部门工作。

（2）由政府主管部门设立“招标领导小组”或“招标办公室”之类的机构，统一处理招标工作。这种机构常常因政府主管部门过多干预而具有较多行政色彩。

(3) 招标代理机构,受招标人委托,组织招标活动。这种做法绝对保证招标质量,对提高招标效益起到有益作用。招标代理机构与行政机关和其他国家机关不得存在隶属关系或者其他利益关系。

2. 招标工作机构的职能

招标工作机构的职能,一是决策,二是处理日常事务工作。决策的职能主要有下列事项:① 确定工程项目的发包范围,即决定建设项目是全过程统包,还是分阶段发包,或者单项工程发包、分部工程发包、专业工程发包等;② 确定承包方式和承包内容,即决定采用固定总价合同、单价合同或成本加酬金合同;③ 选择发包方式,即根据发包项目的具体情况,决定采用公开招标,还是邀请招标;④ 确定招标控制价;⑤ 决标并签订合同或协议。

招标工作机构的日常事务工作主要有下列事项:① 发布招标通告或投标邀请函;② 编制和发送招标文件;③ 编制招标控制价;④ 审查投标者资格;⑤ 组织勘查现场和解答投标单位提出的问题;⑥ 接受并妥善保管投标单位的标函;⑦ 开标、审核标书并组织评标;⑧ 谈判签订合同或协议。

3. 招标工作机构的人员构成

招标工作机构通常由三类人员构成:

(1) 决策人,即主管部门任命的招标人或授权代表。

(2) 专业技术人员,包括建筑师,结构、设备、工艺等专业工程师等,他们的职能是向决策人提供咨询意见和进行招标的具体事务工作。

(3) 助理人员,即决策和专业技术人员的助手,包括秘书、资料、档案、计算、绘图等工作人员。

1.3.2 评标专家库

1. 评标专家库的概念

根据《招标投标法》《评标委员会和评标方法暂行规定》《评标专家和评标专家库管理暂行办法》,评标专家库是指各类工程管理和工程技术、经济及相关专业有较高理论水平和丰富实践经验的人员组成的人才数据库,建立专家库的目的是向交易主体提供合适的评标专家。评标专家库管理的日常工作包括评标专家的资格认定、入库及评标专家库的建设、使用和管理活动。

2. 评标专家库的建设

(1) 专家库由省级(含,下同)以上人民政府有关部门或者依法成立的招标代理机构依照《招标投标法》的规定自主组建。

(2) 省级以上人民政府有关部门和招标代理机构应当加强对其所建评标专家库及评标专家的管理,但不得以任何名义非法控制、干预或者影响评标专家的具体评标活动。

(3) 省级人民政府可组建跨部门、跨地区的综合性评标专家库。

(4) 省级以上人民政府有关部门组建评标专家库,应当有利于打破地区封锁,实现评标专家资源共享。

(5) 评标专家库的组建活动应当公开,接受公众监督。

3. 评标专家库的管理

(1) 资格评审:组建评标专家库的政府部门或者招标代理机构,应当对申请人或被推荐人进行评审,决定是否接受申请或者推荐,并向符合《评标专家和评标专家库管理暂行办法》第七条规定条件的申请人或被推荐人颁发评标专家证书。

（2）专家培训：组建评标专家库的政府部门，可以对申请人或者被推荐人进行必要的招标投标业务和法律知识培训。

（3）专家档案：组建评标专家库的政府部门或者招标代理机构，应当为每位入选专家建立档案，详细记载评标专家评标的具体情况。

（4）专家考核：组建评标专家库的政府部门或者招标代理机构，应当建立年度考核制度，对每位入选专家进行考核。评标专家因身体健康、业务能力及信誉等原因不能胜任评标工作的，停止担任评标专家，并从评标专家库中除名。

4. 评标专家库的使用

（1）政府投资项目的评标专家，必须从政府有关部门组建的评标专家库中抽取。

（2）政府投资项目的招标人或其委托的招标代理机构不遵守《评标专家和评标专家库管理暂行办法》的规定，不从政府有关部门组建的评标专家库中抽取专家的，评标无效；情节严重的，由政府有关部门依法给予警告。

（3）评审过程及结果应做成书面记录，并存档备查。

1.3.3 建设工程交易中心

建设工程交易中心，是指具备为建设工程交易活动和相关管理提供场所、信息和咨询等服务，并经国家或省建设行政主管部门批准依法设立的机构。

通过建设工程交易中心，以深化工程建设管理体制改革，探索适应社会主义市场经济体制的工程建设管理方式，强化对工程建设的集中统一管理，规范市场主体行为，建立公开、公平、公正的市场竞争环境，促进工程建设水平的提高和建筑业的健康发展。

1. 建设工程交易中心的性质和职能

（1）建设工程交易中心是由建设工程招标投标管理部门或政府建设行政主管部门授权的其他机构建立的，自收自支的非营利性事业法人，根据政府建设行政主管部门委托实施对市场主体的服务、监督和管理。

（2）建设工程交易中心的基本职能是：工程建设信息的收集与发布，办理工程报建、承发包、工程合同及委托质量安全监督和建设监理等有关手续，提供政策法规及技术经济等咨询服务。

2. 建设工程交易中心的组成和管理范围

各地建设行政主管部门根据当地具体情况确定建设工程交易中心的组织形式、管理方式和工作范围。

（1）以建设工程发包与承包为主体，授权招标投标管理部门负责组织对建设工程报建、招标、投标、开标、评标、定标和工程承包合同签订等交易活动进行管理、监督和服务。

（2）以建设工程发包承包交易活动为主要内容，授权招标投标管理部门牵头组成中心管理机构，负责办理工程报建、市场主体资格审查、招标投标管理、合同审查与管理、中介服务、质量安全监督和施工许可等手续。有关业务部门保留原有的隶属关系和管理职能，在中心集中办公，提供"一条龙"服务。

（3）以工程建设活动为中心，由政府授权建设行政主管部门牵头组成管理机构，负责办理工程建设实施过程中的各项手续。有关业务部门和管理机构保留原有的隶属关系和管理职能，在中心集中办公，提供综合性、多功能、全方位的管理和服务。

（4）根据当地实际情况，还可以采用能够有效规范市场主体行为、按照有关规定办理工程建设各项手续、精干高效的其他方式。

3. 建设工程交易中心的基本功能

要逐步发展、完善、强化建设工程交易中心的各项管理和服务功能，更好地发挥规范和服务市场的作用。

(1) 统一发布工程建设信息。工程发包信息要翔实、准确地反映项目的投资规模、结构特征、工艺技术，以及对质量、工期、承包人的基本要求，并在工程招标发包前提供给有资格的承包单位。建设工程交易中心还应能提供建筑企业和监理、咨询等中介服务单位的资质、业绩和在施工程等资料信息。要逐步建立项目经理、评标专家和其他技术、经济、管理人才以及建筑产品价格、建筑材料、机械设备、新技术、新工艺、新材料和新设备等信息库。要根据实际需要和条件，不断拓展新的信息内容和发布渠道，为市场主体提供全面的信息服务。

(2) 为承发包交易活动提供服务。建设工程交易中心应为承发包双方提供组织招标、投标、开标、评标、定标和工程承包合同签署等承发包交易活动的场所和其他相关服务，把管理和服务结合起来。

(3) 集中办理工程建设的有关手续。逐步做到将建设行政主管部门在工程实施阶段的管理工作全部进入建设工程交易中心集中办理，做到工程报建、招标投标、合同造价、质量监督、监理委托、施工许可等有关手续集中统一办理，使工程建设管理做到程序化和规范化。

建设工程交易中心应根据本地的实际情况，开展多种形式的教育培训活动，不断提高建设工程交易市场主体的法律意识和市场管理人员的业务能力，不断提高建设工程交易中心的运行效率和服务水平。

4. 建设工程交易中心的工作原则

(1) 信息公开原则。建设工程交易中心必须掌握工程发包、政策法规、招标投标单位资质、造价指数、招标规则、评标标准等各项信息，并保证市场各方主体均能及时获得所需要的信息资料。

(2) 依法管理原则。建设工程交易中心应建立和完善建设单位投资风险责任和约束机制，尊重建设单位按经批准并事先宣布的标准、原则的方法，选择投标单位和选定中标单位的权利。尊重符合资质条件的建筑业企业提出的投标要求和接受邀请参加投标的权利。尊重招标范围之外的工程业主按规定选择承包单位的权利，严格按照法规和政策规定进行管理和监督。

(3) 公平竞争原则。建立公平竞争的市场秩序是建设工程交易中心的一项重要任务，建设工程交易中心应严格监督招标投标单位的市场行为，反对垄断，反对不正当竞争，严格审查招标控制价，监控评标和定标过程，防止不合理的压价和垫资承包工程，充分利用竞争机制、价格机制，保证竞争的公平和有序，保证经营业绩良好的承包商具有相对的竞争优势。

(4) 闭合管理原则。建设单位在工程立项后，应按规定在建设工程交易中心办理工程报建和各项登记、审批手续，接受建设工程交易中心对其工程项目管理资格的审查，招标发包的工程应在建设工程交易中心发布工程信息；工程承包单位和监理、咨询等中介服务单位，均应按照建设工程交易中心的规定承接施工和监理、咨询业务。未按规定办理前一道审批、登记手续的，任何后续管理部门不得给予办理手续，以保证管理的程序化和制度化。

(5) 办事公正原则。建设工程交易中心是政府建设行政主管部门授权的管理机构，也是服务性的事业单位。要转变职能和工作作风，建立约束和监督机制，公开办事规则和程序，提高工作质量和效率，努力为交易双方提供方便。

1.3.4 资质管理

工程建设执业资格制度是指事先依法取得相应资质或资格的单位和个人，才允许其在法律所规定的范围内从事一定建筑活动的制度。随着技术的进步和生活质量的提高，社会对建设工程的技术水准和质量要求越来越高，使得工程建设过程日趋复杂，因此，为保证建设工程的质量和安全，对从事建设活动的单位和个人必须实行从业资格管理，即资质管理制度。

1. 工程勘察设计企业资质管理

建设工程勘察、设计企业应当按照其拥有的注册资本、专业技术人员、技术装备和勘察设计业绩等条件申请资质，经审查合格，取得建设工程勘察、设计资质证书后，方可在资质等级许可的范围内从事建设工程勘察、设计活动。取得资质证书的建设工程勘察、设计企业可以从事相应的建设工程勘察、设计咨询和技术服务。国务院建设行政主管部门及各地建筑行政主管部门负责工程勘察设计企业资质的审批、晋升和处罚。

建设工程勘察、设计资质分为工程勘察资质、工程设计资质。工程勘察资质分为工程勘察综合资质、工程勘察专业资质、工程勘察劳务资质。工程勘察综合资质只设甲级；工程勘察专业资质根据工程性质和技术特点设立类别和级别；工程勘察劳务资质不分级别。取得工程勘察综合资质的企业，承接工程勘察业务范围不受限制；取得工程勘察专业资质的企业，可以承接同级别相应专业的工程勘察业务；取得工程勘察劳务资质的企业，可以承接岩土工程治理、工程钻探、凿井工程勘察劳务工作。

工程设计资质分为工程设计综合资质、工程设计行业资质、工程设计专项资质。工程设计综合资质只设甲级；工程设计行业资质和工程设计专项资质根据工程性质和技术特点设立类别和级别。取得工程设计综合资质的企业，其承接工程设计业务范围不受限制；取得工程设计行业资质的企业，可以承接同级别相应行业的工程设计业务；取得工程设计专项资质的企业，可以承接同级别相应的专项工程设计业务。

2. 建筑业企业资质管理

建筑业企业，是指从事土木工程、建筑工程、线路管道设备安装工程，装修工程的新建、扩建、改建等活动的企业。建筑业企业应当按照其拥有的注册资本、专业技术人员、技术装备和已完成的建筑工程业绩等条件申请资质，经审查合格，取得建筑业企业资质证书后，方可在资质许可的范围内从事建筑施工活动。国务院建设主管部门及各地建设主管部门负责建筑业企业资质的统一监督管理。

建筑业企业资质分为施工总承包、专业承包和劳务分包三个序列。取得施工总承包资质的企业，可以承接施工总承包工程。施工总承包企业可以对所承接的施工总承包工程内各专业工程全部自行施工，也可以将专业工程或劳务作业依法分包给具有相应资质的专业承包企业或劳务分包企业。取得专业承包资质的企业，可以承接施工总承包企业分包的专业工程和建设单位依法发包的专业工程。专业承包企业可以对所承接的专业工程全部自行施工，也可以将劳务作业依法分包给具有相应资质的劳务分包企业。取得劳务分包资质的企业，可以承接施工总承包企业或专业承包企业分包的劳务作业。

施工总承包企业资质等级标准包括房屋建筑工程、公路工程施工、铁路工程施工、港口与航道工程施工、水利水电工程施工、电力工程施工、矿山工程施工、冶炼工程施工、化工石油工程、市政公用工程施工、通信工程施工、机电安装工程施工共12个标准。专业承包企业资质等级标准包括 60 个标准。劳务分包企业资质标准包括 13 个标准。

1）施工总承包企业资质

以房屋建筑工程施工为例，施工总承包企业资质分为特级、一级、二级和三级，承包工程范围分别为：

特级企业：可承担各类房屋建筑工程的施工。

一级企业：可承担单项建安合同额不超过企业注册资本金 5 倍的下列房屋建筑工程的施工：① 40 层及以下、各类跨度的房屋建筑工程；② 高度 240 米及以下的构筑物；③ 建筑面积 20 万平方米及以下的住宅小区或建筑群体。

二级企业：可承担单项建安合同额不超过企业注册资本金 5 倍的下列房屋建筑工程的施工：① 28 层及以下、单跨跨度 36 米及以下的房屋建筑工程；② 高度 120 米及以下的构筑物；③ 建筑面积 12 万平方米及以下的住宅小区或建筑群体。

三级企业：可承担单项建安合同额不超过企业注册资本金 5 倍的下列房屋建筑工程的施工：① 14 层及以下、单跨跨度 24 米及以下的房屋建筑工程；② 高度 70 米及以下的构筑物；③ 建筑面积 6 万平方米及以下的住宅小区或建筑群体。

房屋建筑工程是指工业、民用与公共建筑（建筑物、构筑物）工程。工程内容包括地基与基础工程，土石方工程，结构工程，屋面工程，外部的装修装饰工程，上下水、供暖、电器、卫生洁具、通风、照明、消防、防雷等安装工程。

2）专业承包企业资质

以地基与基础工程为例，专业承包企业资质分为一级、二级、三级，承包工程范围分别为：

一级企业：可承担各类地基与基础工程的施工。

二级企业：可承担工程造价 1000 万元及以下各类地基与基础工程的施工。

三级企业：可承担工程造价 300 万元及以下各类地基与基础工程的施工。

3）劳务分包企业资质

以砌筑作业为例，劳务分包企业资质分为一级、二级，作业分包范围分别为：

一级企业：可承担各类工程砌筑作业（不含各类工业炉窑砌筑）分包业务，但单项业务合同额不超过企业注册资本金的 5 倍。

二级企业：可承担各类工程砌筑作业（不含各类工业炉窑砌筑）分包业务，但单项业务合同额不超过企业注册资本金的 5 倍。

3. 工程咨询单位资质管理

工程咨询是遵循独立、公正、科学的原则，运用多学科知识和经验、现代科学技术和管理方法，为政府部门、项目业主及其他各类客户提供社会经济建设和工程项目决策与实施的智力服务，以提高经济和社会效益，实现可持续发展。

工程咨询单位资质等级分为甲级、乙级、丙级（或事务所）。各级工程咨询单位按照国家有关规定和业主要求依法开展业务；工程咨询单位专业资格按照 31 个专业来划分；工程咨询单位资格服务范围包括以下八项内容：① 规划咨询；② 编制项目建议书（含项目投资机会研究、预可行性研究）；③ 编制项目可行性研究报告、项目申请报告和资金申请报告；④ 评估咨询，含项目建议书、可行性研究报告、项目申请报告与初步设计评估，以及项目后评价、概预决算审查等；⑤ 工程设计；⑥ 招标代理；⑦ 工程监理、设备监理；⑧ 工程项目管理，含工程项目的全过程或若干阶段的管理服务。

4. 专业人士资质管理

在建筑市场中，从事工程咨询资格的专业工程师称为专业人士。对专业人士的资质管理，各国的情况不尽相同。英国政府不负责人员的资质管理，而由建筑师学会、土木工程师学会、特许建造师学会以及测量师学会负责进行人员资质评定，另外英国的咨询工程师协会虽然不是专门的资质评定团体，但是对其成员机构提出了资格要求。美国是通过对建筑师和专业工程师资格的认定来管理从业人员的。在美国要成为一名注册建筑师，首先要通过全国建筑师注册委员会组织的资格考试，取得合格证书，并在证书有效期内向各州注册。德国的咨询业相当发达，政府对咨询组织和咨询工程师的管理，宏观上依靠国家建筑法和地方法规对其行为予以制约，微观上依靠行业协会制定的工作条例，职业道德标准对人员的业务活动进行监督控制。法国在建设部内设有一个审查咨询工程师资格的“技术监督审查委员会”，凡是要求成为咨询工程师的人，需先行申请。在中国香港，建筑师、工程师或测量师这类专业人士专业资格的确认由香港建筑师学会、工程师学会和测量师学会负责。

目前，我国已确认专业人士的种类有建筑师、结构工程师、监理工程师、建造师、造价工程师等，报考时需具备大专以上专业学历，参加全国统一考试，取得执业资格考试合格证书的人员，均可申请注册。我国专业人士制度尚处于起步阶段，随着经济的发展，工程咨询行业的发展完善，对专业人士的管理会进一步规范化、制度化。

任务4 招标投标法概述

1.4.1 招标投标法的概念

招标投标法是调整因市场竞争中招标投标活动而产生的社会关系的法律规范的总称。招标投标法于 2000 年 1 月 1 日起实施，并于 2017 年进行修订。此外，在其他法律、法规中也有涉及招标投标的内容，如合同法、建筑法、反不正当竞争法、国家基本建设大中型项目实行招标投标的暂行规定等。凡在中华人民共和国境内进行的招标投标活动，均应适用招标投标法。

1.4.2 招标投标法的适用范围和调整对象

招标投标是以订立招标采购合同为目的的民事活动，属于订立合同的预备阶段。招标和投标是指交易活动中的两个主要步骤。招标是指招标人对货物、工程和服务事先公布采购的条件和要求，邀请投标人参加投标，招标人按照规定的程序确定中标人的行为。投标是指投标人按照招标人提出的要求和条件，参加投标竞争的行为。

建设工程招标，是指建设单位就拟建的工程发布通告，以法定方式吸引建设承包单位参加竞争，从中选择条件优越者完成工程建设任务的法律行为。建设工程投标，是指经过审查获得投标资格的建设承包单位按照招标文件的要求，在规定的时间内向招标单位填报投标书并争取中标的法律行为。

招标投标法的适用范围是招标投标，即招标人对货物、工程和服务事先公布采购条件和要求，吸引众多投标人参加竞争，并按规定程序选择交易对象的行为。其中，货物是指各种各样的物品，包括原材料、产品、设备，固态、液态或气态的物体和电力，以及货物供应的附带服务；工程是指各类房屋和土木工程建造、设备安装、管道线路铺设、装饰装修等建设以及附带服务；服务是指除货物和工程以外的任何采购对象，如勘察、设计、咨询、监理等。

招标投标法的调整对象是招标、投标、开标、评标、定标等各个环节的活动，同时也包括政府对招标投标活动的监督。

1.4.3 强制招标制度及其范围

强制招标，是指法律规定某些类型的采购项目，凡是达到一定数额的，必须通过招标进行，否则采购单位要承担法律责任。我国《招标投标法》规定了强制招标的范围。

1. 强制招标的项目

我国《招标投标法》及《工程建设项目招标范围和规模标准规定》从项目类型和规模两个方面对需要强制招标的项目进行了规范：

1）必须进行招标项目的类型

依据我国《招标投标法》第三条的规定，必须招标的项目为三类具体工程：大型基础设施、公用事业等关系社会公共利益、公众安全的项目；全部或者部分使用国有资金投资或者国家融资的项目；使用国际组织或者外国政府贷款、援助资金的项目。

2）必须进行招标项目的规模

在上述三类项目满足以下的规模标准时，该项目必须进行招标：① 施工单项合同估算价在400万元人民币以上的；② 重要设备、材料等货物的采购，单项合同估算价在200万元人民币以上的；③ 勘察、设计、监理等服务的采购，单项合同估算价在100万元人民币以上的；④ 单项合同估算价低于第①②③项规定的标准，但项目总投资额在3000万元人民币以上的。

因此，在工程建设项目同时满足以上类型和规模时，该项目必须进行招标。

2. 必须公开招标的项目

依据《工程建设项目招标范围和规模标准规定》，全部使用国有资金或者国有资金投资占控股或者主导地位的，应当公开招标。因此，这些项目的招标方式不能由招标人任意选择。

1.4.4 招标投标活动的基本原则

1）公开原则

公开原则，要求建设工程招标投标活动具有较高的透明度。具体有以下几层意思：

(1) 建设工程招标投标的信息公开。通过建立和完善建设工程项目报建登记制度，及时向社会发布建设工程招标投标信息，让有资格的投标者都能享受到同等的信息，便于进行投标决策。

(2) 建设工程招标投标的条件公开。什么情况下可以组织招标，什么机构有资格组织招标，什么样的单位有资格参加投标等，必须向社会公开，便于社会监督。

(3) 建设工程招标投标的程序公开。工程建设项目的招标投标应当经过哪些环节、步骤，在每一环节、每一步骤有什么具体要求和时间限制，凡是适宜公开的，均应当予以公开；在建设工程招标投标的全过程中，招标单位的主要招标活动程序、投标单位的主要投标活动程序和招标投标管理机构的主要监管程序，必须公开。

(4) 建设工程招标投标的结果公开。哪些单位参加了投标，最后哪个单位中了标，应当予以公开。

2）公平原则

招标投标活动的公平原则，要求招标人严格按照规定的条件和程序办事，同等地对待每一个投标竞争者，不得对不同的投标竞争者采用不同的标准。招标人不得以任何方式限制或者排斥本地区、本系统以外的法人或者其他组织参加投标。

3）公正原则

在招标投标活动中，招标人的行为应当公正，对所有的投标竞争者都应平等对待，不能有特殊。特别是在评标时，评标标准应当明确、严格，对所有在投标截止日期以后送到的投标书都应拒收，与投标人有利害关系的人员不得作为评标委员会的成员。招标人和投标人双方在招标投标活动中的地位平等，任何一方不得向另一方提出不合理的要求，不得将自己的意志强加给对方。

4）诚实信用原则

诚实信用是民事活动的一项基本原则，招标投标活动是以订立采购合同为目的的民事活动，也适用这一原则。诚实信用原则要求招标投标各方都要诚实守信，不得有欺骗、背信的行为。

任务5 建设工程招标投标主体的组成

1.5.1 建设工程招标人

1. 招标人的概念

招标人是依法提出招标项目、进行招标的法人或者其他组织。

1）招标人必须是法人或者其他组织

法人是指具有民事权利能力和民事行为能力，并依法享有民事权利和承担民事义务的组织，包括企业法人、机关法人和社会团体法人。法人必须具备以下条件：

（1）必须依法成立。一是其设立必须合法，设立目的和宗旨要符合国家和社会公共利益的要求，组织机构、设立方式、经营范围等要符合法律的要求；二是法人成立的审核和登记程序必须合乎法律的要求，即法人的设立程序必须合法。

（2）必须具有必要的财产（企业法人）或经费（机关、社会团体、事业单位法人）。这是作为法人的社会组织能够独立参加经济活动，享有民事权利和承担民事义务的物质基础，也是其承担民事责任的物质保障。

（3）有自己的名称、组织机构和场所。

（4）能够独立承担民事责任。在经济活动中发生纠纷或争议时，法人能以自己的名义起诉或应诉，并以自己的财产作为自己债务的担保手段。

其他组织，指不具备法人条件的组织。主要包括：法人的分支机构；企业之间或企业、事业单位之间联营，不具备法人条件的组织；合伙组织；个体工商户等。

2）招标人必须提出招标项目、进行招标

提出招标项目即根据实际情况和《招标投标法》的有关规定，提出和确定拟招标的项目，办理有关审批手续，落实项目的资金来源等；进行招标是指撰写或决定招标方式，编制招标文件，发布招标公告，审查潜在投标人资格，主持开标，组建评标委员会，确定中标人，订立合同等。

2. 招标人应具备的条件

建设单位作为招标人办理招标时，应具备下列条件：① 是法人或依法成立的其他组织；② 有与招标工程相适应的经济、技术管理人员；③ 有组织编制招标文件的能力；④ 有审查投标单位资质的能力；⑤ 有组织开标、评标、定标的能力。

3. 招标人的法律责任

(1) 必须进行招标的项目而不招标的，将必须进行招标的项目化整为零或者以其他任何方式规避招标的，责令限期改正，可以处项目合同金额5‰以上、10‰以下的罚款；对全部或者部分使用国有资金的项目，可以暂停项目执行或者暂停资金拨付；对单位直接负责的主管人员和其他直接责任人员依法给予处分。

(2) 招标人以不合理的条件限制或者排斥潜在投标人的，对潜在投标人实行歧视待遇的，强制要求投标人组成联合体共同投标的，或者限制投标人之间竞争的，责令改正，可以处1万元以上、5万元以下的罚款。

(3) 依法必须进行招标的项目的招标人向他人透露已获取招标文件的潜在投标人的名称、数量或者可能影响公平竞争的有关招标投标的其他情况的，或者泄露招标控制价的，给予警告，可以并处1万元以上、10万元以下的罚款；对单位直接负责的主管人员和其他直接责任人员依法给予处分；构成犯罪的，依法追究刑事责任。所列行为影响中标结果的，中标无效。

(4) 依法必须进行招标的项目，招标人违反规定，与投标人就投标价格、投标方案等实质性内容进行谈判的，给予警告，对单位直接负责的主管人员和其他直接责任人员依法给予处分。所列行为影响中标结果的，中标无效。

(5) 招标人在评标委员会依法推荐的中标候选人以外确定中标人的，依法必须进行招标的项目在所有投标被评标委员会否决后自行确定中标人的，中标无效。责令改正，可以处中标项目金额5‰以上、10‰以下的罚款；对单位直接负责的主管人员和其他直接责任人员依法给予处分。

(6) 招标人与中标人不按照招标文件和中标人的投标文件订立合同的，或者招标人、中标人订立背离合同实质性内容的协议的，责令改正；可以处中标项目金额5‰以上、10‰以下的罚款。

1.5.2 建设工程投标人

1. 投标人的概念

投标人是响应招标、参加投标竞争的法人或者其他组织。招标公告或者投标邀请书发出后，所有对招标公告或投标邀请书感兴趣的并有可能参加投标的人，称为潜在投标人。那些响应招标并购买招标文件，参加投标的潜在投标人称为投标人，这些投标人必须是法人或者其他组织。

所谓响应招标，是指潜在投标人获得了招标信息或者投标邀请书以后，购买招标文件，接收资格审查，并编制投标文件，按照投标人的要求参加投标的活动。

参加投标竞争，是指按照招标文件的要求并在规定的时间内提交投标文件的活动。

2. 投标人应具备的条件

投标人通常应当具备下列条件：

(1) 有与招标文件要求相适应的人力、物力和财力；

(2) 有招标文件要求的资质证书和相应的工作经验与业绩证明；

(3) 具备法律、法规规定的其他条件。

3. 投标人的法律责任

投标人有下列行为的中标无效、处以罚款；对单位直接负责人和其他直接责任人处以罚款；情节严重的取消 1 至 3 年内投标资格并予以公告，直至吊销营业执照；构成犯罪的，依法追究法律责任。

(1) 投标人相互串通投标或者与招标人串通投标的，投标人以向招标人或者评标委员会成员行贿的手段谋取中标的；

(2) 投标人以他人名义投标或者以其他方式弄虚作假，骗取中标的。

1.5.3 建设工程招标代理机构

1. 概述

招标代理机构是指受招标人委托，代为从事招标组织活动的中介机构。我国是从 20 世纪 80 年代初开始进行招标投标活动的，最初主要是利用世界银行贷款进行的项目招标。由于一些项目单位对招标投标知之甚少，缺乏专门人才和技能，一批专门从事招标业务的机构产生了。1984 年成立的中国技术进出口总公司国际金融组织和外国政府贷款项目招标公司(后改为中技国际招标公司)是中国第一家招标代理机构。

随着招标投标事业的不断发展，国际金融组织和外国政府贷款项目招标等行业都成立了专职的招标机构，在招标投标活动中发挥了积极的作用。目前，全国共有专门从事招标代理业务的机构数百家，这些招标代理机构拥有专门的人才和丰富的经验，对于那些初次接触招标，招标项目不多或自身力量不足的项目单位来说，具有很大的吸引力。为充分发挥代理机构在招标投标中的作用，促进其健康快速发展，《招标投标法》第十二条第一款规定："招标人有权自行选择招标代理机构，委托其办理招标事宜。"需要强调的是，"自行选择"是指招标人在代理机构的选择问题上有绝对的自主权，不受其他组织或个人的影响、干预，任何单位和个人以任何方式为招标人指定招标代理机构的，招标人有权拒绝。

2. 招标代理机构应具备的条件

(1) 有固定的营业场所和开展工程招标代理业务所需设施及办公条件；

(2) 具备编制招标文件和组织评标的相应专业力量；

(3) 具有可以作为评标委员会成员人选的技术、经济等方面的专家库；

(4) 有健全的组织机构和内部管理的规章制度。

3. 招标代理机构的基本工作

招标代理机构是依法设立、从事招标代理业务并提供相关服务的社会中介组织。这里有几层含义：

(1) 招标代理机构的性质既不是一级行政机关，也不是从事生产经营的企业，而是以自己的知识、智力为招标人提供服务的独立于任何行政机关的组织。招标代理机构可以以多种组织形式存在，如可以是有限责任公司，也可以是合伙企业等。自然人一般不能从事招标代理业务。

(2) 招标代理机构需依法登记设立，招标代理机构的设立不需有关行政机关的审批，但其从事有关招标代理业务的资格需要有关行政主管部门审查认定。

（3）招标代理机构从事招标代理业务，即接受招标人委托，组织招标活动。具体业务活动包括帮助招标人或受其委托拟定招标文件，依据招标文件的规定，审查投标人的资质，组织评标、定标等；提供与招标代理业务相关的服务，即指提供与招标活动有关的咨询、代书及其他服务性工作。

中国的招标代理机构从无到有，业务从小到大，累计完成了几万个招标项目。这些机构经过长期的招标实践，总结和积累了丰富的招标经验。在编制招标文件、审查投标人资格、评估最佳投标商能力等操作方面，形成了较系统的规程和技巧，在代理招标活动中发挥着重要作用。招标代理机构主要侧重如下工作：

1）获得采购人合法授权

由于招标代理机构是受采购人委托，以采购人名义组织招标，因此，在开展招标活动之前，必须获得采购人的正式授权，这是招标代理机构开展招标业务的法律依据。授权的范围由采购人确定，招标代理机构也应根据工作的需要提出相应的要求。经过采购人和招标代理机构协商一致后，双方签订委托招标合同（或协议）。合同主要内容包括：采购人和招标代理机构各自的责权利、委托招标采购的标的和要求、采购的周期、定标的程序和招标代理机构收费办法等。这里特别强调的是定标程序问题，这关系到赋予招标代理机构的权限范围和招标代理机构所承担的责任。定标程序可分为以下几种主要程序：一是委托招标机构评出优选方案，排出前三名的顺序，由采购人最终确定中标商；二是采购人委托评标委员会负责定标；三是采购人委托招标机构负责定标；四是招标机构提出中标的意见，经采购人同意后报有关主管机关最终确定中标商。由于不同的定标程序授权的范围不同，有关各方承担责任的大小也不一样。因此，委托方和招标代理机构在开始招标前，就应商定好定标程序。

2）为采购人编制招标文件

招标文件（或称标书）是整个招标过程所遵循的法律性文件，是投标和评标的依据，而且是构成合同的重要组成部分。一般情况下，招标人和投标人之间不进行或进行有限的面对面交流。投标人只能根据招标文件的要求，编写投标文件。因此，招标文件是联系、沟通招标人与投标人的桥梁。能否编制出完整、严谨的招标文件，直接影响招标的质量，也是招标成败的关键。因此，有人把招标文件比作各方遵循的“宪法”，由此可见招标文件的重要性。由于招标代理机构专门从事招标业务，他们拥有较丰富的经验和大量的投标商信息，可以编制更加完善的招标文件。为此，他们主要注重以下几个方面的工作：

一是对投标人做出严格的限制，在保证充分竞争的前提下，尽量使合格的供应商和承包商参加投标，以避免投标人过多，给各方面造成不必要的负担。这项工作建立在掌握投标商大量信息的基础上，而专职招标代理机构有条件做到这一点。

二是对招标文件的制作做出详细的规定，使投标人按照统一的要求和格式编写投标文件，达到准确响应招标文件要求的目的。

三是为采购人当好技术规格和要求的参谋，使采购人获得合乎要求和经济的采购品。

四是保证招标文件的科学、完整，防止漏洞，不给投标人以可乘之机。

3）严格按程序组织评标

一般情况下，采购人与一些供应商和承包商有各种业务往来，难以超脱者的身份组织评标，且容易被投标者误会。专职招标代理机构比较超脱，可以较好地避免问题的发生，并严格按招标文件的要求和评标标准组织评标，以维护招标的公正性，保证招标的效果。

4）做好采购人与中标人签订合同的协调工作

由于采购人处于主动的地位，容易将招标以外的一些条件强加给中标人，产生不平等的协议，使招标流于形式。有时，中标人也会找各种理由拒绝或拖延签订合同。上述问题如果没有一个中间人从中协调是很难解决的。由于招标代理机构是招标的组织者，承担此角色最为适宜。

5）监督合同的执行，协调执行过程中的矛盾

有些招标合同的执行需要较长时间，在执行合同过程中，当事人双方难免遇到一些纠纷，不愿意诉诸法律，希望有一个中间人从中协调解决。在实际工作中，招标机构组织签订合同后，可以说已完成了招标代理工作，但在执行合同过程中当双方出现矛盾时，如果需要求助招标代理机构来解决，招标代理机构出于对双方负责和提高自身信誉的目的，会尽最大努力使矛盾得到解决。

Chapter 2

项目 2 建设工程招标

任务1 建设工程招标概述

2.1.1 建设工程招标的概念

建设工程招标指业主通过发布招标公告或者投标邀请书，邀请有意提供承建某项工程建设服务的承包人就该标的做出报价，从中选择最符合自己条件的投标人订立合同的意思表示。由于建设工程招标只提出招标条件和要求，并不包括合同的全部内容，招标控制价不能公开，因而，从法律性质上看，建设工程招标不具有要约的性质，而是要约邀请。

一般而言，招标人没有必须接受投标人投标的义务，因此，在建设工程承发包活动中，招标人在招标文件中往往声明不确保报价最低者中标。但是，并不是说招标对招标人就没有法律约束力。建设工程招标的法律约束力是指招标人在发布招标公告或发送投标邀请书后的招标有效期限内，是否有权修改招标文件的内容或撤回招标文件。依我国法律及有关交易习惯，建设工程招标具有一定程度的法律约束力，具体体现在：招标人不得擅自改变已发出的招标文件；如果招标人擅自改变已发出的招标文件，应赔偿由此而给投标人造成的损失。

建设工程招标除应当遵循工程发包和承包所要求的公开、公平、公正原则外，还应当遵循诚实信用的原则。诚实信用是民事活动的基本原则，它要求招标投标的双方都要诚实守信，不得有欺骗、背信的行为。招标人不得搞内定承包人的虚假招标，也不能在招标中设圈套损害承包人利益，投标人不能用虚假资质、虚假标书投标，投标文件中所有各项都要真实。合同签订后，任何一方都要严格、认真地履行。

2.1.2 建设工程招标投标的意义和作用

实行建设工程的招标投标是我国建筑市场趋向规范化、完善化的重要举措，对于择优选择承包单位、全面降低工程造价，进而使工程造价得到合理有效的控制，具有十分重要的意义。

1. 形成了由市场定价的价格机制

建设工程的招标投标已基本形成了由市场定价的价格机制，使工程价格趋于合理。若干投标人之间出现激烈竞争，这种市场竞争最直接、最集中的表现就是在价格上的竞争。通过竞争确定出工程价格，使其趋于合理或下降，这将有利于节约投资、提高投资效益。

2. 不断降低社会平均劳动消耗水平

在建筑市场中，不同投标人的个别劳动消耗水平是有差异的。通过招标投标，最终是那些个别劳动消耗水平最低或接近最低的投标人获胜，这样便实现了生产力资源优化配置，也对不同投标人实行了优胜劣汰。面对激烈竞争的压力，为了自身的生存与发展，每个投标人都必须切实降低自己的个别劳动消耗水平，这样将逐步而全面地降低社会平均劳动消耗水平，使工程价格更为合理。

3. 工程价格更加符合价值基础

实行建设工程的招标投标便于供求双方更好地相互选择，使工程价格更加符合价值基础，进而更好地控制工程造价。采用招标投标方式为供求双方在较大范围内进行相互选择创造了条件，为需求者(如建设单位、业主)与供给者(如勘察设计单位、施工企业)在最佳点上结合提供了可能。需求者对供给者选择(即建设单位、业主对勘察设计单位和施工单位的选择)的基本出发点是“择优选择”，即选择那些报价较低、工期较短、具有良好业绩和管理水平的供给者，为合理控制工程造价奠定了基础。

4. 能够减少交易费用

目前，我国从招标、投标、开标、评标直至定标，均在统一的建筑市场中进行，并有较完善的一些法律、法规规定，已进入制度化操作。招标投标过程中，若干投标人在同一时间、地点报价竞争，在专家支持系统的评估下，以群体决策方式确定中标人，必然减少交易过程的费用，这本身就意味着招标人收益的增加，对降低工程造价必然产生积极的影响。

建设工程招标投标活动包含的内容十分广泛，具体包括建设工程强制招标的范围、建设工程招标的种类与方式、建设工程招标的程序、建设工程招标投标文件的编制、招标控制价编制与审查、投标报价以及开标、评标、定标等。所有这些环节的工作均应按照国家有关法律、法规规定认真执行并落实。

2.1.3 建设工程招标投标的特征

建设工程招标投标是一种具有自身特色的市场交易方式，它具有以下基本特征。

1. 竞争激烈

竞争是市场经济条件下建设工程项目投标的本质特性。由于招标人一般都采用现代化手段，打破地区界限，公开发布招标消息，影响范围广泛；同时，公开招标的工程项目，一般都颇具规模、金额较大，只要经营得当，获利会相当丰厚，这对各地区工程承包单位的吸引力很大；加之建设工程招标投标是建设工程项目承包市场和劳务承包市场上采用最为普遍的重要交易方式，各承包单位只有通过投标且获胜中标才能有活干，才有望获取利润使企业得以生存和发展。基于上述种种原因，必然能使招标人在相当大的范围内吸引众多的建设工程项目承包的相关单位投标。而中标者通常只有一家，能否中标往往直接关系着承包商的命运，这势必导致各投标人为争取中标进行激烈、充分的竞争。

2. 组织严密

招标投标是一种有组织的交易方式，具有明显的组织性特征。它主要表现在以下四个方面。

(1) 招标组织机构的严密性。招标的组织者是法人或其他组织，一般情况下，自然人不能成为招标人；招标代理机构是经过建设主管部门按照国家有关规定审批并颁发了资质证的咨询单位。招标人邀请招标代理机构招标，要有严密的招标委托协议。

(2) 决策过程的集体性。无论是委托招标、自行招标，还是公开招标或者邀请招标，招标的决策过程都是集体决策的过程。评标委员会的专家都是从专家库中随机抽取的，评标时，由评标委员会的专家，集中对投标人的报价、质量、技术、工期与其他综合因素及其综合实力进行比较、评估而择优确定的，是一个集体决策的过程，并非个人行为。

(3) 招标投标的地点及时间场所的规定性。投标地点、开标地点都必须在招标文件、招标公告事先规定的场所进行。招标文件的发售时间、投标文件的递交时间和开标的时间，都要按事先公开规定的时间进行。

综上所述，招标是一种有组织、有计划的特殊的商业交易活动，它的进行过程，必须按照招标文件的规定，在规定的地点、时间内，按照预定的规则、标准、方法进行，有严密的程序，处处体现出高度的组织性。

3. 信息公开

1) 公开招标信息

招标人进行招标的目的，是要在一定范围内寻找合适的承包人，因此在一定范围内公开信息是招标活动的另一个重要特点。招标人采用公开招标方式的，应当发布招标公告。对政府规定强制招标项目的招标公告，还必须通过国家指定的报刊、信息网络或者其他公共媒介发布；需要进行资格预审的，还应当事先公开发布资格预审公告。招标人采用邀请招标方式的，应当向3个以上的特定法人或者其他组织发出投标邀请书。资格预审公告、招标公告或投标邀请书，应当载明能大体满足潜在投标人决定是否参加投标竞争所需要的信息，通常应当包括：招标人的名称、地址，招标采购的项目名称、性质，采购货物的数量、技术要求和交货地点，或拟建工程的项目名称、性质、规模、地点和技术要求等，或所需提供服务的性质要求和提供地点等，还应有公开提供招标文件的时间、地点和收取的费用等。

招标文件应当载有为供应商、承包商做出投标决策、进行投标准备所必需的资料，以及其他为保证招标投标过程公开、透明的有关信息。通常应当包括：关于编写投标文件的说明，以避免投标者因其提交的投标书不符合要求而失去中标机会，投标者为证明其资格而必须提交的有关资料；采购项目的技术、质量要求，交货、竣工或提供服务的时间要求；对投标担保的要求；提交投标书的时间、地点的规定；投标有效期(即投标者应受其投标条件约束的期限)；开启投标书的时间、地点和程序；对投标书的评审标准、方法等。招标人如对已发出的招标文件进行必要的澄清或者修改的，也都应公开进行。

2) 公开程序和内容

开标是公开进行的，所有潜在投标人的代表均可参加开标；开标的时间和地点，应当与事先提供给所有投标人的招标文件上载明的时间和地点相一致，以便投标人按时参加；开标时，应先由投标人或者其推举的代表检查投标文件的密封情况，经确定无误后，由工作人员当众公开拆封，以唱读的方式，公开报出各投标人的名称、投标价格等投标文件中的最主要内容；对设有招标控制价的招标项目，在对全部投标人的唱标结束后，开标会上最后公开拆封并公开宣读招标控制价。开标会必须做好记录，存档备查。招标人在招标文件要求提交投标文件的截止日期前收到的所有投标文件，开标时都应当予以拆封、宣读。对在投标截止日期以后收到的投标文件，招标人则都应公开拒收。

3) 公开评标标准和评标方法

评标的标准和评标方法应当在提供给所有投标人的招标文件中载明。国家规定：评标委员会应当严格按照招标文件中规定的评标标准和方法，对投标人的投标文件进行系统的评审和比较，而不得采用招标文件未列明的任何标准和方法。招标程序中还公开规定了招标人不得与投标人就投标价格、投标方案中的实质性内容进行谈判，违者将导致废标。

4) 公开中标的结果

确定中标人后，招标人应当向中标人发出中标通知书，并同时将中标结果通知所有未中标的投标人，让所有投标单位都知道最终结果。目前，有些招标规则中明文规定开始实行公示制度，就是将评标报告中拟选定的中标人名单，在一定媒体上公示若干天。在公示期间，任何人，包括未中标的投标人对招标活动和中标结果有异议的，有权向招标人或有关行政监督部门提出质疑或投诉。只有在公示期间对中标候选人没有异议或对异议进行了处理后，才能正式确定为中标人。这种中标人公示制度，受到招标投标双方的欢迎，正从国际招标向国内招标的各个领域迅速推广扩大。招标交易方式的公开特征，是对投标人最具吸引力的特点之一，它使合格的投标者能以均等的机会参与竞争，实现其效率与效益。

4. 报价的一次性

招标与投标的交易行为，不同于一般商品交换，也不同于公开询价与谈判交易。在招标投标过程中，投标人没有讨价还价的权利，是招标投标这种特殊交易方式的一个最为显著的特性。投标人参加投标，只能应邀进行一次性秘密报价，即“一口价”。在投标文件递交截止日期以后，投标文件不得撤回或进行实质性条款的修改。

5. 价格合理

建设工程招标投标的合理性集中体现在价格水平的合理性上。评价某种商品的价格是否合理，首先应该看其是否能反映价值规律的客观要求，按社会必要劳动时间确定商品的价值量。恩格斯曾经指出，只有通过竞争从而引起商品价格的波动，商品生产的价值规律才能得到贯彻，按社会必要劳动时间决定商品价值才能成为现实。这就是说，生产某种使用价值的社会必要劳动时间，一般不是人为规定的，只能通过生产条件各不相同的商品生产者之间的竞争来形成。投标者中标，意味着该投标单位完成某类工程建设项目所需要的个别劳动时间为社会承认，表现为社会必要劳动时间。以中标价为基础确定工程建设项目的结算价，较好地体现了价值规律关于按社会必要劳动时间决定商品价值量的这一客观要求。

评价商品价格是否合理，还需看其是否能灵敏地反映市场行情。所谓市场行情，是对市场上商品供求及物价动态的总称，它既包括市场供求状况的变化，也包括各种价格涨落的趋势。通过招标投标形成的建设工程项目价格，是以中标人的投标报价为基础确定的。而中标人在计算投标报价时所采用的实物消耗定额、费用计算标准、利润率等基础资料，都是由投标人根据当时当地市场上供求状况及价格涨落情况进行科学的分析和预测之后，审慎确定的。依据这样的基础资料计算出的投标报价，一般而言，价格都能随行就市，反映市场行情的灵敏度比较高。合理的商品价格还必须能有效地推动商品价值的不断降低、劳动生产率水平的逐步提高及社会科学技术的进步。由此可见，通过招标投标形成的建设工程项目价格具有合理性。

6. 管理法治

按照国际惯例进行的建设工程招标投标，是以法律作为保障买卖双方关系的基础。一方面，建设工程招标投标活动，受建设工程项目相关法律、法令、政策的约束，依法进行。另一方面，建设工程招标投标必须以严格的合同制为基础。而从合同的本质分析，它是明确、详尽规定工程承发包双方履行各自权利、义务的具有法律效力的经济契约。凡列入合同的条款，都必须保证法律上的正确性和无懈可击。合同是建设工程招标投标一切工作中都必须遵循的准则，双方在解除承发包关系前的一切事项，都必须按照合同规定的具体条款进行处理和解决，双方均不得违约。若有违约，须按合同规定予以处罚，并承担相应的法律责任。执行合同中所产生的纠纷，亦须按合同的规定进行协商、调解、仲裁，甚至诉诸法院解决。所以，以严格的合同制为基础的建设工程招标投标，对双方的约束性都是极强的。法治性，是建设工程招标投标管理的一个基本特征，是这一特殊商品的特殊交易行为顺利进行的基本保障。

7. 过程公正

建设工程的招标过程，应该是一视同仁的运作过程，对所有投标人来说，应是机会均等、公平竞争的。在招标过程中，招标方不得有任何歧视某一个投标人的规定和行为，应向所有的投标人提供相同的招标信息，包括对招标文件的解释和澄清都应提供给所有的投标人；应按相同的标准和程序对所有投标人的资格进行审查；提供投标担保的要求应同样适用于每一位投标人；在编制建设工程所需的设备、物资等采购的相关条款时，不得在技术规格、性能要求等方面偏向任何一方，不得以标明特定的商标、专利等形式倾向某一特定的投标人，排斥其他投标人，不得向任何投标人泄露招标控制价或其他可能妨碍公平竞争的信息。在开标过程中，应通知所有投标人参加开标会，由公证机关公证人员或投标人代表当众核查文件密封情况，当场监督；所有在投标截止期前收到的投标文件都应当在开标时当众打开和进行唱标；对所有在投标截止日期以后送到的投标文件都应拒收；要公开评标标准和评标方法，保证评标委员会评标过程的公正性。在确定和组成评标委员会时，必须要依法进行，与投标人有利害关系的人员不得作为评标委员会成员，保证评标委员会人员组成的公正性；评标委员会在评标的过程中，必须严格依据招标文件中既定的评定标准，客观公正地评价各份合格的投标书。在签订承包合同时，必须公正地签订所有条款，任何条款都不得对某一方具有明显的倾向性。对不公正、不公平的做法，投标人可在公示期向主管监督部门提出投诉等。总之，只有做到一视同仁、平等相待、机会均等，才能确保公平竞争。

8. 程序规范

建设工程招标投标的规范性要求招标投标的程序必须规范，要严格按照法律法规安排出招标投标的日程，按照招标—投标—开标—评标—中标—签订合同这一相对规范和成熟的程序，依次进行建设工程招标投标各个环节的具体工作。操作必须规范，有关手续的办理一定要严格、完备，投标文件必须采用书面形式按既定时间、地点报送，若以电报、传真等方式提出的投标文件必须经书面确认。标书必须密封、盖章并妥善保管，开标前应检查标书密封是否完好。启封后的标书需经审查，符合招标文件要求的，方能参加评标。合同文件必须规范，一方面，建设工程招标文件的内容按照通行的规则，必须包括招标书或投标邀请书、投标人须知、合同条件、工程量清单、技术规范、图纸及有关设计资料、投标书及其附件格式等。另一方面，合同条件的设置要规范，必须严格遵循法律法规和国际惯例，如使用住建部施工合同示范文本等。随着我国《招标投标法》的全面贯彻执行，国务院有关行政监督部门已出台了一些必须强制执行的程序规定，使招标投标工作不仅有法可依，而且有章可循了。所有这些，都将有力地促进招标投标行为的规范化。招标投标机制上的这些基本特性，充分体现出招标投标活动确实是有组织的、成熟的、规范的。

2.1.4 建设工程招标的方式

目前国内外市场上使用的建设工程招标方式主要有以下几种。

1. 公开招标

公开招标是指招标人通过报刊、广播、电视、信息网络或其他媒介，公开发布招标广告，招揽不特定的法人或其他组织参加投标的招标方式。公开招标的方式一般对投标人的数量不予限制，故也称之为“无限竞争性招标”。

公开招标的招标广告一般应载明招标工程概况（包括招标人的名称和地址，招标工程的性质、实施地点和时间、内容、规模、占地面积、周围环境、交通运输条件等），对投标人的资历及其资格预审要求，招标日程安排，招标文件的获取时间、地点、方法等重要事项。国内依法必须进行的公开招标公告，应当通过国家指定的报刊、信息网络等媒介发布。

采用公开招标的主要优势有以下四个方面。

(1) 有利于招标人获得最合理的投标报价，取得最佳的投资效益。由于公开招标是无限竞争性招标，竞争相当激烈，使招标人能切实做到"货比三家"，有充分的选择余地，招标人利用投标人之间的竞争，一般都易于选择出质量最好、工期最短、价格最合理的投标人承包工程，使自己获得较好的投资效益。

(2) 有利于学习国外先进的工程技术及管理经验。公开招标竞争范围广，往往打破国界。例如，我国鲁布革水电站项目引水系统工程，采用公开招标方式招标，日本大成公司中标，不但中标价格大大低于招标控制价，而且在工程实施过程中还学到了外国工程公司先进的施工组织方法和管理经验，引进了国外工程建设项目施工的"工程师"制度，由工程师代表业主监督工程施工，并作为第三方调解业主和承包人之间发生的一些问题和纠纷。对提高我国建筑企业的施工技术和管理水平无疑具有较大的推动作用。

(3) 有利于提高各国工程承包企业的工程建造质量、劳动生产率及投标竞争力。采用公开招标能够保证所有合格的投标人都有机会参加投标，都以统一的客观衡量标准来衡量自身的生产条件，促使各家施工企业在竞争中按照国际先进的水平来发展自己。

(4) 公开招标是根据预先制定并众所周知的程序和标准公开而客观地进行的，因此一般能防止招标投标过程中作弊情况的发生。

但是公开招标也不可避免地存在一些问题。一是公开招标所需的费用较大，时间较长。由于公开招标要遵循一套周密而复杂的程序，有一套细致而条目繁多的评价标准，从发布招标消息、投标人作出相应反应、评标到签约，通常都需要若干个月甚至一年以上的时间，在此期间招标人还须支付较多的费用进行各项工作。二是公开招标需准备的文件较多，工作量较大且各项工作的具体实施难度较大。

公开招标方式主要适用于：各国政府投资或融资的建设项目；使用世界银行、国际性金融机构资金的建设项目；国际上的大型建设工程项目；公共安全的基础设施建设工程项目及公共事业项目等。

2. 邀请招标

邀请招标，是指招标人以投标邀请书的方式直接邀请若干家特定的法人或其他组织参加投标的招标方式。由于投标人数量是招标人确定的，有限制的，所以又称之为"有限竞争性招标"。

招标人采用邀请招标方式时，特邀的投标人一般不少于三家。被邀请的投标人必须是资信良好、能胜任招标工程项目实施任务的单位。通常根据以下条件选择：① 该单位当前和过去的财务状况均良好；② 该单位近期内成功地承包过与招标工程类似的项目，有较丰富的经验；③ 该单位有较好的信誉；④ 该单位的技术装备、劳动力素质、管理水平等均符合招标工程的要求；⑤ 该单位在施工期间有足够的力量承担工程的任务。

总之，被邀请的投标人必须在资金、能力、信誉等方面都能胜任招标工程。邀请招标与公开招标相比，其好处主要表现在以下几个方面。

(1) 招标需要的时间较短，且招标费用较少。一般而言，由于邀请招标时，被邀请的投标人都是经招标人事先选定，具备招标工程投标资格的承包企业，故无须再进行投标人资格预审；又由于被邀请的投标人数量有限，可相应减少评标阶段的工作量及费用开支。因此，邀请招标能以比公开招标更短的时间，更少的费用来结束招标投标过程。

(2) 投标人不易串通抬价。因为邀请招标不公开进行，参与投标的承包企业不清楚其他被邀请人，所以，在一定程度上能避免投标人之间进行接触，使其无法串通抬价。

采用邀请招标的工程范围包括：项目技术复杂或有特殊要求，只有少量几家潜在投标人可供选择的；受自然地域环境限制的；涉及国家安全、国家秘密或者抢险救灾，适宜招标但不宜公开招标的；拟公开招标的费用与项目的价值相比，不值得的；法律、法规规定不宜公开招标的。

国家重点建设项目的邀请招标，应当经国务院发展计划部门批准；地方重点建设项目的邀请招标，应当经各省、自治区、直辖市人民政府批准。

邀请招标方式与公开招标方式比较，也存在明显的不足，主要是不利于招标人获得最优的报价，取得最佳的投资效益。这是由于邀请招标时，由业主选择投标人，业主的选择相对于广阔发达的市场，不可避免地存在一定的局限性，业主很难对市场上所有承包商的情况都了如指掌，常会漏掉一些在技术上、报价上更具有竞争力的承包企业；加上邀请招标的投标人数量既定，竞争有限，可供业主比较、选择的范围相对狭小，不易使业主获得最合理的报价。

此外，当上述公开招标或邀请招标的投标人涉及几个国家时，就称之为“国际竞争性招标”。凡是利用“世界银行”和“国际开发协会”的贷款兴建的工程项目，按照规定，均需采用国际竞争性招标方式招标，而参与投标的一般应是该组织内的成员国的承包企业。实行国际竞争性招标方式招标时，必须遵循世界银行规定的“效率、经济、公平”的原则进行。该原则的具体要求有以下三方面。

(1) 在项目实施中，器材采购或工程施工，都必须经济实惠，讲求效率。

(2) 世界银行的所有成员都有公平的均等的机会参加竞争。

(3) 给予借款国本国的承包商和制造商一定的优惠，鼓励其发展。

2.1.5 建设工程招标的程序

按照招标人和投标人参与程序，将招标过程概括划分成招标准备阶段、招标投标阶段和决标成交阶段。公开招标程序图如图 2-1 所示。

图 2-1 公开招标程序图

1. 招标准备阶段

1) 招标项目应具备的条件

批准建设的建设工程项目只有在具备一定的条件后，才能进行招标，这些条件主要由三方面组成：一是已落实建设资金，二是已履行相关审批手续，三是必要的准备工作已完成。

2) 选择招标方式

选择招标方式应根据以下几方面考虑：

(1) 根据工程特点和招标人的管理能力确定发包范围。

(2) 依据工程建设总进度计划确定项目建设过程中的招标次数和每次招标的工作内容，如监理招标、设计招标、施工招标、设备供应招标等。

(3) 按每次招标前准备工作完成情况，选择合同计价方式。如施工招标时，已完成施工图设计的中小型工程，可采用总价合同；若为初步设计完成后的大型复杂工程，则应采用估计工程量单价合同。

(4) 依据工程项目的特点、招标前准备工作的完成情况、合同类型等因素的影响，最终确定招标方式。

3) 招标备案

招标人向建设行政主管部门申请招标备案。备案招标文件应说明：招标工作范围、招标方式、计划工期、对投标人的资质要求、招标项目的前期准备工作的完成情况、自行招标还是委托代理招标等内容。

2. 招标投标阶段

公开招标时，从发布招标公告开始，若为邀请招标，则从发出投标邀请书开始，到投标截止日期为止的期间称为招标投标阶段。在此阶段，招标人应做好招标的组织工作，投标人则按招标有关文件的规定程序和具体要求进行投标报价竞争。

《招标投标法》第二十四条规定："招标人应当确定投标人编制投标文件所需要的合理时间；但是，依法必须进行招标的项目，自招标文件开始发出之日起至投标人提交投标文件截止之日止，最短不得少于二十日"。而招标人对已发出的招标文件进行必要的修改与澄清的，至晚也必须在投标截止日期15日前，以书面形式通知所有投标文件的收受人。

1）招标人发布招标公告或投标邀请书

招标人采用公开招标方式的，应当发布招标公告。依法必须进行招标的项目的招标公告，应当通过国家指定的报刊、信息网络或者其他媒介发布。招标公告应当载明招标人的名称和地址、招标项目的性质、数量、实施地点和时间以及获取招标文件的办法等事项。招标人采用邀请招标方式的，投标邀请书应当载明招标公告规定的事项。

建设工程项目施工招标公告或者投标邀请书应当至少载明下列内容：① 招标人的名称和地址；② 招标项目的内容、规模、资金来源；③ 招标项目的实施地点和工期；④ 获取招标文件或者资格预审文件的地点和时间；⑤ 对招标文件或者资格预审文件收取的费用；⑥ 对招标人资质等级的要求。

2）招标人对投标人的资格审查

资格审查可分为资格预审和资格后审。资格预审是在投标前对潜在投标人进行的审查；资格后审是在开标后对投标人进行的资格审查。进行资格预审的，一般不再进行资格后审，但招标文件另有规定的除外。资格审查时，招标人不得改变载明的资格条件或者以没有载明的资格条件对潜在投标人或者投标人限制。

采取资格预审的，招标人应当在资格预审文件中载明资格预审的条件、标准和方法。经资格预审后，招标人应当向资格预审合格的潜在投标人发出资格预审合格通知书，告知获取招标文件的时间、地点和方法，并同时向资格预审不合格的潜在投标人告知资格预审结果。资格预审不合格的潜在投标人不得参加投标，对于已经通过资格预审的投标人，招标人应当向其发布招标文件。

采取资格后审的，招标人应当在招标文件中载明对投标人资格要求的条件、标准和方法，经资格后审不合格的投标人的投标做废标处理。

资格预审是招标人对投标人的财务状况、技术能力等方面事先进行的审查，以确保参加投标人有投标能力。资格预审主要从法律、技术及资金等方面对投标人的资格进行审查。具体地说，就是审查投标人的法律资格、财务能力、机械设备条件、技术水平、施工经验、工程信誉等方面的有关情况。《招标投标法》第十八条规定："招标人可以根据招标项目本身的要求，在招标公告或者投标邀请书中，要求潜在投标人提供有关资质证明文件和业绩情况，并对潜在投标人进行资格审查；国家对投标人的资格条件有规定的，依照其规定。招标人不得以不合理的条件限制或者排斥潜在投标人，不得对潜在投标人实行歧视待遇。"

资格审查程序是为了在招标过程中剔除资格条件不适合承担或履行合同的潜在投标人或投标人。资格审查应主要审查潜在投标人或者投标人是否符合下列条件：① 具有独立订立合同的权利；② 具有履行合同的能力（包括专业、技术资格和能力）资金、设备和其他物质设施状况，管理能力，经验、信誉和相应的从业人员；③ 没有处于被责令停业，投标资格被取消，财产被接管、冻结，破产状态；④ 在最近 3 年内没有骗取中标和严重违约及重大工程质量问题；⑤ 法律、行政法规规定的其他资格条件。

3）招标人编制招标文件

招标人应当根据招标项目的特点和需要编制招标文件。招标文件应当包括招标项目的技术要求、对投标人资格审查的标准、投标报价要求和评标标准等所有实质性要求和条件以及拟签订合同的主要条款。国家对招标项目的技术、标准有规定的，招标人应当按照其规定在招标文件中提出相应要求，招标文件规定的各项技术标准应符合国家强制性标准。

工程建设项目施工招标文件一般包括下列内容：① 投标邀请书；② 投标人须知，包括工程概况，招标范围，资格审查条件，工程资金来源或者落实情况，标段划分，工期要求，质量标准，现场踏勘和答疑安排，投标文件编制、提交、修改、撤回的要求，投标报价要求，投标有效期，开标的时间和地点等；③ 评标标准和方法；④ 投标文件格式；⑤ 采用工程量清单招标的，应当提供工程量清单；⑥ 技术条款；⑦ 设计图纸；⑧ 合同主要条款；⑨ 投标辅助材料。

招标人可以要求投标人在提交符合招标文件规定要求的投标文件外，提交备选投标方案，但应当在招标文件中做出说明，并提出相应的评审和比较办法。招标人应当在招标文件中规定实质性要求和条件，并用醒目的方式标明。招标文件不得要求或者标明特定的生产供应者以及含有倾向或者排斥潜在投标人的其他内容。

施工招标项目需要划分标段、确定工期的，招标人应当合理划分标段、确定工期，并在招标文件中载明。对工程技术上紧密相连、不可分割的单位工程不得分割标段。招标人不得以不合理的标段或工期限制或者排斥潜在投标人或者投标人。

4）招标人编制招标控制价

招标控制价是我国建设工程招标中的一个特有概念，招标控制价既是招标人对该工程的最高预期价格（一般招标文件规定：投标价格超过招标控制价则为无效标），也是评标的依据。招标项目编制招标控制价的，应根据批准的初步设计、投资概算，依据有关计价办法，参照有关工程定额，结合市场供求状况，综合考虑投资、工期和质量等方面的因素合理确定。招标控制价由招标人自行编制或委托中介机构编制，编制招标控制价的，招标控制价编制过程和招标控制价必须保密，任何单位和个人不得强制招标人编制或报审招标控制价，或干预其确定招标控制价，一个工程只能编制一个招标控制价。

招标控制价编制的依据为：① 国务院和省、自治区、直辖市人民政府建设行政主管部门制定的工程造价计价办法以及其他有关规定；② 市场价格信息，与招标控制价相对应的投标报价应当满足招标文件要求，投标报价应当依据企业定额和市场价格信息，并按照国务院和省、自治区、直辖市人民政府建设行政主管部门发布的工程造价计价办法进行编制。

5）招标人组织现场考察

招标人根据招标项目的具体情况，可以组织潜在投标人踏勘项目现场。设置这一程序的目的，一方面是让投标人了解工程项目的现场条件、自然条件、施工条件以及周围环境条件，以便编制投标报价；另一方面也是要求投标人通过自己的实地考察，来确定投标原则和决定投标策略，避免合同履行过程中投标人以不了解现场情况为由推卸应承担的合同责任。

招标人组织现场考察时，介绍工程场地和相关环境的有关情况，潜在投标人依据招标人介绍情况做出的判断和决策，由投标人自行负责。招标人不得单独或者分别组织任何一个投标人进行现场踏勘。

6）招标答疑

对于潜在投标人在阅读招标文件和现场踏勘中提出的疑问，招标人可以以书面形式或召开投标预备会的方式解答，但需同时将解答以书面方式通知所有购买招标文件的潜在投标人，该解答的内容为招标文件的组成部分。

7）招标文件的澄清或者修改

（1）招标文件的澄清。

① 投标人应仔细阅读和检查招标文件的全部内容。如发现缺页或附件不全，应及时向招标人提出，以便补齐。如有疑问，应在投标人须知前附表规定的时间前以书面形式（包括信函、电报、传真等可以有形地表现所载内容的形式，下同），要求招标人对招标文件予以澄清。

② 招标文件的澄清将在投标人须知前附表规定的投标截止时间 15 天前以书面形式发给所有购买招标文件的投标人，但不指明澄清问题的来源。如果澄清发出的时间距投标截止时间不足 15 天，相应延长投标截止时间。

③ 投标人在收到澄清后，应在投标人须知前附表规定的时间内以书面形式通知招标人，确认已收到该澄清。

（2）招标文件的修改。

① 在投标截止时间 15 天前，招标人可以书面形式修改招标文件，并通知所有已购买招标文件的投标人。如果修改招标文件的时间距投标截止时间不足 15 天，相应延长投标截止时间。

② 投标人收到修改内容后，应在投标人须知前附表规定的时间内以书面形式通知招标人，确认已收到该修改。

8）投标

投标文件应在招标文件中规定的截止时间前送达投标地点，在截止时间后送达的投标文件，招标人应拒收。因此，以邮寄方式送交投标文件的，投标人应留出足够的邮寄时间，以保证投标文件在截止时间前送达，另外，如发生地点方面的错送、误送，其后果皆由投标人自行承担。

根据契约自由原则，我国法律也规定，投标文件送交后，投标人可以进行补充、修改或撤回，但必须以书面形式通知招标人。补充、修改的内容亦为投标文件的组成部分。

投标人对投标文件的补充、修改、撤回通知，也必须在所规定的投标文件的截止时间前送达规定地点。投标文件及其修改、补充的内容都必须以密封的形式送达，招标人签收后必须原样保存，不得开启。对于招标控制价和潜在投标人的名称、数量以及可能影响公平竞争的其他有关招标投标的情况，招标人都必须保密，不得向他人透露。

3. 决标成交阶段

从开标到签订合同这一期间称为决标成交阶段，是对各投标文件进行评审比较，最终确定中标人的过程。

1）开标

《招标投标法》第三十四条规定："开标应当在招标文件确定的提交投标文件截止时间的同一时间公开进行；开标地点应当为招标文件中预先确定的地点。"开标时，由投标人或其推选的代表检验投标文件的密封情况。确认无误后，如果有招标控制价应首先公布，然后由工作人员当众拆封，宣读投标人名称、投标价格和投标文件的其他主要内容。开标过程应当记录，并存档备查。

2）评标

评标是对各投标文件优劣进行比较，以便最终确定中标人。由评标委员会负责评标工作。评标委员会完成评标后，应当向招标人提出书面评标报告，并推荐合格的中标候选人。

3）定标

（1）确定中标人。

招标人应该根据评标委员会提出的评标报告和推荐的中标候选人确定中标人，也可以授权评标委员会直接确定中标人。中标人确定后，招标人向中标人发出中标通知书，同时将中标结果通知所有未中标的投标人并退还他们的投标保证金或保函。

(2) 签订承包合同。

中标通知书发出后的 30 天内，双方应按照招标文件和投标文件订立书面合同，不得对招标投标内容做实质性修改。

(3) 递交书面报告。

确定中标人后 15 天内，招标人应向有关行政监督部门递交招标投标情况的书面报告。这是国家对招标投标活动所进行的监督活动之一。

2.1.6 建设工程招标的范围

必须招标的工程建设项目。依照我国招标投标法及有关规定，在我国境内建设的以下项目必须通过招标投标选择承包人。

(1) 关系社会公共利益、公众安全的大型基础设施项目。

① 煤炭、石油、天然气、电力、新能源项目；② 铁路、公路、管道、水运、航空以及其他交通运输业等交通运输项目；③ 邮政、电信枢纽、通信、信息网络等邮电通信项目；④ 防洪、灌溉、排涝、引(供)水、滩涂治理、水土保持、水利枢纽等水利项目；⑤ 道路、桥梁、地铁和轻轨交通、污水排放及处理、垃圾处理、地下管道、公共停车场等城市设施项目；⑥ 生态环境保护项目；⑦ 其他基础设施项目。

(2) 关系社会公共利益、公众安全的公用事业项目。

① 供水、供电、供气、供热等市政工程项目；② 科技、教育、文化等项目；③ 体育、旅游等项目；④ 卫生、社会福利等项目；⑤ 商品住宅，包括经济适用房；⑥ 其余公用事业项目。

(3) 全部或部分使用国有资金投资的项目。

① 使用各级财政预算资金的项目；② 使用纳入财政管理的各种政府性专项建设基金的项目；③ 使用国有企业事业单位自有资金，并且国有资产投资者实际拥有投资权的项目。

(4) 全部或部分使用国家融资的项目。

① 使用国家发行债券所筹资金的项目；② 使用国家对外借款或者担保所筹资金的项目；③ 使用国家政策性贷款的项目；④ 国家授权投资主体融资的项目；⑤ 国家特许的融资项目。

(5) 使用国际组织或者外国政府贷款的项目。

① 使用世界银行、亚洲开发银行等国际组织贷款资金的项目；② 使用外国政府及其机构贷款资金项目；③ 使用国际组织或者外国政府援助资金项目。

以上范围内总投资超过 3000 万元人民币的各类工程建设项目，包括项目的勘察、设计、施工、监理以及与工程建设有关的重要设备、材料等的采购必须进行招标。另外，总投资虽然低于 3000 万元人民币，但合同估算价达到下列标准之一的也必须进行招标：

① 施工单项合同估算价在 400 万元人民币以上的；② 重要设备、材料等货物的采购，单项合同估算价在 200 万元人民币以上的；③ 勘察、设计、监理等服务的采购，单项合同估算价在 100 万元人民币以上的。

依照我国招标投标法及有关规定，在我国境内建设的以下项目可以不通过招标投标来确定承包人：

① 涉及国家安全、国家机密、抢险救灾或者属于利用扶贫资金实行以工代赈、需要使用农民工等特殊情况，不适宜进行招标的项目。

② 建设项目的勘察设计，采用特定专利或者专有技术的，或者其建筑艺术造型有特殊要求的，经项目主管部门批准，可以不进行招标。

2.1.7 建设工程招标项目应具备的条件

招标项目按照国家有关规定需要履行项目审批手续的，应当先履行审批手续，取得批准。招标人应当有进行招标项目的相应资金或者资金来源已经落实，并应当在招标文件中如实载明。

建设工程施工招标项目应具备以下条件：

① 概算已经批准。

② 建设项目已正式列入国家、部门或地方的年度固定资产投资计划。

③ 建设用地的征用工作已完成。

④ 有能够满足施工需要的图纸及技术资料。

⑤ 建设资金和主要建筑材料、设备的来源已经落实。

⑥ 已经建设项目所在地规划部门批准，施工现场的"三通一平"已经完成或一并列入施工招标范围。

建设工程项目具备必要的条件后，招标人可向当地行政主管部门或其招标办事机构提出招标申请，经审查批准后，方可开展招标活动。

【案例 2-1】 某承包商通过资格预审后，对招标文件进行了仔细分析，编制了投标文件，该承包商将技术标和商务标分别封装，在封口处加盖本单位公章和项目经理签字后，在投标截止日期前 1 天上午将投标文件报送业主。次日（即投标截止日当天）下午，在规定的开标时间前 1 小时，该承包商又递交了一份补充材料，其中声明将原报价降低 4%。但是，招标单位的有关工作人员认为，根据国际上"一标一投"的惯例，一个承包商不得递交两份投标文件，因而拒收承包商的补充材料。开标会由市招标投标办的工作人员主持，市公证处有关人员到会，各投标单位代表均到场。开标前，市公证处人员对各投标单位的资质进行审查，并对所有投标文件进行审查，确认所有投标文件均有效后正式开标，宣读投标单位名称、投标价格、投标工期和有关投标文件的重要说明。请问该项目招标程序中存在哪些问题？

答：该项目招标程序中存在以下问题：

(1) 招标单位的有关工作人员不应拒收承包商的补充文件，因为承包商在投标截止时间之前所递交的任何正式书面文件都是有效文件，都是投标文件的有效组成部分，也就是说，补充文件与原投标文件共同构成一份投标文件，而不是两份相互独立的投标文件。

(2) 根据《招标投标法》，开标会应由招标人（招标单位）主持，而不应由市招标投标办工作人员主持。

(3) 资格审查应在投标之前进行（背景资料说明了承包商已通过资格预审），市公证处人员无权对承包商资格进行审查，其到场的作用在于确认开标的公正性和合法性（包括投标文件的合法性）。

(4) 市公证处人员宣布所有投标文件均为有效标书是错误的，因为该承包商的投标文件仅有单位公章和项目经理的签字，而无法定代表人或其代理人的印鉴，应做废标处理。即使该承包商的法定代表人赋予该项目经理有合同签字权，若没有正式的委托书，该投标文件仍应做废标处理。

【案例 2-2】 某市越江隧道工程全部由政府投资，该项目为该市建设规划的重要项目之一，且已列入地方年度固定资产投资计划，概算已经主管部门批准，征地工作尚未全部完成，施工图及有关技术资料齐全。现决定对该项目进行施工招标。因估计除本市施工企业参加投标外，还可能有外省市施工企业参加投标，故业主委托咨询单位编制了两个招标控制价，准备分别用于对本市和外省市施工企业投标价的评定。业主对投标单位就招标文件所提出的所有问题统一做了书面答复，并以备忘录的形式分发给各投标单位，为简明起见，采用表格形式，见表2-1。在书面答复投标单位的提问后，业主组织各投标单位进行了施工现场踏勘。在投标截止日期前10天，业主书面通知各投标单位，由于某种原因，决定将收费站工程从原招标范围内删除。

表2-1　答疑备忘录

序　号	问　题	提问单位	提问时间	答　复
1				
2				
3				

请问：业主对投标单位进行资格预审应包括哪些内容？该项目施工招标在哪些方面存在问题或不当之处？

答：业主对投标单位进行资格预审应包括：企业营业执照和资质证书，企业简历，自有资金情况，全员职工人数（包括技术人员、技术工人数量及平均技术等级等），近三年承建的主要工程及其质量情况，现有主要施工任务（包括在建的和尚未开工的工程）一览表。

该项目施工招标存在以下问题：

(1) 本项目征地工作尚未全部完成，尚不具备施工招标的必要条件，因此尚不能进行施工招标。

(2) 不应编制两个招标控制价，不能对不同的投标单位采用不同的招标控制价进行评标。

(3) 业主对投标单位提问只能针对具体问题做出明确答复，但不应提及具体的提问单位和提问时间。

(4) 根据《招标投标法》的规定，若招标人需改变招标范围或变更招标文件，应在投标截止日期至少15天（而本案例是10天）前以书面形式通知所有招标文件收受人。若迟于这一时限发出变更招标文件的通知，则应将原定的投标截止日期适当延长，以便投标单位有足够的时间充分考虑这种变更对报价的影响，并将其在投标文件中反映出来。

(5) 现场踏勘应安排在书面答复投标单位提问之前，因为投标单位对施工现场条件也可能提出问题。

任务2　建设工程施工招标文件的编制

2.2.1　概述

1. 招标文件的概念

建设工程施工招标是指招标人通过适当的途径发出施工任务发包的信息，吸引施工承包商投标竞争，从中选出技术能力强、管理水平高、信誉可靠且报价合理的承建商，并以签订合同的方式约束双方在施工过程中行为的经济活动。施工招标最明显的特点是发包工作内容明确具体，各投标人编制的投标文件在评标中易于横向对比。虽然投标人是按招标文件规定的工作内容和工程量清单编制报价，但报价高低一般并不是确定中标单位的唯一条件，投标实际上是各施工单位完成该项目任务的技术、经济、管理等综合能力的竞争。

建设工程施工招标文件是由招标单位或其委托的咨询机构编制并发布的。它既是投标单位编制投标文件的依据，也是招标单位与将来中标单位签订施工合同的基础，招标文件中提出的各项要求，对整个招标工作乃至承发包双方都有约束力。由此可见，建设工程施工招标文件的编制实质上是施工合同的前期准备工作，即合同的策划工作。

2. 招标文件的组成

我国《招标投标法》规定，招标人应当根据招标项目的特点和需要编制招标文件。招标文件应当包括招标项目的技术要求、对投标人资格审查的标准、投标报价要求和评标标准等所有实质性要求和条件以及拟签订合同的主要条款。

为了解决各行业招标文件编制依据不同、规则不统一的问题，国家发展和改革委员会同财政部等部委编制了《标准施工招标资格预审文件》和《标准施工招标文件》，在全国各行业初步实现了施工招标文件编制依据和规则的统一，解决了一些施工招标文件编制过程中带有普遍性和共性的问题，促进了招标投标市场的健康发展。

标准施工招标文件的组成部分包括：① 招标公告（或投标邀请书）；② 投标人须知；③ 评标办法；④ 合同条款及格式；⑤ 工程量清单；⑥ 图纸；⑦ 技术标准和要求；⑧ 投标文件格式；⑨ 投标人须知前附表规定的其他材料。

此外，根据招标文件的规定，对招标文件的澄清、修改，也应视为招标文件的组成部分。

3. 招标文件的编制要求

（1）招标文件由招标人或其委托的招标代理机构编制。招标人是依照本法规定提出招标项目、进行招标的法人或者其他组织。

（2）招标人应当根据招标项目的特点和需要编制招标文件。国家对招标项目的技术、标准有规定的，招标人应当按照其规定在招标文件中提出相应要求。招标项目需要划分标段、确定工期的，招标人应当合理划分标段、确定工期，并在招标文件中载明。

4. 编制前的准备工作

1）制定招标工作计划

制定一个完整、严密、合理的招标工作计划，有利于招标工作能有条不紊地顺利进行，也便于检查，当中间环节出现问题能及时发现，尽快修正，保证总计划的完成。

制定招标工作计划既要和设计阶段计划、建设资金计划、征地拆迁计划、工期计划等相呼应，又要考虑合理的招标阶段时间间隔，并要结合工程规模和范围，做不同的安排。在编制时应考虑到：一方面，招标工作的时间不能太长，如果时间太长，不但可能影响建设计划的完成，而且还会造成人、财、物的浪费；另一方面，招标工作时间也不能安排得过紧，如果时间太短，不仅会影响招标工作的质量，而且使投标单位没有足够的时间编制投标文件，对招标单位和投标单位都不利。

2）工程招标方式的选择

业主依据自身的管理能力、设计的进展情况、建设项目本身的特点、外部环境条件等因素，经过充分考虑比较后，首先决定施工阶段的标段数量和合同类型，然后再确定招标方式。建设项目的招标可以是全部工作内容一次性发包，也可以将工作内容分解成几个独立的阶段或独立的项目分别招标，如单位工程招标、土建工程招标和安装工程招标、设备订购招标和材料采购招标，以及特殊专业工程施工招标等。全部工程一次性发包，业主只与一个承包人（或承包人联营体）签订合同，施工过程中的合同管理比较简单，但有能力承包的投标人相对较少。如果业主有足够的管理能力，最好将整个工程分成几个单位工程或专项工程，采取分别招标方式比较有利。一来可以发挥不同承包人的专业特长；二来每个分项合同比总的合同更容易落实，从而减少了不可预见成分，可以减轻合同实施过程中的风险，即使出现问题也是局部性的，容易纠正或补救。对投标人来说，多发一个合同包，每个投标人就增加了一个中标机会。因此，将一个工程分成几个合同来招标，对业主和承包人来说都有好处，但招标和发包数量的多少要适当，因为合同太多也会给招标工作及项目施工阶段的合同管理工作带来麻烦或不必要的损失。

3）合同数量的确定

合同数量是指建设项目施工阶段的全部工作内容分几次招标，每次招标时又分几个合同包发包。业主在确定合同数量时主要应考虑以下几方面因素：

(1) 工程特点。每一个建设项目从其使用功能来看，都有一定的专业要求，但从施工内容来看，又可划分为一般土建工程共性特点部分和有较强专业技术要求部分。如果将这两部分内容分别招标，则有利于业主在较广泛的范围内选择技术水平高、管理能力强而报价又低的可靠承包人来实施具有共性特点的工程。

(2) 施工现场条件。划分合同包时，应充分考虑几个独立承包人在现场施工的情况，尽量避免或减少交叉干扰，以利于监理单位在合同履行过程中对各合同包的协调管理。如果施工场地比较集中，工程量不大，且技术上又不太复杂时，一般不用分标；当工作面分散、工程量大或有某些特殊技术要求时，则可以考虑分标或分包。

(3) 对工程造价的影响。合同数量的多少对工程造价的影响，并不是一个绝对的、一概而论的问题，应根据工程项目的具体条件进行客观分析。如果工程项目实施总承包，则便于承包人的施工管理，人工、机械设备和临时施工设施便于统一调配使用，单位间的相互干扰少，并有可能获得较低报价。但对于大型复杂工程的施工总承包，由于有能力参与竞争的单位较少，也会使中标的合同价较高。如果采用细分合同包的方法分别招标，可参与竞争的投标人增多，业主就能够获得具有竞争性的商业报价。

(4) 注意发挥承包人的特长。一个施工企业往往在某一方面有其专长，如果按专业分合同包，可增加对某一专项有特长的承包人的吸引力，既能提高投标的竞争性，又有利于保证工程按期、优质、圆满地完成。甚至有时还可招请到在某一方面有先进专利施工技术的承包人，完成特定工程部位的施工任务。

(5) 注意合同之间的衔接。建设项目是由单项工程、单位工程或专业工程组成，在考虑确定合同包的数量时，既要考虑各施工单位之间的交叉干扰，又要注意各合同包之间的相互联系。合同包之间的联系是指各合同包之间的空间衔接和时间衔接。在空间上，要明确划分每一合同包的界限，避免在承包人之间对合同的平面或立面交接工作的责任产生推诿或扯皮。时间衔接是指工程进度的衔接，特别是"关键线路"上的施工项目，要保证前一合同包的工作内容能按期或提前完成，避免影响后续承包人的施工进度，以确保整个工程按计划有序完成。

(6) 其他因素影响。影响分标或分包的因素有很多，如资金的筹措、设计图纸完成的时间等。有时，为了照顾本国或本地区承包人的利益，也可能将其作为分标或分包的考虑因素。

总之，业主在分标或分包时，应在综合考虑上述各影响因素的基础上，拟订几个方案进行比较，然后再确定合同数量。

4）合同类型的选择

施工承包合同的形式主要有固定总价合同、固定单价合同、可调价格合同及成本加酬金的合同形式。业主应综合考虑以下因素来确定合同类型。

(1) 项目的复杂程度。规模大且技术复杂的工程项目,承包风险较大,各项费用不易准确估算,因而不宜采用固定总价合同。最好是对有把握的部分采用固定总价合同,估算不准的部分采用固定单价合同或成本加酬金合同。有时,在同一工程中采用不同的合同形式,是业主和承包人合理分担施工风险因素的有效办法。

(2) 项目的设计深度。施工招标时所依据的项目设计深度,经常是选择合同类型的重要因素。招标图纸设计深度和工程量清单的详细清楚,能让投标人进行合理报价,宜采用固定总价合同或固定单价合同。

(3) 施工技术的先进程度。如果施工中有较大部分采用新技术和新工艺,业主和承包人在这方面都没有经验,且在国家颁布的标准、规范、定额中又没有可作为依据的标准时,为了避免投标人盲目地提高承包价款,或由于对施工难度估计不足而导致承包亏损,不宜采用固定价合同,而应选用成本加酬金合同。

(4) 施工工期的紧迫程度。公开招标和邀请招标对工程设计虽有一定的要求,但在招标过程中,一些紧急工程(如灾后恢复工程等)要求尽快开工且工期较紧,此时施工图纸的设计深度达不到要求,因此不可能让承包人报出合理的价格,宜采用成本加酬金合同。

对一个建设项目而言,究竟采用何种合同形式,不是固定不变的。在一个项目中各个不同的工程部分或不同阶段,可以采用不同形式的合同。制定合同的分标、分包规划时,必须依据实际情况,权衡各种利弊,然后再做出最佳决策。

2.2.2 招标公告及投标邀请书的编制

依法应当公开招标的工程,必须在主管部门指定的媒介上发布招标公告。招标公告的发布应当充分公开,任何单位和个人不得非法限制招标公告的发布地点和发布范围。指定媒介发布依法必须发布的招标公告,不得收取费用,但发布国际招标公告的除外。招标公告应当载明招标人的名称和地址,招标工程项目的性质、数量、实施地点和时间,投标截止日期以及获取招标文件的办法等事项。招标人或其委托的招标代理机构应当保证招标公告的真实、准确和完整。拟发布的招标公告文本应当由招标人或其委托的招标代理机构的主要负责人签名并加盖公章。招标人或其委托的招标代理机构发布招标公告,应当向指定的媒体提供营业执照(或法人证书)、项目批准文件的复印件等证明文件。

国家发展和改革委员会指定发布招标公告的媒介为:《中国日报》《中国经济导报》《中国建设报》和"中国采购与招标网"。国际招标项目的招标公告应在《中国日报》发布。地方的有形建筑市场也可以在自己的网络发布招标公告。在两个以上媒介发布的同一招标项目的招标公告,其内容应当相同。

招标公告范本如下:

招标公告(未进行资格预审)

______________(项目名称)______________标段施工招标公告

1. 招标条件

本招标项目________(项目名称)已由________(项目审批、核准或备案机关名称)以

________(批文名称及编号)批准建设,项目业主为________,建设资金来自________(资金来源),项目出资比例为________,招标人为________。项目已具备招标条件,现对该项目的施工进行公开招标。

2. 项目概况与招标范围

________(说明本次招标项目的建设地点、规模、计划工期、招标范围、标段划分等)。

3. 投标人资格要求

3.1 本次招标要求投标人具备________资质,________业绩,并在人员、设备、资金等方面具有相应的施工能力。

3.2 本次招标________(接受或不接受)联合体投标。联合体投标的,应满足下列要求:________。

3.3 各投标人均可就上述标段中的________(具体数量)个标段投标。

4. 招标文件的获取

4.1 凡有意参加投标者,请于________年________月________日至________年________月________日(法定公休日、法定节假日除外),每日上午________时至________时,下午________时至________时(北京时间,下同),在________(详细地址)持单位介绍信购买招标文件。

4.2 招标文件每套售价________元,售后不退。图纸押金________元,在退还图纸时退还押金(不计利息)。

4.3 邮购招标文件的,需另加手续费(含邮费)________元。招标人在收到单位介绍信和邮购款(含手续费)后________日内寄送。

5. 投标文件的递交

5.1 投标文件递交的截止时间(投标截止时间,下同)为________年________月________日________时________分,地点为________________。

5.2 逾期送达的或者未送达指定地点的投标文件,招标人不予受理。

6. 发布公告的媒介

本次招标公告同时在________(发布公告的媒介名称)上发布。

7. 联系方式

招 标 人:________________	招标代理机构:________________
地 址:________________	地 址:________________
邮 编:________________	邮 编:________________
联 系 人:________________	联 系 人:________________
电 话:________________	电 话:________________
传 真:________________	传 真:________________
电子邮件:________________	电 子 邮 件:________________
网 址:________________	网 址:________________
开户银行:________________	开 户 银行:________________
账 号:________________	账 号:________________

________年________月________日

《招标投标法》规定,招标人采用邀请招标方式的,应由招标人或其委托的招标代理机构向三个以上具备承担招标项目的能力、资信良好的特定的法人或者其他组织发出投标邀请书。投标邀请书的内容与招标公告大同小异。投标邀请书应当载明招标人的名称和地址、招标项目的性质、数量、实施地点和时间以及获取招标文件的办法等事项。

投标邀请书范本如下：

投标邀请书(适用于邀请招标)

________(项目名称) ________标段施工投标邀请书

________(被邀请单位名称)

1. 招标条件

本招标项目________(项目名称)已由________(项目审批、核准或备案机关名称)以________(批文名称及编号)批准建设，项目业主为________，建设资金来自________(资金来源)，出资比例为________，招标人为________。项目已具备招标条件，现邀请你单位参加________(项目名称)________________________________标段施工投标。

2. 项目概况与招标范围

________(说明本次招标项目的建设地点、规模、计划工期、招标范围、标段划分等)。

3. 投标人资格要求

3.1 本次招标要求投标人具备________资质，________业绩，并在人员、设备、资金等方面具有承担本标段施工的能力。

3.2 你单位________(可以或不可以)组成联合体投标。联合体投标的，应满足下列要求：________。

4. 招标文件的获取

4.1 请于________年________月________日至________年________月________日(法定公休日、法定节假日除外)，每日上午________时至________时，下午________时至________时(北京时间，下同)，在________(详细地址)持本投标邀请书购买招标文件。

4.2 招标文件每套售价________元，售后不退。图纸押金________元，在退还图纸时退还押金(不计利息)。

4.3 邮购招标文件的，需另加手续费(含邮费)________元。招标人在收到邮购款(含手续费)后________日内寄送。

5. 投标文件的递交

5.1 投标文件递交的截止时间(投标截止时间，下同)为________年________月________日________时________分，地点为________。

5.2 逾期送达的或者未送达指定地点的投标文件，招标人不予受理。

6. 确认

你单位收到本投标邀请书后，请于________(具体时间)前以传真或快递方式予以确认。

7. 联系方式

招 标 人：________________　　招标代理机构：________________

地　　址：________________　　地　　　　址：________________

邮　　编：________________　　邮　　　　编：________________

联 系 人：________________　　联　　系　人：________________

电　　话：________　　电　　话：________
传　　真：________　　传　　真：________
电子邮件：________　　电子邮件：________
网　　址：________　　网　　址：________
开户银行：________　　开户银行：________
账　　号：________　　账　　号：________

________年________月________日

2.2.3 资格预审文件的编制

资格预审文件包括资格预审公告(邀请书)、资格预审申请人须知、资格审查办法、资格预审申请文件的格式、工程项目建设概况五部分组成。业主或招标单位结合工程的实际特点，在没有必要进行资格预审的情况下，经招标主管部门批准后也可进行资格后审。申请人提供的资格预审或资格后审材料基本一致，以下主要阐述资格预审公告的编制资格预审申请人须知、资格审查办法及资格预审申请文件的格式。

1. 资格预审公告的编制

资格预审公告的作用：一是发布某项目将要招标，二是发布资格预审的具体细节信息。资格预审公告(邀请书)要说明以下主要内容：① 招标人的名称和地址；② 招标项目的内容、规模、资金来源；③ 招标项目的实施地点和工期；④ 获取招标文件或者资格预审文件的地点和时间；⑤ 对招标文件或者资格预审文件收取的费用；⑥ 对申请人的资质等级的要求。

资格预审公告的标准格式如下：

资格预审公告

________(项目名称)　________标段施工招标

1. 招标条件

本招标项目________(项目名称)已由________(项目审批、核准或备案机关名称)以________(批文名称及编号)批准建设，项目业主为________，建设资金来自________(资金来源)，项目出资比例为________，招标人为________。项目已具备招标条件，现进行公开招标，特邀请有兴趣的潜在投标人________(以下简称申请人)提出资格预审申请。

2. 项目概况与招标范围

________(说明本次招标项目的建设地点、规模、计划工期、招标范围、标段划分等)。

3. 申请人资格要求

3.1 本次资格预审要求申请人具备________资质，________业绩，并在人员、设备、资金等方面具备相应的施工能力。

3.2 本次资格预审________(接受或不接受)联合体资格预审申请。联合体申请资格预审的，应满足下列要求：________。

3.3 各申请人可就上述标段中的________(具体数量)个标段提出资格预审申请。

4. 资格预审方法

本次资格预审采用________(合格制/有限数量制)。

5. 资格预审文件的获取

5.1 请申请人于________年________月________日至________年________月________日（法定公休日、法定节假日除外），每日上午________时至________时，下午________时至________时（北京时间，下同），在________（详细地址）持单位介绍信购买资格预审文件。

5.2 资格预审文件每套售价________元，售后不退。

5.3 邮购资格预审文件的，需另加手续费（含邮费）________元。招标人在收到单位介绍信和邮购款（含手续费）后________日内寄送。

6. 资格预审申请文件的递交

6.1 递交资格预审申请文件截止时间（申请截止时间，下同）为________年________月________日________时________分，地点为________。

6.2 逾期送达或者未送达指定地点的资格预审申请文件，招标人不予受理。

7. 发布公告的媒介

本次资格预审公告同时在________________（发布公告的媒介名称）上发布。

8. 联系方式

招 标 人：________________	招标代理机构：________________
地 址：________________	地 址：________________
邮 编：________________	邮 编：________________
联 系 人：________________	联 系 人：________________
电 话：________________	电 话：________________
传 真：________________	传 真：________________
电子邮件：________________	电 子 邮 件：________________
网 址：________________	网 址：________________
开户银行：________________	开 户 银行：________________
账 号：________________	账 号：________________

________年________月________日

2. 资格预审申请人须知

资格预审申请人须知是指导申请人按招标人对资格审查的要求，正确编制资格预审材料的说明。资格预审申请人须知主要是对资格预审总体规定、资格预审文件的组成、资格预审文件的编制、资格预审文件的澄清、资格预审文件的递交、资格预审文件的审查、资格预审结果的通知及确认、资格预审的监督等具体要求的详细说明。

3. 资格审查办法

资格审查办法包括两种：资格审查办法（合格制）和资格审查办法（有限数量制）。

4. 资格预审申请文件的格式

标准施工招标资格预审文件的编制中主要对资格预审申请、法定代表人身份证明 、授权委托书、联合体协议书、申请人基本情况表（见表 2-2）、近年完成的类似项目情况表（见表 2-3）、正在施工的和新承接的项目情况表（见表 2-4）、近年财务状况表、近年发生的诉讼及仲裁情况、其他材料等主要文件格式做了统一的规定，部分格式示范如下：

资格预审申请

（招标人名称）：________

（1）按照资格预审文件的要求，我方________（申请人）递交的资格预审申请文件及有关资料，用于你方________（招标人）审查我方参加________（项目名称）标段施工招标的投标资格。

（2）我方的资格预审申请文件包含招标文件第二章“申请人须知”第3.1.1项规定的全部内容。

（3）我方接受你方的授权代表进行调查，以审核我方提交的文件和资料，并通过我方的客户，澄清资格预审申请文件中有关财务和技术方面的情况。

（4）你方授权代表可通过________（联系人及联系方式）得到进一步的资料。

（5）我方在此声明，所递交的资格预审申请文件及有关资料内容完整、真实和准确，且不存在招标文件第二章“申请人须知”第1.4.3项规定的任何一种情形。

申请人：________（盖单位章）

法定代表人或其委托代理人：________（签字）

电　话：________

传　真：________

申请人地址：________

邮政编码：________

________年________月________日

法定代表人身份证明

申请人名称：________

单位性质：________

成立时间：________年________月________日

经营期限：________

姓名：________性别：________年龄：________职务：________

系________（申请人名称）的法定代表人。

特此证明。

申请人：________（盖单位章）

________年________月________日

授权委托书

本人________（姓名）系________（申请人名称）的法定代表人，现委托________（姓名）为我方代理人。代理人根据授权，以我方名义签署、澄清、递交、撤回、修改________（项目名称）标段________施工招标资格预审申请文件，其法律后果由我方承担。

委托期限：________

代理人无转委托权。

附：法定代表人身份证明。

申请人：________（盖单位章）
法定代表人：________（签字）
身份证号码：________
委托代理人：________（签字）
身份证号码：________
________年________月________日

联合体协议书

________（所有成员单位名称）自愿组成________（联合体名称）联合体，共同参加________（项目名称）________标段施工招标资格预审和投标。现就联合体投标事宜订立如下协议。

1. ________（某成员单位名称）为________（联合体名称）牵头人。

2. 联合体牵头人合法代表联合体各成员负责本标段施工招标项目资格预审申请文件、投标文件编制和合同谈判活动，代表联合体提交和接收相关的资料、信息及指示，处理与之有关的一切事务，并负责合同实施阶段的主办、组织和协调工作。

3. 联合体将严格按照资格预审文件和招标文件的各项要求，递交资格预审申请文件和投标文件，履行合同，并对外承担连带责任。

4. 联合体各成员单位内部的职责分工如下：________。

5. 本协议书自签署之日起生效，合同履行完毕后自动失效。

6. 本协议书一式________份，联合体成员和招标人各执一份。

注：本协议书由委托代理人签字的，应附法定代表人签字的授权委托书。

牵头人名称：________（盖单位章）
法定代表人或其委托代理人：________（签字）
成员一名称：________（盖单位章）
法定代表人或其委托代理人：________（签字）
成员二名称：________（盖单位章）
法定代表人或其委托代理人：________（签字）
……

________年________月________日

表 2-2　申请人基本情况表

申请人						
注册地址			邮政编码			
联系方式	联系人		电话			
	传真		网址			
组织结构						
法定代表人	姓名		技术职称		电话	
技术负责人	姓名		技术职称		电话	
成立时间			员工总人数：			

续表

企业资质等级		其中	项目经理	
营业执照号			高级职称人员	
注册资金			中级职称人员	
开户银行			初级职称人员	
账号			技工	
经营范围				
备注				

附：项目经理简历表

（项目经理应附项目经理证、身份证、职称证、学历证、养老保险复印件，管理过的项目业绩须附中标通知书、合同协议书复印件。）

姓名		年龄		学历	
职称		职务		拟在本合同任职	
毕业学校	年毕业于　　学校　　专业				
主要工作经历					
时间	参加过的类似项目	担任职务	发包人及联系电话		

表 2-3　近年完成的类似项目情况表

项目名称	
项目所在地	
发包人名称	
发包人地址	
发包人电话	
合同价格	
开工日期	
竣工日期	
承担的工作	
工程质量	
项目经理	
技术负责人	
总监理工程师及电话	
项目描述	
备注	

表 2-4　正在施工的和新承接的项目情况表

项目名称	
项目所在地	
发包人名称	

续表

项目名称	
发包人地址	
发包人电话	
签约合同价	
开工日期	
计划竣工日期	
承担的工作	
工程质量	
项目经理	
技术负责人	
总监理工程师及电话	
项目描述	
备注	

2.2.4 投标须知的编制

投标须知前附表及投标须知主要包括：项目概况、资金来源及落实情况、招标范围；招标文件的组成及澄清；投标文件的内容及编制要求；投标文件的递交；开标；评标；合同的授予。其主要内容见表 2-5。

表 2-5 投标人须知前附表

条 款 号	条 款 名 称	编 列 内 容
1.1.2	招标人	名称： 地址： 联系人： 电话：
1.1.3	招标代理机构	名称： 地址： 联系人： 电话：
1.1.4	项目名称	
1.1.5	建设地点	
1.2.1	资金来源	
1.2.2	出资比例	
1.2.3	资金落实情况	
1.3.1	计划工期	计划工期：________天 计划开工日期：______年______月______日 计划竣工日期：______年______月______日
1.3.2	质量要求	
1.4.1	投标人资质条件、能力和信誉	资质条件： 财务要求： 业绩要求： 信誉要求： 项目经理（建造师，下同）资格： 其他要求：
1.4.2	是否接受联合体投标	□不接受 □接受，应满足下列要求：
1.9.1	踏勘现场	□不组织 □组织，踏勘时间： 踏勘集中地点：

续表

条 款 号	条 款 名 称	编 列 内 容
1.10.1	投标预备会	□不召开 □召开，召开时间： 召开地点：
1.10.2	投标人提出问题的截止时间	
1.10.3	招标人书面澄清的时间	
1.11	分包	□不允许 □允许，分包内容要求： 分包金额要求： 接受分包的第三人资质要求：
1.12	偏离	□不允许 □允许
2.1	构成招标文件的其他材料	
2.2.1	投标人要求澄清招标文件的截止时间	
2.2.2	投标截止时间	______年______月______日 ______时______分
2.2.3	投标人确认收到招标文件澄清的时间	
2.3.2	投标人确认收到招标文件修改的时间	
3.1.1	构成投标文件的其他材料	
3.3.1	投标有效期	
3.4.1	投标保证金	投标保证金的形式： 投标保证金的金额：
3.5.2	近年财务状况的年份要求	年
3.5.3	近年完成的类似项目的年份要求	年
3.5.5	近年发生的诉讼及仲裁情况的年份要求	年
3.6	是否允许递交备选投标方案	□不允许 □允许
3.7.3	签字或盖章要求	
3.7.4	投标文件副本份数	______份
4.1.2	封套上写明	招标人的地址： 招标人名称： (项目名称)______标段投标文件 在______年______月______日______时 ______分前不得开启
4.2.2	递交投标文件地点	
4.2.3	是否退还投标文件	□否 □是
5.1	开标时间和地点	开标时间：同投标截止时间 开标地点：
5.2	开标程序	密封情况检查： 开标顺序：
6.1.1	评标委员会的组建	评标委员会构成______人，其中招标人代表人，专家______人 评标专家确定方式：
7.1	是否授权评标委员会确定中标人	□是 □否，推荐的中标候选人数：
7.3.1	履约担保	履约担保的形式： 履约担保的金额：
10	需要补充的其他内容	

2.2.5 评标办法的编制

标准施工招标文件规定了两种评标办法经评审的最低投标价法和综合评估法。

1. 经评审的最低投标价法

经评审的最低投标价法是评标委员会对满足招标文件实质要求的投标文件，根据标准施工招标文件规定的量化因素及量化标准进行价格折算，按照经评审的投标价由低到高的顺序推荐中标候选人，或根据招标人授权直接确定中标人，但投标报价低于其成本的除外。经评审的投标价相等时，投标报价低的优先；投标报价也相等的，由招标人自行确定。其主要内容见表 2-6。

表 2-6 评标办法前附表（经评审的最低投标价法）

条款号		评审因素	评审标准
2.1.1	形式评审标准	投标人名称	与营业执照、资质证书、安全生产许可证一致
		投标函签字盖章	有法定代表人或其委托代理人签字或加盖单位章
		投标文件格式	符合“投标文件格式”的相关要求
		联合体投标人	提交联合体协议书，并明确联合体牵头人（如有）
		报价唯一	只能有一个有效报价
		……	……
2.1.2	资格评审标准	营业执照	具备有效的营业执照
		安全生产许可证	具备有效的安全生产许可证
		资质等级	符合“投标人须知”的相关规定
		财务状况	符合“投标人须知”的相关规定
		类似项目业绩	符合“投标人须知”的相关规定
		信誉	符合“投标人须知”的相关规定
		项目经理	符合“投标人须知”的相关规定
		其他要求	符合“投标人须知”的相关规定
		联合体投标人	符合“投标人须知”的相关规定（如有）
		……	……
2.1.3	响应性评审标准	投标内容	符合“投标人须知”的相关规定
		工期	符合“投标人须知”的相关规定
		工程质量	符合“投标人须知”的相关规定
		投标有效期	符合“投标人须知”的相关规定
		投标保证金	符合“投标人须知”的相关规定
		权利义务	符合“合同条款及格式”的相关规定
		已标价工程量清单	符合“工程量清单”给出的范围及数量
		技术标准和要求	符合“技术标准和要求”的相关规定
		……	……

2. 综合评估法

综合评估法是评标委员会对满足招标文件实质性要求的投标文件，按照标准施工招标文件规定的评分标准进行打分，并按得分由高到低顺序推荐中标候选人，或根据招标人授权直接确定中标人，但投标报价低于其成本的除外。综合评分相等时，以投标报价低的优先；投标报价也相等的，由招标人自行确定。其主要内容见表 2-7。

表 2-7　评标办法前附表(综合评估法)

条款号		评审因素	评审标准
2.1.1	形式评审标准	投标人名称	与营业执照、资质证书、安全生产许可证一致
		投标函签字盖章	有法定代表人或其委托代理人签字或加盖单位章
		投标文件格式	符合“投标文件格式”的相关要求
		联合体投标人	提交联合体协议书，并明确联合体牵头人
		报价唯一	只能有一个有效报价
		……	……
2.1.2	资格评审标准	营业执照	具备有效的营业执照
		安全生产许可证	具备有效的安全生产许可证
		资质等级	符合“投标人须知”的相关规定
		财务状况	符合“投标人须知”的相关规定
		类似项目业绩	符合“投标人须知”的相关规定
		信誉	符合“投标人须知”的相关规定
		项目经理	符合“投标人须知”的相关规定
		其他要求	符合“投标人须知”的相关规定
		联合体投标人	符合“投标人须知”的相关规定
		……	……
2.1.3	响应性评审标准	投标内容	符合“投标人须知”的相关规定
		工期	符合“投标人须知”的相关规定
		工程质量	符合“投标人须知”的相关规定
		投标有效期	符合“投标人须知”的相关规定
		投标保证金	符合“投标人须知”的相关规定
		权利义务	符合“合同条款及格式”的相关规定
		已标价工程量清单	符合“工程量清单”给出的范围及数量
		技术标准和要求	符合“技术标准和要求”的相关规定
		……	……
2.2.1		分值构成 (总分 100 分)	施工组织设计：________分 项目管理机构：________分 投标报价：________分 其他因素：________分

续表

条 款 号		评 审 因 素	评 审 标 准
2.2.2		评标基准价计算方法	
2.2.3		投标报价的偏差率计算公式	偏差率＝100％×（投标人报价－评标基准价）/评标基准价
条款号		评分因素	评分标准
2.2.4(1)	施工组织设计评分标准	内容完整性和编制水平	……
		施工方案与技术措施	……
		质量管理体系与措施	……
		安全管理体系与措施	……
		环境保护管理体系与措施	……
		工程进度计划与措施	……
		资源配备计划	……
		……	……
2.2.4(2)	项目管理机构评分标准	项目经理任职资格与业绩	……
		技术负责人任职资历格与业绩	……
		其他主要人员	……
			……
2.2.4(3)	投标报价评分标准		
2.2.4(4)	其他因素评分标准		

2.2.6　合同条款及格式

合同条款是招标文件的重要组成部分，合同条款又称合同条件，主要规定了合同履行过程中当事人基本的权利和义务以及合同履行中的工作程序，监理工程师的职责与权力也应在合同条款中进行说明，目的是让承包人充分了解施工过程中将面临的监理环境。目前在国际上，由于承发包双方的需要，根据多年积累的经验，已编写了许多合同条款模式，在这些合同条款中有许多通用条款几乎已经标准化、国际化，无论在何处施工，都能适应承发包双方的需要。

1. 合同条款的分类

国际上通用的工程合同条款一般分为两大部分，即“通用条款”和“专用条款”。前者不分具体工程项目，不论项目所在国别均可适用，具有国际普遍适应性；而后者则是针对某一特定工程项目合同的有关具体规定。这种将合同条款分为两部分的方法，既可以节省招标者编写招标文件的工作量，又方便投标人投标，投标人只需要重点研究“专用条款”即可。

FIDIC(国际咨询工程师联合会)编制的一些合同条款，不仅 FIDIC 成员国采用，世界银行、亚洲开发银行的贷款项目也采用。各国可以稍加修改后用于国内。因此，在熟悉了 FIDIC 的各种合同条款后，对于编制合同条款或投标都是十分有用的。FIDIC 出版的《土木工程施工合同条件》也分为专用条件和通用条件。

中华人民共和国标准施工招标文件中规定的通用条款包括：一般约定、发包人义务、监理人、承包人、材料和工程设备、施工设备和临时设施、交通运输、测量放线、施工安全、治安保卫和环境保护、进度计划、开工和竣工、暂停施工、工程质量、试验和检验、变更、价格调整、计量与支付、竣工验收、缺陷责任与保修责任、保险、不可抗力、违约、索赔、争议的解决等。

2. 专用条款的作用

专用条款是针对通用条款而言的，它和通用条款一起共同形成合同条款整体。专用条款的作用是：将通用条款加以具体化；对通用条款进行某些修改和补充；对通用条款的删除。

3. 专用条款的编制

合同专用条款的编制应注意以下几个方面：

(1) 专用条款与通用条款相对应。对通用条款的具体化、修改、补充和删除均应明确地与通用条款一一对应，专用条款的代号应尽量与通用条款代号一致，便于对应阅读和理解。

(2) 根据工程管理需要对通用条款细化。通用条款不明确和不具体的，应在合同专用条款中具体化，以减少施工时双方因对合同条款的理解不同而产生分歧。

(3) 专用条款应充分反映业主对项目的建设要求和施工管理要求。如对质量的特殊要求、对计量与支付的要求、对工期的要求等。

(4) 所用语言应精练、准确、严密。

(5) 承包合同是一个体系，由多个分部组成，当各分部之间出现相互矛盾的情况时，以下述文件次序在先者为准。即组成合同的多个文件的优先支配地位的次序如下：

① 合同协议书及附件(含评标期间和合同谈判过程中的澄清文件和补充资料)；

② 中标通知书；

③ 投标书和投标书附录；

④ 合同专用条款及数据表(含招标文件补遗书中与此有关的部分)；

⑤ 合同通用条款；

⑥ 技术规范(含招标文件补遗书中与此有关的部分)；

⑦ 图纸(含招标文件补遗书中与此有关的部分)；

⑧ 标价的工程量清单；

⑨ 投标书附表；

⑩ 在本合同专用条款中可能规定的构成本合同组成部分的其他文件。

4. 合同文件的格式

(1) 合同协议书的格式。

合同协议书

________________(发包人名称，以下简称“发包人”)为实施________________(项目名称)，已接受________________(承包人名称，以下简称“承包人”)对该项目________________标段施工的投标。发包人和承包人共同达成如下协议。

1. 本协议书与下列文件一起构成合同文件：

(1) 中标通知书；

(2) 投标函及投标函附录；

(3) 专用合同条款；

(4) 通用合同条款；

(5) 技术标准和要求；

(6) 图纸；

(7) 已标价工程量清单；

(8) 其他合同文件。

2. 上述文件互相补充和解释，如有不明确或不一致之处，以合同约定次序在先者为准。

3. 签约合同价：人民币（大写）________元（¥ ________）。

4. 承包人项目经理：________________

5. 工程质量符合________标准。

6. 承包人承诺按合同约定承担工程的实施、完成及缺陷修复。

7. 发包人承诺按合同约定的条件、时间和方式向承包人支付合同价款。

8. 承包人应按照监理人指示开工，工期为________日历天。

9. 本协议书一式________份，合同双方各执一份。

10. 合同未尽事宜，双方另行签订补充协议。补充协议是合同的组成部分。

发包人：________________（盖单位章）　　承包人：________________（盖单位章）

法定代表人或其委托代理人：______（签字）　　法定代表人或其委托代理人：______（签字）

________年________月________日　　________________年________月________日

(2) 履约担保的格式。

履约担保

________（发包人名称）：

鉴于________________（发包人名称，以下简称“发包人”）接受________________（承包人名称，以下简称“承包人”）于________年________月________日参加________________（项目名称）________标段施工的投标。我方愿意无条件地、不可撤销地就承包人履行与你方订立的合同，向你方提供担保。

1. 担保金额：人民币（大写）________元（¥________）。

2. 担保有效期自发包人与承包人签订的合同生效之日起至发包人签发工程接收证书之日止。

3. 在本担保有效期内，因承包人违反合同约定的义务给你方造成经济损失时，我方在收到你方以书面形式提出的在担保金额内的赔偿要求后，在7天内无条件支付。

4. 发包人和承包人按《通用合同条款》第15条变更合同时，我方承担本担保规定的义务不变。

担保人：________________（盖单位章）

法定代表人或其委托代理人：________（签字）

地　　址：________________
邮政编码：________________
电　　话：________________
传　　真：________________
________年________月________日

(3) 预付款担保的格式。

预付款担保

________________（发包人名称）：

根据________（承包人名称，以下简称“承包人”）与________________（发包人名称，以下简称“发包人”）于________年________月________日签订的________________（项目名称）________标段施工承包合同，承包人按约定的金额向发包人提交一份预付款担保，即有权得到发包人支付相等金额的预付款。我方愿意就你方提供给承包人的预付款提供担保。

1. 担保金额：人民币（大写）________元（￥________）。

2. 担保有效期自预付款支付给承包人起生效，至发包人签发的进度付款证书说明已完全扣清止。

3. 在本保函有效期内，因承包人违反合同约定的义务而要求收回预付款时，我方在收到你方的书面通知后，在7天内无条件支付。但本保函的担保金额，在任何时候不应超过预付款金额减去发包人按合同约定在向承包人签发的进度付款证书中扣除的金额。

4. 发包人和承包人按《通用合同条款》第15条变更合同时，我方承担本保函规定的义务不变。

担保人：________________（盖单位章）
法定代表人或其委托代理人：________（签字）
地　　址：________________
邮政编码：________________
电　　话：________________
传　　真：________________
________年________月________日

2.2.7　工程量清单的编制

1. 招标文件中对于工程量清单的编制要求

(1) 工程量清单是根据招标文件中包括的、有合同约束力的图纸以及有关工程量清单的国家标准、行业标准、合同条款中约定的工程量计量规则编制。约定计量规则中没有的子目，其工程量按照有合同约束力的图纸所标示尺寸的理论净量计算。计量采用中华人民共和国法定计量单位。

(2) 工程量清单应与招标文件中的投标人须知、通用合同条款、专用合同条款、技术标准和要求及图纸等一起阅读和理解。

(3) 本工程量清单仅是投标报价的共同基础，实际工程计量和工程价款的支付应遵循合同条款的约定和“技术标准和要求”的有关规定。

(4) 补充子目工程量计量规则及子目工作内容应参照工程量计价规范的规定和工程实际情况进行编制。

2. 工程量清单的主要内容

根据计价规范的规定，工程量清单由分部分项工程量清单、措施项目清单、其他项目清单、规费项目清单、税金项目清单组成。这五种清单的性质各有不同，分别介绍如下。

(1) 分部分项工程量清单为不可调整的闭口清单，投标人对招标文件提供的分部分项工程量清单必须逐一讨价，对清单所列内容不允许作任何更改变动。投标人如果认为清单内容有不妥或遗漏，只能通过质疑的方式由清单编制人作统一的修改更正，并将修正后的工程量清单发给所有投标人。

(2) 措施项目清单为可调整的清单，投标人对招标文件中所列项目，可根据企业自身特点作适当的变更增减。投标人要对拟建工程可能发生的措施项目和措施费用作通盘考虑，清单计价一经报出，即被认为是包括了所有应该发生的措施项目的全部费用。如果报出的清单中没有列项，且施工中又必须发生的项目，业主有权认为，其报价已经综合在分部分项工程量清单的综合单价中。将来措施项目发生时，投标人不得以任何借口提出索赔与调整。

(3) 其他项目清单是招标人在工程量清单中暂定并包括在合同价款中的一项清单。用于施工合同签订时尚未确定或者不可预见的所需材料、设备、服务的采购，施工中可能发生的工程变更、合同约定调整因素出现时的工程价款调整以及发生的索赔、现场签证确认等的费用。主要包括暂定金额、暂估价、计日工、总承包服务费。其他项目清单的费用待工程完工后依实际情况决定，但有关费用的说明是决算时的计价依据。

(4) 规费项目清单是根据工程所在地的有关规定及国家有关规定编制的。主要包括工程排污费、社会保障费(包括养老保险费、失业保险费、医疗保险费)、住房公积金、危险作业意外伤害保险费、工伤保险费。

(5) 税金项目清单应包括：增值税、城市维护建设税、教育费附加、地方教育费附加等。

2.2.8 工程建设标准的编制

工程建设标准即技术规范是工程投标和工程施工承包的重要技术经济文件。它是招标文件中一个非常重要的组成部分，它详细具体地说明了承包人履行合同时的质量要求、验收标准、材料的品级和规格，为满足质量要求应遵守的施工技术规范，以及计量与支付的规定等。规范、图纸和工程量表三者都是投标人在投标时必不可少的资料，根据这些材料，投标人才能拟订施工方案、施工工序、施工工艺等施工规划的内容，并据此进行工程估价和确定投标价。

由于不同性质的工程其技术特点和质量要求及标准等均不相同，所以，技术规范应根据不同的工程性质及特点来选用。此外，在编制技术规范时还应注意以下问题：

1. 确定合适的工程技术标准

编制技术规范的重要工作是确定工程技术标准。在确定工程技术标准时，既要满足设计要求，满足国家、行业的强制性指标及有关专业技术规范、规程的要求；保证工程的施工质量，又不能过于苛刻。因为太苛刻的技术要求必然导致投标人提高投标价格。

2. 选用适用的技术规范

编写规范时一般可引用国家有关各部正式颁布的规范。国际工程也可引用某一通用的外国规范，但一定要结合本工程的具体环境和要求来选用；同时往往还需要由咨询工程师再编制一部分具体适用于本工程的技术要求和规定。正式签订合同之后，承包人必须遵循合同列入的规范要求。

技术规范中施工技术的内容以通用技术为基础并适当简化，因为施工技术是多种多样的，招标中不应排斥承包人通过采用先进的施工技术抓住降低投标报价的机会。承包人完全可以在施工中“采用自己所掌握的先进施工技术”。

2.2.9 投标文件的格式

投标文件的格式要求是招标文件的组成部分，投标人应按招标人提供的投标格式编制投标书，否则被视为不响应招标文件的实质性要求，为废标。通常招标文件中针对以下内容提出了相应的格式要求：① 投标函及投标函附录；② 法定代表人身份证明；③ 授权委托书；④ 联合体协议书；⑤ 投标保证金；⑥ 已标价工程量清单；⑦ 施工组织设计；⑧ 项目管理机构；⑨ 拟分包项目情况表；⑩ 资格审查资料；⑪ 其他材料。

1. 投标函及投标函附录的格式要求

投标函及投标函附录（见表 2-8）是招标文件的重要组成部分，是招标人对投标人关于投标事宜的技术及格式要求，投标函的编制中，至少包含以下内容：

1）投标有效期

投标有效期一般是指从投标截止日起算至公布中标的一段时间。一般在投标须知的前附表中规定投标有效期的时间（例如 60 天），那么投标文件在投标截止日期后的 60 天内有效。

在原定投标有效期满之前，如因特殊情况，经招标管理机构同意后，招标单位可以向投标单位书面提出延长投标有效期的要求。此时，投标单位须以书面的形式予以答复，对于不同意延长投标有效期的，招标单位不能因此而没收其投标保证金；对于同意延长投标有效期的，不得要求在此期间修改其投标文件，而且应相应延长其投标保证金的有效期，对投标保证金的各种有关规定在延长期内同样有效。

2）投标担保

投标人在送交投标文件时，应同时按资料表规定的数额或比例提交投标担保。投标人必须选择下列任一种投标担保形式：现金支票、银行汇票、银行保函或招标人规定的其他形式。

（1）若采用现金支票或银行汇票，投标人应确保上述款项在投标文件提交截止时间前能划到招标人指定的账号上，否则，其投标担保视为无效。

（2）若采用银行保函，则应由国有或股份制商业银行开具，银行级别由招标人根据项目的具体情况在投标人须知资料表中规定。银行保函采用招标文件中提供的格式。银行保函原件应在投标文件提交截止时间前单独密封递交给招标人。

（3）联合体的投标担保，应由联合体主办人按规定提交。

投标担保在投标有效期内保持有效，招标人如果按规定延长了投标有效期，则投标担保的有效期也相应延长。投标文件中必须装有投标保函（或现金支票、银行汇票）的复印件，未按规定提交投标担保的投标文件，招标人将予以拒绝。

招标人与中标人签订合同协议书后 5 天内，应当向中标人和未中标的投标人退还投标担保，最迟应不超过投标有效期满后 30 天。

3）投标文件的份数和签署

投标文件应明确标明“投标文件正本”和“投标文件副本”，其份数，按前附表规定的份数提交，若投标文件的正本与副本有不一致时，以正本为准。投标文件均应使用不能擦去的墨水打印和书写，由投标单位法定代表人亲自签署并加盖法人公章和法定代表人印鉴。全套投标文件应无涂改和行间插字，若有涂改和行间插字处，应由投标文件签字人签字并加盖印鉴。

4）投标文件的递交

（1）投标文件的密封与标志。

投标单位应将投标文件的正本和副本分别密封在内层包封内，再密封在一个外层包封内，并在内包封上注明“投标文件正本”或“投标文件副本”。外层和内层包封都应写明招标单位和地址、合同名称、投标编号，并注明开标时间以前不得开封。在内层包封上还应写明投标单位的邮政编码、地址和名称，以便投标出现逾期送达时能原封退回。

如果在内层包封未按上述规定密封并加写标志，招标单位将不承担投标文件错放或提前开封的责任，由此造成的提前开封的投标文件将予以拒绝，并退回投标单位。

（2）投标截止日期。

投标单位应按前附表规定的投标截止日期之前递交投标文件。招标单位因补充通知修改招标文件而酌情延长投标截止日期的，招标和投标单位在投标截止日期方面的全部权力、责任和义务，将适用延长后新的投标截止日期。

（3）投标文件的修改与撤回。

投标单位在递交投标文件后，可以在规定的投标截止日期之前以书面形式向招标单位递交修改或撤回其投标文件的通知。在投标截止日期之后，则不能修改与撤回投标文件，否则，将没收投标担保。

5）开标、评标及授予合同

在招标文件的投标人须知中，应将开标、评标及授予合同的有关事项进行说明。

在采用施工招标文件范本编制招标文件时，通常将重要信息用“投标人须知资料表”给出，招标人根据项目的具体情况对招标文件范本进行修改，反映在“投标人须知修改表”中，这样有利于提高编制招标文件的效率和使招标文件规范化。

投　标　函

________________（招标人名称）：

1. 我方已仔细研究了________________（项目名称）________标段施工招标文件的全部内容，愿意以人民币（大写）________________元（￥________）的投标总报价，工期________日历天，按合同约定实施和完成承包工程，修补工程中的任何缺陷，工程质量达到________。

2. 我方承诺在投标有效期内不修改、撤销投标文件。

3. 随同本投标函提交投标保证金一份，金额为人民币（大写）________元（￥________）。

4. 如我方中标：

（1）我方承诺在收到中标通知书后，在中标通知书规定的期限内与你方签订合同。

（2）随同本投标函递交的投标函附录属于合同文件的组成部分。

（3）我方承诺按照招标文件规定向你方递交履约担保。

（4）我方承诺在合同约定的期限内完成并移交全部合同工程。

5. 我方在此声明，所递交的投标文件及有关资料内容完整、真实和准确，且不存在“投标人须知”第 1.4.3 项规定的任何一种情形。

6. ________________（其他补充说明）。

投标人：________________（盖单位章）
法定代表人或其委托代理人：________（签字）
地　　址：________________
网　　址：________________
电　　话：________________
传　　真：________________
邮政编码：________________
________年________月________日

表 2-8　投标函附录

序　号	条款名称	合同条款号	约定内容	备　注
1	项目经理	1.1.2.4	姓名：________	
2	工期	1.1.4.3	天数：________日历天	
3	缺陷责任期	1.1.4.5		
4	分包	4.3.4		
5	价格调整的差额计算	16.1.1	见价格指数权重表	
…	…	…		

2. 投标保证金的编写格式

投标保证金

________________（招标人名称）：

鉴于________（投标人名称，以下简称“投标人”）于________年________月________日参加________（项目名称）________标段施工的投标，________（担保人名称，以下简称“我方”）无条件地、不可撤销地保证：投标人在规定的投标文件有效期内撤销或修改其投标文件的，或者投标人在收到中标通知书后无正当理由拒签合同或拒交规定履约担保的，我方承担保证责任。收到你方书面通知后，在 7 日内无条件向你方支付人民币（大写）________元。

本保函在投标有效期内保持有效。要求我方承担保证责任的通知应在投标有效期内送达我方。

担保人名称：________________（盖单位章）
法定代表人或其委托代理人：________（签字）
地址：________________
邮政编码：________________
电话：________________
传真：________________
________年________月________日

3. 施工组织设计的编写要求

（1）投标人编制施工组织设计的要求：编制时应采用文字并结合图表形式说明施工方法；拟投入本标段的主要施工设备情况、拟配备本标段的试验和检测仪器设备情况、劳动力计划等；结合工程特点提出切实可行的工程质量、安全生产、文明施工、工程进度、技术组织措施，同时应对关键工序、复杂环节重点提出相应技术措施，如冬雨季施工技术、减少噪音、降低环境污染、地下管线及其他地上地下设施的保护加固措施等。

（2）施工组织设计除采用文字表述外可附下列图表，图表及格式要求也应附上。

附件一　拟投入本标段的主要施工设备表

附件二　拟配备本标段的试验和检测仪器设备表

附件三　劳动力计划表

附件四　计划开、竣工日期和施工进度网络图

附件五　施工总平面图

附件六　临时用地表

任务3　建设工程招标控制价的编制

2.3.1　招标控制价的概念及作用

建设工程招标控制价是业主为掌握及控制工程造价而编制，其作用是招标人用于对招标工程发包的最高限价。招标控制价应由具有编制能力的招标人，或受其委托具有相应资质的工程造价咨询人编制。

《建设工程工程量清单计价规范》(GB50500-2013) 第 4.2.1 款规定，国有资金投资的工程建设项目应实行工程量清单招标，并应编制招标控制价。招标控制价超过批准的概算时，招标人应将其报原概算审批部门审核。投标人的投标报价高于招标控制价的，其投标应予以拒绝。

对于非国有资金投资的建设项目，在《建设工程工程量清单计价规范》中虽然没有明确要求编制招标控制价，但是根据我国工程计价的实际现状，也应编制招标控制价。因为在工程量清单计价处于理论研究与实践相结合的初步阶段，企业定额缺乏，工程造价信息系统不完善、制度还不健全，影响工程量清单计价的可操作性。鉴于此，通过招标控制价的编制可以促使业主事先加强工程项目的成本调查和成本预测，做到各项费用心中有数，为搞好评标工作，进而搞好施工过程的投资控制工作打好基础。

招标控制价的作用主要体现在以下四个方面：

（1）是衡量投标单位报价的尺度，能由此判断投标者报价的合理性、可靠性。

（2）是评标的重要指标，否则评标就可能会盲目而没有依据。

（3）使建设单位预先明确招标工程的投资额度，并据此筹措和安排建设资金。

（4）为上级主管部门提供核实建设规模的依据。

2.3.2　招标控制价的编制原则

（1）根据《建设工程工程量清单计价规范》的要求，工程量清单的编制与计价必须遵循“五统一”原则：项目编码统一、项目名称统一、项目特征统一、计量单位统一、工程量计算规则统一。

（2）遵循市场形成价格的原则。市场形成价格是市场经济条件下的必然产物。

(3) 体现公开、公平、公正的原则。采用工程量清单报价方式招标，招标控制价只作为招标人对投标上限的控制线，无特殊技术要求的工程项目如果技术标经专家评审合格，商务标的评审原则上选取报价低(不低于成本)的单位为中标单位。一切操作均公开、公平、公正、透明，无人为操作的环节和余地，杜绝暗箱操作。

(4) 风险合理分担原则。风险无处不在，对建设工程项目而言，风险的存在是必然。工程量清单计价方法在建设工程招投标中由招标人承担法律、法规、规章和政策变化及工程量计价的风险，投标人应承担技术风险和管理风险，如管理费和利润；应有限度承担的是市场风险，如材料价格、施工机械使用费等风险。

(5) 招标控制价的计价内容、计价口径与工程量清单计价规范下招标文件的规定保持完全一致的原则。招标控制价是在工程招标发包过程中，由招标人根据有关计价规定计算的工程造价，其作用是招标人用于对招标工程发包的最高限价，有的地方亦称拦标价、预算控制价。为体现招标的公平、公正，防止招标人有意抬高或压低工程造价，招标人应在招标文件中如实公布招标控制价，不得对所编制的招标控制价进行上浮或下调。同时，招标人应将招标控制价报工程所在地的工程造价管理机构备查。

2.3.3 招标控制价的编制依据

(1)《建设工程工程量清单计价规范》。

(2) 国家或省级、行业建设主管部门颁发的计价定额和计价办法。主要包括全国及省、市、地区建筑工程综合单价定额，或相关消耗与费用定额，或地区综合估价表(或基价表)。

(3) 建设工程设计文件及相关资料。主要包括施工图纸、地质与水文资料、施工组织设计、施工作业方案和技术，以及技术专利、质量、环保、安全措施方案及施工现场资料等。经上级主管部门或有关方面审查批准的初步设计和概算文件或施工图设计和预算文件，也是招标控制价编制的主要依据。

(4) 招标文件中的工程量清单及有关要求。

(5) 与建设项目相关的标准、规范、技术资料。

(6) 工程造价管理机构发布的工程造价信息；工程造价信息没有发布的参照市场价。主要包括由市场的供求关系影响的市场劳力、材料、设备等价格信息和造价主管部门公布的价格信息及其相应价差调整的文件规定等信息与资料。

(7) 其他的相关资料。例如承包商投标营销方案与投标策略意向、企业自主报价时参照的施工企业消耗与费用定额、企业技术与质量标准、企业“工法”资料、新技术新工艺标准，以及过去存档的同类与类似工程资料等。

2.3.4 招标控制价的编制方法

招标控制价由五部分内容组成：分部分项工程、措施项目、其他项目、规费、税金。

(1) 分部分项工程费用＝分部分项工程量清单数量×分部分项工程综合单价。

其中：分部分项工程综合单价是由人工费、材料费、机械费、管理费、利润等组成，考虑风险费用。

(2) 措施项目费。按《建设工程工程量清单计价规范》规定计算。

(3) 其他项目费。按《建设工程工程量清单计价规范》第 4.2.6、4.3.6、4.8.6 的规定计算。

(4) 规费和税金应按国家或省级、行业建设主管部门的规定计算。

(5) 单位工程招标控制价＝分部分项工程费＋措施项目费＋其他项目费＋规费＋税金。

(6) 单项工程招标控制价＝∑单位工程费。

(7) 工程项目招标控制价＝∑单项工程费。

2.3.5 招标控制价的编制程序

1) 准备工作

(1) 熟悉招标图纸和说明。编制前，应仔细阅读招标图纸和说明，如发现图纸、说明和技术规范有矛盾或不符、不够明确的地方，应要求招标文件编制单位给予交底或澄清。

(2) 熟悉招标文件内容。对投标须知、合同条款、工程量清单和辅助资料表中与报价有关的内容要搞清楚，对业主“三通一平”的提供程度、价格调整的有关规定、预付款额度、工程质量和工期要求等都要明确。

(3) 考察工程现场。对工程施工现场条件和周围环境进行实地考察，以作为考虑施工方案、工程特殊技术措施费用和临时工程设置等的依据。

(4) 进行材料价格调查。掌握当地材料、设备的实际市场价格，砂、石等地方材料的料场价，运距、运费和料源等也要调查收集。

2) 工程量计算

(1) 复核清单工程量。招标文件工程量清单中的工程量是投标人投标报价的统一依据，也是招标控制价编制的依据，因此首先要弄清楚工程量清单中工程数量的范围，应根据图纸和技术规范中计量支付的规定计算复核工程数量，如和清单工程量有出入，必须搞清楚出入的原因。

(2) 按《建设工程工程量清单计价规范》计算工程量。工程量清单复核无误以后，接着应以工程量清单的每一个细目作为一个项目，根据图纸和施工组织方案，考虑其由几个定额项目组成，并计算这几个定额项目的工程量。

3) 确定工、料、机单价

根据准备工作中收集到的资料，计算和确定人工、材料、机械台班单价。人工单价包括生产工人的基本工资、工资性津贴、辅助工资、职工福利费和地区生活补贴等。人工单价一般可采用当地造价部门发布的单价。

材料价格系指材料从来源地或交货地到达工地仓库或施工地点堆放材料的地方后的综合平均价格，因此由材料的供应价格、运杂费、运输损耗、采购及仓库保管费四部分组成。建筑工程材料预算价格的计算公式如下：

材料预算价格＝(材料供应价格＋运杂费)×(1＋场外运输损耗率)×(1＋采购及仓库保管费率)－包装的回收价值

施工机械台班预算价格，应按《施工机械台班费用定额》计算，在编制建筑工程造价时，不得采用社会出租台班单价计价。其中不变费用部分，应以定额规定的数值为准；可变费用中人工工日预算价格同生产工人的人工费单价；动力燃料的预算价格，则按材料预算价格计算方法计算。运输机械的养路费、车船使用税和保险费，应按当地政府规定的征收范围和标准计算。

4) 计算综合费率

综合费率由管理费和利润组成，要根据招标文件的要求，结合企业自身的情况，自主报价。

5) 计算分部分项工程的综合单价

综合单价包括六部分：人工费、材料费、机械费、管理费、利润、风险费。

6）计算分部分项工程量清单费用

根据工程量清单各工程细目所包含的工作内容及相应的计量与支付办法，对分项工程进行适当合并、分解或用其他技术处理，然后按综合单价和工程量计算分部分项工程量清单费用。

7）计算措施项目的清单费用

根据施工图纸及施工方案，结合现场情况，按照《建设工程工程量清单计价规范》计算措施项目的清单费用。措施项目的清单费用由组织措施项目费和技术措施项目费组成。

组织措施项目费包括现场安全文明施工措施费、材料二次搬运费、夜间施工增加费、冬雨季施工增加费，分别以规定的费率计取。

技术措施项目费包括施工排水、降水费，大型机械设备进出场、安拆费，现浇混凝土构件模板使用费，现场预制混凝土构件模板使用费，现浇混凝土构筑物模板使用费，脚手架使用费，垂直运输费，现浇混凝土泵送费，分别按本分部相应的子目计算。

8）计算其他费用

编制招标控制价时，其他项目费的计价原则如下：

(1) 暂列金额。为保证工程施工建设的顺利实施，应对施工过程中可能出现的各种不确定因素对工程造价的影响，在招标控制价中需估算一笔暂列金额。暂列金额可根据工程的复杂程度、设计深度、工程环境条件(包括地质、水文、气候条件等)进行估算，一般可按分部分项工程费的10%～15%作为参考。

(2) 暂估价。暂估价包括材料暂估价和专业工程暂估价。编制招标控制价时，材料暂估价应按工程造价管理机构发布的工程造价信息中的材料单价计算，工程造价信息未发布的材料单价，其单价参考市场价格估算；专业工程暂估价应分不同的专业，按有关计价规定进行估算。

(3) 计日工。计日工包括计日工人工、材料和施工机械。在编制招标控制价时，对计日工中的人工单价和施工机械台班单价应按省级、行业建设主管部门或其授权的工程造价管理机构公布的单价计算；材料应按工程造价管理机构发布的工程造价信息中的材料单价计算，工程造价信息未发布材料单价的材料，其价格应按市场调查确定的单价计算。

(4) 总承包服务费。编制招标控制价时，总承包服务费应按照省级或行业建设主管部门的规定计算。

9）计算规费和税金

规费和税金应按国家或省级、行业建设主管部门规定的计算。

10）汇总计算单位工程招标控制价

单位工程招标控制价＝分部分项工程费＋措施项目费＋其他项目费＋规费＋税金。

11）汇总计算建设项目工程招标控制价

单项工程招标控制价＝$\sum$单位工程费。

工程项目招标控制价＝$\sum$单项工程费。

按工程量清单计算各金额，其中总则中的保险费、临时工程费、监理工程师设施等按实计算列入，其余各项按工程量清单中的数量乘前一步骤中得出的单价计算，然后计算工程量清单汇总表，得出招标控制价总金额。

12）编写招标控制价的编制说明

计算出招标控制价总金额后，应写编制说明。编制说明的内容包括编制依据、费率取定、问题说明等。

最后将编制说明、工程量清单、分部分项工程费、措施项目费、其他项目费、规费、税金、汇总表等装订在一起，就成了一份完整的建设工程招标控制价的编制文件。

2.3.6 招标控制价的审定

招标控制价的审定是指政府有关主管部门对招标人已完成的招标控制价进行审查认定。招标人应将招标控制价及有关资料报送工程所在地工程造价管理机构备查。建设工程的招标控制价应在开标之前按规定报招投标管理机构审查，招投标管理机构在规定时间内完成招标控制价的审定工作，未经审查的招标控制价一律无效。

任务4 建设工程招标文件中评标、定标办法的编制

2.4.1 建设工程招标文件中评标、定标办法的组成

评标、定标办法是建设工程招标文件的核心，在建设工程招标文件中，应对工程评标、定标的办法做出明确的规定，主要包括以下内容：

1. 评标组织

评标由招标人依照《评标委员会和评标方法暂行规定》组建的评标委员会负责。评标委员会由招标人的代表和有关技术、经济等方面的专家组成，人数为 5 人及以上单数，其中从专家库中抽取的技术、经济等方面的专家不得少于成员总数的 2/3。评标委员会负责人在评标委员会中选举产生，一般不能由评标委员会中的招标人代表担任。评标委员会成员应具备以下条件：

(1) 从事相关专业领域工作满 8 年并具有高级职称或同等专业水平。

(2) 熟悉有关招标投标的法律法规。

(3) 能够认真、公正、诚实、廉洁地履行职责。

依法必须进行招标的项目，其技术、经济方面的专家由招标人从国务院或省、市、自治区、直辖市人民政府有关部门提供的评标专家库或招标代理机构的专家库中选择；一般招标项目可以采取随机抽取方式，特殊招标项目可以由招标人直接确定。与投标人有利害关系的人不得进入相关项目的评标委员会，已进入的应当更换，以保证评标的公平性和公正性。

评标委员会成员的名单在中标结果确定之前应当保密。评标委员会成员和有关工作人员不得私下接触投标人，不得接受投标人的任何馈赠，不得参加投标人以任何形式组织的宴请、娱乐、旅游等活动，不得透露对投标文件的评审和比较、中标候选人的推荐以及与评标有关的其他情况。

2. 评标过程的保密

评标的过程要保密。评标委员会成员和评标有关的工作人员不得私下接触投标人，不得透露评审、比较标书的情况，不得透露推荐中标候选人的情况以及其他与评标有关的情况。评标委员会成员应当客观、公正地履行职责，遵守职业道德，对所提出的评审意见承担个人责任。

3. 资格后审

根据招标公告或投标邀请书的要求采取资格后审的，在评标前对投标人进行资格审查，审查其是否有能力和条件有效地履行合同义务。如投标人未达到招标文件规定的能力和条件，其投

标将被拒绝，不进行评审。

4. 投标文件的澄清

为有助于投标文件的审查、评价和比较，评标委员会可以以书面形式要求投标人对投标文件含义不明确的内容进行必要的澄清或说明，投标人应采用书面形式进行澄清或说明，但不得超出投标文件的范围或改变投标文件的实质性内容。

5. 投标文件的初步评审

初步评审重点在投标文件的符合性审查，主要是审查投标文件是否实质上响应了招标文件的要求。审查内容包括投标文件的签署情况、投标文件的完整性、与招标文件有无显著的差异和保留、投标资格是否符合要求（适用于采取资格后审招标的评标）。如果投标文件实质上不响应招标文件的要求，将作无效标处理，不允许投标人通过修改或撤销其不符合要求的差异或保留，使之成为实质性响应招标文件的投标文件。

评标委员会应审查每一份投标文件，找出投标文件与招标文件的偏差。当投标文件有下列情形之一的，由评标委员会初审后按照废标处理：

（1）无单位盖章且无法定代表人或法定代表人授权的代理人签字或盖章的。

（2）未按规定的格式填写，内容不全或关键字迹模糊、无法辨认的。

（3）投标人递交两份或多份内容不同的投标文件，或在一份投标文件中对同一招标项目报有两个或多个报价，且未声明哪一个有效，按招标文件规定提交备选投标方案的除外。

（4）投标人名称或组织结构与资格预审时不一致的。

（5）未按招标文件要求提交投标保证金的。

（6）联合体投标未附联合体各方共同投标协议的。

当投标文件实质上响应了招标文件的要求，但在个别地方存在遗漏或提供了不完整的技术信息和数据，补正这些遗漏或者不完整不会对其他投标人产生不公平的结果，这种偏差属于细微偏差，不影响投标文件的有效性。如报价的计算错误就属于细微偏差，通常的修正原则是：阿拉伯数字表示的金额与文字大写金额不一致的，以文字表示的金额为准；单价金额与总价金额不一致的，以单价金额为准，但单价金额小数点明显错误的除外；投标文件的副本与正本不一致的，以正本为准。计算错误的修改一般由评标委员会负责，但改正后一定要由投标人的法人代表或其授权人签字确认。

评标委员会可以书面方式要求投标人对投标文件中含义不明确、对同类问题表述不一致或者有明显文字和计算错误的内容进行必要的澄清、说明或者补充。澄清、说明或者补充应以书面方式进行，且不得超出投标文件的范围或者改变投标文件的实质性内容。评标委员会不得向投标人提出带有暗示或诱导性的问题，或向其明确投标文件中的遗漏和错误。没有通过初步评审的投标文件不得进入下一阶段。

6. 投标文件计算错误的修正

评标委员会将对确定为实质上响应招标文件要求的投标文件进行校核，看其是否有计算或表达上的错误，修正错误的原则如下：

（1）如果阿拉伯数字表示的金额和文字表示的金额不一致时，应以文字表示的金额为准。

（2）当单价与数量的乘积与合价不一致时，以单价为准，除非评标委员会认为单价有明显的小数点错误，此时应以标出的合价为准，并修改单价。

（3）按上述修正错误的原则及方法调整或修正投标文件的投标报价，投标人同意后，调整后的投标报价对投标人起约束作用。如果投标人不接受修正后的报价，则其投标将被拒绝并且其投标担保也将被没收，并不影响评标工作。

7. 投标文件的评审、比较和否决

评标委员会依据投标须知前附表规定的评标方法和标准，对投标文件进行评审和比较，向招标人提出书面评审报告，并推荐合格的中标候选人。招标人根据评标委员会提出书面评审报告和推荐合格的中标候选人确定中标人，也可授权评标委员会直接确定中标人。

8. 评标方法和标准

(1) 综合评估法：最大限度地满足招标文件中规定的各项综合评价标准，将报价、施工组织设计、质量保证、工期保证、业绩与信誉等赋予不同的权重，用打分或折算货币的方法，评出中标人。

(2) 经评审的最低投标价法：满足招标文件的实质性要求，选择经评审的最低投标价格（投标价格低于成本的除外）的投标人为中标人。

(3) 其他方法。

评标委员会经评审，认为所有投标都不符合招标文件要求的，可以否决所有的投标。所有的投标被否决后，招标人应当依法重新招标。

2.4.2 建设工程评标文件中评标、定标办法的编制

1. 建设工程评标文件中评标、定标办法的编制原则

招标人在拟订建设工程项目的评标文件时必须遵循相关的法规及国际惯例，本着公平公正的基本原则，力求按照内容全面、条件合理、标准明确、文字规范简练、内容统一等基本要求做好评标文件的拟订工作。

1) 内容全面

编制建设工程评标文件，首先必须注意文件内容的系统和完整，应当根据国际惯例和现行的政策规定，对工程项目招标投标工作中需涉及的所有问题都予以细致、周密的规定，最大限度地为投标人提供编制该项工程投标报价所需的全部资料和要求。评标文件只有内容全面，才能确保该项工程招标投标各项工作的进行有据可依。

2) 条件合理

条件合理主要是指评标文件中的评审条件应当具有合理性，符合国际惯例，有利于比较公正地维护各方的经济利益。

3) 标准明确

标准明确是要求招标人在编制评标文件时，对下列事项或问题的标准必须予以明确地规定：

(1) 投标人应具备的资格标准。（资格后审）

(2) 工程量及工程造价的计算标准。

(3) 工程的主要材料、设备的技术规格和质量要求及工程施工技术的质量标准、工程验收标准。

(4) 投标文件文本应包括的内容、资料及其具体格式，报送投标文件的时间、份数等有关标准。

(5) 投标保证金、履约保证金等有关费用标准。

(6) 合同签订及履行过程中承发包双方有关奖惩标准。

(7) 有关优惠标准。

综上所述，对于影响工程承发包双方经济利益的根本性问题，招标人在有关标准规定的描述上应清晰明确，不能模棱两可，以便投标人一目了然，从而顺利提出合理的投标报价。

4）文字规范简练

编制建设工程评标文件对文字方面的要求很高，一定要注意字斟句酌、言简意赅、文字准确而不含糊，并且高度简练。这样才可以最大限度地减少工程招标投标全部工作中承发包双方的矛盾、争议、纠纷，保障合同文件顺利付诸实施。

5）内容统一

评标文件所包括的众多内容应力求统一，尽量减少和避免相互矛盾，评标文件的矛盾会为承包人创造索赔的机会。

2. 建设工程评标文件中评标、定标办法的编制

目前，建设工程评标、定标的主要条款可概括为三个方面：商务标的评审办法、技术标的评审办法、综合业绩的评审办法。

1）商务标的评审办法

商务标的评审办法主要包括：对投标总报价、工程量清单项目费、措施项目费与施工方案相结合、主要材料价格、综合单价的合理性及经济性给以量化分值。此外，对于计算错误、重大偏差也给出量化打分的标准。

2）技术标的评审办法

技术标的评审办法的编制主要是对施工组织设计的内容给出合理的评分标准。对于施工组织设计的评审主要针对以下几个方面：

(1) 全面性。施工组织设计应具有以下几个方面的内容：① 施工方法、采用的施工设备、劳动力计划安排；② 确保工程质量、工期、安全和文明施工的措施；③ 施工总进度计划；④ 施工平面布置；⑤ 采用经专家鉴定的新技术、新工艺；⑥ 施工管理和专业技术人员配备。

(2) 可行性。各项主要内容的措施、计划，流水段的划分，流水的步距、节拍，各项交叉作业等是否切合实际，合理可行。

(3) 针对性。

① 优良工程的质量保证体系是否健全有效，创优的硬性措施是否切实可行；

② 工程的赶工措施和施工方法是否有效；

③ 闹市区工程的安全、文明施工和防止扰民的措施是否可靠。

3）综合业绩的评审办法

综合业绩评审办法的编制主要是对企业质量认证体系、项目经理业绩及荣誉、近三年是否干过类似工程、企业的资信能力等给予量化打分的标准。

(1) 投标单位在投标的上两年度内获国家、省建设行政主管部门颁发的荣誉证书，证书范围仅限工程质量、文明工地及新技术推广示范工程荣誉证书等，最高得××分。

① 工程质量获国家“鲁班奖”得××分，获省“优质杯”得××分；

② 文明工地获“省文明工地样板”得××分，获“省文明工地”得××分；

③ 新技术推广示范工程获“国家级示范工程”得××分，获“省级示范工程”得××分。

以上三种证书按获得的最高荣誉证书计分，计分时不重复、不累计。

(2) 投标单位拟承担招标工程的项目经理，上两年度内承担过工程（已竣工）情况核评，最高得××分。

① 承担过与招标工程类似的工程；

② 工程履约情况；

③ 工程质量等级及有关工程的获奖情况；

④ 出现质量安全事故的应减分。

以上证明材料应当真实、有效，否则将被拒绝。开标时，投标单位要携带原件备查。

评标、定标办法细则由招标单位编制，报经招标投标管理机构备案。未经备案的评标、定标办法无效。

《标准施工招标文件(2017 年版)》第三章"评标办法"分别规定经评审的最低投标价法和综合评估法两种评标方法，供招标人根据招标项目具体特点和实际需要选择适用。招标人选择适用综合评估法的，各评审因素的评审标准、分值和权重等由招标人自主确定。国务院有关部门对各评审因素的评审标准、分值和权重等有规定的，从其规定。"评标办法"前附表应按试行规定要求列明全部评审因素和评审标准，并在前附表及正文标明投标人不满足其要求即导致废标的全部条款。

任务5 工程量清单招标的编制

2.5.1 工程量清单概述

1. 工程量清单

工程量清单是表现拟建工程的分部分项工程项目、措施项目、其他项目、税前项目清单、规费项目和税金项目名称及相应数量的明细清单，由招标人按照《建设工程工程量清单计价规范》中统一的项目编码、项目名称、计量单位和工程量计算规则进行编制，包括分部分项工程量清单、措施项目清单、其他项目清单、税前项目清单、规费项目清单和税金项目清单。

2. 工程量清单招标

工程量清单招标是建设工程招标投标中，招标人按照国家统一的工程量计算规则提供工程数量清单，由投标人依据工程量清单自主报价，并按照经评审的最低投标价中标的原则选择中标单位。

3. 实行工程量清单招标的工程范围

《建设工程工程量清单计价规范》明确规定全部使用国有资金投资或国有资金投资为主(二者简称"国有资金投资")的工程建设项目，必须采用工程量清单招标。国有资金投资的工程建设项目包括使用国有资金投资和国家融资投资的工程建设项目。

1) 国有资金投资的工程建设项目

使用国有资金投资的工程建设项目的范围包括：

(1) 使用各级财政预算资金的项目；

(2) 使用纳入财政管理的各种政府性专项建设基金的项目；

(3) 使用国有企事业单位自有资金，并且国有资产投资者实际拥有控制权的项目。

2) 国家融资投资的工程建设项目

国家融资投资的工程建设项目的范围包括：

(1) 使用国家发行债券所筹资金的项目；

(2) 使用国家对外借款或者担保所筹资金的项目；

(3) 使用国家政策性贷款的项目；

(4) 国家授权投资主体融资的项目；

(5) 国家特许的融资项目。

国有资金(含国家融资资金)为主的工程建设项目是指国有资金占投资总额50%以上,或虽不足50%但国有投资者实质上拥有控股权的工程建设项目。

非国有资金投资的工程建设项目,可采用工程量清单招标,也可采用工料单价法招标。

4. 实行工程量清单招标的意义

1) 适应市场经济发展的需要

实行工程量清单招标,实现了量价分离、风险分担,变现行以预算定额为基础的静态计价模式为将各种因素考虑在全费用单价内的动态计价模式,同时,能够反映出工程个别成本。所有投标人均在统一量的基础上结合工程具体情况和企业自身实力,并充分考虑各种市场风险因素,即在同一起跑线上公平竞争,优胜劣汰,避免投标报价的盲目性,符合市场经济发展的规律,充分体现了市场经济条件下的竞争机制。

2) 节约工程投资

实行工程量清单招标,合理适度地增加投标的竞争性,特别是经评审的最低投标价中标的方式,有利于控制工程建设项目总投资,降低工程造价,为建设单位节约资金,以最少的投资获得最大的经济效益。

3) 有利于推动企业提高自身管理水平

工程量清单招标要求施工企业加强成本核算,苦练内功,提升市场竞争力,提高资源配置效率,降低施工成本。构建适合本企业投标报价系统,促使施工企业自主制定企业定额,不断提高管理水平。同时也便于工程造价管理部门分析和编制适应市场变化的造价信息,更加有力地推动政府工程造价信息制度的快速发展。

4) 降低建设成本,提高工作效率

工程量清单招标的实行,有利于规范建设市场计价行为,规范建设市场秩序,促进建设市场有序竞争;有利于控制建设项目投资,合理利用资源,降低工程建设成本;有利于促进技术进步,提高劳动生产率;有利于提高造价工程师的素质,使其成为懂技术、懂经济、懂管理的全面发展的复合型人才。

5) 有利于我国工程造价管理政府职能的转变

按照政府部门真正履行起"经济调节、市场监管、社会管理和公共服务"职能的要求,政府对工程造价政府管理的模式要相应改变,将推行政府宏观调控、企业自主报价、市场竞争形成价格、社会全面监督的工程造价管理思路。实行工程量清单招标,将有利于我国工程造价管理政府职能的转变,由过去政府控制的指令性定额转变为制定适应市场经济规律需要的工程量清单计价方法,由过去行政直接干预转变为对工程造价依法监管,有效地强化政府对工程造价的宏观调控。

6) 适应我国加入世界贸易组织(WTO)、融入世界大市场的需要

随着我国改革开放的进一步加快,中国经济日益融入全球市场,特别是我国加入WTO后,行业壁垒降低,建设市场将进一步对外开放。国外企业及投资项目越来越多地进入国内市场,我国企业走出国门在海外投资和经营的项目也在增加。为了适应这种对外开放建设市场的形势,就必须与国际通行的计价方法相适应,为建设市场主体创造一个与国际惯例接轨的市场竞争环境。工程量清单计价是国际通行的计价方法,在我国实行工程量清单招标,有利于提高国内建设各方主体参与国际竞争的能力,有利力提高工程建设的管理水平。

2.5.2 工程量清单编制的一般规定

(1) 工程量清单应由具有编制能力的招标人或受其委托、具有相应资质的工程造价咨询人

编制。

（2）采用工程量清单招标方式，工程量清单必须作为招标文件的组成部分，其准确性和完整性由招标人负责。

投标人依据工程量清单进行投标报价，对工程量清单不负有核实的义务，更不具有修改和调整的权力。工程量清单作为投标人报价的共同平台，其准确性和完整性应由招标人负责，如招标人委托工程造价咨询人编制，责任仍应由招标人承担。至于工程造价咨询人应承担的具体责任则应由招标人与工程造价咨询人通过合同约定处理或协商解决。

（3）工程量清单是工程量清单计价的基础，应作为编制招标控制价、投标报价、计算工程量、支付工程款、调整合同价款、办理竣工结算以及工程索赔等的依据之一。

（4）工程量清单应由分部分项工程量清单、措施项目清单、其他项目清单、税前项目清单、规费项目清单、税金项目清单组成。

（5）编制工程量清单的依据：① 建设行政主管部门颁发的《消耗量定额》、费用标准、计价相关规定；② 建设工程设计文件；③ 与建设工程项目有关的标准、规范、技术资料；④ 招标文件及其补充通知、答疑纪要；⑤ 施工现场情况、工程特点及常规施工方案；⑥ 其他相关资料。

（6）工程量清单的标准格式。

工程量清单应采用统一格式，一般应由下列内容组成：

封面（由招标人填写、签字、盖章）、填表须知（由招标人填写、签字、盖章）、总说明、分部分项工程量清单、措施项目清单、其他项目清单、税前项目清单、规费项目清单、税金项目清单、零星工作项目表、主要材料价格表。

2.5.3 封面、填表须知、总说明

1. 封面

________工程量清单
招　标　人：________________（单位签字盖章） 法定代表人：________________（签字盖章） 中 介 机 构 法定代表人：________________（签字盖章） 造价工程师 及注册证号：________________（签字盖执业专用章） 编 制 时 间：

2. 填表须知

（1）工程量清单及其计价格式中所要求签字、盖章的地方，必须有规定的单位和人员签字、盖章。

（2）工程量清单及其计价格式中的任何内容不得随意删除或涂改。

（3）工程量清单计价格式中列明的所有需要填报的单价和合价，投标人均应填报，未填报的单价和合价，视为此项费用已包含在工程量清单的其他单价和合价中。

（4）金额（价格）均应以人民币表示。

3. 总说明

(1) 工程概况:建设规模、工程特征、计划工期、施工现场实际情况、交通运输情况、自然地理条件、环境保护要求等;

(2) 工程招标和分包范围;

(3) 工程量清单编制依据;

(4) 工程质量、材料、施工等的特殊要求;

(5) 招标人自行采购材料的名称、规格型号、数量等;

(6) 其他项目清单中投标人部分的(包括预留金、材料购置费等)金额数量;

(7) 其他需说明的问题。

2.5.4 分部分项工程量清单

1. 分部分项工程量清单编制的一般规定

(1) 分部分项工程量清单应包括项目编码、项目名称、项目特征、计量单位和工程量。

(2) 分部分项工程量清单应根据附录规定的项目编码、项目名称、项目特征、计量单位和工程量计算规则进行编制。

(3) 分部分项工程量清单的项目编码,应采用十二位阿拉伯数字表示。一至九位应按附录的规定设置,十至十二位应根据拟建工程的工程量清单项目名称设置,同一招标工程的项目编码不得有重码。

各级编码的含义:第一级表示分类码(前二位),其中,建筑工程 01、装饰装修工程 02、安装工程 03、市政工程 04、园林绿化工程 05,等等;第二级表示章顺序码(第三、第四位);第三级表示节顺序码(第五、第六位);第四级表示清单 项目名称码(第七、第八、第九位);第五级表示具体清单项目码(后三位,由编制人设置)。

(4) 分部分项工程量清单的项目名称应按附录的项目名称结合拟建工程的实际确定。

(5) 分部分项工程量清单中所列工程量应按附录中规定的工程量计算规则计算。

(6) 分部分项工程量清单的计量单位应按附录中规定的计量单位确定。

(7) 分部分项工程量清单项目特征应按附录中规定的项目特征,结合拟建工程项目的实际予以描述。

2. 分部分项工程量清单编制的方法及程序

1) 做好编制清单的准备工作

首先要认真学习《建设工程工程量清单计价规范》及其相应的工程量计算规则;熟悉地质、水文及其勘察资料、设计图纸,及其相关设计与施工规范、标准以及操作规程;充分了解施工现场情况,包括对地下障碍物的了解,详尽地分析现场施工条件。

2) 划分和确定分部分项工程的分项及名称

所确定的分部分项工程量清单的每个分项与名称,应符合计价规范附录中的项目名称并取得一致。项日划分和列项时应注意按照“工程实体”划分的原则,例如混凝土带形基础施工分项,其作业内容仅包括混凝土垫层和基础两项实体工程的混凝土作业内容。事实上一个基础浇筑成型,必须借助于支撑和模板的辅助,如果基坑地下水位较高,还需要排水或降水措施辅佐,才能完成此项基础施工,形成基础工程实体。按照计价规范规定后两项作为辅助施工措施,因此应将其列入措施项目清单分项,而不列入分部分项清单之中。又例如,对钢筋混凝土基础,其钢筋部分属钢筋混凝土基础构成实体部分，但计价规范在混凝土及钢筋混凝土专业工程中，包括了钢筋工程的独立分项，因此对钢筋工程施工部分则需单独立项。因此，进行分部分项工程量清单分项时，应注意工程实体原则，并注意区分分部分项工程量清单分项与措施项目清单分项。

由于工程建设的复杂性，技术发展日新月异，新材料、新技术、新设备、新工艺不断涌现，工程分项可能超出《建设工程工程量清单计价规范》规定范围。根据《建设工程工程量清单计价规范》规定，凡"附录 A、附录 B、附录 C、附录 D、附录 E 中未包括的项目，编制人可作相应补充，并应报省、自治区、直辖市工程造价管理机构备案"。因此，凡附录中的缺项，编制人可作补充。补充项目应填写在工程量清单相应分部分项工程项目之后，并在"项目编码"栏中以"补"字显示，加以区别。

3）拟订项目特征的描述

分部分项工程量清单表中没有项目特征和工作内容专栏，这不能说明它们不重要。一个同名称项目，由于材料品种、型号、规格、材质材性要求不同，反映在综合单价上的差别甚大。对项目特征的描述是编制分部分项工程量清单十分重要的步骤和内容，它是对承包商确定综合单价、采用施工材料和施工方法及其相应施工辅助措施工作的指引，并与施工质量、消耗、效率等均有着密切关系。因而，编制人应在项目名称栏中作简要、明确的描述。描述中可以根据工程设计要求和工程实际情况，并参照《建设工程工程量清单计价规范》附录中项目特征和工作内容栏目，进行必要的描述。要特别注重对工程实际与存在的特殊要求的准确描述，对一些有特殊要求的施工工艺、材料、设备等也应在规范规定的工程量清单"总说明""主要材料价格表"中进行必要的说明。

4）确定清单分项编码和计量单位

项目编码前九位取自《建设工程工程量清单计价规范》附录中项目名称所对应的编码，后三位按计价规范统一规范项目名称下不同的分部分项工程，自 001 起顺序设置。再按计价规范中的计量单位确定分部分项工程的计量单位。

5）计算分部分项清单分项的工程量

这是编制分部分项工程量清单的一个重要步骤。具体计算应按《建设工程工程量清单计价规范》规定的分部分项工程量计算规则进行。

6）复核与整理清单文件

这是编制分部分项工程量清单的最后一步。编制人必须反复核审校对，并应交叉校核定稿等。

3. 分部分项工程量清单编制的主要内容

分部分项工程量清单编制的主要内容见表 2-9。

表 2-9　分部分项工程量清单项目概况表

附录名称	专业名称	分部工程	节	分项工程
附录 A	建筑工程	8	43	177
附录 B	装饰与装修工程	6	47	214
附录 C	安装工程	13	110	1111
附录 D	市政工程	8	38	432
附录 E	园林绿化工程	3	12	87
附录 F	矿山工程工程量清单项目及计算规则，适用于矿山工程			

4. 分部分项工程量清单的设置

分部分项工程量清单是按照项目编码、项目名称、计量单位、工程数量等编制的。

1）项目编码

项目编码用 12 位阿拉伯数字表示，前 9 位数为统一编码，后 3 位为根据清单项目的特征等不同，由编制人设置，一般要求从 001 起顺序编制，如图 2-2 和图 2-3 所示。

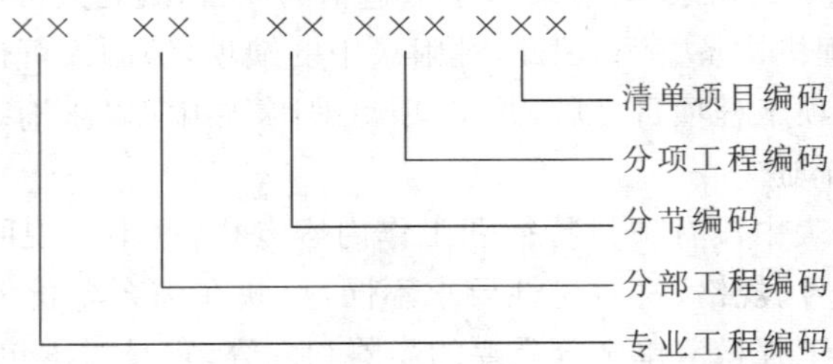

图 2-2　清单项目编码图

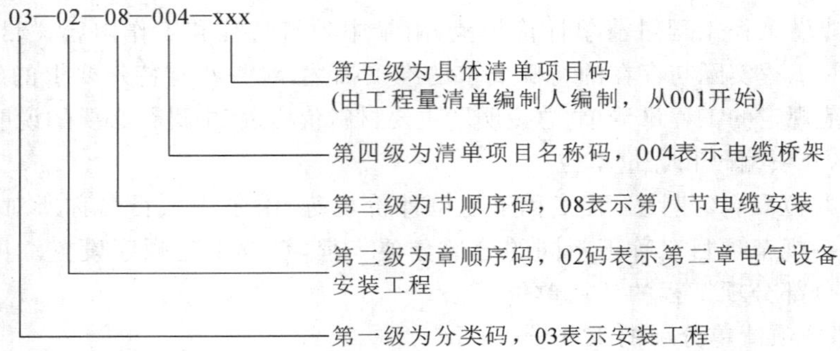

图 2-3　工程量清单项目编码结构示例图(安装工程)

2）项目名称

项目名称按照《建设工程工程量清单计价规范》各附录中规定的名称列项，不得随意更改。并结合拟建工程的实际情况详细描述项目特征和工程内容，以便投标人准确报价。若出现附录中未包括的项目，编制人可作相应补充，并应报省、市、自治区工程造价管理机构备案。补充项目应列在分部分项工程项目清单项目最后，并在序号栏中注明“补”字。

3）计量单位

计量单位按照《建设工程工程量清单计价规范》各附录中对长度、面积、体积、重量、自然单位及其他项目所规定的计量单位采用，规范中的计量单位均为基本计量单位，不得使用扩大单位（如 10 m、100 m^2）。

4）工程数量

按照《建设工程工程量清单计价规范》附录规定的计算规则计算。工程数量的有效位数应遵守下列规定：

（1）以“吨”为单位，应保留小数点后三位数字，第四位四舍五入。

（2）以“立方米”“平方米”“米”为单位，应保留小数点后两位数字，第三位四舍五入。

（3）以“个”“项”等为单位，应取整数。

5. 分部分项工程量清单的格式

分部分项工程量清单反映为完成分部分项工程量所需的实体项目，其格式见表 2-10。

表 2-10　分部分项工程量清单与计价表

工程名称：　　　　　标段：　　　　　　　　　　　　　　　　　　　第　页、共　页

序号	项目编码	项目名称	项目特征描述	计量单位	工程量	金额/元		
						综合单价	合价	暂估价

2.5.5　措施项目清单

措施项目是指完成工程项目施工，发生于该工程施工前和施工过程中技术、生活、安全等方面的非工程实体项目。措施项目费即实施措施项目所发生的费用。措施项目费由组织措施项目费和技术措施项目费组成。

组织措施项目费包括现场安全文明施工措施费、材料二次搬运费、夜间施工增加费、冬雨季施工增加费，分别以规定的费率计取（见表 2-11）。

技术措施项目费包括施工排水、降水费，大型机械设备进出场、安拆费，现浇混凝土构件模板使用费，现场预制混凝土构件模板使用费，现浇混凝土构筑物模板使用费，脚手架使用费，垂直运输费，现浇混凝土泵送费，分别按相应的子目计算（见表 2-12）。

表 2-11　措施项目清单计价表（一）

工程名称：　　　　　　　　　　　　　　　　　　　　　　　　　　第　页、共　页

序号	项目名称	计算基础	费率/%	金额/元
1	安全文明施工措施费			
2	材料二次搬运费			
3	夜间施工增加费			
4	冬雨季施工增加费			
5	大型机械设备进出场、安拆费			
6	施工排水费			
7	施工降水费			
8	地上、地下设施、建筑物的临时保护设施费			
9	已完工程及设备保护费			

续表

序号	项目名称	计算基础	费率/%	金额/元
10	各专业工程的措施项目费			
……	……			

注：1. 本表适用于以“项”计价的措施项目；

2. 根据住建部、财政部发布的《建筑安装工程费用项目组成》(建标[2003]206号文)的规定，“计算基础”可为“直接费”“人工费”或“人工费＋机械费”。

表 2-12　措施项目清单计价表(二)

工程名称：　　　　标段：　　　　第　页、共　页

序号	项目编码	项目名称	项目特征描述	计量单位	工程量	金额/元	
						综合单价	合价

注：本表适用于以综合单价形式计价的措施项目。

2.5.6　其他项目清单

其他项目清单宜按照下列内容列项：

(1) 暂列金额；

(2) 暂估价：包括材料暂估价、专业工程暂估价、检验试验费暂估价；

(3) 计日工；

(4) 总承包服务费；

(5) 出现《建设工程工程量清单计价规范》相关细则未列的项目，可根据工程实际情况补充。

2.5.7　税前项目清单

由招标人根据工程特点对税前项目清单列项。税前项目清单的项目编码、项目名称及特征描述、计量单位、计算规则等应遵循分部分项工程量清单的有关规定。

2.5.8　规费项目清单

规费项目清单应按照下列内容列项：

(1) 工程排污费；
(2) 社会保障费：包括养老保险费、失业保险费、医疗保险费；
(3) 住房公积金；
(4) 危险作业意外伤害保险费；
(5) 工伤保险费。
(6) 其他未列项目，应根据地方有关权力部门规定和工程特点列项。

2.5.9 税金项目清单

税金项目清单应包括下列内容：
(1) 增值税；
(2) 城市维护建设税；
(3) 教育费附加；
(4) 地方教育费附加；
(5) 由于近期国家财务管理改革，其他未列项目应根据税务部门的规定列项。

Chapter 3

项目3 建设工程投标

任务1 建设工程投标的程序和内容

3.1.1 建设工程投标的程序

工程投标是指具有合法资格和能力的投标人根据招标条件，经过初步研究和估算，在指定期限内填写标书，提出报价，并等候开标，决定能否中标的经济活动。

建设工程投标一般是指经过特定审查而获得投标资格的建设项目承包单位，按照招标文件的要求，在规定的时间内向招标单位填报投标书，并争取中标的法律行为。建设工程招标是要约邀请，而投标是要约，中标通知书是承诺。

投标的一般程序如图3-1所示。

3.1.2 建设工程投标工作的内容

投标过程是指从填写资格预审调查表开始，到将正式投标文件送交开标地点为止所进行的全部工作。一般需要完成下列各项工作：① 取得招标信息；② 联合投标中合作伙伴的选择；③ 参加资格预审；④ 组建投标班子；⑤ 投标中对收集的有关信息进行分析；⑥ 认真研究招标文件；⑦ 踏勘项目现场；⑧ 确定投标策略；⑨ 编制施工方案及施工组织设计；⑩ 投标报价的计算；⑪ 投标文件的制作；⑫ 递送投标文件；⑬ 议标、谈判技巧研究。

3.1.3 建设工程投标文件的内容

投标文件应包括以下内容：① 投标函及投标函附录；② 法定代表人身份证明或附有法定代表人身份证明的授权委托书；③ 联合体协议书；④ 投标保证金；⑤ 已标价工程量清单；⑥ 施工组织设计；⑦ 项目管理机构；⑧ 拟分包项目情况表；⑨ 资格审查资料；⑩ 投标人须知前附表规定的其他材料。

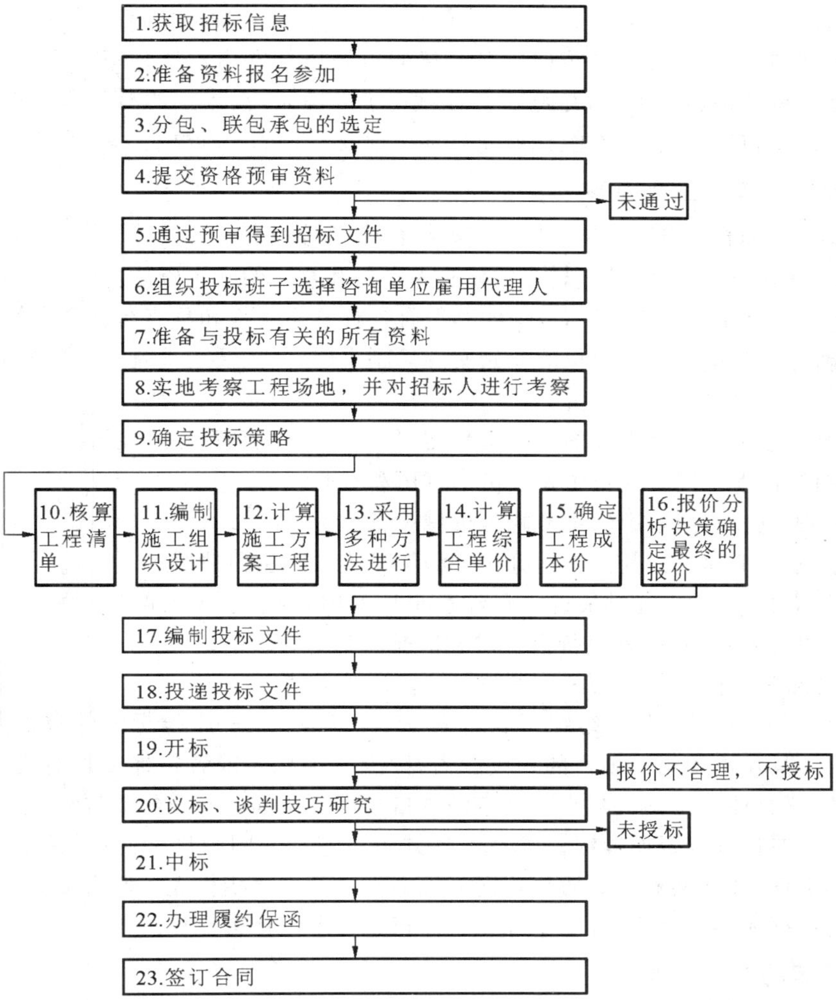

图 3-1　投标的一般程序

任务2　建设工程投标的准备工作

3.2.1　参加资格预审

《招标投标法》规定，招标人根据招标项目本身的要求，可以在招标公告或者投标邀请书中，要求潜在投标人提供有关资质证明文件及其业绩情况，并对潜在投标人进行资格审查，国家对投标人的资格条件有规定的，依照其规定执行。招标人不得以不合理的条件限制或者排斥潜在投标人，不得对潜在投标人实行歧视待遇。

1. 资格预审的程序

在公开招标进行资格预审时，首先，通过对申请单位填报的资格预审文件及资料进行评比和分析，确定出合格的申请单位名单，并将此名单报送招标投标管理机构审查核准。招标投标管理机构对名单核准同意后，由招标单位向所有合格的申请单位发出资格预审合格通知书。申请单位在收到资格预审合格通知书后，必须以书面形式予以确认，在规定的时间内领取招标文件、技术资料及有关设计施工图纸，并在投标截止日期前递交有效的投标文件。

2. 资格预审审查的主要内容

(1) 参加投标的单位应该满足该工程所要求的资质等级。

(2) 参加投标的施工单位必须具有独立法人资格和相应的施工资质。

(3) 投标单位应提供资格文件，以证明其符合投标合格条件和具有履行合同的能力。包括：

① 有关确立投标单位法律地位的原始文件的副本（包括主要营业地点、营业执照、资质等级证书等）；

② 投标单位在过去3年完成的与本工程相似工程的情况和现在正在履行合同的工程情况；

③ 管理和执行本合同所配备主要人员的资历和经验；

④ 提供完成该合同拟采用的主要施工机械设备情况；

⑤ 提供拟分包工程项目及拟承担分包工程项目施工单位的情况；

⑥ 投标单位财务状况，提供最近3年经过审计的财务报表、今后两年度财务预测报告和投标单位从开户银行开具的，由该银行提供财务情况证明的确认书；

⑦ 有关投标单位目前和过去3年参与或涉及诉讼的情况等。

(4) 两个以上法人或者其他组织可以组成一个联合体，以一个投标人的身份共同投标。联合体各方均应当具备承担招标项目的相应能力；国家有关规定或者招标文件对投标人资格条件有相应规定的，联合体各方均应当具备规定的资格条件。由同一专业的单位组成的联合体，按照资质等级较低的单位确定资质等级。联合体各方应当签订共同的投标协议，并明确约定各方拟承担的工作和责任，并将共同投标协议连同投标文件一并提交招标人。联合体中标的，联合体各方均应共同与招标人签订合同，并就中标项目向招标人承担连带责任。

3. 资格预审的注意事项

资格预审是投标人能否通过整个投标过程中的第一关。这里就投标人申报资格预审时应注意的事项做一些介绍。

(1) 注意平时对资格预审的有关资料加以积累，并储存在计算机内，需填写资格预审调查表时，能及时将有关资料调出来，加以补充并完善。如果平时不注意积累资料，完全靠临时填写，则往往会达不到业主的要求而失去应有的机会。

(2) 在投标决策阶段，注意收集信息，如果有合适的项目，应及早动手做资格预审的申请准备工作。

(3) 加强填表时的分析，要针对工程特点，填好重点部分，主要是反映出本公司的施工水平、施工经验和施工组织能力。这往往是业主考虑的重点。

(4) 特别要做好递交资格预审表后的跟踪工作，以便及时发现问题，及时补充相关资料。如果是国外工程可通过代理人或当地分公司进行有关的查询工作。

3.2.2 研究招标文件

招标文件是投标的主要依据，招标文件规定的承包人的职责和权利，必须高度重视，认真研读。招标文件内容虽然很多，但总的不外乎技术要求条款、商务条款和标的工程内容条款。下面就各个方面应注意的问题加以阐述。

1. 合同条件

(1) 要核准下列日期:投标截止日期和时间、投标有效期、由合同签订到开工允许时间、分阶段验收的工期和总工期、工程保修期等。

(2) 关于误期赔偿费的金额和最高限额的规定,提前竣工奖励的有关规定。

(3) 关于付款的条件。确认是否有动员预付款,其金额与扣还的时间和办法,永久设备和材料预付款的支付规定,付款的方法,自签发支付证书至付款的时间,延期付款是否支付利息,扣留保留金的最高额度、比例和退还的条件。

(4) 关于担保或保函的有关规定,担保或保函的种类,担保额或保函额的要求及有效期等。

(5) 关于物价调整条款。明确有无对设备、材料及工资的价格调整的规定,并了解其限制条件。

(6) 关于不可抗力因素造成损害的补偿办法与规定,中途停工的处理办法及补救措施。

(7) 关于现场人员事故保险和工程保险等的规定,如保险种类、最低保险金额、保期和免赔额等。

(8) 关于争端解决的有关规定。

2. 责任范围和报价要求

(1) 不同的合同类型,合同双方的责任和风险不同,因此要明确合同类型是总价合同、单价合同还是成本加酬金合同。

(2) 认真落实要求投标的报价范围,不应该有含糊不清之处。例如,报价是否含有勘察设计补充工作,是否包括进场的道路与临时水电设施,有无建筑物需要拆除及清理等现场工作,是否包括监理工程师的办公室和办公交通设施等。总之,应将工程量清单与投标人须知、合同条件、技术规范、施工图等共同认真核对以保证在投标报价中不"错报",不"漏报"。

(3) 认真核算工程量。核算工程量,便于正确计算投标价格,便于今后在实施工程中核对每项工程量,同时对安排施工进度计划、选定施工方案提供重要依据。投标人应结合招标的施工图,认真仔细地核对工程量清单中的各个分项,对于子目多的工程要做到子目中的工程量与实际工程中的施工部位数量平衡。当发现工程量清单中的工程量与实际工程量有较大差异时,应向招标人提出质疑。

3. 技术规范和施工图

(1) 工程技术规范。按工程类型描述工程技术和工艺的内容与特点,对设备、材料、施工及安装方法等规定的技术要求,对工程质量进行检验、试验和验收所规定的方法及要求。在核对工程量清单时,应注意对每项工作的技术要求及采用的规范进行核对。因为采用的规范不同,其施工方法及控制指标将不一致,有可能对施工方法、采用的机械设备和工时定额有较大影响,忽略这一点不仅使投标人的报价产生计算偏差,而且还会给未来的施工工作造成困难。

(2) 施工图纸的分析。要注意平、立、剖面图之间位置、尺寸的一致性,结构图与设备安装图之间的一致性,当发现有矛盾时应及时提请招标人予以澄清并修正。

(3) 注意技术规范中有无特殊施工技术要求,有无设备、特殊材料的技术要求。有无允许选择设备和代用材料的规定。若有,则要分析与常规方法的区别以及合理估算可能引起的额外费用。

3.2.3 调查投标环境与现场考察

1. 自然条件调查

(1) 气象资料。包括年平均气温、年最低气温和年最高气温,风向图、最大风速和风压值,日照，年最大降雨（雪）量和平均降雨（雪）量，年平均湿度、最低和最高湿度，尤其要分析全年不宜和不能施工的天数（如气温超过或低于某一温度持续的天数，风力和雨量大于某一数值的天数，台风频发季节及天数等）。

（2）地震、洪水及其他灾害情况等。

（3）水文资料。包括地下水位、风浪、潮汐等。

（4）地质情况。包括地质构造及特征、承载能力，地基是否有膨胀土、大孔土，冬季冻土层厚度等。

2. 施工条件调查

（1）工程现场的用地范围、地形、地物、地貌、标高、地上或地下障碍物、现场的“三通一平”情况。

（2）工程现场施工的大型施工机具、临时设施、材料堆放、是否需要二次搬运。

（3）工程现场周围的道路、进出场条件（材料运输、大型施工机具），有无特殊交通限制（如单向行驶、转变方向限制、夜间行驶，货载重量、长度、高度限制等规定）。

（4）市政给水及污水、雨水排放线路位置、管径、压力、标高、废水、污水处理方式，市政消防供水管道管径、压力、位置等。

（5）工程现场邻近建筑物与招标工程的间距、基础埋深、结构形式、新旧程度、高度。

（6）当地供电力式、方位、距离、电压等。

（7）当地煤气供应能力，管线位置、标高等。

（8）工程现场通信线路的连接和铺设。

（9）当地政府有关部门对施工现场管理的特殊要求、一般要求及规定，是否允许节假日和夜间施工，等等。

3. 其他条件调查

（1）建筑构件和半成品的加工、制作和供应条件，商品混凝土的供应能力和价格。

（2）是否可以在工程现场安排工人住宿，对现场住宿条件有无特殊规定和要求。

（3）是否可以在工程现场或附近搭建食堂、自己供应施工人员伙食；若不可能，通过什么方式解决施工人员的餐饮问题，其费用如何。

（4）工程现场附近治安情况如何，是否需要采用特殊措施加强施工现场保卫。

（5）工程现场附近各种社会服务设施和条件，如当地的卫生、保健、医疗、通信、文化、娱乐设施、公共交通情况及技术水平、服务水平、费用，有无特殊的地方病、传染病等。

（6）工程现场附近的生产厂家、商店、各种公司和居民的一般情况，工程施工可能对他们所造成的影响程度。

任务3 建筑工程投标策略

3.3.1 建筑工程投标策略的含义

投标策略的含义是指投标人在投标竞争中的指导思想与系统工作部署及其参与投标竞争的

手段和方式。投标策略作为投标取胜的手段、方式和艺术，贯穿于投标竞争的始终，内容十分丰富，在投标与否、投标报价、投标项目的选择等方面，无不包含投标策略。

尤其需要注意的是，投标策略在投标报价过程中的作用更为显著，工程项目投标技巧研究，其实是在保证工程工期与质量的条件下，寻求一个好的报价的技巧问题。恰当的报价是能否中标的关键，但恰当的报价，并不一定是最低报价。实践表明，标价过低（低于正常情况下完成合同所需的价格或低于成本），也会成为废标而不能入围，而标价过高，无疑会失去竞争力而落标。

3.3.2 建筑工程投标策略的种类

投标策略的种类较多，下面简单地介绍几种在投标过程中常见的策略。

1. 增加建议方案

有时招标文件中规定，可以提出一个建议方案，即可以修改原设计方案，提出投标者的方案。投标者这时应抓住这种机会，组织一批有经验的设计、施工工程师，对原招标文件的设计和施工方案进行认真仔细的研究，提出更为合理的方案来吸引业主，促成自己的方案中标。这种新建议方案可以缩短工期或降低总造价，或使工程运用更加合理，工程功能更加完善。但是需要注意对原招标方案一定也要报价。建议方案不要写得太具体，要保留方案的技术关键，防止业主将此建议方案交给其他承包商。同时需要强调的是，建议方案一定要比较成熟，有很好的操作性及可行性，不能不切实际情况。

2. 不平衡报价法

所谓不平衡报价，是对常规报价的优化，其实质是在保持总报价不变的前提下，通过提高工程量清单中一些子项的综合单价，同时降低另外一些子项的单价来获取较好的经济收益。也就是说对施工方案实施可能性大的报高价，对实施可能性小的报低价，目的是“早收钱”或“快收钱”。即：赚取由于工程量改变而引起的额外收入，改善工程项目的资金流动，赚取由于通货膨胀引起的额外收入。

1）不平衡报价法实施的一般原则

（1）先期开工的项目（如开办费、土方、基础等）的单价报价高，后期开工的项目（如高速公路的路面、交通设施、装饰、电器安装、绿化等）附属设施的单价报价低。

（2）经过核算工程量，估计到工程量以后会增加的项目的单价报价高，估计工程量今后会减少的项目的单价报价低。

（3）施工图纸内容不明确或有错误的，估计今后会修改的项目的单价报价高，估计今后会取消的项目的单价报价低。

（4）没有工程量，只填单价的项目（如土方工程中挖淤泥、岩石、土方超运等备用单价）的单价报价宜高，这样既不影响投标总价，又有可能多获利润。

（5）零星用工（记日工）单价一般可稍高于工程中的工资单价，因为记日工不属于承包总价的范围，发生时实报实销，可多获利。但如果招标文件中已经假定了记日工的“名义工程量”，则需要具体分析，以免提高总报价。

（6）对于允许价格调整的工程，当利率低于物价上涨时，则后期施工的工程子项的单价报价高，反之，报价低。

2）不平衡报价法需要注意的问题

（1）不平衡报价要适度，否则，“物极必反”。评标时，对报价的不平衡系数要分析，严重不平衡报价的可能成为废标。

(2) 对"钢筋""混凝土"等常规项目最好不要提高单价。

(3) 如果业主要求提供"工程预算书",则应使工程量清单综合单价与预算书一致。

(4) 同一标段中工程内容完全一样的子项的综合单价要一致。

【案例 3-1】 江苏某大型电厂一期主厂房桩基工程,此项目由中国国电集团公司、江苏省国信资产管理集团有限公司、江苏省交通控股有限公司、江苏苏源电力有限公司、泰州市泰能投资管理有限责任公司五方共同出资建设,资金到位情况良好,属国家重点工程。竞争对手主要为当地和上海的管桩施工队伍,这些管桩施工队伍经验丰富,投标报价水平偏低。

经过对项目状况、竞争对手的情况分析,从企业自身需求出发,为了能够在管桩施工领域占领阵地、开创局面、打开市场、建立信誉,决定采用竞争型策略,以成本加微利报价。低价的投标策略确定后,在具体报价中采用了不平衡报价法。桩基施工的工程项目相对较少,只有打桩和送桩两项,招标文件要求两种桩径的送桩长度分别为 3 m 和 5 m,补充通知将两种桩径的送桩深度均按 5 m 报价,通过对招标文件技术条款和图纸分析,送桩深度可能不足 5 m,送桩的结算工程量很可能小于招标工程量。因此,报价中适当调低了送桩单价,也就是在总价不变的情况下调高打桩单价,以期在合同执行中为企业带来较好的经济效益。此后的实践证明:此次采取的投标策略是正确的。

3. 多方案报价法

对于一些招标文件,如果发现工程范围不明确、条件不清楚或技术规范要求过于苛刻,或很不公正时,则要在充分估计投标风险的基础上,按多方案报价法处理,即将原招标文件报一个价,然后再提出如对某某条款做某些变动,报价可降低,由此可报出一个较低的价。这样可以降低总报价,吸引业主。

4. 优惠取胜法

向业主提出缩短工期、提高质量、降低支付条件,提出新设计方案、新技术,做到切实可行,提供设备、物资、仪器(交通车辆、生活设施等),以此优惠条件取得业主赞许,争取中标。

5. 以人为本法

注重与业主、当地政府搞好关系,邀请他们到本企业施工管理过硬的在建工地进行实地考察,以显示企业的实力及信誉。信誉一旦被市场认同,就会产生良性循环,按照社会主义的思想、品质、道德、作风的要求去处理好人与人之间的关系,求得业主的理解与支持,争取中标。

6. 扩大标价法

这种方法也比较常用,即除了按正常的已知条件编制价格外,对工程中变化较大或没有把握的工作,有可能承担重大风险时,可采用扩大单价,增加"不可预见费"的方法来减少风险。例如,在建设工程投标中对工程量清单核对时发现某些分部分项工程量、图纸与工程量清单有较大差异,并且业主不同意调整,而投标人也不愿意让利的情况下,就可对有差异部分采用扩大标价法报价。

7. 低价投标夺标法

这是一种非常手段,承包商为了打进某一建筑市场,为减少大量窝工损失或为挤走竞争对手,依靠自身的雄厚资本实力,采取一种不惜代价、只求中标的低价(不能低于企业成本)投标方案。这种方法适用于建设工程中技术要求明确的中小型项目。

3.3.3 建设工程投标策略的考虑因素

1. 主观条件

企业要根据自身的主观条件，即从自身各项业务能力和能否适应招标工程的要求进行衡量，主要考虑以下几条：① 工人及技术人员的操作技术水平；② 设计能力；③ 机械设备的能力；④ 熟悉工程的程度和管理经验；⑤ 竞争的激烈程度；⑥ 设备及器材的交货条件；⑦ 以往对类似工程的经验；⑧ 得标承包后对本企业今后的影响。

如通过上述各项因素的综合分析，大部分的条件都能满足. 即可初步作出可以投标的判断。国际上通常先根据经验和规定统计出可以投标的最低总分，与“最低总分”比较，如超过时则可作出可以投标的判断。

2. 客观因素

1）必须了解企业自身以外的各种客观因素

（1）工程的全面情况。包括图纸和说明书，现场地下、地上条件，如地形、土壤地质、水文、交通、水源、电源、气象等，这些都是拟订施工方案的依据和条件。

（2）业主及其代理人的基本情况。包括资历、工作能力、业务水平、个人的性格和作风等。这些都是影响今后施工承包结算能否顺利进行的主要因素。

（3）劳动力的来源情况。如在当地能否招募到比较廉价的工人，以及当地工会对承包商在劳务问题上是否持有合作的态度。

（4）专业分包，如卫生、电气、空调、电梯等的专业安装力量情况。

（5）机械设备、建筑材料等的供应来源、供货条件、价格以及市场预测等情况。

（6）银行贷款的利率、担保收费、保险费率等与投标报价有关的因素。

（7）当地各项法规，如企业法、劳动法、合同法、关税、外汇管理条例、工程管理条例以及技术规范等。

（8）竞争对手的情况。包括企业的信誉、历史、经营能力、技术水平、设备能力、以往投标报价的价格情况和经常使用的投标策略等。

对以上客观因素的了解，除了有些可以从招标文件和业主对招标工程的介绍、勘查现场获得外，还必须通过多种渠道广泛深入的调查研究、询价、社交活动等获得。

对主客观情况充分分析后，可对某一具体工程作出判断，认为值得投标后，就要确定采取一定的投标策略，以获得中标的机会，在中标后又能达到盈利的目的。

2）常见的投标策略

（1）靠提高经营管理水平取胜。这主要靠做好施工组织设计，采取合理的施工技术及施工机械，精心采购设备、材料，选择可靠的分包单位，安排紧凑的施工进度，力求节省管理费用等，进而有效地降低工程成本并获得较大的利润。

（2）靠缩短工期和改进设计取胜。靠缩短工期取胜，即比规定的工期有所缩短，实现早投产、早收益，有时甚至标价稍高，对业主也是很有吸引力的。

另外，改进设计，即仔细研究原设计图纸，发现有不够合理之处，采取相应的措施，提出能降低造价的修改设计建议，以提高对业主的吸引力。

（3）微利政策。主要适用于承包任务不足时，与其坐吃山空不如以微利承包到一些工程，还是有利的。此外，承包商初到一个新的地区，为了打入这个地区的建筑市场，建立信誉，也往往采取这种策略。

(4) 加强索赔管理。有时虽然报价较低，却着眼于施工索赔，并能赚到高额利润。常言说得好，中标靠低价，赢利靠索赔。

(5) 着眼于发展。为争取将来的优势，宁愿目前少盈利。

投标策略一旦确定，就要具体反映到工程报价上，但工程报价还有它自己的技巧。两者必须相辅相成。

3) 工程报价技巧

在工程报价时，对什么工程定价宜高，什么工程定价宜低，或在一个工程中，在总价无多大出入的情况下，哪些单价可高，哪些单价可低，都有一定的技巧。技巧运用得法与否，在一定程度上可以决定工程能否中标和盈利。因此，工程报价是一个不可忽视的环节。下面是可供参考的一些做法。

(1) 对施工条件较差的工程(如地处交通要道或场地窄小等)，造价低的小型工程，自己施工上有专长的工程以及由于某些原因自己不想干的工程，报价可高一些。工程量较大、结构又比较简单的工程(如成批住宅区和大量土方工程等)，短期能突击完成的工程，企业又急需拿到任务且投标竞争对手较多的工程，报价可低一些。

(2) 海港、码头、特殊构筑物等工程报价可高，一般民用建筑工程则报价宜低。

(3) 在同一个工程中可采用不平衡报价法，但一定要建立在对工程量清单仔细核对分析的基础上，特别是对于报低单价的项目，如工程量执行时增多将造成承包商的重大损失，同时一定要控制在合理的幅度内(一般可在10%左右)，并以不提高总标价为前提，避免畸高畸低，以免引起业主反对，甚至导致投标作废。

任务4 建设工程投标的技巧

3.4.1 开标前的投标技巧研究

投标技巧的研究，其实质是在保证工程质量及工期条件下，寻求一个理想报价的技巧问题。承包商为了中标并获得期望的效益，在投标程序全过程中对投标报价的技巧问题都要进行研究。

报价是一件保密的工作，但对手往往会通过各种渠道、手段了解其情况，因此在报价时可以采用迷惑对方的手法，即先按一般情况报价或表现出自己对该工程兴趣不大，快到投标截止日期时，再突然降低报价。采用这种方法时，一定要在准确把握投标报价，在投标整个过程中考虑好降价的幅度，在临近投标截止日期前，根据情报信息与分析判断，最后一刻决策，出奇制胜。

如果由于采用突然降价法而中标，因为开标只降总价，在签订合同后可采用不平衡报价法调整工程量表内的各项单价，以期取得更高的效益。另外，可采用低价投标夺标法，依靠自身雄厚的资本实力，采取一种不惜代价、只求中标的低价投标方案，应用这种手法的承包商必须有较好的资信条件，并且要提出先进可行的施工方案。可采用优惠取胜法，向业主提出缩短工期、提高质量、降低支付条件等，以此优惠条件取得业主赞许，争取中标。可采用以人为本法，注重与业主和当地政府搞好关系，邀请他们到本企业施工的在建工地考察，以显示企业的实力和信誉。处理好人与人之间的关系，求得理解与支持，争取中标。可采用扩大标价法、联合保标法等争取中标。

3.4.2　开标后的投标技巧研究

投标人通过公开开标这一程序可以获得众多投标人的报价。但低价并不一定中标，是否中标需要综合各方面的因素，反复议审，经过议标谈判，方可确定中标人。若投标人利用议标谈判来充分施展竞争手段，把自己投标书中的不利因素转为有利因素，这样可以大大提高获胜机会。议标谈判，通常是选 2～3 家条件较优者进行谈判。招标人可分别向他们发出通知进行议标谈判。

根据招标的原则，投标人在投标书有效期内，是不能修改其报价的。但是，某些议标谈判可以例外。议标谈判中的投标技巧主要有以下两个。

1）降低投标价格

投标价格不是中标的唯一因素，但往往是中标的关键性因素。在议标中，投标人可适时提出降价要求，这是议标的主要手段。需要注意的是：

（1）要摸清招标人的意图，在得知招标人希望降低标价的暗示后，再提出降价的要求。因为，有些国家关于招标的法规中明确规定，已投出的投标书不得改动任何文字，若有改动，投标即告无效。

（2）降低投标价要适当，不得损害投标人自己的利益。

降低投标价可以从降低投标利润、降低经营管理费和设定降价系数等方面入手。

投标利润的确定，既要围绕争取最大未来收益这个目标来确立，又要考虑中标率和竞争人数因素的影响。通常，投标人准备两个价格，即准备了应付一般情况的适中价格，同时又准备了应付竞争特殊情况需要的替代价格，此价格是通过调整报价利润所得出的总报价。两个价格中，后者可以低于前者，也可以高于前者。如果需要降低投标报价，即可采用替代价格，使利润减少以降低投标报价。

经营管理费，应该作为间接成本进行计算。为了竞争的需要，可以采取措施降低这部分费用。

降低系数，是指投标人在投标工程报价时，预先考虑一个未来可能降低的系数。开标后如果需要降价竞争，就可以参照这个系数来进行降价；如果竞争局面对投标人有利，则不必降价。

2）补充投标优惠条件

除中标的关键性因素——价格外，在议标谈判的技巧中，还可以考虑其他许多重要因素，如缩短工期，提高工程质量，提出新技术、新设计方案，以及提供补充物资及设备，降低支付条件等要求，以这些优惠条件争取得到招标人的赞许，争取中标。

任务5　建设工程投标报价

3.5.1　投标报价的依据

投标报价是投标书的核心组成部分，招标人往往将投标人的报价作为主要标准来选择中标人，同时也是招标人与中标人就工程标价进行谈判的基础。一般来说，投标报价的主要依据包括以下几方面内容：① 设计图纸；② 工程量表；③ 合同条件；④ 相关的法律、法规；⑤ 施工规范和施工说明书;⑥ 拟采用的施工方案、施工组织设计、进度计划;⑦ 工程材料,设备的价格及运费;⑧ 劳务工资标准;⑨ 当地的物价水平。

除了上述因素以外,投标报价还应该考虑各种相关的间接费用。

3.5.2 投标报价的原则

(1) 按招标要求的计价方式确定报价内容及计算深度;

(2) 充分利用调查资料和市场行情资料;

(3) 按经济责任确定报价费用的内容;

(4) 依据施工组织设计确定基本条件;

(5) 投标报价计算方法应简明适用。

3.5.3 投标报价的程序

做好投标报价工作,需充分了解招标文件的全部含义,其程序一般为:

(1) 熟悉招标文件,对工程项目进行调查与现场考察;(2) 结合工程项目的特点,充分考虑竞争对手的实力和本企业的状况,制定投标策略;(3) 核算招标项目实际的工程量;(4) 编制施工组织设计;(5) 考虑承包市场的行情,以及人工、机械、材料供应的费用,计算分项工程直接费;(6) 分摊项目费用,编制单价分析表;(7) 计算投标基础价;(8) 根据企业的管理水平,进行盈亏分析;(9) 提出备选投标报价方案;(10) 编制出合理的报价,以争取中标。

3.5.4 投标报价的确定方法

《建筑工程施工发包与承包计价管理办法》规定:施工图预算、投标报价由成本(直接费、间接费)、利润和税金构成。其编制可以采用以下计价方法:

1. 工料单价法

分部分项工程量的单价为直接费。直接费以人工、材料、机械的消耗量及其相应价格确定。间接费、利润、税金按照有关规定另行计算。

2. 综合单价法

分部分项工程量的单价为全费用单价。全费用单价综合计算完成分部分项工程所发生的直接费、间接费、利润、税金。

任务6 工程量清单计价

3.6.1 工程量清单计价模式下的投标报价

工程报价工作内容繁多、工作量大,时间往往十分紧迫,因而必须周密考虑,统筹安排,遵照一定的工作程序,使报价工作有条不紊,紧张而有序地进行。工程量清单计价模式下的投标报价工作程序,如图 3-2 所示。

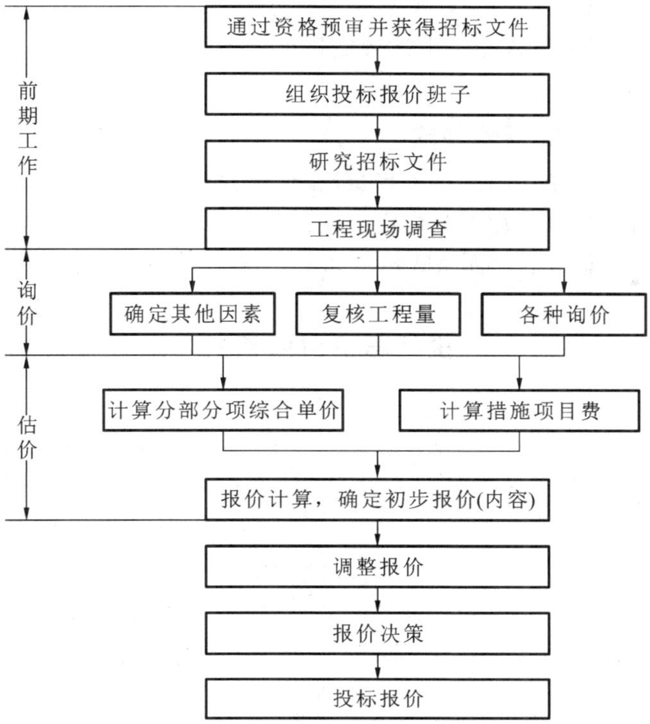

图 3-2 投标报价的工作程序

3.6.2 工程量清单计价

1. 工程量清单计价的内容

工程量清单计价应包括按招标文件规定完成工程量清单所需的全部费用，通常由分部分项工程费、措施项目费、其他项目费、规费和税金组成。

(1) 分部分项工程费，是指为完成分部分项工程量所需的实体项目费用。

(2) 措施项目费，是指分部分项工程费以外，为完成该工程项目施工，发生施工前和施工过程中技术、生活、安全等方面的非工程实体项目所需的费用。

(3) 其他项目费，是指分部分项工程费和措施项目费以外，该工程项目施工中可能发生的其他费用。

分部分项工程费、措施项目费和其他项目费均采用综合单价计价，综合单价由完成规定计量单位工程量清单项目所需的人工费、材料费、机械使用费、企业管理费、利润等费用组成，综合单价应考虑风险因素。

2. 工程量变更及其计价

合同中综合单价因工程量变更，除合同另有约定外应按照下列办法确定：

(1) 工程量清单漏项或由于设计变更引起新的工程量清单项目，其相应综合单价由承包方提出，经发包人确认后作为结算的依据。

(2) 由于工程量清单的数量有误或设计变更引起工程量增减部分，属合同约定幅度以内的，应执行原有的综合单价；增减的工程量属合同约定幅度以外的，其综合单价由承包人提出，经发包人确认后作为结算的依据。

由于工程量的变更，且实际发生了上述规定以外的费用损失，承包人可提出索赔要求，与发包人协商确认后，给予补偿。

3. 工程量清单投标报价的标准格式

工程量清单计价应采用统一格式。工程量清单计价格式应随招标文件发至投标人，由投标人填写。工程量清单计价格式应由下列内容组成：

(1) 投标总价。投标总价的封面格式示范如下，应按工程项目总价表合计金额填写。

投标总价封面格式

招　标　人：________________

工 程 名 称：________________

投 标 总 价(小写)：________________

　　　　　(大写)：________________

投　标　人：________________

(单位盖章)

法定代表人

或其授权人：________________

(签字或盖章)

编制人：________________

(造价人员签字盖专用章)

编制时间：______年______月______日

(2) 总说明格式示范如下。

总　说　明

工程名称：____________　　　　第　页共　页

(3) 工程项目招标控制价/投标报价汇总表如表3-1所示。

表3-1　工程项目招标控制价/投标报价汇总表

工程名称：　　　　第　页　共　页

序　号	单项工程名称	金额/元	其　中		
			暂估价/元	安全文明施工费/元	规费/元
	合计				

注：本表适用于工程项目招标控制价或投标报价的汇总。

(4) 单项工程招标控制价/投标报价汇总表如表 3-2 所示。

表 3-2　单项工程招标控制价/投标报价汇总表

工程名称：　　　　　　　　　　　　　　　　　　　　　　　　　　　　第　页　共　页

序　号	单项工程名称	金额/元	其　中		
			暂估价/元	安全文明施工费/元	规费/元

注：本表适用于单项工程招标控制价或投标报价的汇总。暂估价包括分部分项工程中的暂估价和专业工程暂估价。

(5) 单位工程招标控制价/投标报价汇总表如表 3-3 所示。

表 3-3　单位工程招标控制价/投标报价汇总表

工程名称：　　　　　　　　　　　　标段：　　　　　　　　　　　　第　页　共　页

序　号	汇 总 内 容	金额/元	其中：暂估价/元
1	分部分项工程		
1.1			
1.2			
2	措施项目		
2.1	安全文明施工费		
3	其他项目		
3.1	暂列金额		
3.2	专业工程暂估价		
3.3	计日工		
3.4	总承包服务费		
4	规费		
5	税金		
招标控制价合计＝1＋2＋3＋4＋5			

注：本表适用于单位工程招标控制价或投标报价的汇总，如无单位工程划分，单项工程也使用本表汇总。

(6) 分部分项工程量清单计价表如表 3-4 所示。

表 3-4　分部分项工程量清单计价表

工程名称：　　　　　　　　　　　　标段：　　　　　　　　　　　　第　页　共　页

序　号	项 目 编 码	项 目 名 称	项目特征描述	计 量 单 位	工　程　量	金额/元		
						综合单价	合价	其中：暂估价
本页小计								
合计								

注：根据建设部、财政部发布的《建筑安装工程费用组成》的规定，为计取规费等的使用，可在表中增设其中："直接费""人工费"或"人工费＋机械费"。

（7）工程量清单综合单价分析表如表 3-5 所示。

表 3-5　工程量清单综合单价分析表

工程名称：　　　　　　　　　　　　　　　标段：　　　　　　　　　　　　　　第　页　共　页

项目编码			项目名称				计量单位				
清单综合单价组成明细											
定额编号	定额名称	定额单位	数量	单价				合价			
				人工费	材料费	机械费	管理费和利润	人工费	材料费	机械费	管理费和利润
人工单价		小计									
元/工日		未计价材料费									
清单项目综合单价											
材料费明细	主要材料名称、规格、型号					单位	数量	单价/元	合价/元	暂估单价/元	暂估合价/元
	其他材料费							—		—	
	材料费小计							—		—	

注：1. 如不使用省级或行业建设主管部门发布的计价依据，可不填定额项目、编号等。
2. 招标文件提供了暂估单价的材料，按暂估的单价填入表内“暂估单价”栏及“暂估合价”栏。

（8）措施项目清单计价表参见项目 2 表 2-11 和表 2-12。

（9）其他项目清单计价汇总表见表及各项目计价表如表 3-6 至表 3-11 所示。

表 3-6　其他项目清单与计价汇总表

工程名称：　　　　　　　　　　　　　　　标段：　　　　　　　　　　　　　　第　页　共　页

序　号	项 目 名 称	计 量 单 位	金额/元	备　注
1	暂列金额			
2	暂估价			
2.1	材料暂估价			
2.2	专业工程暂估价			
3	计日工			
4	总承包服务费			
……	……			
合计				—

注：材料暂估单价计入清单项目综合单价，此处不汇总。

表 3-7　暂列金额计价表

工程名称：　　　　　　　　　　　　　　　标段：　　　　　　　　　　　　　　　第　页　共　页

序　号	项目名称	计量单位	暂定金额/元	备　注
1				
2				
合计				—

注：此表由招标人填写，如不能详列，可只列暂定金额总额，投标人应将上述暂列金额计入投标总价中。

表 3-8　材料暂估价计价表

工程名称：　　　　　　　　　　　　　　　标段：　　　　　　　　　　　　　　　第　页　共　页

序　号	材料名称、规格、型号	计量单位	单价/元	备　注

注：1. 此表由招标人填写，并在备注栏说明暂估价的材料拟用在哪些清单项目上，投标人应将上述材料暂估价计入工程量清单综合单价报价中。

2. 材料包括原材料、燃料、构配件以及按规定应计入建筑安装工程造价的设备。

表 3-9　专业工程暂估价计价表

工程名称：　　　　　　　　　　　　　　　标段：　　　　　　　　　　　　　　　第　页　共　页

序　号	工程名称	工程内容	金额/元	备　注
合计				

注：此表由招标人填写，投标人应将上述专业工程暂估价计入投标总价中。

表 3-10　计日工计价表

工程名称：　　　　　　　　　　　　　　　标段：　　　　　　　　　　　　　　　第　页　共　页

编　号	项目名称	单　位	暂定数量	综合单价	合　价
一	人工				
1					
2					
人工小计					
二	材料				
1					
2					
材料小计					

续表

编　号	项目名称	单　位	暂定数量	综合单价	合　价
三	施工机械				
1					
2					
施工机械小计					
总计					

注：此表项目名称、暂定数量由招标人填写，编制招标控制价时，单价由招标人按有关计价规定确定；投标时，单价由投标人自主报价，计入投标总价中。

表 3-11　总承包服务费计价表

工程名称：　　　　标段：　　　　第　页　共　页

序　号	项目名称	项目价值/元	服务内容	费率/%	金额/元
1	发包人发包专业工程				
2	发包人供应材料				
合计					

（10）规费、税金项目计价表如表 3-12 所示。

表 3-12　规费、税金项目计价表

工程名称：　　　　标段：　　　　第　页　共　页

序　号	项目名称	计算基础	费率/%	金额/元
1	规费			
1.1	工程排污费			
1.2	社会保障费			
(1)	养老保险费			
(2)	失业保险费			
(3)	医疗保险费			
1.3	住房公积金			
1.4	危险作业意外伤害保险费			
1.5	工程定额测定费			
2	税金	分部分项工程费＋措施项目费＋其他项目费＋规费		
合计				

注：根据住建部、财政部发布的《建筑安装工程费用项目组成》（建标[2003]206 号）的规定，“计算基础”可为“直接费”“人工费”或“人工费＋机械费”。

任务7 建设工程投标文件的编制与送标

3.7.1 编制建设工程投标文件的注意事项

标书主要包括标价、工期、施工组织设计或施工方案及“三材”用量等方面的内容。编制投标标价与编制招标控制价不同，不能全部套用定额及其单价以及法定的取费标准、工期定额等，应根据本企业的实际水平和拟订的投标策略进行估价，可适当浮动，以便企业有一定的竞争力。编制标书时应注意以下问题。

1. 标价

1）标价分类

目前国内投标工程的标价分为国内投资工程标价和“外资”工程标价两大类。

（1）国内投资工程标价。国内投资工程的标价在计算工程量、套用工程量清单综合单价、计取各项费用等方面与编制招标控制价的做法一样，但在某些项目的工效、材料消耗或摊销量、材料的询价、半成品的订货等方面，应结合本企业实力及工程具体措施进行上下浮动。但主要是下浮，否则不具有竞争力。在取费、包干系数以及工程施工特殊技术措施费等方面，其浮动的余地更大，这种浮动也是投标报价水平的主要体现。

（2）“外资”工程标价。“外资”工程标价可分为由国内编制招标文件的工程标价和由国外编制招标文件（包括设计图）的工程标价两种情况，应区别对待。

由国内编制招标文件的工程标价，除了要遵循当地主管部门规定的各项费用标准外，其他方面基本上与国内投资工程一样。不同的是“外资”工程不执行工程量清单综合单价，合同一般采用一次包死的总价合同。因此，所有工料、设备均需询价，所有单价均应调整，对于工效、材料损耗和材料定额等都应仔细考虑，对各种包干系数、措施费及风险系数等，都应结合施工期及现场条件认真确定。

由国外编制招标文件的工程标价大都采用外国的法规和技术规范，如项目的划分、工程量计算规则、施工合同条件以及招标文件的一些规定，与国内差异较大。因此，应首先了解和熟悉相关法规规定，才能作出适当的标价。

在进行投标报价计算时，必须首先根据招标文件复核或计算工程量。同时，作为投标计算的必要条件.应预先确定施工方案和施工进度。此外，标价计算还必须与采用的合同形式相协调。标价是投标的关键，标价是否合理直接关系到投标的成败。

2）标价的组成

投标单位在针对某一工程项目的投标中，最关键的工作是计算标价。关于投标价格，除非合同另有规定外，具有标价的工程量清单中所报的单价和合价，以及报价汇总表中的价格应包括施工设备、劳务、管理、材料、安装、维护、保险、利润、税金、政策性文件规定及合同包含的所有风险、责任等各项费用。投标单位应按招标单位提供的工程量清单计算工程项目的单价和合价。工程量清单中的每一项均需填写单价和合价，投标单位没有填写出单价和合价的项目将不予支付，并认为此项费用已包括在工程量清单的其他单价和合价中。

3）标价的计算依据

(1) 计价规范；

(2) 国家或省级、行业建设主管部门颁发的计价办法；

(3) 企业定额，国家或省级、行业建设主管部门颁发的计价定额；

(4) 招标文件、工程量清单及其补充通知、答疑纪要；

(5) 建设工程设计文件及相关资料；

(6) 施工现场情况、工程特点及拟订的投标施工组织设计或施工方案；

(7) 与建设项目相关的标准、规范等技术资料；

(8) 市场价格信息或工程造价管理机构发布的工程造价信息；

(9) 其他的相关资料。

4）标价的计算过程

计算标价之前，应充分熟悉招标文件和施工图，了解设计意图、工程全貌，同时还要了解并掌握工程现场情况，对招标单位提供的工程量清单进行审核。实行工程量清单计价应采用综合单价法。

2. 工期

无论是国内投资工程还是"三资"工程．对工期均有严格规定，但投标时如能再考虑缩短工期而不增加或少增加费用(如赶工措施费等)，则对业主特别是外资方有很大吸引力。工期对竞争力具有相当重要的影响，常常是得标的关键之一。当然，工期的计算必须建立在可靠的组织设计或施工方案的基础上，才真正具有实际意义。

3. 施工组织设计或施工方案

施工组织设计或施工方案是评标的重要指标，报价时不可忽略。投标企业应切实制定各项具体方案或措施，尤其是对关键的环节或新材料、新施工工艺方面，更应编制令人信服的计划和有力的具体措施。

4. 主材用量

主材包括钢筋、水泥、木材等，其用量涉及市场材料差价，是影响标价高低的因素之一，它是国内招投标工程中考核施工企业实力的一项重要内容。为了提高投标报价的竞争力，企业应根据自己的实力，在定额规定量的基础上下浮一定比率，在价格方面亦应挖掘潜力以取得优势。

3.7.2 递送投标文件

递送投标文件也称递标，是指投标人把编制完成后的投标文件在招标文件规定的投标截止日期之前，将准备妥当的所有投标文件密封报送指定的地点的行为。对于招标人或者招标代理机构，在收到投标文件后，应当签收保存，并应采取措施确保投标文件的安全，以防失密。投标人报送投标文件后，在报送截止日期之前，允许投标人撤回，或对投标文件进行修改及补充。修改及补充的内容作为投标文件的组成部分。投标人的投标文件在投标截止日期以后送达的，将被拒收。

任务8 建设工程投标文件编制的实例

基于本项目的内容，以某道路工程投标文件为例予以说明(部分内容省略)：

目　录

一、投标函及投标函附录

(一)投标函

××县扶贫开发办公室(招标人名称):

1. 我方已仔细研究了××县20××年财政扶贫基础设施建设项目(第十二标段)(项目名称)招标文件的全部内容,愿意以人民币(大写)壹佰玖拾壹万肆仟零伍拾陆元叁角玖分(￥1 914 056.39元)的投标报价,工期50日历天,按合同约定实施和完成承包工程,修补工程中的任何缺陷,工程质量达到合格。

2. 我方承诺在投标有效期内不修改、撤销投标文件。投标有效期投标截止时间起90日历天。

3. 随同本投标函提交投标保证金,投标保证金金额为人民币(大写)叁万捌仟陆佰元整(￥38 600)。

4. 如我方中标:

(1) 我方承诺在收到中标通知书后,在中标通知书规定的期限内与你方签订合同。

(2) 随同本投标函递交的投标函附录属于合同文件的组成部分。

(3) 我方承诺按照招标文件规定向你方递交履约担保。

(4) 我方承诺按照中标金额的 1.5%(税金另计)缴纳招标代理服务费及相关费用。

(5) 我方承诺在合同约定的期限内完成并移交全部合同工程。

(6) 一旦我方中标,我方将按规定把本工程的招标代理费支付给招标代理机构。

5. 我方在此声明,所递交的投标文件及有关资料内容完整、真实和准确,且不存在招标文件第二章"投标人须知"第 1.4.2 项规定的任何一种情形。

6. ________(其他补充说明)。

投标人: ××工程有限公司(盖单位章)
法定代表人或其委托代理人:________(签字)
地址: ××八一路 719 号
电话: ××—8881789
传真: ××—8881789
邮政编码: 456000
20××年 02 月 14 日

(二)投标函附录(见表 3-13)

表 3-13 投标函附录表

<table>
<tr><td colspan="2">工程名称</td><td colspan="4">××县 20××年财政扶贫基础设施建设项目(第十二标段)</td></tr>
<tr><td colspan="2">投标人</td><td colspan="4">××工程有限公司</td></tr>
<tr><td colspan="2">投标范围</td><td colspan="2">工程量清单及招标文件要求的所有内容</td><td>工程规模</td><td>14 658 平方米</td></tr>
<tr><td colspan="2">投标总价(含安全文明施工措施费、规费、税金)</td><td colspan="2">大写:壹佰玖拾壹万肆仟零伍拾陆元叁角玖分</td><td colspan="2">小写:1 914 056.39 元</td></tr>
<tr><td rowspan="4">其中</td><td>投标报价(不含安全文明施工措施费、规费、税金)</td><td colspan="2">大写:壹佰陆拾肆万陆仟柒佰肆拾肆元柒角玖分</td><td colspan="2">小写:1 646 744.79 元</td></tr>
<tr><td>安全文明施工措施费</td><td colspan="2">大写:肆万玖仟叁佰陆拾伍元柒角壹分</td><td colspan="2">小写:49 365.71 元</td></tr>
<tr><td>规费</td><td colspan="2">大写:肆万叁仟玖佰肆拾元柒角柒分</td><td colspan="2">小写:43 940.77 元</td></tr>
<tr><td>税金</td><td colspan="2">大写:壹拾柒万肆仟零伍元壹角贰分</td><td colspan="2">小写:174 005.12 元</td></tr>
<tr><td colspan="2">投标工期</td><td>50 日历天</td><td>投标质量</td><td colspan="2">合格</td></tr>
<tr><td colspan="2">投标有效期</td><td colspan="4">投标截止时间起 90 日历天</td></tr>
</table>

项目经理	姓名	××	级别	市政公用工程贰级	证书编号	12345678

注:1. 本表必须按要求认真填写,不得缺项。
2. 投标函附录一式两份,其中一份不装订,单独密封。
3. 中标价=投标总价。
4. 投标报价保留两位小数点。

投标人:××工程有限公司(盖单位章)
法定代表人或其委托代理人:________(签字)
20××年 02 月 14 日

二、法定代表人身份证明

投标人名称：××工程有限公司

单位性质：有限责任公司(自然人投资或控股)

地址：××八一路 719 号

成立时间：20××年 05 月 02 日

经营期限：2012 年 05 月 02 日至 2032 年 05 月 01 日

姓名：××性别：男　年龄：34　职务：总经理

系××工程有限公司（投标人名称)的法定代表人。

特此证明。

投标人：××工程有限公司(盖单位章)

20××年 02 月 14 日

三、授权委托书

致：××县扶贫开发办公室(招标人名称)

本授权委托书声明：我××(姓名)系××工程有限公司（投标人名称)的法定代表人，现授权委托我单位的××(姓名)作为本公司的合法代理人，委托代理人全权代表我就××县 20××年财政扶贫基础设施建设项目(第十二标段)(项目名称)的投标、合同洽谈及合同执行有关事宜，委托人以本公司名义处理一切与之有关的事务，我公司均予以承认，并承担相应义务。

代理人无转委托权，特此委托。

授权委托日期：20××年 02 月 10 日至 20××年 05 月 12 日

附：法定代表人及授权委托人身份证复印件(略)

投标人：××工程有限公司（盖单位章）

法定代表人：__________________　　　（签字）

身份证号码：41040××0513

委托代理人：__________________(签字）

身份证号码：410××239

四、优惠与服务承诺

致：××县扶贫开发办公室

我公司××工程有限公司对××县 20××年财政扶贫基础设施建设项目(第十二标段)招标文件进行了详细的研读，如我公司在本次招标中中标，我公司郑重承诺如下：

(一)保修期内、保修期外的服务承诺

1. 保修期内承诺。在售后服务期间，我公司将在接到招标人故障报告后 12 小时内作出响应，48 小时内到达现场并排除故障。如果在 48 小时内中标人没有到达现场，则由招标人着手处理，其风险和费用由我公司负责。在质量保证期内，凡因正常使用出现的质量问题，我公司提供免费维修。

2. 保修期外服务承诺。质保期过后，我方在接到修理通知后 3 个工作日内派人或委托其他人员修理,修理费用只收取成本费。

(二)连续施工承诺

1.如果我公司中标,我们保证保质保量完成工程。

2.施工中,我公司会严格按照招标文件及合同中的承诺履行。

3.因我方原因造成工地临时停水、停电、停工、窝工产生的损失,由我方承担。

4.项目工程部将负责向业主报送总体工期网络计划,并积极协助业主合理解决运输设备,施工用水、电,材料堆放、场地划分等问题。

5.及时响应业主要求,充分听取业主意见,对业主提出的质量问题,认真分析、研究,制定维修方案,保修实施时认真做好成品及环境卫生的保护工作,做到工完场清。售后服务人员由承建本工程项目管理机构人员组成领导小组,由项目负责人任组长,随时听取业主的服务要求。

(三)农民工工资按时发放承诺

按照《中华人民共和国劳动法》规定,雇用和使用农民工,工资将及时如数发放给农民工,如果发生违反规定拖欠或克扣农民工工资行为,造成农民工上访,本公司愿意接受依照有关规定作出的处罚决定;我公司将按照招标文件要求支付农民工工资保证金:中标人与招标人签订施工合同时同时缴纳中标合同金额的3%作为农民工工资保证金,如我公司拖欠农民工工资,可由建设行政主管部门从农民工工资保证金中先予划支。

(四)其他实质性服务承诺

1.我公司承诺本工程工期为50日历天,工程质量:合格。

2.将本工程列为我公司的重点工程,该工程所需要的机械、设备、技术人员、劳动力、材料、资金给予优先保证;同时成立一个经验丰富、组织管理能力强、结构形式合理的项目领导班子,配备一批优秀的技术骨干、生产骨干,组成一支高素质、高效率的施工队伍。

3.切实抓好施工准备期的各项工作,尽早进入实际施工。成立以项目经理为组长,技术负责人为副组长的施工小组,协调好小组与业主和地方有关部门的联系及协调工作,迅速完成前期施工准备工作。

4.搞好工程的统筹、网络计划工作,做到超前制定进度计划;突出重点难点,抓好各工序的施工保障工作,缩短工序转换和工序衔接时间,提高施工速度;对施工计划实行动态管理,及时进行信息反馈,不断把实际进度与计划相比较,找差距,找原因,及时调整;同时,进度计划安排充分考虑现场的各种因素,进度安排留有余地。

5.确保物资供应,搞好机械保养维修,精心组织、周密安排,保证工程物资供应及机械的完好率;按进度计划编制材料供应计划,超前订货加工,按时供应,对常用易损的机械配件和常用物资有足够的库存量,保证物资的正常供应;配备良好配套的机械设备,根据机械使用计划和施工机械设备表按时进驻施工现场;要设立适应本工程高效运作机修班组,保证所有工程设备的完好率,保证各道工序的平衡作业,提高工作效率;同时,安排专业人员对机械设备进行维修保养,保证施工的正常进行。

6.必要时,加大工程施工的投入,包括人力、物力、资金等,我公司拥有大量技术过硬、经验丰富的技术管理队伍和大量先进的机械设备,同时拥有雄厚的经济实力全力支持工程实施的顺利进行,但严禁为赶工期而盲目生产,降低对质量的要求。

7.根据工程项目总体施工进度计划,编制周使用计划,将工期目标横向分解到部门,纵向分解到班组个人,逐层签订工期责任状,工期目标与个人经济利益挂钩,实行奖惩制度,同时对全体施工人员进行技术交底,激发全体人员干劲,使全员自觉实施进度计划,最终保证总工期的实施。

8. 抽调和整合施工专业队伍：根据任务规模和工程特点，按工程类别和模块化、专业化质量的原则划分施工任务，抽调和整合专业施工队，在项目经理部直接领导和指挥下，参加本工程的施工。

9. 质量管理保证：认真组织制定使用工艺标准，积极落实施工工序，正确引导和开展工序样板先行、典型示范、整体推进的工程创优活动；严格按照施工工序和措施要求，加强现场技术指导和工序质量控制，各专业施工队严格按照施工规范、技术操作规程、审定的技术方案、工艺要求组织施工，按照《工程质量验收标准》进行验收，上道工序不合格，不交付下道工序施工，保证每个检验分项、分部、单位工程一次验收合格；做好隐蔽工程的检验验收，项目经理部和各专业施工队严格质量检查和抽查．各班组严格“自检、互检、专检”三检制，及时邀请现场招标人代表检查。

各级落实质量保障责任和质量终身负责制，每项工程明确质量具体负责人，施工过程跟踪考核，实行工程质量直接与个人经济收入挂钩的分配制度，真正使质量责任落到实处。

投标人：××工程有限公司（盖单位章）
法定代表人：________（签字）
20××年 02 月 14 日

五、投标保证金

（招标人名称）：××县扶贫开发办公室

我方已按招标文件的规定，递交了投标保证金。我公司在规定的投标文件有效期内撤销或修改投标文件，或者在收到中标通知书后无正当理由拒签合同，贵方可以不予退还我方投标保证金，我方对此无异议。

投标人：××工程有限公司（盖单位章）
法定代表人：________________（签字或盖章）
20××年 02 月 14 日

附：银行转账单和开户许可证

六、已标价的工程量清单

工程名称：××县 20××年财政扶贫基础设施建设项目（第十二标段）
投标人名称：××工程有限公司（盖单位章）
法定代表人或其委托代理人：________________（签字）
造价师（或造价员）：________________（盖章）
（其他：略）

Chapter 4

项目 4 建设工程开标、评标和中标

任务1 建设工程开标

4.1.1 开标的时间、地点和会议

开标是招标人依据招标文件规定的时间和地点，在投标人出席的情况下，当众开启各份有效投标书（即在规定的时间内寄送的且手续符合规定的投标书），公开宣布各投标人的名称、投标报价和投标文件中的其他主要内容的行为。

1. 开标时间

开标应当在招标文件规定的提交投标文件截止时间的同一时间公开进行。也就是说，开标时间就是提交投标文件的截止时间。这样规定是为了防止投标截止时间之后与开标之前仍有一段时间间隔。如有间隔，就有可能使招标人在指定开标时间之前泄露投标文件中的内容，即使供应商或承包商等到开标之前最后一刻才提交投标文件，也同样存在这种风险。

2. 开标地点

开标地点应当为招标文件中预先确定的地点。开标地点与招标文件中规定的地点相一致，是为了防止投标人因不知地点变更而不能按要求准时提交投标文件。

3. 开标会议

开标应以召开会议的形式进行。开标会由招标人或委托招标代理机构主持，开标会应在有关管理部门的监督并邀请全部投标单位参加的情况下公开进行，当众启封标书，检查并宣布标书是否有效。

4.1.2 开标的程序

开标会应当由招标人或委托招标代理机构主持，在招标文件规定的提交投标文件截止时间的同一时间在有形建筑市场公开进行，有形建筑市场提供数据录入、现场见证等服务。开标按下列程序进行：

（1）招标人签收投标人递交的投标文件。在开标当日且在开标地点递交的投标文件的签收应当填写投标文件报送签收一览表，招标人专人负责接收投标人递交的投标文件。提前递交的投标文件也应当办理签收手续，由招标人携带至开标现场。在招标文件规定的截止时间后递交

的投标文件不得接收，由招标人原封退还给有关投标人。

在截止时间前递交投标文件的投标人少于三家的，招标无效，开标会即告结束，招标人应当依法重新组织招标。

(2) 投标人出席开标会的代表签到。投标人授权出席开标会的代表本人填写开标会签到表，招标人专人负责核对签到人身份，应与签到的内容一致。

(3) 开标会主持人宣布开标会开始，主持人宣布开标人、唱标人、记录人和监督人员。

主持人一般为招标人代表，也可以是招标人指定的招标代理机构的代表；开标人一般为招标人或招标代理机构的工作人员；唱标人可以是投标人的代表或者招标人或招标代理机构的工作人员；记录人由招标人指派，有形建筑市场工作人员同时记录唱标内容；招标办监管人员或招标办授权的有形建筑市场工作人员进行监督。记录人按开标会记录的要求开始记录。

(4) 开标会主持人介绍主要与会人员。主要与会人员包括到会的招标人代表、招标代理机构代表、各投标人代表、公证机构公证人员、见证人员及监督人员等。

(5) 主持人宣布开标会程序、开标会纪律和当场废标的条件。开标会纪律一般包括：场内严禁吸烟；凡与开标无关人员不得进入开标会场；参加会议的所有人员应将手机等电子设备关闭或调成静音，开标期间不得高声喧哗；投标人代表有疑问应举手发言，参加会议人员未经主持人同意不得在场内随意走动。

投标文件有下列情形之一的，应当场宣布为废标：逾期送达的或未送达指定地点的；未按招标文件要求密封的。

(6) 核对投标人授权代表的身份证件、授权委托书。招标人代表出示法定代表人授权委托书和有效身份证件，同时招标人代表当众核查投标人授权代表的授权委托书和有效身份证件，确认授权代表的有效性，并留存授权委托书和身份证件的复印件。法定代表人出席开标会的要出示其有效证件。主持人还应当核查各投标人出席开标会代表的人数，无关人员应当退场。

(7) 招标人领导讲话。有此项安排的招标人领导讲话，一般情况下没有此项安排。

(8) 主持人介绍招标文件、补充文件或答疑文件的组成和发放情况，投标人确认。主要介绍招标文件组成部分、发标时间、答疑时间、补充文件或答疑文件组成，发放和签收情况。可以同时强调主要条款和招标文件中的实质性要求。

(9) 主持人宣布投标文件截止和实际送达时间。宣布招标文件规定的递交投标文件的截止时间和各投标单位实际送达时间。在截止时间后送达的投标文件应当场拒绝接收。

(10) 招标人和投标人的代表共同(或公证机关)检查各投标书的密封情况。密封不符合招标文件要求的投标文件应当场废标，不得进入评标。密封符合招标文件要求的，招标人应当通知招标办监管人员到场见证。

(11) 主持人宣布开标和唱标顺序。一般按投标书送达时间逆顺序开标、唱标。

(12) 唱标人依唱标顺序依次开标并唱标。开标由指定的开标人在监督人员及与会代表的监督下当众拆封，拆封后应当检查投标文件组成情况并记入开标会记录，开标人应将投标书和投标书附件以及招标文件中可能规定需要唱标的其他文件交唱标人进行唱标。唱标内容一般包括投标报价、工期和质量标准、质量奖项等方面的承诺，替代方案报价、投标保证金、主要人员等，在递交投标文件截止时间前收到的投标人对投标文件的补充、修改同时宣布，在递交投标文件截止时间前收到投标人撤回其投标的书面通知的投标文件不再唱标，但须在开标会上说明。

(13) 开标会记录签字确认。开标会记录应当如实记录开标过程中的重要事项，包括开标时间、开标地点、出席开标会的各单位及人员、唱标记录、开标会程序、开标过程中出现的需要评标委员会评审的情况，有公证机构出席公证的还应记录公证结果。投标人的授权代表应当在开标会记录上签字确认，对记录内容有异议的可以注明，但必须对没有异议的部分签字确认。

(14) 投标文件、开标会记录等送封闭评标区封存。实行工程量清单招标的，招标文件约定在评标前先进行清标工作的，封存投标文件正本，副本可用于清标工作。所有投标文件送入封闭评标区准备评标。

(15) 主持人宣布开标会结束。

4.1.3 无效投标文件

在开标时，如果发现投标文件出现下列情形之一，应当作为无效投标文件，不再进入评标环节：

(1) 投标文件未按照招标文件的要求予以密封；

(2) 投标文件中的投标函未加盖投标人的企业及企业法定代表人印章，或者企业法定代表人委托代理人没有合法、有效的授权委托书(原件)及委托代理人印章；

(3) 投标文件的关键内容字迹模糊、无法辨认；

(4) 投标人未按照招标文件的要求提供投标保证金或投标保函；

(5) 组成联合体投标的，投标文件未附联合体各方共同投标协议。

任务2 建设工程评标

4.2.1 概述

所谓评标，就是依据招标文件的规定和要求，对投标文件进行的审查、评审和比较。评标是审查确定中标人的必经程序，是保证招标成功的重要环节。评标由招标人依法抽取、组建的评标委员会负责。根据评标内容的繁简，一般可在开标完成后立即对各投标人进行综合评价，为择优确定中标人提供依据。

4.2.2 评标委员会

1. 评标委员会的组成

依法必须进行招标的项目，其评标委员会由招标人的代表和有关技术、经济等方面的专家组成，成员人数为 5 人以上单数，其中技术、经济等方面的专家不得少于成员总数的三分之二。评标委员会主任由评标委员会成员推荐产生或由招标人确定，评标委员会主任与评标委员会的其他成员有同等的表决权。招标投标管理机构派人参加评标会议，对评标活动进行监督。

为了防止招标人在选定评标专家时的主观随意性，招标人应从国务院或省级人民政府有关部门提供的专家库(或者招标代理机构的专家库)中，确定评标专家。一般招标项目可以采取随机抽取的方式确定；有些特殊的招标项目，如保密项目、科研项目、技术特别复杂的项目等，由于采取随机抽取方式确定的专家可能不能胜任评标工作或只有少数专家能够胜任，因此招标人可以直接确定专家人选。

2. 评标委员会的职责

评标委员会仅仅是为某项招标任务而设立的临时性机构，应当让所有评标委员会成员都能充分地运用自己的知识、经验，对所有递交来的投标文件作出分析、判断，在委员会内部充分发表意见，客观地确定推荐的中标人。任何一位评标委员会成员都应当遵守职业道德，公平、公正地履行职责，并根据招标文件规定的评标办法和合同授予标准(凡在招标文件中没有规定的标准和方法均不得作为评标的依据)，系统地对投标文件进行评审和比较，评标委员会成员应当对所提出的评审意见承担个人责任。

评标委员会完成评标后，应向招标人提出书面的评标报告，向招标人推荐中标候选人或根据招标人的授权直接确定中标人。评标报告由评标委员会全体成员签字。评标委员会提出书面评标报告后，招标人一般应当在5天内确定中标人。

3. 评标委员会成员回避更换制度

所谓回避更换制度，就是指与投标人有利害关系的人应当回避，不得进入评标委员会；已经进入的，应予以更换。

根据《评标委员会和评标方法暂行规定》，有下列情形之一的，不得担任评标委员会成员：

(1) 投标人或投标人主要负责人的近亲属；

(2) 与投标人有经济利益关系，可能影响对投标公正评审的；

(3) 曾因在招标投标以及其他与招标投标有关活动中从事违法行为而受过行政处分或刑事处罚的。

评标委员会成员如有上述规定情形之一的，应主动提出回避。

4. 评标委员会成员的资格条件

为了保证评标的顺利进行，必须保证评标人员的素质，必须对评标委员会成员的资格进行一定的限制，并非所有的专业技术人员都可以进入评标委员会。进入专家名册或专家库的专家应具备以下资格条件：

(1) 从事相关专业领域工作满8年并且具有高级职称或同等专业水平；

(2) 熟悉有关招标投标法律法规；

(3) 能够认真、公正、诚实、廉洁地履行职责；

(4) 身体健康，能够承担评标工作。

5. 评标委员会成员的权利

(1) 接受招标人或其招标代理机构聘请，担任评标委员会成员；

(2) 对投标文件进行独立评审，提出评审意见，不受任何单位或者个人的干预；

(3) 接受参加评标活动的劳务报酬；

(4) 法律、行政法规规定的其他权利。

6. 评标委员会成员的义务

(1) 评标委员会成员的一般职业道德。评标委员会成员应当客观、公正地履行职务，遵守职业道德，即评标要出于公正之心，客观全面，不得倾向或排斥某一特定的投标，并对个人的评标意见承担个人责任。

(2) 评标委员会成员的禁止性义务。为了保证评标的公正和公平性，评标委员会成员不得与任何投标人或者与投标结果有利害关系的人进行私下接触，不得收受投标人、中介人、其他利害人的财物或者其他好处。

(3) 评标委员会成员的保密义务。《招标投标法》规定，评标必须在严格保密的情况下进行，评标委员会成员作为评标工作的直接承担者，对投标文件的评审和比较、中标候选人的推荐情况及其他有关情况最为了解，因此理所当然地具有对评标保密的义务。因为有关评标工作人员也接触到了评标过程中的一些情况，因此也有保密义务，不得对外泄露有关情况。

7. 评标委员会成员对其违法行为应承担法律责任

1) 评标委员会成员的违法行为

(1) 在评标过程中擅离职守，影响评标程序的正常进行；

(2) 在评标过程中不能客观公正地履行职责；

(3) 评标委员会成员收受投标人、其他利害关系人的财物或者其他好处的；

(4) 评标委员会成员或者参加评标工作的有关工作人员向他人透漏投标文件的评审和比较、中标候选人的推荐以及与评标有关的其他情况的。

2) 评标委员会成员应承担的法律责任

(1) 警告。评标委员会成员或者参加评标的有关工作人员有上述违法行为的，有关行政监督部门应当给予警告，即以书面的形式给予训诫和谴责。

(2) 没收收受的财物。评标委员会成员收受的财物应当予以没收，收归国家所有。

(3) 罚款。评标委员会的成员或者参加评标的有关工作人员有上述违法行为的，有关行政监督部门可以根据具体情况对其罚款。罚款数额在一万元以下或者三千元以上五万元以下，由有关行政监督部门视违法行为的轻重而定。如果采取警告、没收收受的财物等处罚措施足以达到制裁违法行为的目的，可以不予罚款。

(4) 取消资格。对有前述(1)(2)条情节严重的和(3)(4)条违法行为的评标委员会成员，有关行政监督部门应当取消其担任评标委员会成员的资格。被取消担任评标委员会成员资格的人，应当从国家专家库或者招标代理机构设立的专家库中除名，不得再从事依法必须进行招标的任何项目的评标工作，招标人也不得再聘请其担任评标委员。

(5) 依法追究刑事责任。评标委员会的成员或参加评标工作的有关人员的违法行为情节严重，构成犯罪的，应当依据相关的刑法条文，由司法机关依法追究刑事责任。

4.2.3 评标的原则

《评标委员会和评标方法暂行规定》规定，评标活动应遵循公平、公正、科学、择优的原则。

1. 公平

所谓“公平”，主要是指评标组织机构要严格按照招标文件规定的要求和条件，对投标文件进行评审，不带任何主观意愿，不得以任何理由排斥和歧视任何一方，对所有投标人应一视同仁，保证投标人在平等的基础上竞争。

2. 公正

所谓“公正”，主要是指评标组织机构成员具有公正之心，评标要客观全面，不倾向或排斥某一特定的投标人。要做到客观公正，必须做到以下几点：

(1) 要培养良好的职业道德，不为私利而违心地处理问题；

(2) 要坚持实事求是的原则，不惟上级或某些方面的意见是从；

(3) 要提高综合分析问题的能力，不为局部问题或表面现象而模糊自己的“观点”；

(4) 要不断提高自己的专业技术能力，尤其是要尽快提高综合理解、熟练运用招标文件和投标文件中有关条款的能力，以便以招标文件和投标文件为依据，客观公正地综合评价标书。

3. 科学

所谓“科学”，是评标工作要依据科学的计划，要运用科学的手段，要采取科学的方法。对于每个项目的评价要有可靠的依据，要用数据说话。只有这样，才能作出科学合理的综合评价。

(1) 科学的计划。就一个招标工程项目的评标工作而言，科学的计划主要是指评标细则。它包括：评标机构的组织计划；评标工作的程序；评标标准和方法。总之，在实施评标工作前，要尽可能地把各种可能出现的问题都列出来，并拟订解决办法，使评标工作中的每一项活动都纳入计划管理的轨道。更重要的是，要集思广益，充分运用已有的经验和知识.制定出切实可行、行之有效的评标细则，指导评标工作顺利进行。

(2) 科学的手段。单凭人的手工直接进行评标，这是最原始的评标手段。科学技术发展到今天，必须借助于先进的科学仪器，才能快捷准确地做好评标工作。

(3) 科学的方法。评标工作的科学方法主要体现在评标标准的设立以及评价指标的设置；体现在综合评价时，要“用数据说话”；尤其体现在要开发、利用计算机软件，建立起先进的软件库。

4. 择优

所谓“择优”，就是用科学的方法、科学的手段，从众多投标文件中选择最佳的方案。评标时，评标组织机构成员应全面分析、审查、澄清、评价和比较投标文件，防止重价格、轻技术或重技术、轻价格的现象，对价格和技术不可偏一，要综合考虑。

4.2.4 评标的依据、标准和方法

简单地讲，评标是对投标文件的评审和比较。根据什么样的标准和方法进行评审，是一个关键问题，也是评标的原则问题。在招标文件中，招标人列明了评标的标准和方法，目的就是让各潜在投标人知道这些标准和方法，以便考虑如何进行投标，最终获得成功。那么，这些事先列明的标准和方法在评标时能否真正得到采用，是衡量评标是否公正、公平的标尺。为了保证评标的公正和公平，评标必须按照招标文件规定的评标标准和方法，不得采用招标文件未列明的任何标准和方法，也不得改变招标确定的评标标准和方法。

1. 评标依据

评标委员在评标时，必须弄清评标的依据和标准，熟悉并掌握评标的方法。评标委员会成员评标的依据主要有下列几项：① 招标文件；② 开标前会议纪要；③ 评标定标的办法及细则；④ 招标控制价；⑤ 投标文件；⑥ 其他有关资料。

2. 评标标准

评标标准，一般包括价格标准和价格标准以外的其他有关标准(又称“非价格标准”)，以及如何运用这些标准来确定中选的投标。

价格标准比较直观具体，都是以货币额表示的报价。非价格标准的内容多而杂，在评标时应尽可能使非价格标准客观和定量化，并用货币额表示，或规定相对的权重，使定性化的标准定量化，这样才能使评标具有可比性。

通常来说，在货物评标时，非价格标准主要有运费、保险费、付款计划、交货期、运营成本、货物的有效性和配套性、零配件和服务的供给能力、相关的培训、安全性和环境效益等。在服务评标时，非价格标准主要有投标人及参与提供服务的人员的资格、经验、信誉、可靠性、专业和管理能力等。在工程项目评标时，非价格标准主要有工期、施工方案、施工组织、质量保证措施、主要材料用量、施工人员和管理人员的素质、以往的经验、企业的综合业绩等。

3. 评标方法

《招标投标法》第四十一条规定："中标人的投标应当符合下列条件之一：(一)能够最大限度地满足招标文件中规定的各项综合评价标准；(二)能够满足招标文件的实质性要求，并且经评审的投标价格最低；但是投标价格低于成本的除外。"

上述规定给出了确定中标人的两种思路，即两种方法。第一种方法可以称为综合评估法，第二种方法可以称为经评审的最低投标价法。

1）综合评估法

综合评估法也称百分制评标法，是根据工程规模大小、复杂程度、侧重点不同等因素，分别对投标商的工程报价、质量目标、工期目标、文明施工目标、安全生产目标、施工组织设计、优惠条件、企业资质、企业业绩、企业财务状况、人员设备组织等指标赋分，总分为100分。

【案例4-1】 某工程采用公开招标方式，有A、B、C、D、E、F等6家承包商参加投标，经资格预审该6家承包商均满足业主要求，该工程采用两阶段评标法评标，评标委员会由7名委员组成，评标的具体规定如下：

一、第一阶段评技术标

技术标共计40分，其中施工方案15分、总工期8分、工程质量6分、项目班子6分、企业信誉5分。

技术标各项内容得分为，各评委评分去掉一个最高分和一个最低分后的算术平均数。技术标合计得分不满28分者，不再评商务标。

表4-1为各评委对6家投标单位施工方案评分的总汇表。表4-2为各投标单位总工期、工程质量、项目班子、企业信誉得分汇总表。

表4-1 各投标单位施工方案得分总汇表

投标单位 \ 评委	一	二	三	四	五	六	七
A	13.0	11.5	12.0	11.0	11.0	12.5	12.5
B	14.5	13.5	14.5	13.0	13.5	14.5	14.5
C	12.0	10.0	11.5	11.0	10.5	11.5	11.5
D	14.0	13.5	13.5	13.0	13.5	14.0	14.5
E	12.5	11.5	12.0	11.0	11.5	12.5	12.5
F	10.5	10.5	10.5	10.0	9.5	11.0	10.5

表 4-2　各投标单位总工期、工程质量、项目班子、企业信誉得分汇总表

投标单位	总工期	工程质量	项目班子	企业信誉
A	6.6	5.5	4.5	4.5
B	6.0	5.0	5.0	4.5
C	5.0	4.5	3.5	3.0
D	7.0	5.5	5.0	4.5
E	7.5	5.0	4.0	4.0
F	8.0	4.5	4.0	3.5

二、第二阶段评商务标

商务标共计 60 分。以招标控制价的 50%与承包商报价算术平均数的 50%之和为基准价，但最高(或最低)报价高于(或低于)次高(或次低)报价的 15%者，在计算投标单位报价算术平均数时不予考虑，且商务标得分为 15 分。

以基准价为满分(60 分)，报价比基准价每下降 1%，扣 1 分，最多扣 10 分；报价比基准价每增加 1%，扣 2 分，扣分不保底。

表 4-3 为招标控制价和各投标单位的报价汇总表。

表 4-3　招标控制价和各投标单位报价汇总表(单位：万元)

投标单位	A	B	C	D	E	F	标底
报价	13 656	11 108	14 303	13 098	13 241	14 125	13 790

三、计算结果

问题：

1. 请按综合得分最高者中标的原则确定中标单位。

2. 若该工程未编制招标控制价，以各投标单位报价的算术平均数作为基准价，其余评标规定不变，试按原定标原则确定中标单位。

解答：

问题 1，解：

(1) 计算各投标单位施工方案的得分(保留一位小数)，见表 4-4。

表 4-4　各投标单位施工方案的计算得分

投标单位 \ 评委	一	二	三	四	五	六	七	平均得分
A	13.0	11.5	12.0	11.0	11.0	12.5	12.5	11.9
B	14.5	13.5	14.5	13.0	13.5	14.5	14.5	14.0
C	12.0	10.0	11.5	11.0	10.5	11.5	11.5	11.1
D	14.0	13.5	13.5	13.0	13.5	14.0	14.5	13.7
E	12.5	11.5	12.0	11.0	11.5	12.5	12.5	11.9
F	10.5	10.5	10.5	10.0	9.5	11.0	10.5	10.4

(2) 计算各投标单位技术标的得分(保留一位小数),见表 4-5。

表 4-5 各投标单位的技术标得分

投标单位	施工方案	总工期	工程质量	项目班子	企业信誉	合计
A	11.9	6.5	5.5	4.5	4.5	32.9
B	14.0	6.0	5.0	5.0	4.5	34.5
C	11.1	5.0	4.5	3.5	3.0	27.1
D	13.7	7.0	5.5	5.0	4.5	35.7
E	11.9	7.5	5.0	4.0	4.0	32.4
F	10.4	8.0	4.5	4.0	3.5	30.4

由于投标单位 C 的技术标仅得 27.1,小于 28 分的最低限度,按规定,不再评其商务标,实际上作为废标处理。

(3) 计算各投标单位的商务标得分(保留两位小数),见表 4-6。

因为:(13 098−11 108)/13 098≈15.19%>15%

(14 125−13 656) /13 656≈3.43%<15%

所以:投标单位 B 的报价(11 108 万元)在计算基准价时不予考虑。

则:基准价=13 790×50%+(13 656+13 098+13 241+14 125) /4×50%=13 660 万元

表 4-6 各投标单位的商务标得分

投标单位	报价/万元	报价与基准价的比例/%	扣分	得分
A	13 656	(13 656/13 660)×100=99.97	(100−99.97)×1=0.03	59.97
B	11 108			15.00
D	13 098	(13 098/13 660)×100=95.89	(100−95.89)×1=4.11	55.89
E	13 241	(13 241/13 660)×100=96.93	(100−96.93)×1=3.07	56.93
F	14 125	(14 125/13 660)×100=103.40	(103.40−100)×2=6.80	53.20

(4) 计算各投标单位的综合得分,见表 4-7。

表 4-7 各投标单位综合得分

投标单位	技术标得分	商务标得分	综合得分
A	32.9	59.97	92.87
B	34.5	15.00	49.50
D	35.7	55.89	91.59
E	32.4	56.93	89.33
F	30.4	53.20	83.60

因为投标单位 A 的综合得分最高,故应选择其为中标单位。

问题 2,解:

(1) 计算各投标单位的商务标得分(保留两位小数),见表 4-8。

基准价 = (13 656 + 13 098 + 13 241 + 14 125) /4 = 13 530 万元

表 4-8　各投标单位的商务标得分

投标单位	报价/万元	报价与基准价的比例/%	扣　分	得　分
A	13656	(13656/13530)×100=100.93	(100.93−100)×2=1.86	58.14
B	11108			15.00
D	13098	(13098/13530)×100=96.81	(100−96.81)×1=3.19	56.81
E	13241	(13241/13530)×100=97.86	(100−97.86)×1=2.14	57.86
F	14125	(14125/13530)×100=104.40	(104.40−100)×2=8.80	51.20

(2) 计算各投标单位的综合得分，见表 4-9。

表 4-9　各投标单位的综合得分

投标单位	技术标得分	商务标得分	综合得分
A	32.9	58.14	91.04
B	34.5	15.00	49.50
D	35.7	56.81	92.51
E	32.4	57.86	90.26
F	30.4	51.20	81.60

因为投标单位 D 的综合得分最高，故应选择其为中标单位。

2) 经评审的最低投标价法

最低投标价法是国际招投标通常采用的评标办法，其招投标程序一般为：业主公开发布招标公告和资格预审文件—投标单位递交资格预审申请文件—业主向通过资格预审的投标单位发出投标邀请—投标单位投标—开标—经评审后投标价最低者中标。在国内凡利用世界银行贷款的国际招标项目一般都采用这种评标办法，利用世界银行贷款的国内招标项目也多采用这种办法。

经评审的最低投标价法的优点是：

(1) 能最大程度地降低工程造价，节约建设投资；

(2) 符合市场竞争规律，优胜劣汰，更有利于促使施工企业加强管理，注重技术进步和淘汰落后技术；

(3) 可最大限度地减少招标过程中的腐败行为，将人为的干扰降低至最低，使招标过程更加公开、公正、公平。

该方法在国内的若干年运用中也暴露出一些问题：一些国有施工企业为拿到工程不计成本盲目压价，中标后由于工期等要求，企业又不得不调整追加造价；有些企业以主厂产品投标，低价中标后用联营厂产品订合同。这些最低价招标违背了招标的初衷。在评标过程中，评委除对技术标、综合标进行评审外，尤其要对商务标进行详细的评审，经评审后的价格才是评标价，而不是谁报价低谁就中标。

【案例 4-2】 我国西部地区某世界银行贷款项目采用国际公开招标，有 A、C、F、G、J 共 5 家承包商参加投标。

招标公告中规定：6 月 1 日起发售招标文件。招标文件规定：8 月 1 日为投标截止日，投标有效期到 10 月 31 日为止；允许采用不超过 3 种的外币报价，但外汇金额占总报价的比例不得超过

30%，评标方法采用经评审的最低投标价法，评标时按投标截止日汇率对报价统一按人民币计算。

招标文件中的工程量清单按我国《建设工程工程量清单计价规范》编制。

各承包商的报价汇总见表4-10，中国银行公布的7月18日至9月4日的外汇牌价见表4-11，承包商C对部分结构工程的报价见表4-12。（计算结果保留两位小数）

表4-10　各承包商的报价汇总表（单位：万元）

承包商	人民币	美元	欧元	日元
A	50 894.42	2579.93	—	—
C	43 986.45	1268.74	859.58	—
F	49 993.84	780.35	1498.21	—
G	51 904.11	—	2225.33	—
J	49 389.79	499.37	—	197 504.76

表4-11　外汇牌价（单位：元）

日期	7.18～7.24	7.25～7.31	8.1～8.7	8.8～8.14	8.15～8.21	8.22～8.28	8.29～9.4
美元	8.231	8.225	8.216	8.183	8.159	8.137	8.126
欧元	10.106	10.053	9.992	9.965	9.924	9.899	9.881
日元	0.071 6	0.071 5	0.071 4	0.071 1	0.070 9	0.070 7	0.070 6

表4-12　承包商C对部分结构工程的报价

序号	项目编号	项目名称	工程数量	单位	单价（元/单位）	合价/元
15	010401003001	基础垫层C15	863.00	m^3	381.85	329 536.55
16	010401003002	满堂基础C40	3904.00	m^3	471.42	1 540 423.68
18	010401004001	设备基础C30	40.00	m^3	415.98	16 639.20
31	010402001001	矩形柱C50	138.54	m^3	504.76	69 929.45
35	010402002001	异形柱C60	16.46	m^3	536.03	8 823.05
41	010403002001	矩形梁C40	269.00	m^3	454.02	132 131.38
47	010403002002	矩形梁C30	54.00	m^3	413.91	22 351.14
51	010405003001	楼板C40	1555.00	m^3	45.11	701 460.50
61	010406001001	直形楼梯	217.00	m^2	117.39	25 473.63
71	010417002001	预埋杆件	1.78	t	—	—
97	010416001001	钢筋（网、笼）制作、运输、安装	13.71	t	4 998.96	68 535.74
合计			2 915 304.32			

问题：

1. 各承包商的报价按人民币计算分别为多少？其外汇占总报价的比例是否符合招标文件的

规定？

2. 由于评技术标花费了较多时间，因此，招标人以书面形式要求所有投标人延长投标有效期。承包商F要求调整报价，而承包商A拒绝延长投标有效期。对此，应如何处理？请说明理由。

3. 承包商C对部分结构工程的报价如表4-12所示，请指出其中的不当之处，并说明如何处理？

4. 如果评标委员会认为承包商C的报价可能低于其个别成本，应当如何处理？

解答：

问题1，解：

(1) 各承包商按人民币计算的报价分别为：

承包商A：

$$50\ 894.42+2579.93\times8.216=72\ 091.12\text{ 万元}$$

承包商C：

$$43\ 986.45+1268.74\times8.216+859.58\times9.992=62\ 999.34\text{ 万元}$$

承包商F：

$$49\ 993.84+780.35\times8.216+1498.21\times9.992=71\ 375.31\text{ 万元}$$

承包商G：

$$51\ 904.11+2225.33\times9.992=74\ 139.61\text{ 万元}$$

承包商J：

$$49\ 389.79+499.37\times8.216+197\ 504.76\times0.071\ 4=67\ 594.45\text{ 万元}$$

(2) 计算各承包商报价中外汇所占的比例

承包商A：(72 091.12－50 894.42) /72 091.12＝29.40％

承包商C：(62 999.34－43 986.45) /62 999.34＝30.18％

承包商F：(71 375.31－49 993.84) /71 375.31＝29.96％

承包商G：(74 139.61－51 904.11) /74 139.61＝29.99％

承包商J：(67 594.45－49 389.79) /67 594.45＝26.93％

由以上计算结果可知，承包商C报价中外汇所占的比例超过30％，不符合招标文件的规定，而其余承包商报价中外汇所占比例均符合招标文件的规定。

问题2，解

我国工程建设项目招标投标相关规定，在原投标有效期结束前，出现特殊情况的，招标人可以书面形式要求所有投标人延长投标有效期。

投标人同意延长的，不得要求或被允许修改其投标文件的实质性内容，但应相应延长其投标保证金的有效期；投标人拒绝延长的，其投标失效，但投标人有权收回其投标保证金。因延长有效期造成投标人损失的，招标人应当给予补偿。

因此，承包商F的报价不得调整，但应补偿其延长投标保证金有效期所增加的费用；承包商A的投标文件按无效标处理，应退回其投标保证金。

问题3，解

承包商C的报价表中有下列不当之处：

(1) 满堂基础C40的合价1 540 423.68元错误，其单价合理，故应以单价为准，将其合价修改为1 840 423.68元；

(2) 矩形梁 C40 的合价 132 131.38 元数值错误，其单价合理，故应以单价为准，将其合价修改为 122 131.38 元；

(3) 楼板 C40 的单价 45.11 元/m³ 显然不合理，参照矩形梁 C40 的单价 454.02 元/m³ 和楼板 C40 的合价 701 460.50 元可以看出，该单价有明显的小数点错位，应以合价为准，将原单价修改为 451.10 元/m³。

(4) 对预埋杆件未报价，这不影响其投标文件的有效性，也不必作特别的处理，可以认为承包商 C 已将预埋杆件的费用并入其他项目(如矩形柱和矩形梁)报价，今后工程款结算中将这一项目单价按 0 处理。

经修正后的报价表见表 4-13。

表 4-13　承包商 C 对部分结构工程的报价表修正

序号	项目编号	项目名称	工程数量	单位	单价(元/单位)	合价/元
15	010401003001	基础垫层 C15	863.00	m³	381.85	329 536.55
16	010401003002	满堂基础 C40	3904.00	m³	471.42	1 840 423.68
18	010401004001	设备基础 C30	40.00	m³	415.98	16 639.20
31	010402001001	矩形柱 C50	138.54	m³	504.76	69 929.45
35	010402002001	异形柱 C60	16.46	m³	536.03	8 823.05
41	010403002001	矩形梁 C40	269.00	m³	454.02	122 131.38
47	010403002002	矩形梁 C30	54.00	m³	413.91	22 351.14
51	010405003001	楼板 C40	1555.00	m³	451.10	701 460.50
61	010406001001	直形楼梯	217.00	m³	117.39	25 473.63
71	010417002001	预埋杆件	1.78	t		
91	010416001001	钢筋(网、笼)制作、运输、安装	13.71	t	4998.96	68 535.74
合计	3 205 304.32					

108

问题 4，解

根据我国《评标委员会和评标方法暂行规定》，在评标过程中，评标委员会发现承包商 C 的报价明显低于其他投标报价或者在设有招标控制价时明显低于招标控制价，使得其投标报价可能低于其个别成本的，应当要求承包商 C 作出书面说明并提供相关证明材料。

承包商 C 不能合理说明或者不能提供相关证明材料的，由评标委员会认定承包商 C 以低于成本报价竞标，其投标应作废标处理。

4.2.5　评标程序

1. 评标准备

(1) 招标代理机构应当编制供评标专家使用的相应表格，评标委员会成员认真研究招标文件，至少应了解和熟悉以下内容：招标的目标；招标项目的范围和性质；招标文件中规定的主要技术要求、标准和商务条款；招标文件规定的评标标准、评标方法和在评标过程中考虑的相关因素。

(2) 招标人或者其委托的招标代理机构应当向评标委员会提供评标所需的重要信息和数据。招标人设有招标控制价的,招标控制价应当保密,并在评标时作为参考。

(3) 评标委员会应当根据招标文件规定的评标标准和方法,对投标文件进行系统的评审和比较。招标文件中没有规定的标准和方法不得作为评标的依据。

招标文件中规定的评标标准和评标方法应当合理,不得含有倾向或者排斥潜在投标人的内容,不得妨碍或者限制投标人之间的竞争。

(4) 评标委员会应当按照投标报价的高低或者招标文件规定的其他方法对投标文件排序。以多种货币报价的,应当按照中国银行在开标日公布的汇率中间价换算成人民币。

招标文件应当对汇率标准和汇率风险作出规定。未作出规定的,汇率风险由投标人承担。

(5) 评标委员会可以书面方式要求投标人对投标文件中含义不明确、对同类问题表述不一致或者有明显文字和计算错误的内容进行必要的澄清、说明或者补正。澄清、说明或者补正应以书面方式进行,并不得超出投标文件的范围或者改变投标文件的实质性内容。

投标文件中的大写金额和小写金额不一致的,以大写金额为准;总价金额与单价金额不一致的,以单价金额为准,但单价金额小数点有明显错误的除外;对不同文字文本投标文件的解释存在异议的,以中文文本为准。

(6) 在评标过程中,评标委员会发现投标人以他人的名义投标、串通投标、以行贿手段谋取中标或者以其他弄虚作假方式投标的,该投标人的投标应作废标处理。

(7) 在评标过程中,评标委员会发现投标人的报价明显低于其他投标报价或者在设有招标控制价时明显低于招标控制价,使得其投标报价可能低于其个别成本的,应当要求该投标人作出书面说明并提供相关证明材料。投标人不能合理说明或者不能提供相关证明材料的,由评标委员会认定该投标人以低于成本报价竞标,其投标应作废标处理。

(8) 投标人资格条件不符合国家有关规定和招标文件要求的,或者拒不按照要求对投标文件进行澄清、说明或者补正的,评标委员会可以否决其投标。

(9) 评标委员会应当审查投标文件是否对招标文件提出的所有实质性要求和条件作出响应。未能作出实质性响应的投标,应作废标处理。

(10) 评标委员会应当根据招标文件,审查并逐项列出投标文件的全部投标偏差。投标偏差分为重大偏差和细微偏差。

下列情况属于重大偏差:① 没有按照招标文件要求提供投标担保或者所提供的投标担保有瑕疵;② 投标文件没有投标人授权代表签字和加盖公章;③ 投标文件载明的招标项目完成期限超过招标文件规定的期限;④ 明显不符合技术规格、技术标准的要求;⑤ 投标文件载明的货物包装方式、检验标准和方法等不符合招标文件的要求;⑥ 投标文件附有招标人不能接受的条件;⑦ 不符合招标文件中规定的其他实质性要求。

投标文件有上述情形之一的,为未能对招标文件作出实质性响应,并按相关规定作废标处理。招标文件对重大偏差另有规定的,从其规定。

细微偏差是指投标文件在实质上响应了招标文件的要求,但在个别地方存在遗漏或者提供了不完整的技术信息和数据等情况,且补正这些遗漏或者不完整不会对其他投标人造成不公平的结果。细微偏差不影响投标文件的有效性。

评标委员会应当书面要求存在细微偏差的投标人在评标结束前予以补正。拒不补正的,在详细评审时可以对细微偏差作不利于该投标人的量化,量化标准应当在招标文件中规定。

评标委员会根据规定否决不合格投标或者界定为废标后,因有效投标不足三个使得投标明显缺乏竞争的，评标委员会可以否决全部投标。投标人少于三个或者所有投标被否决的，招标人应当依法重新招标。

2. 初步评审

初步评审分为形式评审、资格评审和响应性评审。采用经评审的最低投标价法时，初步评审的内容还包括对施工组织设计和项目管理机构的评审。形式评审、资格评审和响应性评审分别是对投标文件的外在形式、投标资格、投标文件是否响应招标文件实质性要求进行评审。

1）形式评审

主要包括：投标人名称、投标函签字盖章、投标文件格式、投标文件内容、报价唯一性等内容的评审。

2）资格评审

主要包括：营业执照、安全生产许可证、资质等级、项目经理、财务要求、业绩要求、投标人名称或组织结构、联合体投标、关联关系等内容的评审。

3）响应性评审

主要包括：投标报价、投标内容、工期、工程质量、投标有效期、投标保证金、权利义务、已标价工程量清单、技术标准和要求等内容的评审。

4）施工组织设计评审

主要包括：质量/安全/环境保护管理体系与措施、工程进度计划与措施、资源配备计划等内容的评审。

5）项目管理机构评审

主要包括：机构人员组成、人员资格、人员经验和业绩等内容的评审。

需要注意的是：工程项目招标初步评审过程中，任何一项评审不合格的投标文件应作否决投标处理。

3. 详细评审

经初步评审合格的投标文件，评标委员会应当根据招标文件确定的评标标准和方法，对其技术部分和商务部分进一步评审、比较。评标方法包括经评审的最低投标价法、综合评估法或者法律、行政法规允许的其他评标方法。

1）经评审的最低投标价法

（1）经评审的最低投标价法一般适用于具有通用技术、性能标准或者招标人对其技术、性能没有特殊要求的招标项目。

（2）根据经评审的最低投标价法，能够满足招标文件的实质性要求，并且经评审的最低投标价的投标（但低于企业个别成本的除外），应当推荐为中标候选人。

（3）采用经评审的最低投标价法的，评标委员会应当根据招标文件中规定的评标价格调整方法，对所有投标人的投标报价以及投标文件的商务部分进行必要的价格调整。

采用经评审的最低投标价法的，中标人的投标应当符合招标文件规定的技术要求和标准，但评标委员会无需对投标文件的技术部分进行价格折算。

（4）根据经评审的最低投标价法完成详细评审后，评标委员会应当拟订一份“标价比较表”，连同书面评标报告提交招标人。“标价比较表”应当载明投标人的投标报价、对商务偏差的价格调整和说明以及经评审的最终投标价。

2）综合评估法

（1）不宜采用经评审的最低投标价法的招标项目，一般应当采取综合评估法进行评审。

（2）根据综合评估法，最大限度地满足招标文件中规定的各项综合评价标准的投标，应当推荐为中标候选人。衡量投标文件是否最大限度地满足招标文件中规定的各项评价标准，可以采取折算为货币的方法、打分的方法或者其他方法。需量化的因素及其权重应当在招标文件中明确规定。

（3）评标委员会对各个评审因素进行量化时，应当将量化指标建立在同一基础或者同一标准上，使各投标文件具有可比性。

对技术部分和商务部分进行量化后，评标委员会应当对这两部分的量化结果进行加权，计算出每一投标的综合评估价或者综合评估分。

（4）根据综合评估法完成评标后，评标委员会应当拟订一份"综合评估比较表"，连同书面评标报告提交招标人。"综合评估比较表"应当载明投标人的投标报价、所作的任何修正、对商务偏差的调整、对技术偏差的调整、对各评审因素的评估以及对每一份投标文件的最终评审结果。

（5）根据招标文件的规定，允许投标人投备选标的，评标委员会可以对中标人所投的备选标进行评审，以决定是否采纳备选标。不符合中标条件的投标人的备选标不予考虑。

4. 评标报告

评标是指招标人按照规定的评标标准和方法，对各投标人的投标文件进行评价、比较、分析，从中选出最佳投标人的过程。评标报告由招标人依法组建的评标委员会负责。

评标报告是指评标委员会完成评标后向招标人提交的书面评审报告。

评标报告应当如实记载以下内容：① 基本情况表；② 评标委员会成员名单；③ 开标记录；④ 符合要求的投标一览表；⑤ 评标标准、评标方法或者评标因素一览表；⑥ 经评审的价格或者评分比较一览表；⑦ 经评审的投标人排名；⑧ 推荐的中标候选人名单与签订合同前要处理的事宜；⑨ 澄清、说明、补正事项纪要。

评标报告由评标委员会全体成员签字。对评标结论和建议持有异议的评标委员可以书面方式阐述其不同意见和理由。评标委员会成员拒绝在评标报告上签字且不陈述其不同意见和理由的，视为同意评标结论和建议。评标委员会主任应当对此作出书面说明并记录在案。

4.2.6 评标中的注意事项

1. 投标人对投标文件的澄清

提交投标文件截止时间以后，投标文件就不得被补充、修改，这是招标投标的基本规则。但评标时，若发现投标文件的内容有含义不明确、不一致或明显打字（书写）错误或纯属计算错误的情形，评标委员会则应通知投标人作出澄清或说明，以确认其正确的内容。对明显打字（书写）错误或计算错误，评标委员会应允许投标人补正。澄清的要求和投标人的答复均应采取书面的形式。

投标人的答复必须经法定代表人或授权代理人签字，作为投标文件的组成部分。但是，投标人的澄清或说明，仅仅是对上述情形的解释和补正，不得有下列行为：

（1）超出投标文件的范围。如投标文件没有的内容，澄清时加以补充；投标文件规定的是某一特定条件作为某一承诺的前提，但解释为另一条件，等等。

（2）改变或谋求、提议改变投标文件中的实质性内容。所谓改变实质性内容，是指改变投标文件中的报价、技术规格（参数）、主要合同条款等内容。这种实质性内容的改变，是为了使不符合要求的投标成为符合要求的投标，或者使竞争力较差的投标变成竞争力较强的投标。

如果需要澄清的投标文件较多，则可以召开澄清会。澄清会应当在招标投标管理机构监督下进行。在澄清会上由评标委员会分别单独对投标人进行质询，先以口头形式询问并解答，随后在规定的时间内投标人以书面形式予以确认，作出正式书面答复。

另外，投标人借澄清的机会提出的任何修正声明或者附加优惠条件不得作为评标定标的依据。投标人也不得借澄清机会提出招标文件内容之外的附加要求。

2. 禁止招标人与投标人进行实质性内容的谈判

《招标投标法》第四十三条规定："在确定中标人前，招标人不得与投标人就投标价格、投标方案等实质性内容进行谈判。"其目的是防止出现所谓的"拍卖"方式，即招标人利用一个投标人提交的投标对另一个投标人施加压力，迫其降低报价或使其他方面变为更有利的投标。许多投标人都避免参加采用这种方式的投标，即使参加，他们也会在谈判过程中提高其投标价或把不利合同条款变为有利合同条款等。

虽然禁止招标人与投标人进行实质性谈判，但是，在招标人确定中标人前，往往需要就某些非实质性问题，如具体交付工具的安排，调试、安装人员的确定，某一技术措施的细微调整等，与投标人交换看法并进行澄清，这些不在禁止之列。

另外，即使是在中标人确定后，招标人与中标人也不得进行实质性内容的谈判，以改变招标文件和投标文件中规定的有关实质性内容。

3. 评标无效

评标过程有下列情况之一的，评标无效，应当依法重新进行评标或者重新进行招标：

(1) 使用招标文件没有确定的评标标准和方法的；

(2) 评标标准和方法含有倾向或者排斥投标人的内容，妨碍或者限制投标人之间竞争，且影响评标结果的；

(3) 应当回避担任评标委员会成员的人参与评标的；

(4) 评标委员会的组建及人员组成不符合法定要求的；

(5) 评标委员会及其成员在评标过程中有违法行为，且影响评标结果的。

4. 废除所有投标及重新招标

通常情况下，招标文件中规定招标人可以废除所有的投标，但必须经评标委员会评审。评标委员会经评审，认为所有投标都不符合招标文件要求的，可以否决所有投标。

废除所有的投标一般有两种情况：一是缺乏有效的竞争，如投标商不足三家；二是大部分或全部投标文件不被接受，主要有以下几种情况：① 投标人不合格；② 未依照招标文件的规定投标；③ 投标文件为不符合要求的投标；④ 借用或冒用他人名义或证件，或以伪造、变造的文件投标；⑤ 伪造或变造投标文件；⑥ 投标人直接或间接地提议、给予或同意给予招标人或其他有关人员任何形式的报酬或利益，促使招标人在采购过程中作出某一行为或决定，或采取某一程序；⑦ 投标人拒不接受对计算错误所作的纠正；⑧ 所有投标价格或评标价大大高于招标人的期望价。

判断投标符不符合招标文件的要求，有两个标准：一是，只有符合招标文件中全部条款、条件和规定的投标才是符合要求的投标；二是，投标文件有些小偏离，但并没有根本上或实质上偏离招标文件载明的特点、条款、条件和规定，即对招标文件提出的实质性要求和条件作出了响应，仍可被看作是符合要求的投标。这两个标准，招标人在招标文件中应事先列明采用哪一个，并且对偏离尽量数量化，以便评标时加以考虑。

依法必须进行招标的项目的所有投标被否决的，招标人应当依照《招标投标法》重新进行招标。如果废标是因为缺乏竞争性，应考虑扩大招标公告的范围。如果废标是因为大部分或全部投标不符合招标文件的要求，则可以邀请原来通过资格预审的投标人提交新的投标文件。这里需要注意的是，招标人不得单纯为了获得最低价而废标。

5. 评标管理机构

县级以上（含县级）人民政府建设行政主管部门是建设工程招标、评标与定标管理的主管部门，所属招标投标管理机构为具体管理机构。各级招标投标管理机构在招标、评标、定标管理工作中的主要职责是：① 监督招标、评标、定标组织机构，招标文件、评标定标办法及细则；② 监督招标控制价；③ 监督开标、评标、定标过程；④ 裁决评标、定标分歧；⑤ 鉴证中标通知；⑥ 处罚违反评标、定标规定的行为。

任务3 工程量清单评标

《建设工程工程量清单计价规范》实施以来，工程造价已逐步由定额计价向清单计价转变。在工程量清单计价模式下，由于市场价、管理费、利润的全面放开，实行企业自主报价，对招投标特别是评标带来新的要求，评标的工作量、难度均比以前大幅度增加。

4.3.1 工程量清单的含义

工程量清单是指建设工程的分部分项工程项目、措施项目、其他项目、规费项目和税金项目的名称和相应数量等的明细清单。

(1) 工程量清单是把承包合同中规定的全部工程项目和内容，按工程部位、性质以及它们的数量、单价、合价等列表表示出来，用于投标报价和中标后计算工程价款的依据，工程量清单是承包合同的重要组成部分。

(2) 工程量清单是按照招标要求和施工设计图纸要求，将拟建招标工程的全部项目和内容依据统一的工程量计算规则和子目分项要求，计算分部分项工程实物量，列在清单上作为招标文件的组成部分，供投标单位逐项填写单价用于投标报价。

(3) 工程量清单，严格地说不单是工程量，它更隐含包括外部环境、机械选择、工程材料、施工方法和工艺过程，工程量清单已超出了施工设计图纸工程量的范围。

4.3.2 工程量清单招投标模式

(1) 工程建设项目在招投标的程序中，将产生一系列重要的招投标文件，这些文件资料将直接影响工程造价的确定与控制，招标方应严密注意招标文件的编制，表达清楚，准确地体现业主的意愿，做到与工程量清单相互对应与衔接，口径应一致，否则如果出现漏洞，即会成为施工单位追加工程款的突破口，从而造成纠纷，引起索赔。

(2) 工程量清单报价由投标方进行编制，投标应响应招标人发出的工程量清单，并遵照工程量清单，结合施工现场的实际情况，选定施工方案与施工组织设计，套用工料机消耗定额计算出综合单价，其中其他费用、间接成本、利润根据工程情况和市场行情决定，各种规费和税金按国家规定计算，另外还要考虑相应的风险费用。

(3) 工程量清单报价的评标过程中，价格是关键，是竞争的核心，要在公平竞争的市场环境下，实行合理低价中标，防止由于串标引起的高价中标，也要防止低于成本中标引起的一系列问题，切实保护业主的利益。

对工程量清单报价的审定应由发包人/招标人委托的造价咨询公司中的投资控制人员进行。发包人在评标之前应该先形成招标控制价，得知招标工程的预期价格，能够对工程项目进行自我测算和控制，作为判断报价合理性的依据，如果报价均偏高，可以拒绝，如果报价过分偏低，则可要求投标方作出说明。

4.3.3 工程量清单评标方法

1. 招标控制价

采用工程量清单招标，招标人可设拦标价(即：招标控制价)，拦标价是招标人控制招标工程造价的最高限价，大于拦标价的报价视为无效报价其商务标不再进行评审。拦标价应依据当地建筑、装饰、安装、市政工程综合基价及其计价办法的规定编制，材料价格应按省市造价管理部门发布的价格执行。

招标控制价应考虑市场价格波动因素，计算主要材料的价格可以考虑风险系数：

(1) 采用固定价格合同且工期在一年之内的工程，风险系数可按1%～3%计取，可在招标文件中予以明确；

(2) 采用固定价格合同且工期在一年以上的工程，风险系数可按1%～5%计取，可在招标文件中予以明确；

(3) 采用可调价合同的工程不得计取风险系数。

2. 招标文件初审

投标文件的评审分初步评审和详细评审两个阶段。

初步评审是指评标委员会对所有投标文件的符合性、响应性和重大偏差，按招标文件的要求逐一审查的评审，经审查不符合招标文件要求的，不得进入详细评审阶段。

详细评审是对初步评审合格投标文件的技术标、商务标、综合标按照招标文件中明确的评标办法以列表、抽量的方式进行分析、比较和评审。初步评审和详细评审经审查后应写出评审意见。

投标人未响应招标文件实质性要求，发生下列情况之一者，按废标处理。

(1) 未按招标文件规定编制工程量清单各项报价的；

(2) 投标总报价与其组成部分、工程量清单项目合价与综合单价、综合单价与人材机用量相互矛盾，致使评标委员会无法正常评审判定；

(3) 规费和税金、安全文明施工增加费违背工程造价管理规定的；

(4) 有关法律、法规规章规定的其他情况。

规费(社会保险费等)、税金、安全文明施工增加费属于不可竞争费用，应按现行的综合基价及其计价办法的规定执行，不参与商务标评分。

3. 工程量清单总报价评标基准价的确定及评分原则

评标基准价可以选择为各有效投标总报价，去掉一个最高和一个最低报价后的算术平均值或者算术平均值与招标控制价的组合值。当有效投标总报价少于五家时(不含五家)，则以所有有效投标总报价的算术平均值作为评标基准价。

当有效投标人总报价低于基准价下浮值时[下浮值＝评标基准价×(1－F)]，或在评标过程中，评标委员会发现投标人的投标总报价明显低于其他投标报价，使其投标报价可能低于其个别成本的，评标委员会应当对其质询，并要求该投标人作出书面说明和提供相关的证明材料；该投标人不能合理说明或提供证明材料的，评标委员会应按废标处理。F值的取值范围，应根据工程规模、结构类型和各地实际情况在招标文件中明确，一般房屋建筑工程为6%～10%；设备安装、装饰装修、园林、市政基础设施工程为8%～12%。

有效投标人的总报价等于评标基准价的，得满分，偏离评标基准价的，相应扣减得分。正偏离和负偏离的扣分标准可以不一致，视工程具体情况确定。

投标人的投标报价必须建立在依靠科技进步和加强经营管理的基础上，且必须符合国家关于建设工程造价管理的有关规定。出现下列降价理由的投标报价按零分处理：

(1) 固定资产不折旧(或已能够折旧)；

(2) 某种材料尚有剩余不计材料费；

(3) 周转材料不摊销(或已经摊销完毕)。

4. 采用经评审的最低投标价法的评标

采用经评审的最低投标价法，应按下列程序进行评标：

(1) 评标委员会对投标人的技术标采用综合评议或综合计分作出“可行”和“不可行”认定。

对技术标“可行”和“不可行”有意见分歧的，以少数服从多数得出结论。认为技术标“不可行”的，应提出不可行的原因或理由。当技术标被认定为“不可行”的，其商务标不再评审。

(2) 评标委员会对技术标认定为“可行”的，其商务标按有效投标总报价从低到高的顺序进行详细评审。包括分部分项工程量清单项目、主要材料项目、措施费项目。

① 分部分项工程量清单项目依据招标文件规定抽取10—20项，分析综合单价构成是否合理。分部分项工程量清单项目综合单价按有效投标人综合单价的算术平均值作为基准价。当投标人的综合单价低于基准价12%的工程量清单项目数量超过抽取数量的50%时，评标委员会可以对其质询。

② 主要材料项目依据招标文件规定抽取5—15项，分析材料单价构成是否合理。主要材料单价按有效投标人材料单价的算术平均值作为基准价，当投标人的材料单价低于基准价12%的材料数量超过抽取数量的50%时，评标委员会可以对其质询。

③ 措施费项目按有效投标人措施费报价的算术平均值作为基准价，低于基准价20%的措施费报价，评标委员会可以对其质询。

以上三项中有一项不能合理说明或提供相应证明材料的，评标委员会应按无效标处理。

5. 采用综合评估法的评标

采用综合评估法评标的，评标委员会应从三个方面进行评标。

综合评估法是指评标委员会根据招标文件要求，对其商务标、技术标、综合标三部分进行综合评审。商务标的权重占60%，技术标的权重占25%，综合标的权重占15%。

(1) 技术标的评标标准可以分配如下：(100分)① 主要施工办法15～20分；② 拟投入的主要物资计划5～6分；③ 拟投入的主要施工机械5～6分；④ 劳动力安排计划5～6分；⑤ 确保工程质量的技术组织措施6～8分；⑥ 确保安全生产的技术组织措施6～8分；⑦ 确保工期的技术组织措施6～8分；⑧ 确保文明施工的技术组织措施5～7分；⑨ 施工总进度表或施工网络图9～11分；⑩

确保报价完成工程建设的技术和管理措施 8～10 分；⑪ 施工总平面布置图 8～10 分。

以上项目若有缺项，该项为 0 分。

（2）综合标的评标标准可以分配如下：（100 分）

项目班子的配备 70 分：① 项目经理有类似工程经历的得 20 分，没有的得 0 分；② 项目经理两年内业绩、信誉、履约情况 5～15 分；③ 项目技术负责人资历 15～20 分；④ 人员齐备、专业配套、具有相关岗位证书的得 3～7 分；⑤ 主要技术、经济、管理人员资历 5～8 分。

企业在建筑市场活动中行为规范（主要指质量、安全、招标投标活动），无不良行为的得 10 分；有不良行为的得 0 分。对不良行为的认定以建设行政主管部门官方网站（信用中国等网站）为准。

投标人业绩及服务承诺 0～20 分。

（3）商务标的评标标准可以分配如下：（100 分）

① 工程量清单总报价 40 分。工程量清单总报价评标基准价的确定及评分原则按招标文件处理。

② 分部分项工程量清单项目综合单价 25 分。分部分项工程量清单项目综合单价依据招标文件抽取 10～20 项清单项目。清单项目综合单价以各有效投标报价的清单项目综合单价的算术平均值作为基准价，在基准价＋5%～－10%范围内的综合单价，每项得平均分，共计 25 分。超出该范围的酌情减分。

③ 主要材料项目单价 15 分。主要材料项目单价依据招标文件抽取 5～10 项材料，材料的单价以各有效投标报价材料单价的算术平均值作为基准价。在基准价＋5%～－10%范围内的单价，每项材料得平均分，共计 15 分。超出该范围酌情减分。

④ 措施费报价 20 分。措施费报价按有效投标报价措施费的算术平均值作为基准价，在基准价下浮 10%范围之内的最低措施费报价得 20 分，低于或高于基准价 10%的措施费报价酌情减分，低于或高于基准价 20%的措施费报价为零分。

6. 得分计算

投标人综合得分按下列公式计算：

投标人综合得分＝技术标得分×25%＋商务标得分×60%＋综合标得分×15%。

投标人的最终得分可以按如下方案计算：

（1）评标委员会由七名以下（含七名）评委组成时，在评标委员会完成对技术标、商务标和综合标的汇总后，去掉一个最高分和一个最低分取平均值，作为该投标人的最终得分。

（2）评标委员会由七名以上（不含七名）评委组成时，在评标委员会完成对技术标、商务标和综合标的汇总后，去掉两个最高分和两个最低分取平均值，作为该投标人的最终得分。

（3）本办法计算分值均保留两位小数。

任务4 建设工程中标

4.4.1 投标有效期

招标文件应当规定一个适当的投标有效期，以保证投标人有足够的时间完成评标和与中标人签订合同，投标有效期从投标人提交投标文件截止日起计算。在原投标有效期结束前，出现特殊情况的，招标人可以书面形式要求所有投标人延长投标有效期。投标人同意延长的，不得要求或被允许修改其投标文件的实质性内容，但应当相应延长其投标保证金的有效期；投标人拒绝延长的，其投标失败，但是投标人有权收回其投标保证金。因延长投标有效期造成投标人损失的，招标人应当给予补偿，但因不可抗力需要延长投标有效期的除外。

4.4.2 确定中标人

评标委员会按评标办法对投标文件进行评审后，提出评标报告，按招标文件要求推荐中标候选人（一般为 1～3 个），并标明排列顺序。招标人应当接受评标委员会推荐的中标候选人，最后由招标人确定中标人，不得在评标委员会推荐的中标人之外确定中标人。在某些情况下，招标人也可以直接授权评标委员会直接确定中标人。

评标委员会提出书面评标报告后，招标人一般应当在 15 日内确定中标人，但最迟应当在投标有效期结束日 30 个工作日内确定。中标人确定后，由招标人向中标人发出中标通知书，并同时将中标结果通知所有未中标的投标人（即发出未中标通知书），要求中标人在规定期限内（中标通知书发出 30 天内）签订合同。招标人与中标人签订合同后 5 个工作日内，应向未中标的投标人退还投标保证金。另外，招标人还要在发出中标通知书之日起 15 日内向招标投标管理机构提交书面报告备案，至此招标即告圆满成功。

4.4.3 中标通知书

《招标投标法》第四十五条规定："中标人确定后，招标人应当向中标人发出中标通知书，并同时将中标结果通知所有未中标的投标人。中标通知书对招标人和中标人具有法律效力。中标通知书发出后，招标人改变中标结果的，或者中标人放弃中标项目的，应当依法承担法律责任。"

1. 中标通知书的性质

中标人确定后，招标人应迅速将中标结果通知中标人及所有未中标的投标人。目前，一般规定 7 日内发出通知。中标通知书就是向中标的投标人发出的告知其中标的书面通知文件。

我国合同法规定，订立合同采取要约和承诺的方式。要约是希望和他人订立合同的意思表示，该意思表示内容具体，且表明经受要约人承诺，要约人即受该意思表示的约束。承诺是受要约人同意要约的意思表示，应当以通知的方式作出，但根据交易习惯或者要约表明可以通过行为作出承诺的除外。据此可以认为，投标人提交的投标属于一种要约，招标人的中标通知书则为对投标人要约的承诺。

2. 中标通知书的生效及合同的成立

中标通知书作为承诺，与合同法规定的一般性的承诺不同，它的生效不能采用"到达主义"，而应采用"投邮主义"，即中标通知书发出时生效，对中标人和招标人产生法律约束力。理由是，按照"到达主义"的要求，即使中标通知书及时发出，也有可能在传送过程中因并非招标人的过错而出现延误、丢失或错投，致使中标人未能在投标有效期内收到该通知，招标人则丧失了对中标人的约束权。而按照"投邮主义"的要求，招标人的上述权利可以得到保护。

《招标投标法》规定，中标通知书发出后，招标人改变中标结果的，或者中标人放弃中标项目的，应当依法承担法律责任。合同法规定，承诺生效时合同成立。因此，中标通知书发出时，即发生承诺生效、合同成立的法律效力。所以，中标通知书发生法律效力后，招标人不得改变中标结果，投标人不得放弃中标项目。招标人改变中标结果，变更中标人，实质上是一种单方面撕毁合同的行为；投标人放弃中标项目的，则是一种不履行合同的行为。两种行为都属于违约行为，所以应当承担违约责任。

4.4.4 中标无效

1. 中标无效的含义

所谓中标无效，就是招标人确定的中标失去了法律约束力。也就是说依照违法行为获得中标的投标人丧失了与招标人签订合同的资格，招标人不再负有与中标人签订合同的义务；在已经与招标人签订了合同的情况下，所签合同无效。中标无效为自始无效。

2. 导致中标无效的情况

《招标投标法》规定，中标无效主要有以下六种情况：

(1) 招标代理机构违反《招标投标法》规定，泄露应当保密的与招标投标活动有关的情况和资料，或者与招标人、投标人串通损害国家利益、社会公共利益或者他人合法权益的行为影响中标结果的，中标无效。

(2) 招标人向他人透露已获取招标文件的潜在投标人的名称、数量或者可能影响公平竞争的有关招标投标的其他情况，或者泄露招标控制价的行为影响中标结果的，中标无效。

(3) 投标人相互串通投标，投标人与招标人串通投标的，投标人以向招标人或者评标委员会行贿的手段谋取中标的，中标无效。

①《工程建设项目施工招标投标办法》规定，下列行为均属投标人串通投标报价：投标人之间相互约定抬高或压低投标报价；投标人之间相互约定，在招标项目中分别以高、中、低价位报价；投标人之间先进行内部竞价，内定中标人，然后再参加投标；投标人之间其他串通投标报价的行为。

② 下列行为均属招标人与投标人串通投标：招标人在开标前开启招标文件，并将投标情况告知其他投标人.或者协助投标人撤换投标文件，更改报价；招标人预先内定中标人；招标人与投标人商定，投标时压低或抬高标价，中标后再给投标人或招标人额外补偿；其他串通投标行为。

(4) 投标人以他人名义投标或者以其他方式弄虚作假，骗取中标的，中标无效。以他人名义投标，指投标人挂靠其他施工单位，或从其他单位通过转让或租借方式获取资格或资质证书，或者由其他单位及其法定代表人在自己编制的投标文件上加盖印章和签字等行为。

(5) 依法必须进行招标的项目，招标人违反《招标投标法》规定，与投标人就投标价格、投标方案等实质性内容进行谈判的行为影响中标结果的，中标无效。

(6) 招标人在评标委员会依法推荐的中标候选人以外确定中标人的，依法必须进行招标的项目在所有投标被评标委员会否决后自行确定中标人的，中标无效。

3. 中标无效的法律后果

中标无效的法律后果主要分两种情况，即没有签订合同时中标无效的法律后果和签订合同中标无效的法律后果。

1) 尚未签订合同中标无效的法律后果

在招标人尚未与中标人签订书面合同的情况下，招标人发出的中标通知书失去了法律约束力，招标人没有与中标人签订合同的义务，中标人失去了与招标人签订合同的权利。其中标无效的法律后果有以下两种：

(1) 招标人依照法律规定的中标条件从其余投标人中重新确定中标人；

(2) 没有符合规定条件的中标人的，招标人应依法重新进行招标。

2) 签订合同中标无效的法律后果

招标人与投标人已经签订合同的，所签合同无效。根据《民法通则》和《合同法》的规定，合同无效产生以下后果：

(1) 恢复原状。根据《合同法》的规定，无效的合同自始没有法律约束力。因该合同取得的财产，应当予以返还；不能返还或者没有必要返还的，应当折价补偿。

(2) 赔偿损失。有过错的一方应当赔偿对方因此所受的损失。如果招标人、投标人双方都有过错的，应当各自承担相应的责任。另外根据《民法通则》的规定，招标人知道招标代理机构从事违法行为而不作反对表示的，招标人应当与招标代理机构一起对第三人负连带责任。

(3) 重新确定中标人或重新招标。

4.4.5 签订合同

1. 合同的签订

招标人和中标人应当自中标通知书发出之日起 30 日内，按照招标文件和中标人的投标文件订立书面合同。招标人和中标人不得再行订立背离合同实质性内容的其他协议，如果投标文件内提出的某些非实质性偏离的不同意见而发包人也同意接受时，双方应就这些内容通过谈判达成书面协议。通常的做法是，不改动招标文件中的通用条件和专用条件，将某些条款协商一致后改动的部分在合同协议书附录中予以明确。合同协议书附录经过双方签字后将作为合同的组成部分。

2. 投标保证

按照建设法规的规定，若招标人收取投标保证金，应当自合同签订之日起 5 个工作日内，将投标保证金退还给中标人和未中标人。

3. 履约担保

所谓履约担保，是指发包人在招标文件中规定的要求承包人提交的保证履行合同义务的担保。履约担保的形式一般有两种：银行保函、履约担保书。

1) 银行保函

银行保函是由商业银行开具的担保证明，通常为合同金额的 10%左右。银行保函分为有条件的银行保函和无条件的银行保函。

有条件的银行保函是指下述情形：在承包人没有实施合同或者未履行合同义务时，由发包人或监理工程师出具证明说明情况，并由担保人对已执行合同部分和未执行部分加以鉴定，确认后才能收兑银行保函，由招标人得到保函中的款项。建筑行业通常倾向于采用这种形式的保函。

无条件的银行保函是指下述情形：在承包人没有实施合同或者未履行合同义务时，发包人不需要出具任何证明和理由，只要看到承包人违约，就可对银行保函进行收兑。

2) 履约担保书

履约担保书的担保方式是：当承包人在履行合同中违约时，开出担保书的担保公司或者保险公司用该项担保金去完成施工任务或者向发包人支付该项保证金。工程采购项目保证金提供担保形式的，其金额一般为合同价的 30%～50%。

承包人违约时，由工程担保人代为完成工程建设的担保方式，有利于工程建设的顺利进行，因此是我国工程担保制度探索和实践的重点内容。

【案例 4-3】 某办公楼的招标人于 2000 年 10 月 11 日向具备承担该项目能力的 A、B、C、D、E 5 家承包商发出投标邀请书，其中说明：10 月 17 日～18 日 9 至 16 时在该招标人总工程师室领取招标文件，11 月 8 日 14 时为投标截止时间。该 5 家承包商均接受邀请，并按规定时间提交了投标文件。但承包商 A 在送出投标文件后发现报价估算有较严重的失误，遂赶在投标截止时间前 10 分钟递交了一份书面声明，撤回已提交的投标文件。

开标时，由招标人委托的市公证处人员检查投标文件的密封情况，确认无误后。由工作人员当众拆封。由于承包商 A 已撤回投标文件，故招标人宣布有 B、C、D、E 4 家承包商投标，并宣读该 4 家承包商的投标价格、工期和其他主要内容。

评标委员会委员由招标人直接确定，共由 7 人组成，其中招标人代表 2 人，本系统技术专家 2 人、经济专家 1 人，外系统技术专家 1 人、经济专家 1 人。

在评标过程中，评标委员会要求 B、D 两投标人分别对其施工方案作详细说明，并对若干技术要点和难点提出问题，要求其提出具体、可靠的实施措施。作为评标委员的招标人代表希望承包商 B 再适当考虑一下降低报价的可能性。

按照招标文件中确定的综合评标标准，4 个投标人综合得分从高到低的顺序依次为 B、D、C、E，故评标委员会确定承包商 B 为中标人。由于承包商 B 为外地企业，招标人于 11 月 10 日将中标通知书以挂号方式寄出，承包商 B 于 11 月 14 日收到中标通知书。

由于从报价情况来看，4 个投标人的报价从低到高的依次顺序为 D、C、B、E，因此，从 11 月 16 日至 12 月 11 日招标人又与承包商 B 就合同价格进行了多次谈判，结果承包商 B 将价格降到略低于承包商 C 的报价水平，最终双方于 12 月 12 日签订了书面合同。

问题：

1. 从招标投标的性质看，本案例中的要约邀请、要约和承诺的具体表现是什么？

2. 在该项目的招标投标程序中存在哪些方面不符合《招标投标法》的有关规定？请逐一说明(注意：若将案例中正确的内容当作错误进行分析，每项扣 1 分)。

要点分析：

本案例考察招标投标程序从发出投标邀请书到中标之间的若干知识点，主要涉及招标投标的性质、投标文件的递交和撤回、投标文件的拆封和宣读、评标委员会的组成及其确定、在评标过程中评标委员的行为、中标人的确定、中标通知书的生效时间、中标通知书发出后招标人的行为以及招标人和投标人订立书面合同的时间等。要求根据《招标投标法》和其他有关法律法规的规定，正确分析本工程招标投标过程中存在的问题。因此，在答题时，要根据本案例背景给定的条件回答，不仅要指出错误之处，而且要说明原因。为使条理清晰，应按答题要求“逐一说明”，而不要笼统作答。

其中，特别要注意中标通知书的生效时间。从招标投标的性质来看，招标公告或投标邀请书是要约邀请，投标文件是要约，中标通知书是承诺。按《合同法》第二十条规定，承诺通知到达要约人时生效，这就是承诺生效的“到达主义”。然而，中标通知书作为《招标投标法》规定的承诺行为，与《合同法》规定的一般性承诺不同，它的生效不是采取“到达主义”，而是采取“投邮主义”，即：中标通知书一经发出就生效，就对招标人和投标人产生约束力。

还要注意中标人的确定。一般而言，评标委员会的工作是评标，其结果是推荐一至三个中标候选人，并标明排列顺序；而定标是招标人的权力，按规定应在评标委员会推荐的中标候选人中确定中标人。但是,《招标投标法》规定,招标人也可以授权评标委员会直接确定中标人。

答案:

问题1:

答:在本案例中,要约邀请是招标人的投标邀请书,要约是投标人的投标文件,承诺是招标人发出的中标通知书。

问题2:

答:在该项目招标投标程序中存在以下几方面不符合《招标投标法》的有关规定,分述如下:

(1) 招标人不应仅宣布4家承包商参加投标。我国《招标投标法》规定:招标人在招标文件要求提交投标文件的截止时间前收到的所有投标文件,开标时都应当当众拆封、宣读。这一规定是比较模糊的,仅按字面理解,已撤回的投标文件也应当宣读,但这显然与有关撤回投标文件的规定的初衷不符。按国际惯例,虽然承包商A在投标截止时间前已撤回投标文件,但仍应作为投标人宣读其名称,但不宣读其投标文件的其他内容。

(2) 评标委员会委员不应全部由招标人直接确定。按规定,评标委员会中的技术、经济专家,一般招标项目应采取(在国务院有关部门或者省、自治区、直辖市人民政府有关部门提供的专家名册或者招标代理机构相关专业的专家库中)随机抽取方式,特殊招标项目可以由招标人直接确定。本项目显然属于一般招标项目。

(3) 评标过程中不应要求承包商考虑降价问题。按规定,评标委员会可以要求投标人对投标文件中含义不明确的内容进行必要的澄清或者说明,但是澄清或者说明不得超出投标文件的范围或者改变投标文件的实质性内容;在确定中标人前,招标人不得与投标人就投标价格、投标方案的实质性内容进行谈判。

(4) 中标通知书发出后,招标人不应与中标人就价格进行谈判。按规定,招标人和中标人应按照招标文件和投标文件订立书面合同,不得再行订立背离合同实质性内容的其他协议。

(5) 订立书面合同的时间过迟。按规定,招标人和中标人应当自中标通知书发出之日(不是中标人收到中标通知书之日)起30日内订立书面合同,而本案例中是32日。

(6) 对"评标委员会确定承包商B为中标人"要进行分析。如果招标人授权评标委员会直接确定中标人,由评标委员会定标是对的,否则,就是错误的。

【案例4-4】 某建设工程的建设单位自行办理招标事宜。由于该工程技术复杂,建设单位决定采用邀请招标,共邀请A、B、C三家国有特级施工企业参加投标。

投标邀请书中规定:6月1日至6月3日9:00—17:00在该单位总经济师室出售招标文件。

招标文件中规定:6月30日为投标截止日;投标有效期到7月20日为止;投标保证金统一定为100万元,投标保证金有效期到8月20日为止;评标采用综合评估法,技术标和商务标各占50%。

在评标过程中,鉴于各投标人的技术方案大同小异,建设单位决定将评标方法改为经评审的最低投标价法。评标委员会根据修改后的评标方法,确定的评标结果排名顺序为A公司、C公司、B公司。建设单位于7月15日确定A公司中标,于7月16日向A公司发出中标通知书,并于7月18日与A公司签订了合同。在签订合同过程中,经审查,A公司所选择的设备安装分包单位不符合要求,建设单位遂指定国有一级安装企业D公司作为A公司的分包单位。建设单位于7月28日将中标结果通知了B、C两家公司,并将投标保证金退还给这两家公司。建设单位于7月31日向当地招标投标管理部门提交了该工程招标投标情况的书面报告。

问题：

1.招标人自行组织招标需具备什么条件？要注意什么问题？

2.对于必须招标的项目，在哪些情况下可以采用邀请招标？

3.该建设单位在招标工作中有哪些不妥之处？请逐一说明理由。

分析要点：

本案例主要考核招标人自行组织招标的条件、必须招标的项目可以进行邀请招标的情形以及招标投标过程中若干时限规定和有关问题。

其中，需要特别注意的是开标时间、定标时间、投标有效期三者之间的关系。开标应当在招标文件确定的提交投标文件截止时间的同一时间公开进行，这一点是毫无疑问的，但何时定标、投标有效期到何时截止，有关法规并无直接规定。《工程建设项目施工招标投标办法》第二十九条规定："招标文件应当规定一个适当的投标有效期，以保证招标人有足够的时间完成评标和与中标人签订合同。投标有效期从投标人提交投标文件截止之日起计算"，评标委员会提出书面评标报告后，招标人一般应当在15日内确定中标人，但最迟应当在投标有效期结束日30个工作日前确定。因此，即使开标当天能够定标，投标有效期也应当至少为42天（30个工作日相当于6周时间）。在实际工作中，不少招标人（包括招标代理机构）都未注意到这一点。本案例中规定的投标有效期显然不能满足这一要求。

另外，还需注意投标有效期与投标保证金有效期的区别，且投标保证金有效期应当超出投标有效期30天。

答案：

问题1：

答：招标人具有编制招标文件和组织评标能力的，可以自行办理招标事宜。进行招标的项目，招标人自行办理招标事宜的，应当向有关行政监督部门备案。

问题2：

答：根据《工程建设项目施工招标投标办法》（以下简称《办法》）的规定，招标的项目，有下列情形之一的，经批准可以进行邀请招标：

（1）项目技术复杂或有特殊要求，只有少数几家潜在投标人可供选择的；

（2）受自然地域环境限制的；

（3）涉及国家安全、国家秘密或抢险救灾，适宜招标但不宜公开招标的；

（4）拟公开招标的费用与项目的价值相比，不值得的；

（5）法律、法规规定不宜公开招标的。

问题3：

答：该建设单位在招标工作中有下列不妥之处：

（1）停止出售招标文件的时间不妥，因为按《办法》规定，自招标文件出售之日起至停止出售之日止，最短不得少于5个工作日；

（2）规定的投标有效期截止时间不妥，因为按《办法》规定，评标委员会提出书面评标报告后，招标人最迟应当在投标有效期结束日30个工作日前确定中标人；

（3）投标保证金数额不妥，因为按《办法》规定，投标保证金一般不得超过投标总价的2%，但最高不得超过80万元人民币；

（4）评标过程中改变评标方法不妥，因为按《招标投标法》规定，评标委员会应当按照招标文件确定的评标标准和方法进行评标；

(5) 中标结果通知未中标人的时间不妥，因为按《招标投标法》规定，中标人确定后，招标人应当在向中标人发出中标通知的同时将中标结果通知所有未中标的投标人；

(6) 退还投标保证金的时间不妥，因为按《办法》规定，招标人与中标人签订合同后5个工作日内，应当向未中标的投标人退还投标保证金；

(7) 指定D公司作为A公司的分包单位不妥，因为按《办法》规定，招标人不得直接指定分包人；

(8) 向招标投标管理部门提交报告的时间不妥，因为按《招标投标法》规定，招标人应当自确定中标人之日起15日内，向有关行政监督部门提交招标投标情况的书面报告。

【案例4-5】 某大型工程，由于技术难度大，对施工单位的施工设备和同类工程施工经验要求高，而且对工期的要求也比较紧迫。业主在对有关单位和在建工程考察的基础上，仅邀请了3家国有一级施工企业参加投标，并预先与咨询单位和该3家施工单位共同研究确定了施工方案。业主要求投标单位将技术标和商务标分别装订报送。经招标领导小组研究确定的评标规定如下：

1. 技术标共30分，其中施工方案10分（因已确定施工方案，各投标单位均得10分）、施工总工期10分、工程质量10分。满足业主总工期要求（36个月）者得4分，每提前1个月加1分，不满足者不得分；业主希望该工程今后能被评为省优工程，自报工程质量合格者得4分，承诺将该工程建成省优工程者得6分（若该工程未被评为省优工程将扣罚合同价的2%，该款项在竣工结算时暂不支付给承包商），近三年内获鲁班工程奖每项加2分，获省优工程奖每项加1分。

2. 商务标共70分。报价不超过标底（35 500万元）的±5%者为有效标，超过者为废标。报价为标底的98%者得满分（70分），在此基础上，报价比标底每下降1%，扣1分，每上升1%，扣2分（计分按四舍五入取整）。各投标单位的有关情况见表4-14。

表4-14　各投标单位情况汇总表

投标单位	报价/万元	总工期/月	自报工程质量	鲁班工程奖	省优工程奖
A	35 642	33	优良	1	1
B	34 364	31	优良	0	2
C	33 867	32	合格	0	1

问题：

1. 该工程采用邀请招标方式且仅邀请3家施工单位投标，是否违反有关规定？为什么？

2. 请按综合得分最高者中标的原则确定中标单位。

3. 若改变该工程评标的有关规定，将技术标增加到40分，其中施工方案20分（各投标单位均得20分），商务标减少为60分，是否会影响评标结果？为什么？若影响，应由哪家施工单位中标？

分析要点：

本案例考核招标方式和评标方法的运用。要求熟悉邀请招标的运用条件及有关规定，并能根据给定的评标办法正确选择中标单位。本案例所规定的评标办法排除了主观因素，因而各投标单位的技术标和商务标的得分均为客观得分。但是，这种"客观得分"是在主观规定的评标方法的前提下得出的，实际上不是绝对客观的。因此，当各投标单位的得分较为接近时，需要慎重决策。问题3实际上是考核对评标方法的理解和灵活运用。根据本案例给定的评标方法，这样改变评标的规定并不影响各投标单位的得分，因而不会影响评标结果。

答案：

问题1：

答：不违反(或符合)有关规定。因为根据有关规定，对于技术复杂的工程，允许采用邀请招标方式，邀请参加投标的单位不得少于3家。

问题2：

答：

(1) 计算各投标单位的技术标得分，见表4-15。

表4-15 各投标单位技术标得分计算表

投标单位	施工方案	总工期	工程质量	合计
A	10	4+(36−33)×1=7	6+2+1=9	26
B	10	4+(36−31)×1=9	6+1×2=8	27
C	10	4+(36−32)×1=8	4+1=5	23

(2) 计算各投标单位的商务标得分，见表4-16。

表4-16 各投标单位商务标得分计算表

投标单位	报价/万元	报价与标底的比例/(%)	扣分	得分
A	35 642	35 642/35 500=100.4	(100.4−98)×2≈5	70−5=65
B	34 364	34 364/35 500=96.8	(98−96.8)×1≈1	70−1=69
C	33 867	33 867/35 500=95.4	(98−95.4)×1≈3	70−3=67

(3) 计算各投标单位的综合得分，见表4-17。

表4-17 各投标单位综合得分计算表

投标单位	技术标得分	商务标得分	综合得分
A	26	65	91
B	27	69	96
C	23	67	90

因为B公司综合得分最高，故应选择B公司为中标单位。

问题3：

答：这样改变评标办法不会影响评标结果，因为各投标单位的技术标得分均增加10分，而商务标得分均减少10分，综合得分不变。

任务5 建设工程招标投标流程

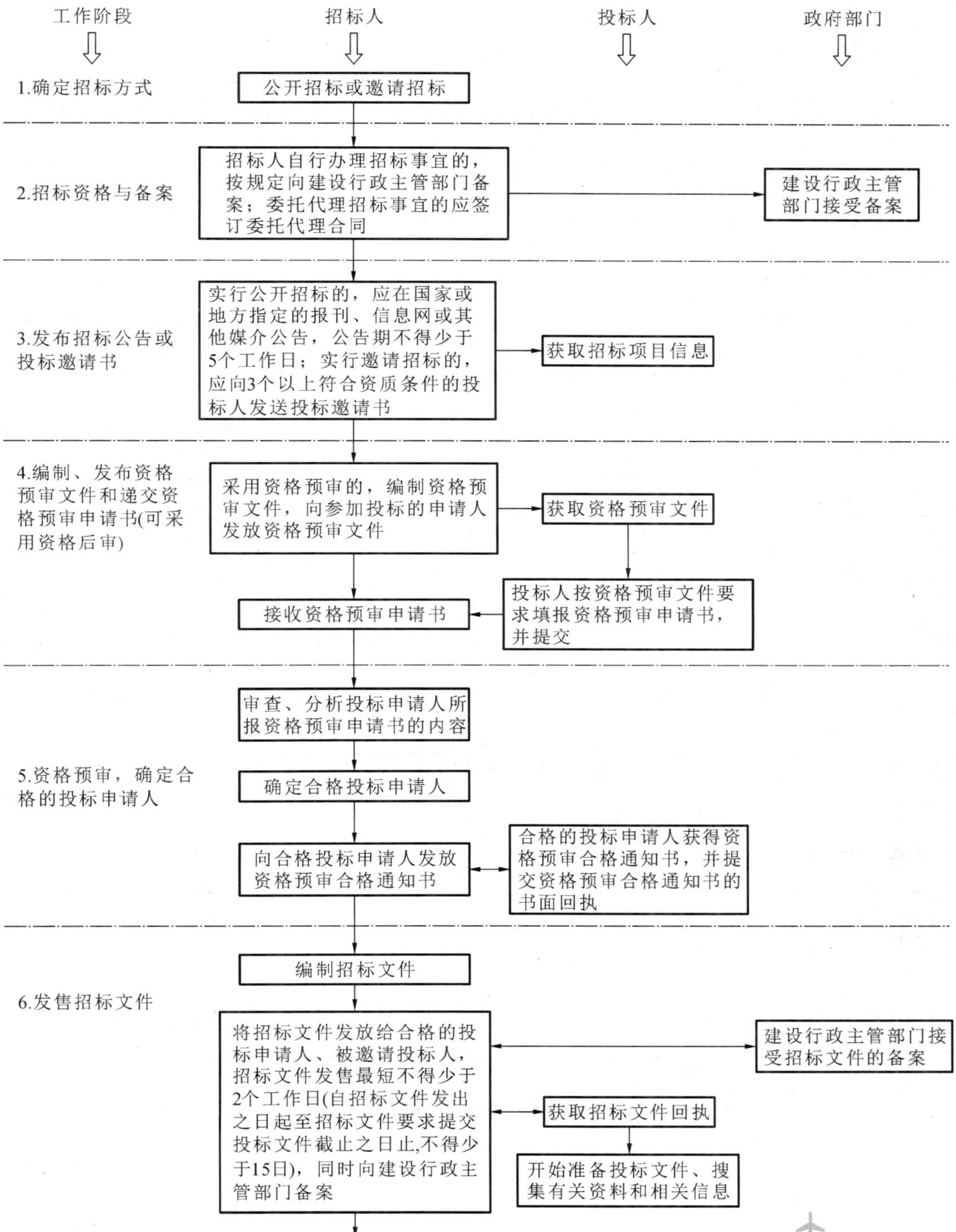

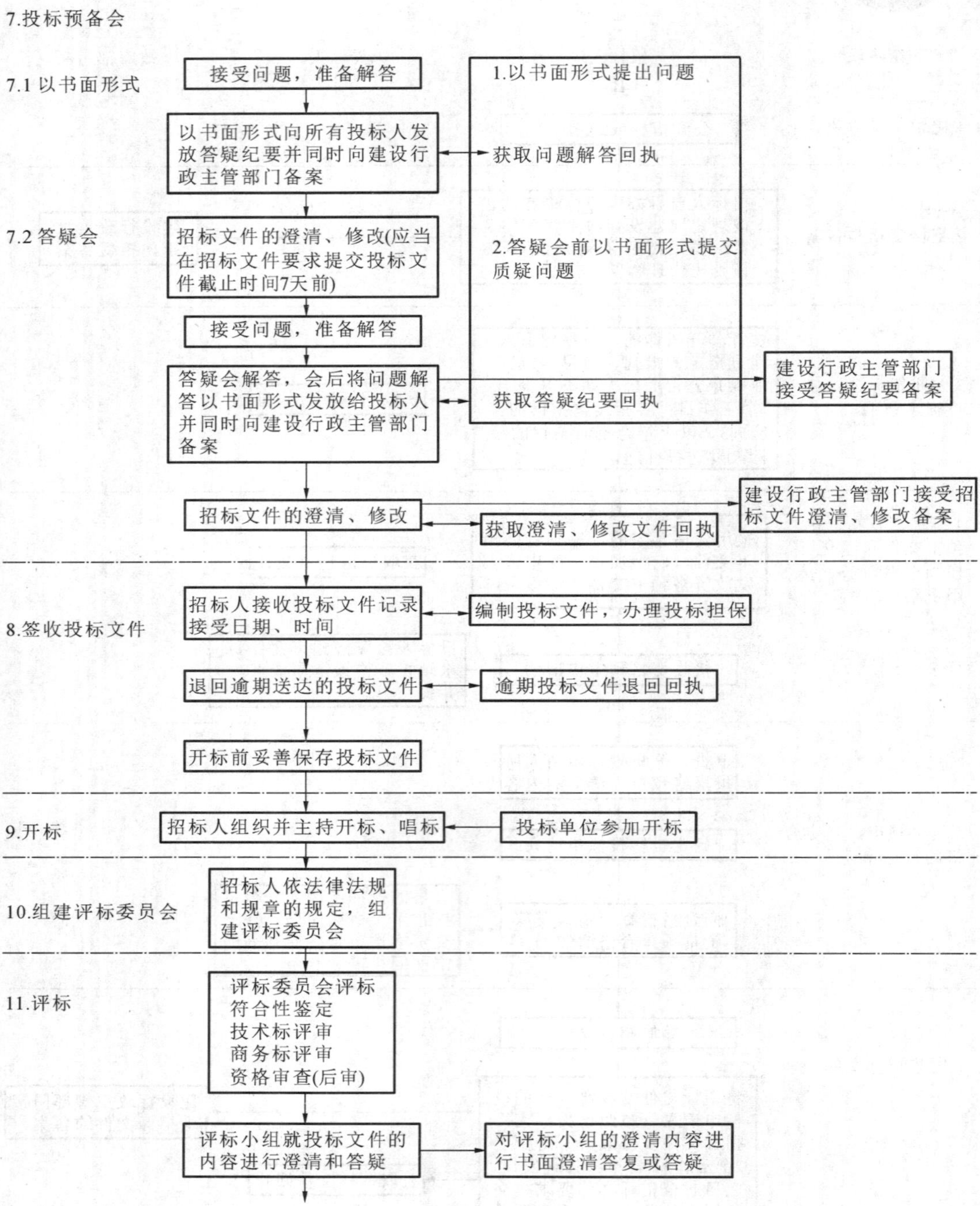
7.投标预备会
7.1 以书面形式
接受问题，准备解答
以书面形式向所有投标人发放答疑纪要并同时向建设行政主管部门备案
1.以书面形式提出问题
获取问题解答回执
7.2 答疑会
招标文件的澄清、修改(应当在招标文件要求提交投标文件截止时间7天前)
2.答疑会前以书面形式提交质疑问题
接受问题，准备解答
答疑会解答，会后将问题解答以书面形式发放给投标人并同时向建设行政主管部门备案
获取答疑纪要回执
建设行政主管部门接受答疑纪要备案
招标文件的澄清、修改
建设行政主管部门接受招标文件澄清、修改备案
获取澄清、修改文件回执
8.签收投标文件
招标人接收投标文件记录接受日期、时间
编制投标文件，办理投标担保
退回逾期送达的投标文件
逾期投标文件退回回执
开标前妥善保存投标文件
9.开标
招标人组织并主持开标、唱标
投标单位参加开标
10.组建评标委员会
招标人依法律法规和规章的规定，组建评标委员会
11.评标
评标委员会评标
符合性鉴定
技术标评审
商务标评审
资格审查(后审)
评标小组就投标文件的内容进行澄清和答疑
对评标小组的澄清内容进行书面澄清答复或答疑

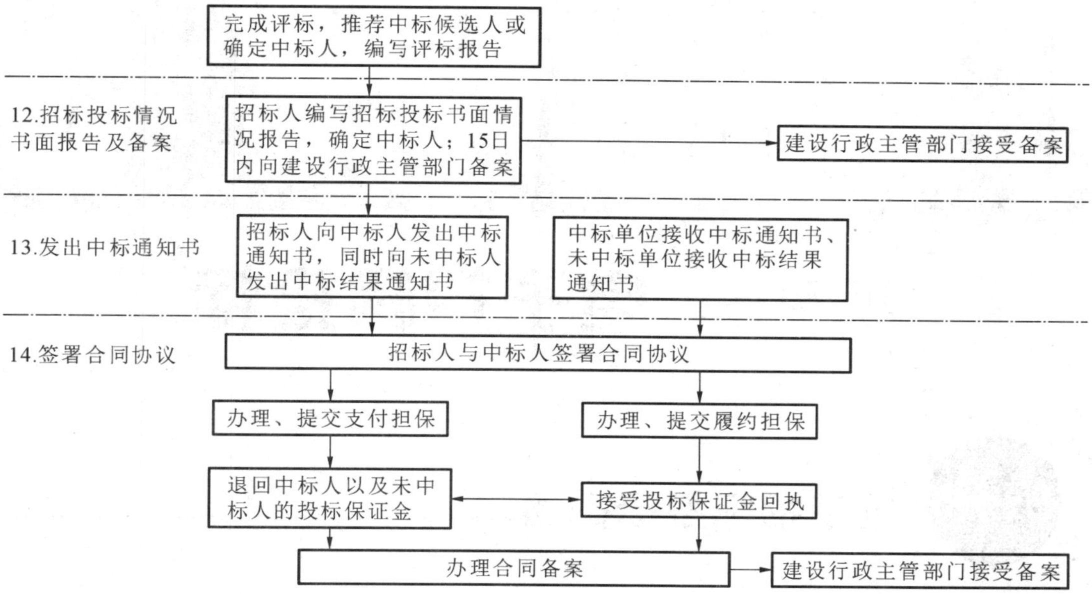
完成评标，推荐中标候选人或确定中标人，编写评标报告
12.招标投标情况书面报告及备案
招标人编写招标投标书面情况报告，确定中标人；15日内向建设行政主管部门备案
建设行政主管部门接受备案
13.发出中标通知书
招标人向中标人发出中标通知书，同时向未中标人发出中标结果通知书
中标单位接收中标通知书、未中标单位接收中标结果通知书
14.签署合同协议
招标人与中标人签署合同协议
办理、提交支付担保
办理、提交履约担保
退回中标人以及未中标人的投标保证金
接受投标保证金回执
办理合同备案
建设行政主管部门接受备案

Chapter 5

项目 5 电子招标投标

任务1 电子招标投标概述

5.1.1 电子招标投标基本概念

电子招标投标活动是指以数据电文形式，依托电子招标投标系统完成的全部或者部分招标投标交易、公共服务和行政监督活动。数据电文形式与纸质形式的招标投标活动具有同等法律效力。

为适应市场的需求，各地都制定了基于工程量清单计价规范的评标规则。评标规则中需要评审的项目越来越细，不仅要评审工程总报价，还要对分部分项工程量清单总价、分部分项工程量清单的综合单价、措施项目清单总价、其他项目清单总价、主要材料价格以及计算错误进行检查。评标的项目越来越细，导致评委的工作量越来越大。投标单位报价策略越来越多，工作量巨大且烦琐，手工评分的难度越来越大。所以，利用计算机辅助评标，势在必行。

运用电子评标系统对招投标数据的快速分析能力，将投标文件中有疑问的报价搜索出来，供评标专家评定，可以把评委从劳神耗时的找错工作中解脱出来，达到评标的最佳效果，体现公平、公正、科学、择优的原则。这样既充分发挥了专家的价值，又充分保证了招标人和投标人的利益。另一方面，电子标书可以降低业主和施工企业的招投标成本。执行工程量清单计价规范后，投标单位需要提交清单综合单价分析表和措施项目分析表，投标单位提交文字表格时，打印的文档大大超过以前在定额模式评标时提供的文字文档。一个几千万的工程或单位工程较多的工程，投标单位在投标时都是抬着箱子投标。评委评审时也很困难，采用电子标书，则综合单价分析表等大量的数据不需打印，大大节省了投标单位的成本，也利于数据的分析整理。

在各种市场因素的促动下，评标工作的信息化建设日益显示出它的重要性和必要性，清单环境下的评标工作，需要由专业、高效的电子评标系统来完成。它必须能帮助建筑交易市场创造“公平、公正、科学、择优”的市场环境，解决长期困扰建筑行业的信息陈旧、信息不灵，信息重复利用率低、利用成本高的问题。

电子招标投标系统根据功能的不同，分为交易平台、公共服务平台和行政监督平台。交易平台是以数据电文形式完成招标投标交易活动的信息平台。公共服务平台是满足交易平台之间信息交换、资源共享需要，并为市场主体、行政监督部门和社会公众提供信息服务的信息平台。行政监督平台是行政监督部门和监察机关在线监督电子招标投标活动的信息平台。

依法设立的招标投标交易场所的监管机构负责督促、指导招标投标交易场所推进电子招标投标工作，配合有关部门对电子招标投标活动实施监督。省级以上人民政府有关部门对本行政区域内电子招标投标系统的建设、运营，以及相关检测、认证活动实施监督。监察机关依法对与电子招标投标活动有关的监察对象实施监察。

5.1.2 电子招标投标发展历程

20 世纪 80 年代初，我国工程建设开始试行并逐步全面实践市场要素开放流动、公平竞争的招标投标制度。招标投标交易机制为促进改革和建立社会主义市场经济体制，维护市场竞争交易秩序，优化公共资源配置质量、效率及效益，发挥了重要的历史性作用。但是，招标投标市场信息长期依赖碎片、静态、易封闭和易失真的纸质存储和传输方式，导致招标投标市场主体、监管部门和社会公众往往难以实时识别、客观评价、自律约束和聚合监督跨行业跨地区流动的市场主体的身份资格、要素结构、业绩能力以及行为信用，并实施有效联合激励惩戒，由此，招标投标交易活动失误失实、封闭保护和失信违法事件屡禁不止，严重制约了招标投标市场公平竞争的重要功能作用。因此，传统纸质信息存储和传输体系实难适应建立和维护全国招标投标市场一体开放、公平竞争、诚信履约和透明监督交易秩序的需要。这就是我国于 20 世纪 90 年代初起步探索电子招标投标，大力推进"互联网＋"招标采购融合发展的主要背景和动因。

电子招标投标交易制度有力促进了市场要素开放流动，激发了公平竞争机制的活力，进一步规范了市场竞争交易秩序，有效提高了招标采购交易的经济社会效益。电子招标投标实践至今已有 20 多年的历程，可以分为两个发展阶段。

第一阶段，20 世纪 90 年代中期开始至 2012 年，招标采购交易局部环节开始信息化。政府相关部门先后在建设工程招标发包集中交易场所建设互联网门户网站，发布招标采购公告，研发建设潜在投标人信息库和评标专家信息库。大型国有企业在招标采购交易局部环节开始探索信息化，建设互联网电子商务交易平台与窗口。20 世纪 90 年代末，政府相关部门分别指定中国采购与招标网、中国国际招标网、中国政府采购网等为相关领域发布招标公告的网络媒介。

第二阶段，政府制定和规范电子招标采购制度。2013 年 5 月 1 日，国家发展改革委等八个部门联合发布实施《电子招标投标办法》。电子招标采购从此进入一个规范和快速发展并具有里程碑意义的崭新阶段。《电子招标投标办法》结合我国招标采购实践和发展需求，首次整体设计确立了电子招标投标交易、公共服务和行政监督三大平台的服务功能定位、互联网系统架构、平台互联技术标准、数据交互共享规范、系统检测认证制度，以及各方协同完成电子交易全流程的权利责任规则。同时，确立了电子交易平台市场化、专业化和集约化发展方向。

5.1.3 电子招标投标制度框架

《中华人民共和国招标投标法》是我国规范各类主体招标采购交易行为的基本法律。《中华人民共和国招标投标法实施条例》为规范招标投标交易行为提出了实质性要求，并首次提出国家鼓励利用信息网络进行电子招标投标。

2018 年 3 月 27 日，国家发展改革委经国务院批准印发的《必须招标的工程项目规定》调整修改了《工程建设项目招标范围和规模标准规定》(国家计委〔2000〕第 3 号令)，提高了依法必须招标的规模金额标准，工程、货物和服务合同招标规模金额底线分别为 400 万元、200 万元、100

万元，新规定自2018年6月1日起施行。此后，国家发展改革委经国务院批准印发《必须招标的基础设施和公用事业项目范围规定》，缩减了民营企业投资建设基础设施和公用事业项目必须招标的范围，自2018年6月6日起施行。

2013年5月1日起施行的《电子招标投标办法》确立了电子招标投标系统交易平台、公共服务平台和行政监督平台的网络架构，以及各平台建设运营、对接互联、数据交互共享、电子招标投标交易基本程序规则、各方权利义务、监督管理与法律责任、技术标准和数据规范等制度体系。

2015年8月4日印发的《电子招标投标系统检测认证管理办法(试行)》对电子招标投标系统实行检测认证的依据、目的，检测认证的概念、范围、主要程序、内容方式以及相关实施、监督管理职责分工等做了明确规定。

国务院于2015年7月1日印发《关于积极推进"互联网＋"行动的指导意见》，明确提出，按照市场化、专业化方向，大力推广电子招标投标。2015年8月10日国务院办公厅印发的《整合建立统一的公共资源交易平台工作方案》提出了以电子公共服务系统为基础，整合规范公共资源交易平台的工作方案与目标。据此，国家发展改革委等十四部委于2016年8月1日联合印发《公共资源交易平台管理暂行办法》，要求通过电子公共服务系统互联对接电子交易系统(同时推动电子交易系统专业化建设运营)，一体化聚合共享市场信息，实现公共资源交易电子数字化监督，透明与规范公共资源交易行为，并提出了明确目标和实现路径。

国家发展改革委等六部委于2017年2月23日联合印发的《"互联网＋"招标采购行动方案(2017—2019年)》，全面规划和协同各行业和地方深入推进招标采购与互联网深度融合发展的行动方案。分三年建立完善电子招标采购制度标准、建设运营三类平台网络系统，实现市场信息一体互联共享、全流程电子化交易等行动目标，并明确了三项主要任务：

一是积极引导社会资本按照市场化、专业化方向建设运营电子招标投标交易平台，满足不同行业和专业的电子招标采购需求，实现招标采购全流程电子化和专业化交易；

二是加快建设电子招标投标公共服务平台可持续运行体系，不断创新拓展公共服务领域和内容，提高公共服务供给质量和效率，加快建设完善全国电子招标采购交易公共服务网络体系以及全国一体共享市场招标采购交易大数据；

三是创新电子化行政监管，搭建电子招标投标行政监督平台，推动招标投标行政监督从事前审批、分业监管，向事中事后、在线协同监管方式转变，实现数字化行政和社会公众在线协同监督，以行政监督的无纸化推动招标采购全流程交易的电子化。

自2018年1月1日起施行的《招标公告和公示信息发布管理办法》改革和调整了原《招标公告发布暂行办法》和"三报一网"媒介的规定，明确要求依法必须招标项目的公告公示信息应当在"中国招标投标公共服务平台"发布，或者在项目所在地32个省级电子招标投标公共服务平台发布并同时交互至中国招标投标公共服务平台发布。

5.1.4 电子招标投标实践成果

电子招标采购交易机制，通过建立市场交易信息充分流动、一体聚合和公开共享体系，有效激发市场要素开放流动与公平竞争的活力，打破市场条块分割的行政与技术壁垒；通过推进招标采购电子全流程交易，优化企业供应链管理，降低采购交易成本，提高交易效率，实现了市场供需资源专业、个性和精准匹配以及物有所值的价值采购；通过创新市场交易监督方式，促进政府实现"放管服"，并协同社会公众立体协同和在线公开监督，有力推进市场诚信自律体系建设，依法规范市场竞争交易秩序，消除与遏制违法腐败交易，有效发挥和提升了招标投标制度对于市场配置资源的决定性作用。

在国家发展改革委等国务院有关部门的指导和推动下，招标采购全行业坚持市场实践为基础，通过制度引导规范发展、鼓励试点先行和典型示范、总结实践创新成果，全面推广和不断提高"互联网+"招标采购深度融合和市场广泛运用。2015 年 7 月，国家发展改革委启动实施了电子招标采购创新试点方案，部署了 9 个城市的政府综合监管服务部门，中国招标投标协会选择了 43 个企业电子交易平台，共同推进实施招标采购电子化全流程交易、网络大数据公共服务以及政府电子化综合监管的试点实践，取得了一系列创新实践典型成果，有力推进了"互联网+"招标采购的深入融合力度，扩大了市场运用规模。招标投标企业、交易服务单位、电子交易平台系统管理单位、行业专家学者共同见证了电子招标采购创新实践成果，协力推进"互联网+"招标采购行动的应用实践和未来发展。

1. 电子招标投标系统网络建设成果

截至 2018 年底，全国电子招标投标系统网络大约有 2000 多个平台，覆盖了 32 个省区和 24 个行业。其中，有 360 个按照电子招标投标系统网络架构要求的各类电子交易平台、国家与省市公共服务平台和行政监督平台已与中国招标投标公共服务平台实现了互联对接。全国电子招标投标系统网络三大平台实现了招标采购电子全流程交易服务功能，以及数据交互共享公共服务功能和行政在线监督服务功能的网络专业服务分工与协同。

1）电子交易平台

按照市场交易主体的需求，使用数据电文形式完成招标投标交易全流程的技术信息载体。交易平台由市场主体依据技术标准和数据规范建设运营、开放对接、公平竞争，与公共服务平台以及监督平台分离并互联协同运行，按照市场化、专业化和集约化方向发展，取得了可喜成就。招标人可以按照招标项目专业个性需求自主选择匹配的电子交易平台。

电子交易平台在明确专业服务定位的基础上，可以集成多个专业服务模块功能。同时，鼓励各专业交易应用模块和专业组件分离成为市场化竞争研发运营并具有通用数据接口，可以与各交易平台对接交互的专业交易工具软件。在鼓励发展市场第三方电子交易平台的基础上，同步推进网络平台服务功能的第二次分工协同，实现专业工具的市场化与个性化竞争研发。既适应招标采购代理服务企业使用电子专业交易工具投资小、使用便捷的需求，又可以保留政府部门建设的电子交易平台的基本服务定位，并化解与第三方企业建设电子交易平台之间的矛盾。市场交易主体拥有既适应自己个性特点需求，又可与各交易平台对接交互数据的专业交易工具软件，例如，招标采购文件、工程量清单、智能分析评标等制作分析，或者投标响应文件制作合成等专业工具软件。市场交易主体能够自行制作体现自身专业能力水平和项目专业个性需求的交易信息产品，并以交易主体自己接入网络的专用节点和数字化身份证，通过公共服务互联网通道交互至项目采购人选择的任一互联入网的电子交易平台集成和公布交易程序。同时，应当依法公开的相关交易信息同步交互至公共服务平台发布共享。

2）公共服务平台

依托互联网实现跨行业、跨地区互联对接电子交易平台与行政监督平台，实现动态开放交互和立体聚合共享市场交易信息的枢纽，以及在线协同监督招标投标交易的数据通道。国家、省和市三层级电子招标投标公共服务平台应当按照"政府主导、共建共享、公益服务"的原则，由政府投资或者联合社会资本建设运营，省、地市二级可以合并共建共享。按照"交易平台枢纽，公共信息载体，身份互认桥梁，行政监管依托"服务定位，为电子招标采购交易全流程和行政监督提供市场信息与大数据共享、技术标准与交互通道、招标采购专业知识等公共需求服务。

目前，在国家、省和市三级电子招标投标公共服务平台和行政监督平台（包括与公共资源电子交易系统和服务系统合并建设的平台）中，已有300多个平台相继建成并对接互联运行。电子招标投标系统互联网络技术、数据畅通流动交互共享等公共服务，是保障实现电子招标采购全流程专业化、个性化、精准化交易，以及行政数字化在线监督的技术基础。中国招标投标公共服务平台将集中聚合社会力量，共同创新研究与协同运用区块链、云平台、大数据、网络交互与移动客服智能技术，努力供给和优化提升电子招标采购交易专业化、个性化、精准化公共服务的水平和效率。

3）行政监督平台

行政监督平台（或者专用工具）是通过公共服务平台网络通道连接相关电子交易平台并开设网络监督窗口，依托电子招标投标系统交易平台和公共服务平台永久记录留痕和交互存储的市场交易数据以及提供的智能分析工具，为相关行政部门对职责范围内相应招标采购项目依法履行数字化在线监督职责、接受交易投诉举报、下达监督处罚指令等提供相应监督服务功能。行政监督平台可以由监督部门自行建设运行，或者委托公共服务平台联合定制建设并提供运行服务。目前，有关政府部门建设监督平台并在线履行数字化监督的进展，仍然明显滞后，且影响了电子招标采购全流程交易服务发展的需求。行业迫切需要政府部门加大推行数字化行政监督力度并切实转变政府监管服务职能。

全国电子招标投标系统网络三大平台（电子交易平台、公共服务平台和行政监督平台）及其专业工具的服务分工与协同已经开始实践。通过实现全国范围一体交互流动和立体公开共享市场交易信息，避免电子招标采购交易平台彼此独立的孤岛现象，消除市场交易主体面对无数独立分割交易平台必须线下奔跑见面、重复对接平台以及线下重复搬运各种介质信息输录上传平台的现象，优化地方和行业有关监管部门和相关平台运行机构依赖纸质文件实施前置审批和场所监控的流程，改变地方行政机关条块分割，打破影响和阻碍市场要素开放流动、公平竞争、依法交易和诚信自律履约的行政和技术壁垒等，电子招标投标系统必将产生强大的推动和影响力量。

2. 电子招标投标交易成果

我国招标采购市场规模庞大且采购主体类型复杂。2018年，我国的GDP为900 309亿元，全社会固定资产投资大约为635 636亿元。其中，国有投资占40%，约25.43万亿元；民营投资占60%，约38.13万亿元。按照建设工程可以招标采购比例估算，2018年工程招标采购交易额约为21.0万亿元，包括各类国有与混合企业、民营企业投资以及政府投资的建设工程招标采购和政府采购，尚未包括医药、科技以及企业生产经营性以及其他自愿招标采购。

2018年，中国招标投标公共服务平台互联对接的三类电子交易平台共360个，比2017年增长了29.17%；合计交互完成电子招标采购交易规模30 418.25亿元，比2017年增加了150.79%，大约达到全国招标采购交易总规模的14.5%。其中，全流程电子交易比例最高的城市达到93%，最低的城市还不足3%，电子招标采购交易依然有着巨大的市场发展空间。

按照三类电子交易平台分析，2018年完成的电子招标采购交易金额分别为：

(1) 地方电子交易平台对接160个，交互电子招标金额18 257.33亿元（占60.02%）；

(2) 中央国有企业电子交易平台62个，交互电子招标金额1 877.87亿元（占6.17%）；

(3) 市场第三方电子交易平台138个，交互电子招标金额997.1亿元（占3.28%）；

(4) 独立专业电子招标采购金额9 285.95亿元（占30.53%）。

主要行业统计分析完成的电子招标采购交易金额分别为：房屋市政16 799.11亿元（占55.23%），公路3 003.1亿元（占9.87%），能源电力2 338.48亿元（占7.69%），水利水电1 083.29

亿元(占 3.56%),铁路 564.6 亿元(占 1.86%)。

3."互联网+"招标采购发展趋势

按照我国建设网络强国与数字中国的战略部署,在国家发展改革委等国务院部门的指导和推进下,全行业努力实施"互联网+"招标采购三年行动方案,已经取得了可喜的成就。2020 年底,基本建成全国电子招标投标一体互联网络以及市场信息共享体系;基本实现电子招标采购全流程专业化、精准化交易服务体系。在此基础上,"互联网+"招标采购未来必将以不可逆转的创新融合之势,深刻变革和影响招标采购交易体制机制和行业发展方向。

(1)"互联网+"招标采购实现交易全流程信息一体公开共享,必将有效促进政府职能向"放管服"转变,创新行政监督方式,取消前置审批,建立完善招标投标交易事中事后数字化在线监督和永久追溯体系,并结合公众监督力量,创立有效的社会立体公开监督体系。

(2)"互联网+"招标采购必将助力市场主体依法确立公平交易的权利责任定位。依法自主选择合适的采购方式,实现专业、个性的招标采购需求和精准匹配的价值目标;建设完成电子招标采购交易系统全国生态互联网络;市场主体拥有网络共享数字身份证(取消线下证书介质)和全网络专属唯一交互节点,并可以自主选择使用电子交易平台和专业交易工具,自行便捷制作和交互自己的交易信息产品。

(3)"互联网+"招标采购市场信息一体聚合共享公共服务体系,必将助力推动改革完善招标采购法律法规、政策和市场主体依法约定交易规则相结合的招标投标交易制度体系;促进建立市场主体能力信用市场自律评价机制和社会信用监督体系,推进招标采购行业实现转型升级;助力完善市场要素开放流动、公平竞争、依法交易、诚信自律以及优胜劣汰的社会主义现代市场交易机制。

(4)互联网大数据与区块链技术获得广泛运用,必将创新引导和深入推进电子招标采购全流程交易的市场化、专业化、集约化、个性化、精准化、规范化持续发展。以智能信息技术消除行政分割壁垒和腐败交易漏洞,有效降低招标采购交易制度成本,大幅度提升电子招标采购交易服务的可靠可信度以及市场服务价值。

任务2 电子招标投标交易

工程量清单计价模式与原有的定额计价模式相比变化很大。市场价、管理费、利润的全面放开,实行企业自主报价,使清单综合单价、材料单价等项目评审的要求更规范、更严格,评审的工作量剧增。借助以工程量清单计价为核心功能的电子标书制作软件,可以生成具有统一数据规范的招标电子标书和投标电子标书,而在此基础上只需进一步开发基于同一数据规范的计算机辅助评标系统,就能使人工评标顺利转向计算机辅助评标。这种电子化招标投标模式不仅大大提高了招标、投标和评标的效率,也使评审过程变得更科学、更合理、更规范、更专业,使得评标定标过程更能充分体现建设工程招标投标公开、公正、公平、择优的原则。

招标人使用符合招标投标规定和计价规范要求的工程量清单招标投标软件,编制符合规范要求的招标文件,形成招标电子标书发布在交易平台。投标人从交易平台上下载或购买招标文件后,使用投标电子标书进行报价。投标电子标书保证了投标人能够按照招标人规定的格式进行报价,规范了投标人的操作,保证了投标质量和投标效率,大大降低了因投标人不规范操作而产生废标的可能性。

由于投标文件实现了数字化，为实现科学、合理的评标分析创造了良好的条件。完全开放的接口确保所有的投标人都可以准确、完整、快速地填报投标文件，公平地参加投标。

采用工程量清单招标投标，工程总报价不再是决定工程中标与否的唯一依据，应该对工程量清单计价中的总价、分部分项工程量清单报价、措施项目清单报价、主要材料单价和主要清单项目综合单价等进行分项评审。使用计算机辅助评标，可以对上述各项商务标指标进行快速的分析计算，并把结果提交给评标专家，有利于评标专家科学判断各投标单位报价的合理性，最终实现"合理低价中标"的评标定标方式，为工程招标投标创造良好的市场环境。

利用计算机辅助评标为工程量清单环境下的评标工作提供了专业、高效的评标方式。系统智能对比招标人提供的工程量清单与投标单位提供的工程量清单之间的一致性，快速、准确地发现任何不符合招标人要求的部分，并自动加以标记，给出明确的不符合性说明。同时，系统自动检查投标报价的各种计算关系，自动判断并给出明确提示，自动汇总错误项的数量。系统可以为分部分项工程量清单、措施项目清单、主要材料单价等的评审提供横向、纵向等多种多样的对比参考数据，提供可自由设定范围、自由设定基准价的比较方法，在一定范围内保证有竞争能力的投标人的利益。清标小组通过对电子招标文件与电子投标文件的快速计算、对比分析，就可以很快得到清标报告，同时将清标报告提供给评标小组，按照招标文件规定的评标办法准确快速打分，由计算机按照综合排名向招标人推荐中标候选人。

计算机辅助评标在招标投标中的应用具有明显的技术经济优势：

一是提高了评标效率和准确性。同时，系统还可以实现评标中对项目经理、投标企业的资质及惩处情况等非人为因素的自动计算得分功能，避免了评委对同一资质等级的施工企业评价结果出现偏差等问题，保证了评定结果的公正性；

二是投标、评标更加科学规范。在商务标和技术标的制作上统一格式，包括投标文件类型、字体、字号、间距等全部作了详细的规定。标书投递后由监督人员统一密封、编号，评委在评标室内通过自己面前的计算机就可以轻松地实现网上评标。所有的工程项目均可实行暗标评标，以便评委在审阅标书时可以不带任何感情色彩，有效杜绝人情标、关系标；

三是节约了印刷和纸张的费用，降低了投标成本。

5.2.1 电子招标投标交易平台

电子招标投标交易平台按照标准统一、互联互通、公开透明、安全高效的原则以及市场化、专业化、集约化方向建设和运营，其运营机构应当是依法成立的法人，拥有一定数量的专职信息技术、招标专业人员。依法设立的招标投标交易场所、招标人、招标代理机构以及其他依法设立的法人组织可以按行业、专业类别，建设和运营电子招标投标交易平台。国家鼓励电子招标投标交易平台平等竞争。

电子招标投标交易平台应当按照相关法律法规和技术规范规定，具备下列主要功能：

(1) 在线完成招标投标全部交易过程；

(2) 编辑、生成、对接、交换和发布有关招标投标数据信息；

(3) 提供行政监督部门和监察机关依法实施监督和受理投诉所需的监督通道。

电子招标投标交易平台应当按照技术规范规定，执行统一的信息分类和编码标准，为各类电子招标投标信息的互联互通和交换共享开放数据接口、公布接口要求。交易平台应当允许社会公众、市场主体免费注册登录和获取依法公开的招标投标信息，为招标投标活动当事人、行政监督部门和监察机关按各自职责和注册权限登录使用交易平台提供必要条件。

交易平台运营机构应当采用可靠的身份识别、权限控制、加密、病毒防范等技术，防范非授权操作，保证交易平台的安全、稳定、可靠，并确保数据电文不被篡改、不遗漏和可追溯。

5.2.2 电子招标

招标人或者其委托的招标代理机构应当在其使用的电子招标投标交易平台注册登记，选择使用除招标人或招标代理机构之外第三方运营的电子招标投标交易平台的，还应当与电子招标投标交易平台运营机构签订使用合同，明确服务内容、服务质量、服务费用等权利和义务，并对服务过程中相关信息的产权归属、保密责任、存档等依法作出约定。

招标人或者其委托的招标代理机构应当在资格预审公告、招标公告或者投标邀请书中载明潜在投标人访问电子招标投标交易平台的网络地址和方法。依法必须进行公开招标项目的上述相关公告应当在电子招标投标交易平台和国家指定的招标公告媒介同步发布。

数据电文形式的资格预审公告、招标公告、资格预审文件、招标文件等应当标准化、格式化，并符合有关法律法规以及国家有关部门颁发的标准文本的要求。招标人或者其委托的招标代理机构应当及时将数据电文形式的资格预审文件、招标文件加载至电子招标投标交易平台，供潜在投标人下载或者查阅。

招标人对资格预审文件、招标文件进行澄清或者修改的，应当通过电子招标投标交易平台以醒目的方式公告澄清或者修改的内容，并以有效方式通知所有已下载资格预审文件或者招标文件的潜在投标人。

在投标截止时间前，电子招标投标交易平台运营机构不得向招标人或者其委托的招标代理机构以外的任何单位和个人泄露下载资格预审文件、招标文件的潜在投标人名称、数量以及可能影响公平竞争的其他信息。

发布电子招标公告的流程如图 5-1 所示。

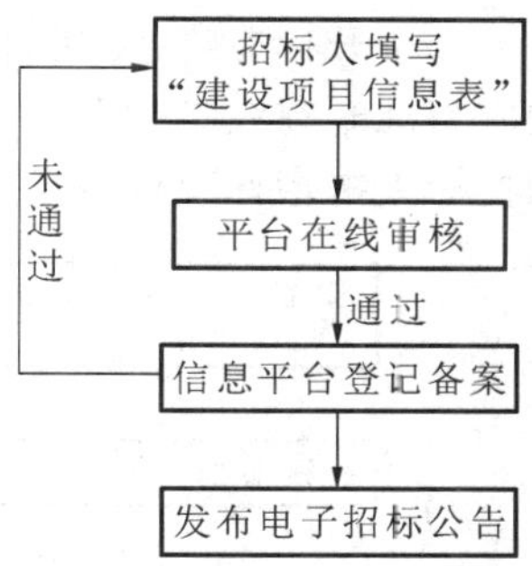

图 5-1 发布电子招标公告流程

5.2.3 电子投标

投标人应当在资格预审公告、招标公告或者投标邀请书载明的电子招标投标交易平台注册登记，如实递交有关信息，并经电子招标投标交易平台运营机构验证。并通过资格预审公告、招标公告或者投标邀请书载明的电子招标投标交易平台递交数据电文形式的具备分段或者整体加密、解密功能的资格预审申请文件或者投标文件。加密投标文件的方法按照招标文件和电子招标投标交易平台的要求进行。

投标人应当在投标截止时间前完成投标文件的传输递交，并可以补充、修改或者撤回投标文件。投标截止时间前未完成投标文件传输的，视为撤回投标文件。投标截止时间后送达的投标文件，电子招标投标交易平台应当拒收。

电子招标投标交易平台收到投标人送达的投标文件，应当即时向投标人发出确认回执通知，并妥善保存投标文件。在投标截止时间前，除投标人补充、修改或者撤回投标文件外，任何单位和个人不得解密、提取投标文件。资格预审申请文件的编制、加密、递交、传输、接收确认等应与投标文件一致或相近。

在线投标报名流程如图 5-2 所示。

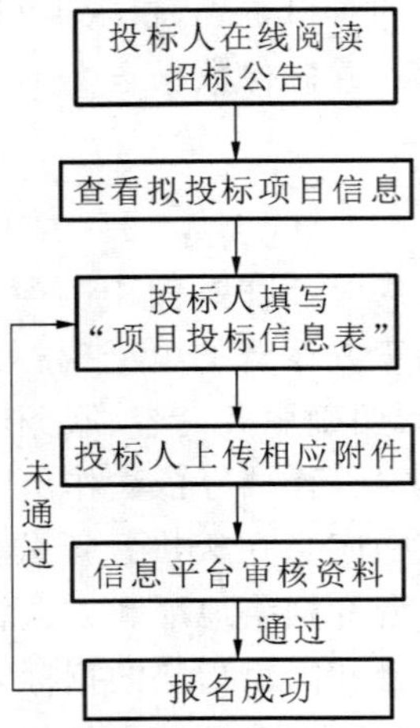

图 5-2　在线投标报名流程

5.2.4　电子开标、评标和中标

电子开标应当按照招标文件确定的时间，在电子招标投标交易平台上公开进行，所有投标人均应当准时在线参加开标。开标时，电子招标投标交易平台自动提取所有投标文件，提示招标人和投标人按招标文件规定方式按时在线解密。解密全部完成后，应当向所有投标人公布投标人名称、投标价格和招标文件规定的其他内容。在线开标流程如图 5-3 所示。

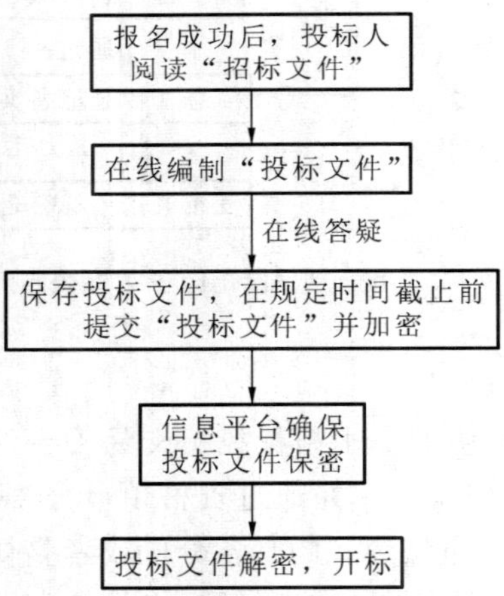

图 5-3　在线开标流程

因投标人原因造成投标文件未解密的，视为撤销其投标文件；因投标人之外的原因造成投标文件未解密的，视为撤回其投标文件，投标人有权要求责任方赔偿因此遭受的直接损失。部分投标文件未解密的，其他投标文件的开标可以继续进行。招标人可以在招标文件中明确投标文件解密失败的补救方案，投标文件应按照招标文件的要求作出响应。

除依法应当保密的文件外，电子招标投标交易平台应当将自动生成的开标记录向社会公众公布。

电子评标应当在有效监控和保密的环境下在线进行。根据国家规定应当进入依法设立的招标投标交易场所的招标项目，评标委员会成员应当在依法设立的招标投标交易场所登录招标项目所使用的电子招标投标交易平台进行评标。评标中需要投标人对投标文件澄清或者说明的，招标人和投标人应当通过电子招标投标交易平台交换数据电文。评标委员会完成评标后，应当通过电子招标投标交易平台向招标人提交数据电文形式的评标报告。依法必须进行招标的项目中标候选人和中标结果应当在电子招标投标交易平台进行公示和公布。在线评标流程如图 5-4 所示。

招标人确定中标人后，应当通过电子招标投标交易平台以数据电文形式向中标人发出中标通知书，并向未中标人发出中标结果通知书。招标人应当通过电子招标投标交易平台，以数据电文形式与中标人签订合同。如果条件许可，招标人、中标人等相关主体可以及时通过电子招标投标交易平台递交和公布中标合同履行情况的相关信息。投标人或者其他利害关系人依法对资格预审文件、招标文件、开标和评标结果提出异议，以及招标人答复，均应当通过电子招标投标交易平台进行。在线公示流程如图 5-5 所示。

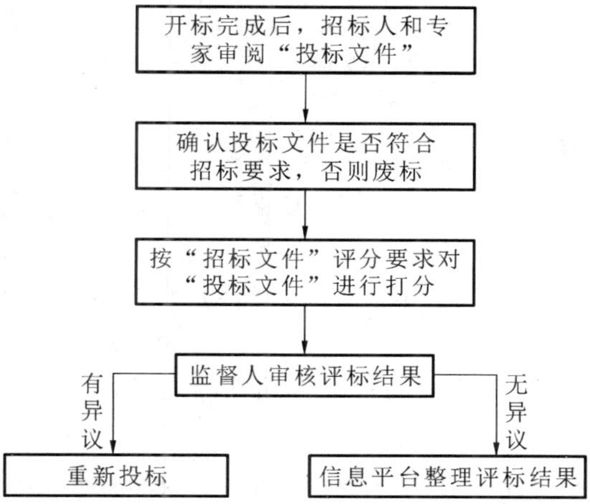

图 5-4　在线评标流程

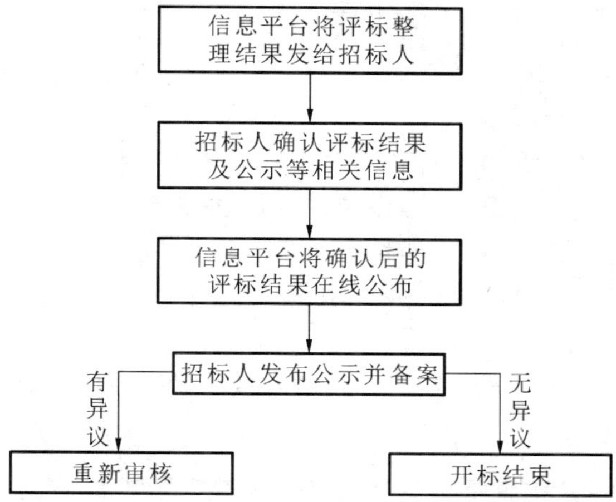

图 5-5　在线公示流程

招标投标活动中的下列数据电文应当按照《中华人民共和国电子签名法》和招标文件的要求进行电子签名并进行电子存档：

(1) 资格预审公告、招标公告或者投标邀请书；

(2) 资格预审文件、招标文件及其澄清、补充和修改；

(3) 资格预审申请文件、投标文件及其澄清和说明；

(4) 资格审查报告、评标报告；

(5) 资格预审结果通知书和中标通知书；

(6) 合同；

(7) 国家规定的其他文件。

任务3　电子平台招标投标流程

5.3.1　招标文件制作流程

如图 5-6 所示，左边的操作流程栏以招标文件规定的招标文件组成来显示，实际操作过程中可根据实际的操作流程栏进行招标文件的编制。

1) 新建项目

新建项目：点击菜单栏上的＜文件＞新建工程，或者点击工具栏上的＜新建工程＞，会出现一个操作向导，输入项目信息，打“ * ”为必填项，选择招标文件范本。(见图 5-7)

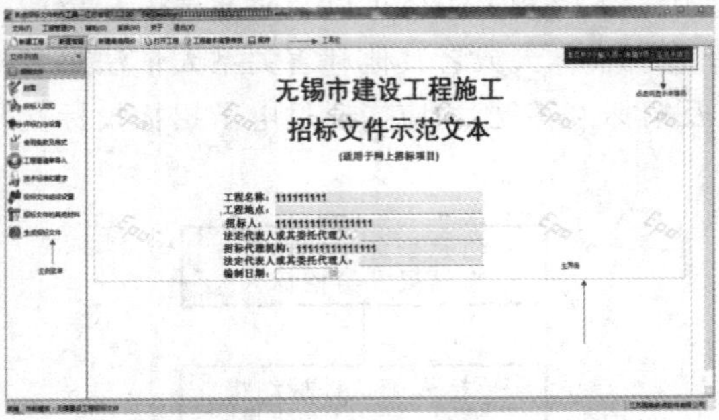

图 5-6　招标文件制作软件主界面

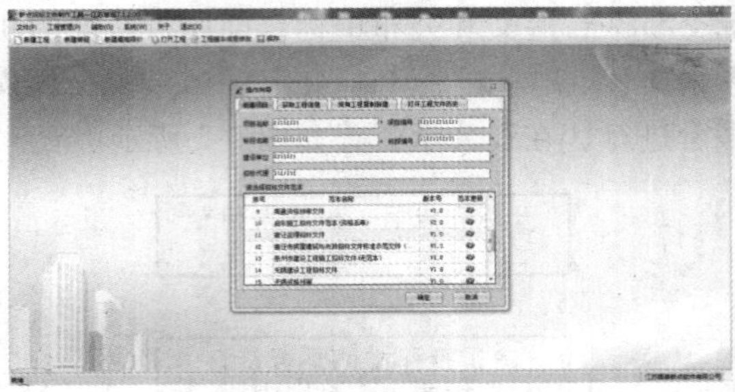

图 5-7　新建项目

2）招标文件封面

点击图 5-8 中左边流程图上的【封面】，在此界面中填写招标文件封面的内容，点击保存按钮。

点击图 5-9 中左边流程图上的【投标人须知】，在此界面中填写投标人须知的内容，点击保存按钮。

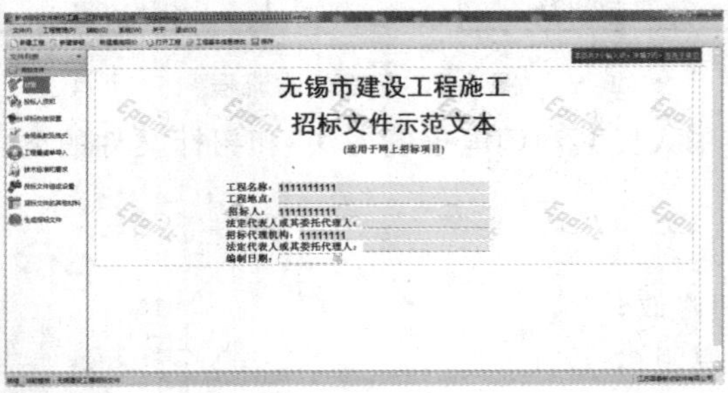

图 5-8　封面

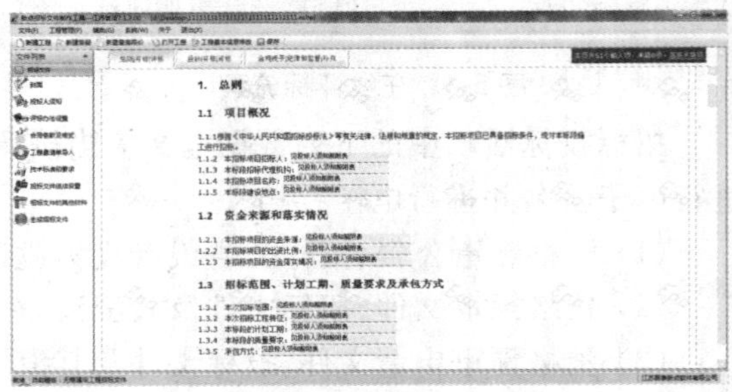

图 5-9　投标人须知

3）评标办法

点击图 5-10 中左边流程图上的【评标办法设置】，在此界面中根据实际情况先选择评标方式，然后点击<开始设置>按钮，就会跳到评标办法具体编辑页面。

进入设置页面后一般分为评标办法设置、初步评审、详细评审和评标办法补充，点击当前评标办法的下拉菜单，在点击保存评标办法前可以修改当前评标办法，具体操作根据实际情况进行。（见图 5-11）

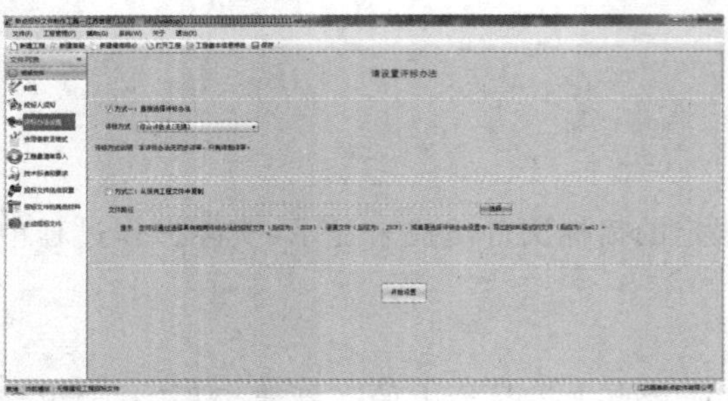

图 5-10　评标办法设置 1

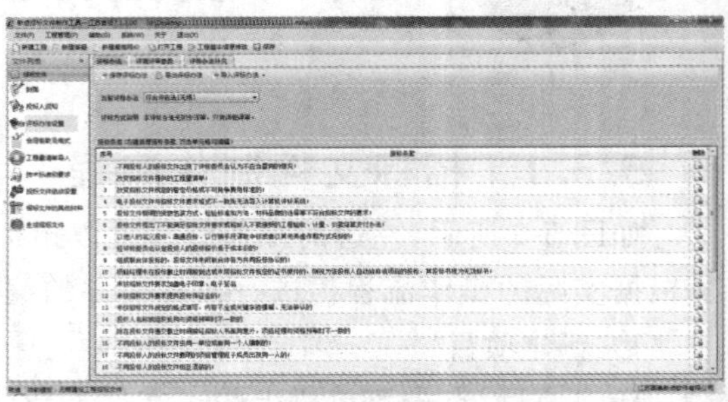

图 5-11　评标办法设置 2

4）合同条款

点击图 5-12 中左边流程图上的【合同条款及格式】，合同条款一般分两种，如果是以 word 表单展示的，直接填写合同条款内容，单击保存按钮。

如果是以 word 附件形式展示的，点击＜导出 word 模板＞将模板导出到本机，编辑后，点击＜新增文件＞选择编辑好的 word 文件即可。

5）技术标准和要求

技术标准和要求一般也分两种，如果是以 word 表单展示的，直接填写合同条款内容，单击保存按钮；如果是以 word 附件形式展示的，点击＜导出 word 模板＞将模板导出到本机，编辑后，点击＜新增文件＞选择编辑好的 word 文件即可，可参照合同条款的操作。（见图 5-13）

图 5-12　合同条款及格式

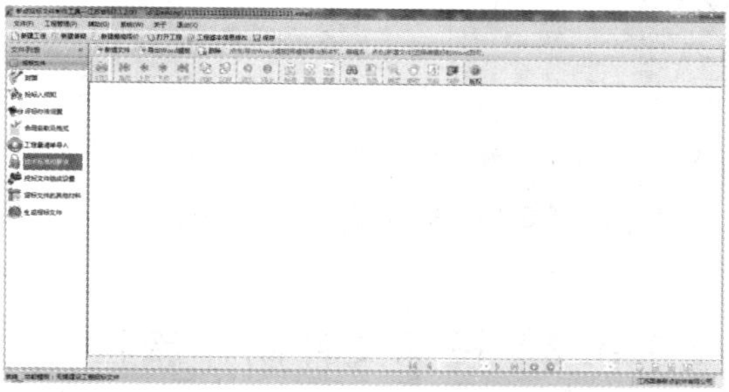

图 5-13　技术标准和要求

6）工程量清单导入

点击图 5-14 中左边流程图上的【工程量清单导入】，在此界面中根据右边界面红色字体的提示，新增清单封面扫描件、清单说明文件、工程量清单文件，规费设置在新增完工程量清单会自动获取，最后点击＜生成工程量清单＞，生成清单。

7）投标文件组成设置

点击图 5-15 中左边流程图上的【投标文件组成设置】，在右边界面上可以选择投标单位需要提交的文件，带有 word 列表的可以查看具体的格式，如果用户选择了其他材料，则需要点击【新增材料】按钮，如果用户需要删除某个材料，则需要选中这条材料，然后点击【删除】按钮。

图 5-14　工程量清单导入

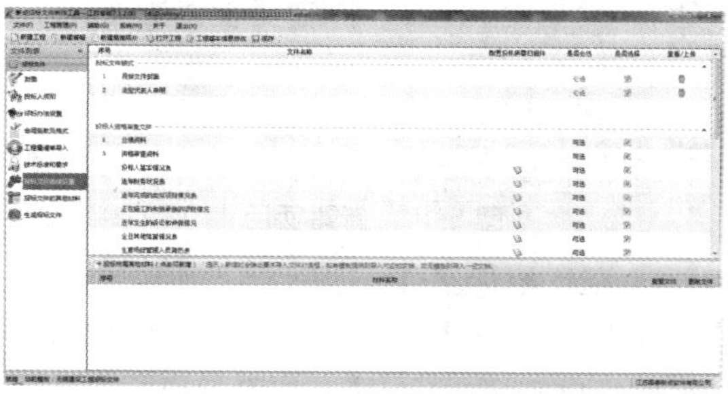

图 5-15　投标文件组成设置

8）招标文件的其他材料

点击图 5-16 中左边流程图上的【招标文件的其他材料】，点击右侧＜新增＞即可上传其他材料，注意，上传时确保所选文件已经关闭。

9）生成招标文件

点击图 5-17 中左边流程图上的【生成招标文件】，该软件为了方便用户进行操作，分为四步，第一步＜文件检查＞可以看到是否设置评标办法以及评标总分；第二步＜电子签章＞先点击＜转换＞生成招标正文，工程量清单在工程量清单导入这个流程已经转换，点击这里的转换也可以进行转换，然后对文件进行签章；第三步＜生成招标文件＞，点击＜生成＞按钮即可，保存生成文档；第四步打印招标文件。

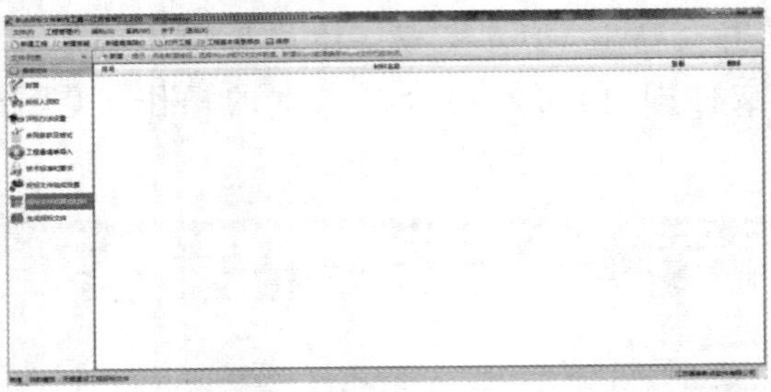

图 5-16　招标文件的其他材料

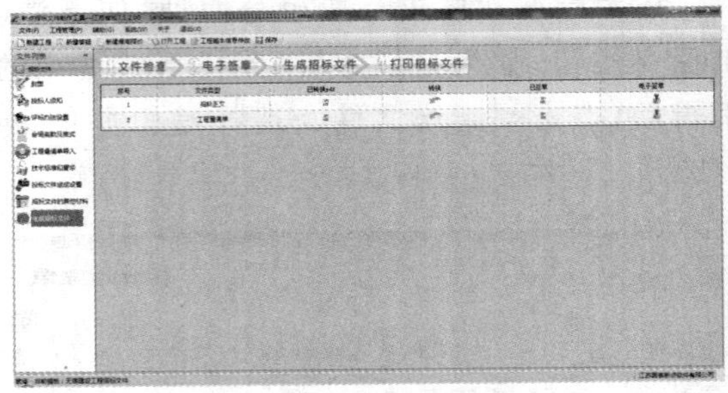

图 5-17　生成招标文件

5.3.2　投标文件制作流程

用户进入软件新建项目之后，软件左边的操作流程栏以投标文件规定的投标文件组成来显示，实际操作过程中可根据实际的操作流程栏进行投标文件的编制。

1）新建项目

新建项目：点击菜单栏上的＜文件＞新建工程，或者点击工具栏上的＜新建工程＞（见图 5-18）。点击＜浏览＞选择招标文件（＊.JSZF 格式）或者答疑文件（＊.JSCF），点击＜打开＞。

点击＜新建项目＞选择保存的路径后，点击＜保存＞按钮（见图 5-19）。

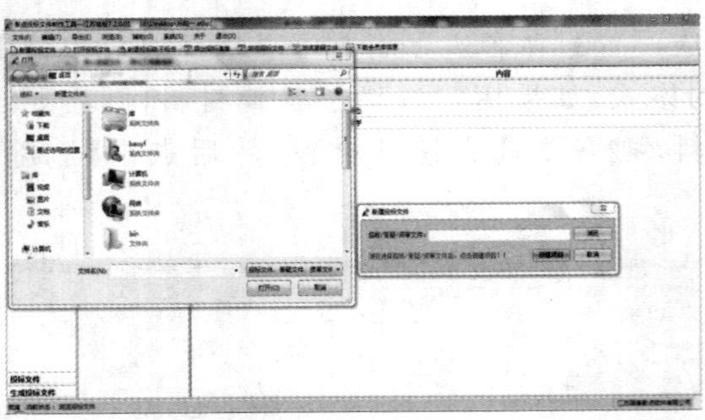

图 5-18　新建项目 1

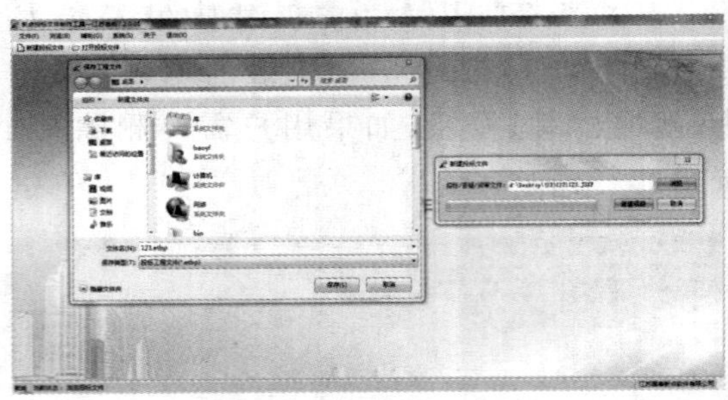

图 5-19　新建项目 2

2）浏览招标文件

点击图 5-20 中左边流程图上的【浏览招标文件】，界面上会显示招标文件的相关信息，也可以实现导出答疑文件、导出技术标评标办法、导出工程量清单功能。

3）投标文件封面

点击图 5-21 中左边流程图上的【投标文件封面】，在此界面中填写投标文件封面的内容，程序会自动保存。

4）投标函及投标函附录

点击图 5-22 中左边流程图上的【投标函及投标函附录】，在此界面中填写投标函及投标函附录的内容，程序会自动保存。

5）法定代表人身份证明和授权委托书

点击图 5-23 中左边流程图上的【法定代表人身份证明】【授权委托书】，在此界面中填写法人代表证明和授权委托书的内容，程序会自动保存。

图 5-20　浏览招标文件

图 5-21　投标文件封面

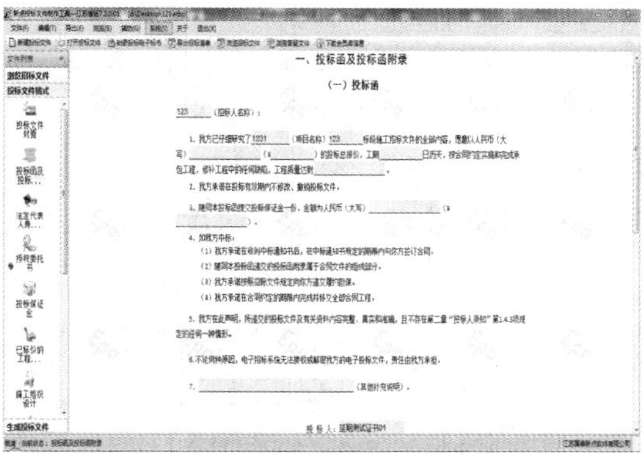

图 5-22　投标函及投标函附录

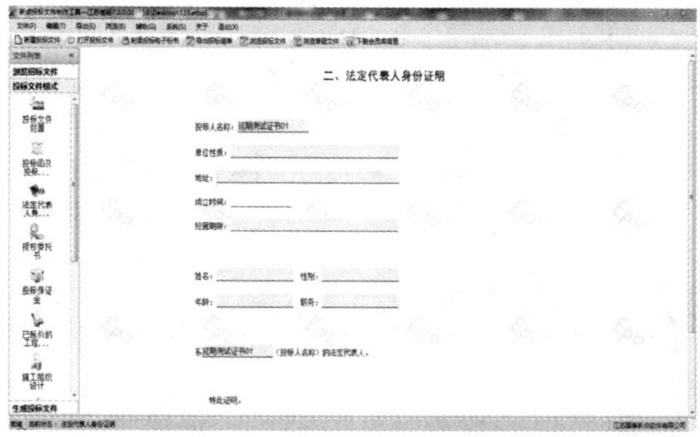

图 5-23　法定代表人身份证明

6）投标保证金

点击图 5-24 中左边流程图上的【投标保证金】，在此界面中可以填写投标保证金的实际内容，图片也可添加在 word 文件中，填写完成以后，程序会自动保存。

7）已标价的工程量清单

点击图 5-25 中左边流程图上的【已标价的工程量清单】，在此界面中根据右边红色字体的提示，新增清单封面扫描件、清单说明文件、工程量清单文件，最后点击＜生成工程量清单＞，生成工程量清单。

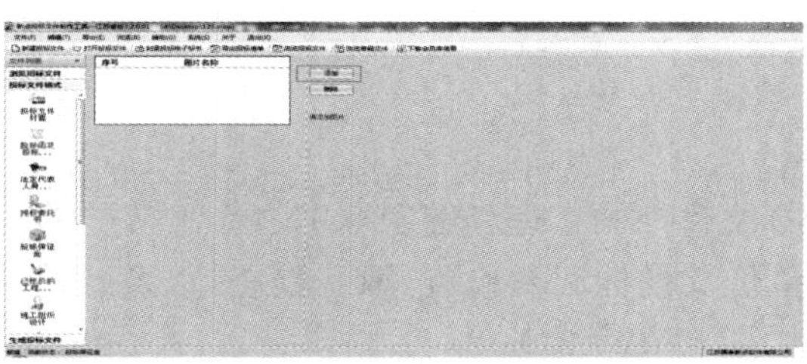

图 5-24　投标保证金

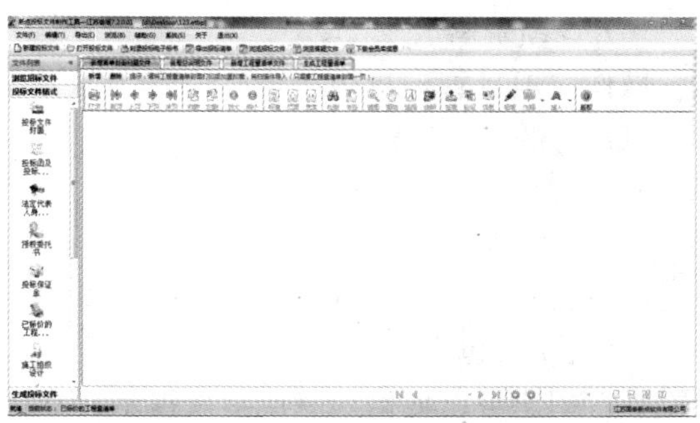

图 5-25　已标价的工程量清单

8）施工组织设计

点击图 5-26 中左边流程图上的【施工组织设计】，在界面中，编制说明节点，导入编制说明文件。导入的文件支持 doc 或者 docx 格式。可以手动导入技术标，也可直接导入技术标，点击＜导入文件＞，导入施工组织设计的技术文档。

将正文内容下的各个评分点与正文内容中 word 文档对应。将 word 文档的光标移到对应内容处，右键点击评分点，点击＜对应文档位置＞。依次将各节点位置对应好（见图 5-27）。

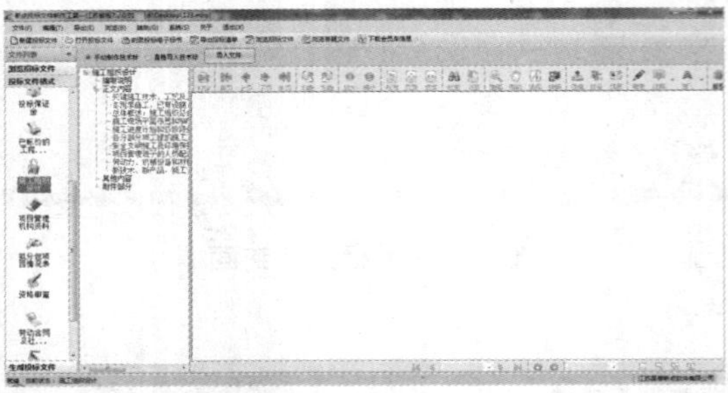

图 5-26　施工组织设计 1

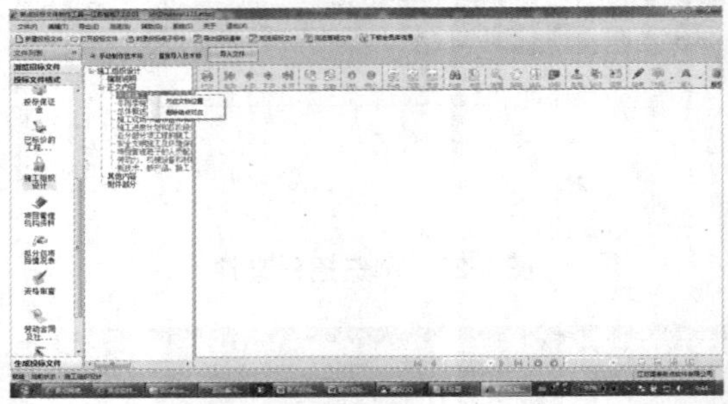

图 5-27　施工组织设计 2

在其他内容节点上，可以新增子节点，选择需要导入文件（见图 5-28）。附件部分，可以新增子节点，在子节点上导入文件（见图 5-29）。这里支持的格式有 doc、docx、pdf、dwg、dwf、png、jpg。

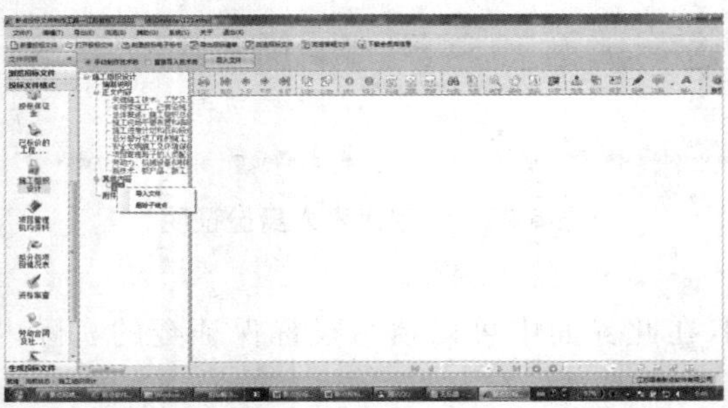

图 5-28　施工组织设计 3

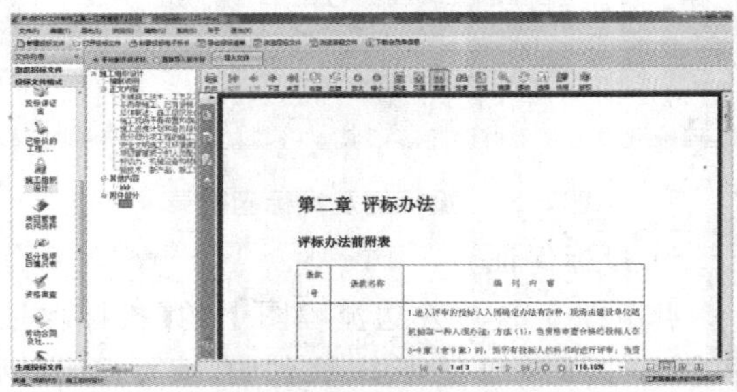

图 5-29　施工组织设计 4

9）项目管理机构

软件自动获取该单位的网上资料，点击＜点击此处可挑选材料＞按钮，挑选招标文件中规定需要挑选的资料即可（见图 5-30）。

10）业绩资料

操作同项目管理机构。

11）资格审查材料

操作同项目管理机构。

12）生成投标文件

此流程分为三个节点：＜ 标书检查＞＜生成投标文件＞和＜远程解密标书 ＞。

标书检查：包含未完成事项、清单符合性检查、单价及投标利润检查、取费检查，以及计算错误检查。用户可以根据未完成事项提示，完成所需内容（见图 5-31）。

图 5-30　项目管理机构

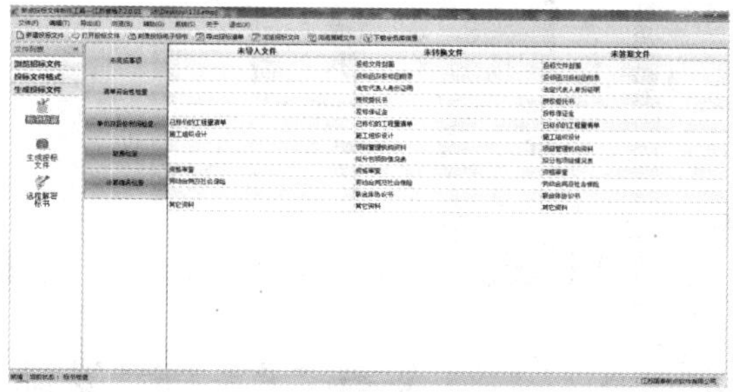

图 5-31　标书检查

生成投标文件：点击图 5-32 左边流程图上的【生成投标文件】，本软件为了方便用户进行操作，在界面上可以看到导入了哪些文件，哪些文件已经转换成 PDF，哪些文件已经签章，点击<转换>按钮，在电子标书一列可以查看或打印已经转换成 PDF 格式的文件；也可以点击<批量转换>按钮。如果还未将文件转换成 PDF 格式，会弹出提示。

转换成 PDF 以后，在标书签章一列对未进行签章文件进行电子签章(见图 5-33)。所有步骤都完成以后，生成标书。

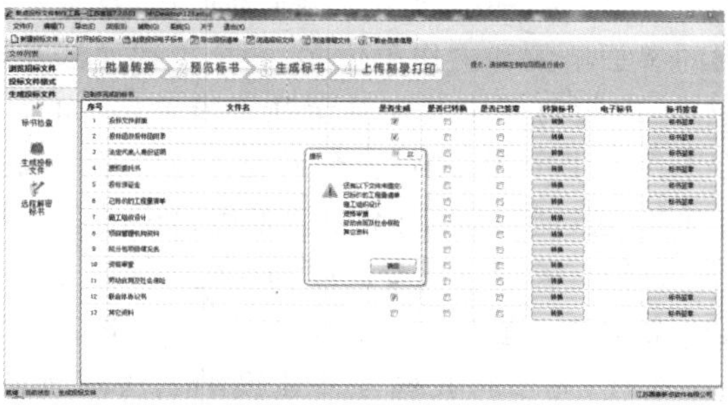

图 5-32　生成投标文件 1

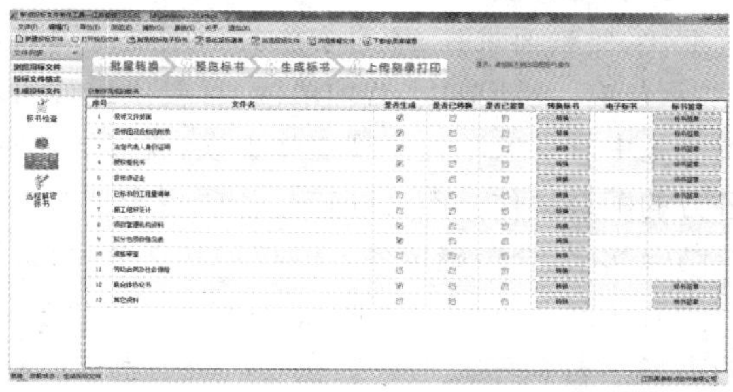

图 5-33　生成投标文件 2

Chapter 6

项目 6 建设工程合同相关法律基础

任务1 概述

工程建设是一项综合性技术经济活动，它涉及面广，工期长，加上新型材料不断出现，技术发展速度快，质量要求高，项目实施较为困难。同时，工程的参加单位和协作单位多，一个工程便涉及业主、承包商、设计单位、监理单位、材料供应商、设备供应商、银行等十几家甚至几十家单位，如果工程实施中有一家单位出现工作失误，就可能会对他方工作产生干扰。因此，在工程实施中必须加强各方的配合协作。而合同正是各项目参加者的连接纽带，通过签订合同将参加工程建设的各方有机结合起来，合理确定各方的权利和义务关系，规范各方的行为，保证工程的顺利实施。

我国经济体制改革的重点及建立社会主义市场经济体制，逐步完善市场经济法规，形成良好的市场运行秩序。至今为止，我国已制定了大量法律法规，逐步将我国经济建设纳入法制轨道。作为经济建设活动中不可或缺的工程建设活动，其法律环境也日趋完善。自 1999 年以来，建筑法、合同法及招标投标法的相继实施，标志着我国土木工程建设已经步入法制状态。

由于工程建设涉及面广，内容复杂，因此它所涉及的法律法规也错综复杂，既有程序法，也有实体法；既有经济方面的，也有行政管理方面的。本任务主要介绍经济法基本知识。

6.1.1 法的基础知识

1. 概念

法是由国家制定或认可，体现统治阶级意志和社会公正价值目标，并由国家政权强制力保证实施的社会规范的总和。法属于社会上层建筑范畴。

2. 我国社会主义法的渊源

法的渊源即法的表现形式。我国法的渊源主要有宪法、法律、行政法规、地方性法规、民族自治地方条例和单行条例、特别行政区法律。其中，宪法是国家的根本大法。宪法、法律、特别行政区法律由全国人大制定，行政法规由国务院制定，地方性法规、民族自治地方条例和单行条例由地区人大制定并报全国人大备案。地方性法规不得同宪法、法律、行政法规相抵触。

3. 我国的法律体系

法律体系是指按照一定的标准划分并组成的法律的整体结构。我国的法律体系包括：宪法、民法、刑法、行政法、经济法、劳动法和社会保障法、环境法、婚姻法、军事法、诉讼法。

6.1.2 经济法

1. 概念

经济法是国家法律体系中的一个独立的法律系统。它是调整国家经济管理机关、社会组织和具有合法资格的生产经营者在经济管理、经济协作以及市场运行中所发生的经济关系的法律规范的总称。

2. 经济法的调整对象

法律的调整对象即一部法律所调整的法律关系。经济法的调整对象主要包括以下四方面的社会经济关系：

(1) 国民收入分配关系：包括初次分配和再分配关系，如税收、预算关系，利润分配关系及社会保障关系等。

(2) 国有财产关系：包括国有财产运行和管理关系。

(3) 宏观经济调控关系：包括计划关系、财政关系、金融货币关系和投资关系等。

(4) 市场竞争关系：主要指经济组织在市场竞争中所发生的经济关系。

3. 经济法规体系

我国经济法规体系是由若干相互独立、相互联系的法律规范组成的法律群体，按其性质的不同，可分为以下几种：

(1) 宏观经济调控法：主要研究计划、财政、金融和投资等方面的法制问题，包括投资法、土地法、会计法、审计法等。

(2) 经济组织法：主要研究企业法制问题，包括企业法、公司法等。

(3) 市场运行法：主要研究竞争、消费者权益保护、产品质量、证券和票据等方面的法制问题，包括招标投标法、合同法、反不正当竞争法等。

(4) 社会保障法：主要研究社会保障资金、机构和管理等方面的法制问题。

4. 经济法基本原则

经济法基本原则即贯穿整个经济立法和经济法实施全过程中所坚持的基本准则。

1) 国家干预与市场自由相统一原则

市场经济的本质要求是自由交易和自由竞争。但由于市场自身的缺陷，现代市场经济又需要国家的组织和管理，即通常所说的"看不见的手"和"国家之手"相互结合和交替发挥作用。国家介入社会经济生活，是为了保证大多数市场主体的自由交易和竞争，但不能代替市场作用，更不能有碍于市场的本质要求。

2) 社会利益至上原则

经济法以"社会本位"为根本宗旨，既要维护国家利益，又要保护一切市场主体的权益。利益向任何一方面过度倾斜，都不利于社会经济协调发展。

3) 权力制衡原则

国家、政府和一切国家经济管理机关在组织、管理社会经济活动中，以及企业和企业机构在组织生产和经营中，都需要有一定的权力作保障。但这些权力都必须有一定限度，并有一定的力量和机制予以制约。唯有如此才能保障全社会利益的协调。

4）严格责任制原则

严格责任制是指任何单位、任何人不能从事有损于社会的行为，同时还应具有追求最佳经济效益和社会效益的责任制度。它不仅防范损害社会利益的行为，同时还能够激励和督促人们努力完成有益于社会及促进社会整体利益的活动。

5. 经济法律关系

经济法律关系是指由经济法律所确认和保护的、具有直接经济内容的权利义务关系。经济法律关系由国家政权强制力予以保障。

1）经济法律关系要素

（1）主体。经济法律关系主体是指经济法律关系的参与者，即经济权利的享有者和经济义务与责任的承担者。具体包括：

① 国家。国家是重要的经济法律关系主体。其中，国家机关是具体的经济法律关系主体。这里所说的国家机关主要指与经济和经济管理有关的国家机关。

② 企业。企业是市场交易和竞争的主体，也是重要的经济法律关系主体。

③ 个体经营户、农村承包经营户。他们是特殊的生产者和经营者，在生产经营活动中发生的经济关系，在一定意义上，也要纳入经济法的调整范围，因而成为经济法律关系主体。

④ 公民。在一般情况下，公民作为自然人只是民事法律关系的主体，但在一定范围内，如在税收关系、投资关系中，公民也可成为经济法律关系主体。

（2）内容。经济法律关系内容是指经济法律关系主体所享有的经济权利和承担的经济义务。经济权利是指经济法律关系主体在经济活动和经济管理活动中享有的，从事某种行为和不从事某种行为的资格和能力。具体包括：

① 财产所有权。这里主要指国家财产所有权。

② 经济管理权。主要指国家在宏观经济方面实施综合调控、经济监督和市场执法的权力。

③ 经营权。经营权是企业以财产和非财产的手段进行营利性活动的权利，它是企业和一切生产经营者特有的权利。

④ 分配权。指经济法律关系主体在国民收入分配中，有取得自己应得份额的权利。

经济义务是指经济法律关系主体必须通过自己的行为和不行为以满足社会和他人的权益要求的责任。经济义务可分为法定义务和约定义务。

2）经济法律关系客体

经济法律关系客体是指经济法律关系主体的权利义务所指向的对象，包括：物质性财产、非物质性财产、经济行为。

任务2 民法

1. 概念

民法有广义和狭义之分。广义的民法是指调整平等主体的法人之间、公民之间以及法人与公民之间财产关系和人身关系的法律规范的总称。从狭义上讲，是指目前实施的《中华人民共和国民法通则》（简称《民法通则》）。

2. 民法的调整范围

根据《民法通则》规定，我国民法只调整发生在平等主体的公民之间、法人之间、公民和法人之间的横向经济关系，而纵向经济关系则由行政法和经济法调整。民法调整的经济关系有以下两个方面：

1）财产关系

财产关系也称为经济关系，是人们在生产、分配、交换和消费过程中所形成的具有经济内容的社会关系。其特征包括：

（1）主体平等，即主体之间在法律地位上是平等的，没有上下级、命令与服从的隶属关系；

（2）当事人的意思表示自愿，不得强迫；

（3）在通常情况下，都要求等价有偿进行。

2）人身关系

人身关系是指与特定人身不可分离而没有直接财产内容的社会关系，通常表现为生命、健康、人身自由、姓名、名誉、荣誉等权利而产生的人身关系，以及知识产权中的人身关系。其特征包括：

（1）具有人身属性；

（2）不具有财产内容，不能以金钱来衡量；

（3）人身关系中一部分与财产没有关系，有一部分与财产有密切关系。

3. 民法的基本原则

民法的基本原则是民事立法、司法以及民事活动所应遵循的准则。我国《民法通则》规定了八个方面的原则：

1）平等原则

当事人民事地位平等是我国民法首要和核心的原则。其含义是：

（1）任何民事主体在民事关系中的法律地位是平等的；

（2）民事主体在民事活动中平等享受民事权利和承担民事义务；

（3）民事主体所享有的民事权利平等地受法律保护。

2）自愿原则

当事人在民事活动中必须自主自愿，不得以任何手段强制对方。自愿原则是平等原则的体现，它包括：

（1）当事人有依法进行或不进行某种民事活动的自由，他人不得干预或强迫；

（2）当事人有选择行为相对人、行为内容和行为方式的自由。

3）公平原则

公平是指公正、平允、合情合理，应使各方当事人利益得到相同对待，具体表现为：

（1）民事主体参加民事活动的机会均等；

（2）民事主体在民事权利的享有和民事义务的承担上要对等；

（3）民事主体在承担民事责任上要合理。

4）等价有偿原则

等价有偿原则是市场经济下商品交换价值规律的客观要求，也是民法平等原则在财产权利和财产流通中的体现，同时也是社会主义物质利益原则和经济核算原则的要求。其内容是：在有偿民事法律关系中，当事人一方取得对方财产或得到对方服务应当向对方支付与财产或劳务相等的价款或酬金。

5）诚实信用原则

诚实信用原则是指当事人在民事活动中要实事求是，讲究信誉和道德，恪守诺言，履行义务。

6）保护合法民事权益原则

民事主体的合法民事权益受到法律的充分保护。其基本含义有三点：

（1）任何当事人的合法民事权益均受到法律保护；

（2）当事人的合法民事权益受到非法侵犯时都有权向法院起诉，请求法律保护；

（3）任何人不得侵犯他人的合法民事权益，否则要承担相应的民事责任，甚至受到法律制裁。

7）遵守国家法律和政策

民事活动必须遵守国家法律，在法律规定范围内活动，若法律一时还未明确规定，则应遵守国家政策。

8）维护国家和社会利益

民事活动应当遵守社会公德，不得损害社会公共利益、破坏国家经济计划、扰乱社会经济秩序。

4. 民法的适用范围

1）民法对人的适用范围

根据我国《民法通则》规定，我国民法适用于我国公民、法人以及在我国领域内的外国人、无国籍人、外国法人和一切中外合资、合作的企业法人。

2）民法在空间上的适用范围

民法在空间上的适用范围即民法在我国领土、领海、领空的效力。根据《民法通则》规定，我国民法在我国领土、领海、领空均具有法律约束力，在我国领域内的民事活动均应遵照执行。

3）民法在时间上的适用范围

民事法规实施时间即民事法规生效时间。

任务3 仲裁法

6.3.1 仲裁

1. 概念

仲裁是指当事人将双方之间发生的争议交由仲裁机关作出裁决，对裁决的决议双方有义务执行。

2. 特点

仲裁是解决经济纠纷或争议的一种基本方式，具有程序简便、方便灵活、处理及时等特点。具体有如下特点：

（1）提交仲裁的双方当事人是处于平等地位的主体，以双方自愿为前提；

（2）仲裁的客体是当事人之间发生的一定范围内的争议；

(3) 仲裁机关是依法成立的专门机构，它既不是行政机关，也不是司法机关；

(4) 仲裁裁决依法具有强制执行的效力，对仲裁结果，一方当事人不履行的，另一方可以按照民事诉讼法的有关规定向法院申请强制执行；

(5) 仲裁实行一裁终局制，即仲裁一旦依法作出后，当事人就同一纠纷再申请仲裁或向法院提起诉讼的，仲裁机关和法院依法不予受理。

仲裁法是国家制定和确认的关于仲裁制度的法律规范的总和，其基本内容包括仲裁协议、仲裁组织、仲裁程序、仲裁裁决及执行等。

6.3.2 仲裁协议

1. 概念

仲裁协议是指当事人根据仲裁法的规定，为解决双方的纠纷而达成的提请仲裁机关进行裁决的协议。

当事人可以事先在合同中订立仲裁条款，也可以在纠纷发生前或发生后以书面形式达成仲裁协议。仲裁协议无统一格式，但必须包括有请求仲裁的意思表示，商定的仲裁事项及选定的仲裁机关等内容。

仲裁协议是仲裁机关受理当事人的仲裁申请的必要条件，没有仲裁协议，仲裁机关不能受理仲裁申请。

2. 仲裁协议的效力

仲裁协议独立存在，合同的变更、解除、终止或无效，不影响仲裁协议的效力。但有下列情况之一的，仲裁协议无效：

(1) 仲裁协议对仲裁事项或者仲裁委员会没有约定或者约定不明确且经当事人补充商议而又未达成补充协议的；

(2) 约定的仲裁事项超出法律规定的仲裁范围的，如《仲裁法》规定，对婚姻、收养、监护、扶养、继承纠纷及依法应当由行政机关处理的行政争议不能仲裁；

(3) 无民事行为能力人或者限制民事行为能力人订立的仲裁协议；

(4) 一方采取胁迫手段，迫使对方订立仲裁协议的。

6.3.3 仲裁程序

1. 申请

当事人申请仲裁，应当符合下列条件：① 有仲裁协议；② 有具体的仲裁请求和事实、理由；③ 属于仲裁委员会的受理范围。

申请仲裁时，应当向仲裁委员会递交仲裁协议、仲裁申请书及其他有关材料。仲裁申请书应写明当事人的具体情况、仲裁请求及所根据的事实和理由、证据和证据来源、证人姓名和住所等情况。

2. 受理

仲裁委员会收到当事人的仲裁申请书后，应进行审查，并在收到申请书之日起 5 日内通知当事人是否予以受理。如不予受理，一并说明理由。

实践中，有的当事人在达成仲裁协议后，一方当事人不向仲裁委员会申请仲裁，而是隐瞒事实，向法院提起诉讼。在此情况下，对方当事人如果认为仲裁协议具有约束力且不愿法院受理的，应当在法院首次开庭前持仲裁协议向法院提出管辖异议，否则，视为放弃仲裁协议。

仲裁委员会受理申请后，应当在仲裁规则规定的期限内将仲裁规则和仲裁员名册送达申请人，并将仲裁申请书副本、仲裁规则和仲裁员名册送达被申请人。当事人应当在仲裁规则规定的期限内约定仲裁庭的组成方式或者选定仲裁员，没有约定或选定的，由仲裁委员会主任指定。

3. 开庭和裁决

仲裁一般应开庭进行，但当事人协议不开庭的，可不开庭，而由仲裁庭依据仲裁申请书、答辩书以及其他材料作出裁决。开庭应当根据仲裁法的规定和仲裁规则进行。一般经过调查、辩论、调解、裁决等阶段。

仲裁庭作出裁决前，可以先行调解。调解成功的，调解书经双方当事人签收后，即发生法律效力。当事人不愿调解或者当事人在签收调解书前反悔的，仲裁庭应当及时作出裁决。裁决书自作出之日起发生法律效力。

4. 申请撤销仲裁裁决

根据《中华人民共和国仲裁法》（简称《仲裁法》）规定，当事人有证据证明裁决有下列情况之一的，可以向仲裁委员会所在地的中级人民法院申请撤销裁决：① 没有仲裁协议的；② 裁决的事项不属于仲裁协议的范围或者仲裁委员会无权仲裁的；③ 仲裁庭的组成或者仲裁程序违反法定程序的；④ 裁决所依据的证据是伪造的；⑤ 对方当事人隐瞒了足以影响公正裁决的证据的；⑥ 仲裁员在仲裁该案时有索贿受贿、徇私舞弊、枉法裁决行为的。

申请撤销裁决的，应当在收到裁决书之日起 6 个月内提出。法院受理申请后，应在收到申请之日起 2 个月内作出撤销裁决或者驳回申请的裁定。

5. 仲裁裁决的执行

《仲裁法》规定，当事人应当自觉履行裁决，如果一方当事人不履行的，另一方当事人有权按照民事诉讼法的有关规定向法院申请强制执行。

但是，如果被申请人提出证据证明仲裁裁决有下列情况之一的，经法院组成合议庭审查核实，裁定不予执行：① 当事人在合同中没有订有仲裁条款或者事后没有达成书面仲裁协议的；② 裁决的事项不属于仲裁协议的范围或者仲裁机关无权仲裁的；③ 仲裁庭的组成或者仲裁程序违反法定程序的；④ 认定事实的主要证据不足的；⑤ 适用法律确有错误的；⑥ 仲裁员在仲裁该案时有索贿受贿、徇私舞弊、枉法裁决行为的。

仲裁裁决被法院裁定不予执行的，当事人可以根据双方达成的书面仲裁协议重新申请仲裁，也可以向法院提起诉讼。

任务4 担保法

6.4.1 担保

1. 概念

担保是债权人与债务人或者第三人根据法律规定或约定而实施的，以保证债权得以实现为目的的民事法律行为。在担保法律关系中，债权人称为担保权人，债务人称为被担保人，第三人称为担保人。

担保制度是民法的重要组成部分。《中华人民共和国担保法》(简称《担保法》)于 1995 年 6 月 30 日由全国人大常委会第十四次会议通过，1995 年 10 月 1 日起正式实施。《担保法》的实施，对规范担保行为和担保方法，减少经济活动中不安全因素，保障债权实现，维护正常的经济秩序，促进社会主义市场经济健康发展具有重要意义。

2. 担保的特点

1）附随性

担保是为担保债权的受偿而由债务人或者第三人另外提供的，具有从属于被担保债权的属性。随着主债权的存在、转移或消灭而存在、转移或消灭。

2）补充性

担保的补充性是指债权人所享有的担保权，对于债权的实现仅具有补充意义。只有在债务人不履行或者不能履行债务时，债权人才能行使担保权。同时，债权人实现其担保，应当先为主债权的清偿要求，在主债权的清偿要求不能满足时，才可以实现其担保。

3. 担保的分类

1）法定担保

法定担保是指依照法律规定而直接成立并发生效力的担保方式。法定担保主要有优先权和留置担保等。如合同法中承揽合同、运输合同设定了留置担保制度，建设工程合同中规定了优先权制度。

2）约定担保

约定担保又称意定担保，是指依照当事人的意思表示而成立并发生效力的担保方式。约定担保可以充分表达担保关系当事人的意思，具有较广泛的适用余地。担保法中保证担保、抵押担保、定金担保等，均为约定担保。

4. 担保的形式

我国《担保法》规定的担保有保证、抵押、质押、留置和定金五种形式。

6.4.2 保证

1. 概念

保证是指保证人和债权人约定，当债务人不履行债务时，保证人按照约定履行债务或者承担责任的行为。

2. 保证人

为了能够保障债权得到实现，保证人必须是具备相应民事行为能力的法人、自然人或其他组织。下述单位不可以做保证人：

(1) 国家机关不得为保证人，但经国务院批准为使用外国政府或者国际经济组织贷款进行转贷的除外；

(2) 学校、幼儿园、医院等以公益为目的的事业单位、社会团体不得为保证人；

(3) 企业法人的分支机构除非有法人书面授权，不得为保证人。

3. 保证合同

招标人与债权人应当以书面形式订立保证合同。保证合同应当包括以下内容：① 被保证的主债权种类、数量；② 债务人履行债务的期限；③ 保证的方式；④ 保证担保的范围；⑤ 保证的期限；⑥ 双方认为需要约定的其他事项。

保证合同不完全具备上述规定内容的，可以补正。

4. 保证的方式

1）一般保证

一般保证是指债权人和保证人约定，在债务人不能履行债务时，由保证人承担保证责任的保证方式。一般保证的保证人对债权人享有先诉抗辩权。债权人在被担保的债权未经审判或者仲裁，并就债务人财产依法强制执行仍不能履行债务前，保证人可以拒绝承担保证责任。

2）连带保证

连带保证是指保证人和主债务人对债权人承担连带清偿责任。在主债务人不能履行债务时，债权人可以请求主债务人履行债务，也可以请求保证人承担保证责任。连带保证一般要与当事人进行约定，但是，如果当事人对保证方式没有约定或者约定不明确的，按连带保证承担保证责任。

5. 保证范围

保证范围包括主债权及利息、违约金、损害赔偿金和实现债权的费用。保证合同另有约定的，按照约定。当事人对保证范围无约定或约定不明确的，保证人应对全部债权承担责任。

6. 保证期间

一般保证的保证人与债权人未约定保证期间的，保证期间为主债务履行期届满之日起 6 个月。在合同约定的保证期间或上述规定的保证期间，债权人未对债务人提起诉讼或者申请仲裁的，保证人免除保证责任；债权人已提起诉讼或者申请仲裁的，保证期间适用诉讼时效中断的规定。连带保证的保证人与债权人未约定保证期间的，债权人有权自主债务履行期届满之日起 6 个月内要求保证人承担保证责任。在合同约定或法律规定的保证期间，债权人未要求保证人承担保证责任的，保证人免除保证责任。

6.4.3 抵押

1. 概念

抵押是指债务人或第三人不转移对抵押财产的占有，将该财产作为债权的担保。债务人不履行债务时，债权人有权依法以该财产折价或者以拍卖、变卖该财产的价款优先受偿。

2. 可以抵押的财产

抵押可以设定于动产、不动产以及不动产财产权利之上。但是，抵押权并非可以设定于任何财产之上。根据《担保法》规定，下列财产可以抵押：① 抵押人所有的房屋和其他地上定着物；② 抵押人所有的机器、交通运输工具和其他财产；③ 抵押人依法有权处分的国有的土地使用权、房屋和其他地上定着物；④ 抵押人依法有权处分的国有的机器、交通运输工具和其他财产；⑤ 抵押人依法承包并经发包方同意抵押的荒山、荒沟、荒丘、荒滩等荒地的土地使用权；⑥ 依法可以抵押的其他财产；⑦ 在建工程。

以在建工程抵押的，抵押合同除了载明普通房地产抵押合同应当载明的内容外，还要载明下列内容：①《国有土地使用权证》、《建设用地规划许可证》和《建设工程规划许可证》编号；② 已交纳的土地使用权出让金或需交纳的相当于土地使用权出让金的款项；③ 已投入在建工程的工程款；④ 施工进度及工程竣工日期；⑤ 已完成的工作量和工程量。

3. 禁止抵押的财产

（1）土地所有权；

（2）耕地、宅基地、自留地、自留山等集体所有的土地使用权，但上述以乡村企业等建筑物抵押的除外；

（3）学校、幼儿园、医院等以公益为目的的事业单位、社会团体的教育设施、医疗设施和其他社会公益设施；

（4）所有权、使用权不明或者有争议的财产；

（5）依法被查封、扣押、监管的财产；

（6）依法不得抵押的其他财产。

4. 抵押权设定的形式

按照我国法律规定，抵押权应当依照当事人订立的抵押合同而设定，即以抵押作为履行合同的担保，应当依据法律规定订立抵押合同并办理抵押登记。抵押合同应当包括以下内容：① 被担保的主债权种类、数额；② 债务人履行债务的期限；③ 抵押物的名称、数量、质量、状况、所在地、所有权权属或者使用权权属；④ 抵押担保的范围；⑤ 当事人认为需要约定的其他事项。

抵押合同不完全具备上述规定内容的，可以补正。

5. 抵押权的实现

债务履行期届满后，抵押权人的债权未受清偿的，双方可以通过协商，通过以下方式实现债权：

1）折价

折价方式是指债务履行期届满后债务人不能履行债务的，由抵押权人与抵押人协商，参照市场价格将抵押物作价，将抵押物的所有权转移给抵押权人，使债权得以实现。

2）拍卖

拍卖方式是指以公开竞争的形式将标的物卖给出价最高的买者。拍卖方式能最大限度地体现拍卖物（抵押物）的价值，对维护抵押人和债权人的利益都较为充分。拍卖应当遵循《中华人民共和国拍卖法》规定。

3）变卖

变卖方式是指生活中一般的买卖方式。为了防止变卖价格过低而损害抵押人利益，《担保法》规定变卖抵押物应当参照市场价格。

如果抵押权人与抵押人达不成协议的，抵押权人可以向人民法院提起诉讼。

6.4.4 质押

1. 概念

质押是指债务人或第三人将动产或财产权利移交债权人占有，将该动产或财产权利作为债权的担保。债务人不履行债务时，债权人有权依法以该财产折价或者以拍卖、变卖该财产的价款优先受偿。

2. 质押的种类

1）动产质押

动产质押是指作为债权担保的动产由债权人占有，以动产作为质押物的质押。

2）权利质押

权利质押是指以各种有价证券债权以及股东权、知识产权中的财产权作为质押物的质押。

6.4.5 留置

1. 概念

留置是指债权人按照合同约定占有债务人的动产，债务人不按照合同约定的期限履行债务的，债权人有权依法留置该财产，以该财产折价或以拍卖、变卖该财产所得的价款优先受偿。

由于土木工程属于不动产，因此，在土木工程施工合同中，承包人不能以发包人在约定的期限内没有支付工程款为由将该工程留置。而应当根据《中华人民共和国合同法》（简称《合同法》）第二百八十六条规定行使建设工程优先权。

2. 留置担保范围

留置担保范围包括主债权及利息、违约金、损害赔偿金、留置物保管费用和实现留置权的费用。

3. 留置期限

债权人与债务人应在合同中约定债权人留置财产后，债务人应在不少于两个月的期限内履行债务。债权人与债务人未在合同中约定的，债权人留置债务人的财产后，应确定两个月以上的期限，通知债务人在该期限内履行债务。

6.4.6 定金

1. 定金的概念及法律特征

定金是指当事人一方为了担保合同的履行，在履行债务前按照合同约定向对方支付一定数额的货币。定金具有以下法律特征：

（1）定金是合同成立的证明。给付和收受定金的事实，是认定合同成立的依据。

（2）定金具有双向担保性。给付定金一方不履行合同的，无权请求返还定金；接受定金一方不履行合同的，应当双倍返还定金。

（3）定金是一种预先给付，具有预付款的性质。如果合同得以正确履行，定金可以充抵应付款的一部分，也可以收回。但定金与单纯的预付款有本质的区别，预付款不是合同的担保形式，不具有定金的法律意义。

2. 定金合同

定金应以书面形式约定。当事人在定金合同中应当约定交付定金的期限和数额。定金合同从实际交付定金之日起生效；定金数额最高不得超过主合同标的额的20%。

定金合同系主合同的从合同，可以在主合同之外另外订立，也可以在主合同中单列条款进行约定。

3. 定金的生效时间

定金合同是一种实践合同，当事人双方依法签订合同后，必须交付定金后合同才能生效，当事人之间的定金担保法律关系才依法确立。

任务5 保险法

6.5.1 概述

1. 保险

保险是指投保人根据合同约定，向保险人支付保险费，保险人对于合同约定的可能发生的事故因其发生所造成的财产损失承担赔偿保险金责任，或者当被保险人死亡、伤残、疾病或者达到合同约定的年龄、期限时，承担给付保险金责任的行为。

保险是一种特殊的经济补偿制度，其功能在于分散危险、消化损失，通过建立基金，对特定危险事故或特定事件导致的损失给予经济上补偿的一种经济互助形式。

按照不同的划分标准，保险可分为以下几种：

(1) 按保险设立是否以营利为目的，保险可分为社会保险和商业保险。社会保险属于法定保险，是国家基于社会保障政策的需要，不以营利为目的而举办的福利保险，其费用主要来源于国家财政资金或企事业单位资金和经费。商业保险是社会保险以外的普通保险，它以营利为目的，其资金主要来源于投保人交纳的保险费。

(2) 按标的，保险可分为财产保险和人身保险。财产保险又可分为普通财产保险、农业保险、保证保险、责任保险和信用保险等。人身保险分为人身意外伤害保险、健康保险和人寿保险等。

(3) 按保险责任发生的效力依据，保险可分为自愿保险和强制保险。对于法定保险必须强制进行保险。

(4) 按保险人是否转移保险责任，保险可分为原保险和再保险。

2. 保险法

保险法是调整保险活动中，保险人与投保人、被保险人以及受益人之间法律关系的法律规范的总称。

保险法的主要内容：

(1) 总则。主要规定了保险法的立法宗旨、适用范围、保险活动的基本原则以及保险业的公平竞争原则和监督机关。

(2) 保险合同。主要规定了保险合同法律关系主体客体和内容；保险合同的订立、变更、解除和解释；保险责任的承担、诉讼时效、保险欺诈和再保险以及财产保险合同、人身保险合同的具体规范。

(3) 保险公司。主要规定了保险公司的设立、变更和终止。

(4) 保险经营规则。主要规定了保险公司业务范围和经营规则。

(5) 保险业的监督管理。主要规定了基本保险条款和保险费率制定的监管；保险业财务制度、保险资金运用和保险事故的评估与鉴定等的监督管理规定。

(6) 保险代理人和保险经纪人。主要规定了保险代理人和保险经纪人及其相关事项。

(7) 法律责任。主要规定了违反保险法规定所应承担的法律责任。

(8) 附则。主要规定了海上保险和农业保险的法律适用，以及法律的溯及力等规定。

6.5.2 保险合同

1. 概述

保险合同是投保人与保险人约定保险权利义务关系的协议。与其他合同相比，保险合同有自己的一些特殊性，表现为保险合同是双务有偿合同，是要式合同，是补偿性或给付性合同。

保险合同是要式合同，应当采用书面形式。保险合同应包括以下内容：① 保险人名称和住所；② 投保人、被保险人名称和住所，以及人身保险的受益人名称和住所；③ 保险标的；④ 保险责任和责任免除；⑤ 保险期间和保险责任开始时间；⑥ 保险价值；⑦ 保险金额；⑧ 保险费以及支付方法；⑨ 保险金赔偿或者给付方法；⑩ 违约责任和争议处理；⑪ 订立合同的年、月、日。

2. 保险合同的订立、变更和解除

1) 订立

投保人首先提出保险请求，即投保，实质为保险要约。投保要由投保人填写投保单。保险人收到投保单后，经必要的审核或与投保人协商后，没有异议而在投保单上签字盖章的，保险合同即告成立。

保险合同成立后，保险人应当及时签发保险单或保险凭证。如果保险人未签发保险单或保险凭证，仍应承担保险合同中规定的义务。

订立保险合同，保险人应当向投保人说明保险合同的条款内容，并可以就保险标的或被保险人的有关情况提出询问，投保人应当如实告知。投保人故意不履行如实告知义务的，保险人对于保险合同解除前发生的保险事故，不承担赔偿或者给付保险金的责任，并不退还保险费。投标人因过失不履行如实告知义务的，对保险事故的发生有严重影响的，保险人对于保险合同解除前发生的保险事故，不承担赔偿或者给付保险金的责任，但可以退还保险费。

2) 变更

在保险合同有效期内，投保人和保险人经协商同意，可以变更保险合同的有关内容。变更保险合同的，应当由保险人在原保险单或其他保险凭证上批注或者附贴批单，或者由投保人和保险人订立变更的书面协议。

3) 解除

保险法规定，保险合同成立后，有下列情况之一，保险人可以解除合同：① 投保人违反如实告知义务；② 保险标的的危险增加；③ 投保人违反防灾减损义务；④ 被保险人或受益人违反诚实信用原则等。

3. 财产保险合同

1) 概念

财产保险合同是以财产及其有关利益为保险标的的保险合同。财产保险的目的在于弥补事故损害所造成的损失。

2) 保险事故

保险事故应在合同中约定。保险事故通常包括一切引起保险标的损失的不可预料的事故和不可抗力事件，投保人和被保险人及其代理人、受雇人的过失行为，以及引起保险标的损失的战争和军事行动等。

在保险合同成立前造成保险标的损害的事故，投保人或被保险人故意造成保险标的损害的事故，投保人未如实告知而造成的事故，被保险人不履行防灾减损义务而造成和增加的保险标的的损失等，不构成保险事故。

保险事故发生后，被保险人应履行防灾减损义务，所支付的必要的、合理的费用由保险人承担；保险人所承担的数额在保险标的损失赔偿金额以外另行计算，但最高不超过保险金额的数额。

3）保险责任

保险人承担保险责任，必须在保险合同有效期内，且保险事故已经发生。保险人承担的保险责任，以保险合同约定的金额为限。保险金额不得超过保险标的的价值。

投保人、被保险人或受益人知道保险事故发生后，应当及时通知保险人。财产保险的被保险人或受益人，对保险人请求赔偿或者给付保险金的权利，自其知道保险事故发生之日起两年不行使而消灭。

4）保险代位请求赔偿权

《中华人民共和国保险法》规定，因第三者对保险标的的损害而造成保险事故的，保险人自向被保险人赔偿保险金之日起，在赔偿范围内代位行使被保险人对第三者请求赔偿的权利。

由于被保险人的过错致使保险人不能行使代位请求赔偿权利的，保险人可以相应扣减保险赔偿金。在保险人向第三者行使代位请求赔偿权利时，被保险人应当向保险人提供必要的文件和其所知道的有关情况。

保险事故发生后，保险人未赔偿保险金之前，被保险人放弃对第三者的请求赔偿权利的，保险人不承担保险赔偿金责任。保险人向被保险人赔偿保险金后，被保险人未经保险人同意放弃对第三者的请求赔偿权利的，该行为无效。

Chapter 7

项目 7 合同法基本原理

任务1 合同法概述

7.1.1 合同概述

1. 合同的概念

合同是指平等主体的自然人、法人、其他组织之间设立、变更、终止民事权利义务关系的协议。

合同的含义非常广泛。广义上的合同是指以确定权利、义务为内容的协议，除了包括民事合同外，还包括行政合同、劳动合同等。民法中的合同即民事合同，是指确立、变更、终止民事权利义务关系的协议，它包括债权合同、身份合同等。

债权合同是指确立、变更、终止债权债务关系的合同。法律上的债是指特定当事人之间请求对方做特定行为的法律关系，就权利而言，为债权关系；从义务方面来看，为债务关系。

身份合同是指以设立、变更、终止身份关系为目的，不包含财产内容或者不以财产内容为主要调整对象的合同，如结婚、离婚、收养、监护等协议。这种合同为我国《民法通则》及《中华人民共和国婚姻法》等法律中的相关内容所规范。而上述的行政合同、劳动合同分别为《中华人民共和国行政法》《中华人民共和国劳动法》所规范。

由此可见，我国《合同法》的调整对象为除了身份合同以外的所有民事合同。

2. 合同的法律特征

1）合同是一种民事法律行为

民事法律行为是指民事主体实施的能够设立、变更、终止民事权利义务关系的合法行为。民事法律行为以意思表示为核心，并且按照意思表示的内容产生法律后果。作为民事法律行为，合同应当是合法的，即只有在合同当事人所做出的意思表示符合法律要求时，才能产生法律约束力，受到法律保护。如果当事人的意思表示违法，即使双方已经达成协议，也不能产生当事人预期的法律效果。

2）合同是两个以上当事人意思表示一致的协议

合同的成立必须有两个以上的当事人相互之间作出意思表示，并达成共识。因此，只有当当事人在平等自愿的基础上意思表示完全一致时，合同才能成立。

3）合同以设立、变更、终止民事权利义务关系为目的

当事人订立合同都有一定的目的，即设立、变更、终止民事权利义务关系。无论当事人订立合同是为了什么目的，只有当事人达成的协议生效以后，才能对当事人产生法律上的约束力。

3. 合同的分类

在市场经济活动中，交易的形式千差万别，合同的种类也各不相同。根据性质的不同，合同有以下几种分类方法：

1）按照合同的表现形式，合同可以分为书面合同、口头合同及默示合同

书面合同是指当事人以书面文字有形地表现内容的合同。传统书面合同的形式为合同书和信件，随着科技的进步和发展，书面合同的形式也越来越多，如电报、电传、传真、电子数据交换以及电子邮件等已成为高效快速的书面合同的形式。书面合同有以下优点：一是它可以作为双方行为的证据，便于检查、管理和监督，有利于双方当事人以约执行，当发生合同纠纷时，有凭有据，举证方便；二是可以使合同内容更加详细、周密。当事人在将其意思表示通过文字表现出来时，往往会更加审慎，对合同内容的约定也更加全面、具体。数据电文形式合同与书面合同相似。

口头合同是指当事人以口头语言的方式（如当面对话、电话联系等）达成协议而订立的合同。口头合同简便易行，迅速及时。但缺乏证据，当发生合同纠纷时，难以举证。因此，口头合同一般只适用于即时清结情况。

默示合同是指当事人并不直接用口头或者书面形式进行意思表示，而是通过实施某种行为或者以不作为的沉默方式进行意思表示而达成的合同。如房屋租赁合同约定的租赁期满后，双方并未通过口头或者书面形式延长租赁期限，但承租人继续交付租金，出租人依然接受租金，从双方的行为可以推断双方的合同仍然有效。

建筑工程合同所涉及的内容特别复杂，合同履行期较长，为便于明确各自的权利和义务，减少履行困难和争议，《合同法》规定，建设工程合同应当采用书面形式。

2）按照给付内容和性质的不同，合同可以分为转移财产合同、完成工作合同和提供服务合同

转移财产合同是指以转移财产权利，包括所有权、使用权和收益权为内容的合同。此合同标的为物质客体。《合同法》规定的买卖合同、供电水气热合同、赠与合同、借款合同、租赁合同和部分技术合同等均属于转移财产合同。

完成工作合同是指当事人一方按照约定完成一定的工作并将工作成果交付给对方，另一方接受成果并给付报酬的合同。《合同法》规定的承揽合同、建筑工程合同均属于此类合同。

提供服务合同是指依照约定，当事人一方提供一定方式的服务，另一方给付报酬的合同。《合同法》中规定的运输合同、行纪合同、居间合同和部分技术合同均属于此类合同。

3）按照当事人是否相互负有义务，合同可以分为双务合同和单务合同

双务合同是指当事人双方相互承担给付义务的合同。双方的义务具有对等关系，一方的义务即另一方的权利，一方承担义务的目的是获取对应的权利。《合同法》中规定的绝大多数合同如买卖合同、建筑工程合同、承揽合同和运输合同等均属于此类合同。

单务合同是指只有一方当事人承担给付义务的合同。即双方当事人的权利义务关系并不对等，而是一方享有权利而另一方承担义务，不存在具有对待给付性质的权利义务关系。

4）按照当事人之间的权利义务关系是否存在对价关系，合同可以分为有偿合同和无偿合同

有偿合同是指当事人一方享有合同约定的权利必须向对方当事人支付相应对价的合同，如

买卖合同、保险合同等。

无偿合同是指当事人一方享有合同约定的权利无须向对方当事人支付相应对价的合同。如赠与合同等。

5）按照合同的成立是否以递交交付物为必要条件，合同可分为诺成合同和要物合同

诺成合同是指只要当事人双方意思表示达成一致即可成立的合同，它不以标的物的交付为成立的要件。我国《合同法》中规定的绝大多数合同都属于诺成合同。

要物合同是指除了要求当事人双方意思表示达成一致外，还必须实际交付标的物以后才能成立的合同。如承揽合同中的来料加工合同在双方达成协议后，还需要由供料方交付原材料或者半成品，合同才能成立。

6）按照相互之间的从属关系，合同可以分为主合同和从合同

主合同是指不以其他合同的存在为前提而独立存在和独立发生效力的合同，如买卖合同、借贷合同等。

从合同又称附属合同，是指不具备独立性，以其他合同的存在为前提而成立并发生效力的合同。如在借贷合同与担保合同中，借贷合同属于主合同，因为它能够单独存在，并不因为担保合同不存在而失去法律效力；而担保合同则属于从合同，它仅仅是为了担保借贷合同的正常履行而存在的，如果借贷合同因为借贷双方履行完合同义务而宣告合同效力解除后，担保合同就因为失去存在条件而失去法律效力。主合同和从合同的关系为：主合同和从合同并存时，两者发生互补作用。主合同无效或者被撤销，从合同也将失去法律效力；而从合同无效或者被撤销一般不影响主合同的法律效力。

7）按照法律对合同形式是否有特别要求，合同可分为要式合同和不要式合同

要式合同是指法律规定必须采取特定的形式的合同。《合同法》中规定，法律、行政法规规定采用书面形式的，应当采用书面形式。

不要式合同是指法律对形式未做出特别规定的合同。合同究竟采用何种形式，完全由双方当事人自己决定，可以采用口头形式，也可以采用书面形式、默示形式。

8）按照法律是否为某种合同确定了一个特定的名称，合同可分为有名合同和无名合同

有名合同又称为典型合同，是指法律确定了特定名称和规则的合同。如《合同法》分则中所规定的十五种基本合同即为有名合同。

无名合同又称非典型合同，是指法律没有确定一定的名称和相应规则的合同。

7.1.2 合同法简介

1. 合同法的概念和特点

合同法有两层含义：广义上的合同法是指根据法律的实质内容，调整合同关系的所有法律法规的总称；另外一种是基于法律的表现形式，即由立法机关制定的，以“合同法”命名的法律，本文所提及的，特指《中华人民共和国合同法》。

《合同法》作为我国至今为止条文最多、内容最丰富的民事合同，它具有以下特点：

1）统一性

《合同法》的颁布和施行，结束了我国《经济合同法》、《涉外经济合同法》和《技术合同法》三足鼎立的多元合同立法的模式，克服了三个合同法各自规范不同的关系和领域而引起的不一致和不协调的缺陷，形成了统一的合同法律规则。

2）任意性

合同的本质就是当事人通过自由协商，决定其相互之间的权利义务关系，并根据其意志调整他们之间的关系。合同法是以调整市场交易关系为主要内容，而交易习惯则需要尊重当事人的自由选择，因此，合同法规范多为任意性规范，即允许当事人对其内容予以变更的法律规范。如当事人可以自由决定是否订立合同，同谁订立合同，订立什么样的合同，合同的内容包括哪些，合同是否需要变更或者解除等问题。

3）强制性

为了维护社会主义市场经济秩序，必须对当事人各方的行为进行规范。对于某些严重影响到国家、社会、市场秩序和当事人利益的内容，合同法则采用强制性规范或者禁止性规范。如《合同法》中规定："当事人订立、履行合同，应当遵守法律、行政法规，尊重社会公德，不得扰乱社会经济秩序，损害社会公共利益。"

2. 合同立法的发展

在建国初期，我国曾经颁布了一系列关于各种具体合同类型的部门规章，对促进当时的社会主义经济发展发挥了重要作用。"文化大革命"中，经济建设处于瘫痪状态，合同制度同样遭到废弃。

1978 年，党的十一届三中全会决定将全党全国的工作重点转移到经济建设上来，实行经济改革和对外开放的总方针，加强民主与法制建设。1981 年 12 月 13 日，全国人大五届四次会议上通过了《经济合同法》，《经济合同法》的制定，标志我国的合同法制度进入一个新的阶段。

在此基础上，全国人大常务委员会分别于 1985 年 3 月 21 日和 1987 年 6 月 23 日通过了《涉外经济合同法》和《技术合同法》，从而形成了以《民法通则》为基本法，《经济合同法》、《涉外经济合同法》和《技术合同法》并存的合同立法格局。为了适应我国建立和发展社会主义市场经济的需要，我国于 1993 年 9 月 2 日对《经济合同法》做了一定程度的修改。

尽管《经济合同法》、《涉外经济合同法》和《技术合同法》在较长一段时期内对社会主义经济发展做出了很大的贡献，但是，三足鼎立的多元合同立法模式造成合同立法体系的紊乱，表现在三者的调整范围模糊不清；层次结构难以合理确定，大量法律法规重复，出现了法律空白。

为了适应时代发展的需要，从 1995 年起，我国决定起草新的合同法并于第九届人大二次会议上通过了《合同法》，我国的合同法律制度进入一个全新的阶段。

3. 合同法结构分析

《合同法》分为两大部分共四百二十八条内容。其中总则分别阐述了包括一般规定、合同的订立、合同的效力、合同的履行、合同的变更和转让、合同的权利义务终止、违约责任和其他规定等共计八章一百二十九条规定，主要叙述了合同法的基本原理和基本原则。分则部分则对各种不同类型的合同做出专门的规定，分别阐述了买卖合同，供用电、水、气、热力合同，赠与合同，借款合同，租赁合同，融资租赁合同，承揽合同，建设工程合同，运输合同，技术合同，保管合同，仓储合同，委托合同，行纪合同，居间合同等十五种包括经济，技术和其他民事等列名合同共计十五章二百九十八条规定。

4. 合同法的基本原则

（1）平等原则。在合同法律关系中，当事人之间的法律地位平等，任何一方都有权独立作出决定，一方不得将自己的意愿强加给另一方。

（2）合同自由原则。即只有在双方当事人经过协商，意思表示完全一致，合同才能成立。合同自由包括缔结合同自由、选择合同相对人自由、确定合同内容自由、选择合同形式自由、变更和解除合同自由。

(3) 公平原则。即在合同的订立和履行过程中，公平合理地调整合同当事人之间的权利义务关系。

(4) 诚实信用原则。是指在合同的订立和履行过程中，合同当事人应当诚实守信，以善意的方式履行其义务，不得滥用权力及规避法律或合同规定的义务。同时，还应当维护当事人之间的利益及当事人利益与社会利益之间的平衡。

(5) 遵守法律、尊重社会公德原则。即当事人订立、履行合同应当遵守法律、行政法规及尊重社会公认的道德规范。

(6) 合同严守原则。即依法成立的合同在当事人之间具有相当于法律的效力，当事人必须严格遵守，不得擅自变更和解除合同，不得随意违反合同规定。

(7) 鼓励交易原则。即鼓励合法正当的交易。如果当事人之间合同的订立和履行符合法律和行政法规的规定，则当事人各方的行为应当受到鼓励和法律的保护。

7.1.3 合同法律关系

1. 合同法律关系的概念

法律关系是指人与人之间的社会关系为法律规范调整时所形成的权利和义务关系，即法律上的社会关系。合同法律关系又称为合同关系，指当事人相互之间在合同中形成的权利义务关系。

合同法律关系由主体、内容和客体三个基本要素构成。

2. 合同法律关系的主体

合同法律关系的主体又称合同当事人，是指在合同关系中享有权利或者承担义务的人，包括债权人和债务人。在合同关系中，债权人有权要求债务人根据法律规定和合同的约定履行义务，而债务人则负有实施一定行为的义务。

在实际工作中，债权人和债务人的地位往往是相对的，因为大多数合同都是双务合同，当事人双方互相享有权利、承担义务，因此，双方互为债权人和债务人。合同法律关系的主体的种类包括以下三种：

1) 自然人

自然人是指基于出生而成为民事法律关系主体的人。

自然人包括具有中华人民共和国国籍的自然人、具有其他国家国籍的自然人和无国籍自然人。但是，作为合同主体，自然人必须具备相应的民事权利能力和民事行为能力。

民事权利能力是指法律赋予民事法律关系主体享有民事权利和承担民事义务的资格。它是民事主体取得具体的民事权利和承担具体民事义务的前提条件，只有具有民事权利能力，才能成为独立的民事主体，参加民事活动。根据我国宪法和民法通则的规定，公民的民事权利能力一律平等，民事权利能力始于出生，终于死亡。

民事行为能力是指民事法律关系主体能够以自己的行为取得民事权利和承担民事义务的能力或资格。它既包括合法的民事行为能力，也包括民事主体对其行为应承担责任的能力，如民事主体因侵权行为而应承担损失赔偿责任等。

民事行为能力是民事权利能力得以实现的保证，民事权利能力必须依赖具有民事行为能力的行为，才能得以实现。

公民具有民事行为能力，必须具备两个条件：第一，必须达到法定年龄；第二，必须智力正常，可以理智地辨认自己的行为。我国《民法通则》规定，年满 18 周岁的公民为完全民事行为能力人；16 周岁以上不满 18 周岁的公民，以自己的劳动收入为主要生活来源的，视为具有完全民事行为能力；10 周岁以上的未成年人和不能完全辨认自己行为的精神病人是限制民事行为能力人；不满 10 周岁的未成年人或不能辨认自己行为的精神病人为无民事行为能力人。

2）法人

法人是指具有民事权利能力和民事行为能力，依法独立享有民事权利和承担民事义务的组织。

我国的法人可分为：

企业法人：以营利为目的，独立从事商品生产和经营活动的法人。

机关法人：国家机关，包括立法机关、行政机关审判机关和检察机关。这些法人不以营利为目的。

事业单位和社会团体法人：一般不以营利为目的，但按照企业法人登记法规登记后可从事营利活动。

作为法人，应具备以下四个法定条件：

(1) 依法成立：法人必须按照法定程序，向国家主管机关提出申请，经审查合格后，才能取得法人资格。

(2) 有必要的财产和经费：法人必须具有独立的财产或独立经营管理的财产和活动经费。

(3) 有自己的名称、组织机构和场所。

(4) 能够独立承担民事责任。

3）其他组织

其他组织是指具有有限的民事权利能力和民事行为能力，在一定程度上能够享有民事权利和承担民事义务，但不能独立承担民事责任的不具备法人资格的组织。主要包括以下几种类型：

(1) 企业法人的分支机构。即由企业法人进行登记并领取营业执照的组织，如分公司、企业派出机构等。

(2) 依法登记并领取营业执照的私营独资企业、合伙企业。

(3) 依法登记并领取营业执照的合伙型联营企业。

(4) 依法登记并领取营业执照但无法人资格的中外合作经营企业、外商独资企业。

(5) 经核准登记并领取营业执照的乡镇、街道、村办企业。

(6) 符合上述非法人组织特征的其他经济组织。

3. 合同法律关系的客体

合同法律关系的客体又称为合同的标的，指在合同法律关系中，合同法律关系的主体的权利义务关系所指向的对象。由于当事人的交易目的和合同内容千差万别，合同中的客体也各不相同。根据标的物的特点，客体可分为：

1）行为

行为是指合同法律关系主体为达到一定的目的而进行的活动，如完成一定的工作和提供一定劳务的行为，如工程监理等。

2）物

物是指民事权利主体能够支配的具有一定经济价值的物质财富，包括自然物和劳动创造物，以及充当一般等价物的货币和有价证券等。物是应用最为广泛的合同法律关系客体。

3）智力成果

智力成果也称为无形财产，指脑力劳动的成果，它可以适用于生产，转化为生产力，主要包括商标权、专利权、著作权等。

4. 合同法律关系的内容

合同法律关系的内容指债权人的权利和债务人的义务，即合同债权和合同债务。

1）合同债权

合同债权又称为合同权利，是债权人依据法律规定和合同约定而享有的要求债务人为一定给付的权利。合同债权具有以下特点：

（1）合同债权是请求权，即债权人请求对方为一定行为的权利。在债务人给付前，债权人不能直接支配标的，更不允许直接支配债务人的人身，只能通过请求债务人为给付行为，以达到自己的目的。

（2）合同债权是给付受领权，即有效地接受债务人的给付并予以保护。

（3）合同债权是相对权。因为合同只在债权人和债务人之间产生法律约束力，除了在由第三者履行的合同中，合同债权人可有权要求第三人履行合同义务外，债权人只能向合同债务人请求给付，无权向其他人提出要求。

（4）合同债权主要有以下几方面的权能：

① 请求债务人履行的权利，即债权人有权要求债务人按照法律的规定和合同的约定履行其义务；

② 接受履行的权利，当债务人履行债务时，债权人有权接受并永久保持因履行所得的利益；

③ 请求力，又称为请求保护债权的权利，即当债务人不履行或未正确履行债务时，债权人有权请求法院予以保护，强制债务人履行债务或承担违约责任；

④ 处分债权的权利，即债权人具备决定债权命运的权利。

2）合同债务

合同债务又称为合同义务，是指债务人根据法律规定和合同约定向债权人履行给付及与给付相关的其他行为的义务。

5. 合同法律关系主体、客体及内容之间的关系

主体、客体及内容是合同法律关系中三个基本要素，主体是客体的占有者、支配者和行为的实施者，客体是主体合同债权和合同债务指向的目标，内容是主体和客体之间的连接纽带，三者缺一不可，共同构成合同法律关系。

任务2 合同的形式和主要条款

7.2.1 合同的形式

根据《合同法》的规定，订立合同的形式有书面形式、口头形式和其他形式。除即时清结的合同或内容简单的合同可用口头形式外，其他应当采用书面形式。但法律、行政法规规定，或当事人约定采用书面形式的，应当采用书面形式。

建筑工程合同所涉及的内容特别复杂，合同履行期较长，为便于明确各自的权利和义务，减少履行困难和争议，《合同法》规定，建设工程合同应当采用书面形式。

7.2.2 合同的主要条款

合同法遵循合同自由原则，仅仅列出合同的主要条款，具体合同的内容由当事人约定。主要条款一般包括以下几条：

1. 当事人的名称或者姓名和场所

当事人的名称或者姓名和场所指自然人的姓名和住所以及法人和其他组织的名称和住所。合同中记载的当事人的姓名或者名称是确定合同当事人的标志，而住所则在确定合同债务履行地、法院对案件的管辖等方面具有重要的法律意义。

2. 标的

标的即合同法律关系的客体，是指合同当事人权利义务指向的对象。

合同中的标的条款应当标明标的的名称，以使其特定化，并能够确定权利义务的范围。合同标的因合同类型的不同而变化，总体来说，合同标的包括有形财物、行为和智力成果。

3. 数量

合同标的的数量是衡量合同当事人权利义务大小的尺度。因此，合同标的的数量一定要确切，应当按照国家标准或者行业标准中确定的或者当事人共同接受的计量方法和计量单位。

4. 质量

合同标的的质量是指检验标的内在素质和外观形态优劣的标准。它和标的的数量一样是确定合同标的具体条件，是这一标的区别于同类另一标的的具体特征。因此，在确定合同标的的质量标准时，应当按照国家标准或者行业标准。如果当事人对合同标的的质量有特别约定时，在不违反国家标准和行业标准的前提下，可根据合同约定确定标的的质量要求。合同中的质量条款包括标的的规格、性能、物理和化学成分、款式和质感。

5. 价款和报酬

价款和报酬是指物、行为和智力成果为标的的有偿合同中，取得利益的一方当事人作为取得利益的代价而应向对方支付的金钱。价款是取得有形标的物应支付的代价，报酬是获得服务所应支付的代价。

6. 履行的期限、地点和方式

履行的期限是指合同当事人履行合同和接受履行的时间。它直接关系到合同义务的完成时间，涉及当事人的期限利益，也是确定违约与否的因素之一。

履行地点是指合同当事人履行合同和接受履行的地点。履行地点是确定交付与验收标的的地点的依据，有时是确定风险由谁承担的依据，以及标的物所有权是否转移的依据。

履行方式是合同当事人履行合同和接受履行的方式，包括交货方式、实施行为方式、验收方式、付款方式、结算方式、运输方式等。

7. 违约责任

违约责任是指当事人不履行合同义务或者履行合同义务不符合约定时应当承担的民事责任。违约责任是促使合同当事人履行债务，使守约方免受或者少受损失的法律救济手段，对合同当事人的利益关系重大，合同对此应予明确。不过，由于违约责任是法定责任，即使合同中未明确规定，违约方也不能因此而免除责任。

8. 解决争议的方法

解决争议的方法是指合同当事人解决合同纠纷的手段、地点。合同订立、履行中一旦产生争执，合同双方应通过协商、仲裁，还是诉讼解决其争议，有利于合同争议的管辖和尽快解决，并最终从程序上保障当事人的实体性权益。

任务3 合同的订立和效力

7.3.1 合同的订立

1. 合同的订立和成立

1）合同的订立和成立的概念

合同的订立是指缔约人做出意思表示并达成合意的行为和过程。

合同的成立是指合同订立过程的完成，即合同当事人经过平等协商对合同基本内容达成一致意见，合同订立阶段宣告结束，它是合同当事人合意的结果。

合同作为合同当事人从建立到终止权利义务关系的一个动态过程，始于合同的订立，终结于适当履行或者承担责任。任何一个合同的签订都需要当事人双方进行一次或者多次的协商，最终达成一致意见，而签订合同则意味着合同的成立。

2）合同成立的条件

合同成立是合同订立的重要组成部分，合同的成立必须具备以下条件：

（1）订约主体存在双方或者多方当事人。所谓订约主体即缔约人，是指参与合同谈判并且订立合同的人。作为缔约人，他必须具有相应的民事权利能力和民事行为能力，有下列几种情况：

① 自然人的缔约能力。自然人能否成为缔约人，要根据其民事行为能力来确定。具有完全行为能力的自然人可以订立一切法律允许自然人作为合同当事人的合同。限制行为能力的自然人只能订立一些与自己的年龄、智力、精神状态相适应的合同，其他合同只能由其法定代理人代为订立或者经法定代理人同意后订立。无行为能力的自然人通常不能成为合同当事人，如果要订立合同，一般只能由其法定代理人代为订立。

② 法人和其他组织的缔约能力。法人和其他组织一般都具有行为能力，但是他们的行为能力是有限制的，因为法律往往对法人和其他组织规定了各自的经营和活动范围。因此，法人和其他组织在订立合同时要考虑自身的行为能力。超越经营或者活动范围订立的合同，有可能不能产生法律效力。

③ 代理人的缔约能力。当事人除了自己订立合同外，还可以委托他人代订合同。在委托他人代理时，应当向代理人进行委托授权行为，即制作授权委托书，在授权委托书中注明代理人的姓名或名称、代理事项、代理的权限范围、代理权的有效期限、被代理人的签名盖章等内容。如果代理人超越代理权限或者无权代理，则所订立的合同可能不能产生法律效力。

(2) 对主要条款达成合意。合同成立的根本标志在于合同当事人的意思表示一致。但是在实际交易活动中常常因为相距遥远、时间紧迫，不可能就合同的每一项具体条款进行仔细磋商；或者因为当事人缺乏合同知识而造成合同规定的某些条款不明确或者缺少某些具体条款。合同法规定，当事人就合同的标的、数量、质量等主要条款协商一致，合同就可以成立。其含义为：

① 合同当事人一旦就合同的主要条款达成协议，合同即可成立，对于次要条款或者非必要条款并未达成协议并不影响合同成立。

② 达成一致的协议意味着合同双方意思表示一致，至于当事人的意思表示是否真实，则是考虑合同效力的主要因素。

2. 要约

1) 要约的概念

要约也称为发价、发盘、出盘、报价等，是希望和他人订立合同的意思表示。即一方当事人以缔结合同为目的，向对方当事人提出合同条件，希望对方当事人接受的意思表示。构成要约必须具备以下条件：

(1) 要约必须是特定人所为的意思表示。

要约是要约人向相对人(受约人)所作出的含有合同条件的意思表示，旨在得到对方的承诺并订立合同。只有要约人是具备民事权利能力和民事行为能力的特定的人，受约人才能对他作出承诺。

(2) 要约必须向相对人发出。

要约必须经过受约人的承诺，合同才能成立，因此，要约必须是要约人向受约人发出的意思表示。受约人一般为特定人，但是，在特殊情况下，对不确定的人作出无碍要约时，受约人可以为不特定人。

(3) 要约的内容应当具体确定。

要约的内容必须明确，而不应该含糊不清，否则，受约人便不能了解要约的真实含义，难以承诺。同时，要约的内容必须完整，必须具备合同的主要条件或者全部条件，受约人一旦承诺后，合同就能成立。

(4) 要约必须具有缔约目的。

要约人发出要约的目的是订立合同，即在受约人承诺时，要约人即受该意思表示的约束。凡不是以缔结合同为目的而进行的行为，尽管表达了当事人的真实意愿，但不是要约。是否以缔结合同为目的，是区别要约与要约邀请的主要标志。

2) 要约的法律效力

要约的法律效力是指要约的生效及对要约人、受约人的约束力。它包括：

(1) 对要约人的拘束力。

要约一经生效，要约人即受到要约的拘束，不得撤回、随意撤销，或者对要约加以限制、变更和扩张。从而保护受约人的合法权益，维护交易安全。不过，为了适应市场交易的实际需要，法律允许要约人在一定条件下，即在受约人承诺前有限度地撤回、撤销要约或者变更要约的内容。

(2) 对受约人的拘束力。

受约人在要约生效时即取得承诺的权利，即取得依其承诺而成立合同的法律地位。正是因为这种权利，所以受约人可以承诺，也可以不予承诺。这种权利只能由受约人行使，不能随意转让，否则承诺对要约人不产生法律效力。如果要约人在要约中明确规定受约人可以将承诺的资格转让，或者受约人转让得到要约人的许可，这种转让是有效的。

(3) 要约的生效时间。

要约的生效时间即要约产生法律约束力的时间。合同法规定，要约的生效时间为要约到达受约人的时间。

(4) 要约的存续期间。

要约的存续期间是指要约发生法律效力的期限，也即受约人得以承诺的期间。一般而言，要约的存续期间由要约人确定，受约人必须在此期间内作出承诺，要约才能对要约人产生拘束力。如果要约人没有确定，则根据要约的具体情况，考虑受约人能够收到要约所必需的时间、受约人作出承诺所必需的时间和承诺到达要约人所必需的时间而确定一个合理的期间。

3) 要约邀请

(1) 要约邀请的概念。

要约邀请又称为要约引诱，是指希望他人向自己发出要约的意思表示，其目的在于邀请对方向自己发出要约。如寄送的价目表、拍卖公告、招标公告、商业广告等为要约邀请。在工程建设中，工程招标即要约邀请，投标报价属于要约，中标函则是承诺。要约邀请是当事人订立合同的预备行为，它既不能因相对人的承诺而成立合同，也不能因自己作出某种承诺而约束要约人。

(2) 要约与要约邀请的区别。

根据要约与要约邀请的目的和要求的不同，两者之间主要有以下区别：

① 要约是当事人自己主动愿意订立合同的意思表示，而要约邀请则是当事人希望对方向自己提出订立合同的意思表示；

② 要约中含有当事人表示愿意接受要约约束的意旨，要约人将自己置于一旦对方承诺，合同即告成立的无可选择的地位，而要约邀请则不含有当事人表示愿意承担约束的意旨，要约邀请人希望将自己置于一种可以选择是否接受对方要约的地位。

4) 要约的撤回与撤销

(1) 要约的撤回。

要约的撤回是指在要约发生法律效力之前，要约人取消要约的行为。根据要约的形式拘束力，任何一项要约都可以撤回，只要撤回的通知先于或者与要约同时到达受约人，都能产生撤回的法律效力。允许要约人撤回要约，是尊重要约人的意志和利益。由于撤回是在要约到达受约人之前作出的，所以此时要约并未生效，撤回要约也不会影响受约人的利益。

(2) 要约的撤销。

要约的撤销是指在要约生效后，要约人取消要约，使其丧失法律效力的行为。在要约到达后、受约人作出承诺之前，可能会因为各种原因，如要约本身存在缺陷和错误、发生了不可抗力、外部环境发生变化等，会促使要约人撤销其要约。允许撤销要约是为了保护要约人的利益，减少不必要的损失和浪费。

但是，合同法中规定，有下列情况之一的，要约不得撤销：

① 要约中确定了承诺期限或者以其他形式明示要约不可撤销；

② 受约人有理由认为要约是不可撤销的，并且已经为履行合同做了准备工作。

5) 要约的消灭

(1) 要约消灭的概念。

要约消灭又称为要约失效，即要约丧失了法律拘束力，不再对要约人和受约人产生约束。要约消灭后，受约人也丧失了其承诺的能力，即使向要约人发出承诺，合同也不能成立。

(2) 要约消灭的条件。

合同法规定，有下列情况之一的，要约消灭：① 受约人拒绝要约；② 要约人撤回或者撤销要约；③ 承诺期限届满，承诺人未作出承诺；④ 承诺对要约的内容作出实质性变更。

3. 承诺

1) 承诺的概念

承诺是指受约人同意接受要约的全部条件的意思表示。承诺的法律效力在于要约一经受约人承诺并送达要约人，合同便宣告成立。承诺必须具备以下条件，才能产生法律效力：

(1) 承诺必须是受约人发出。

根据要约所具有的法律效力，只有受约人才能取得承诺的资格，因此，承诺只能由受约人发出。如果要约是向一个或者数个特定人发出时，则该特定人具有承诺的资格。受约人以外的任何人向要约人发出的都不是承诺而只能视为要约。如果要约是向不特定人发出时，则该不特定人中的任何人都具有承诺的资格。

(2) 承诺必须向要约人发出。

承诺是指受约人向要约人表示同意接受要约的全部条件的意思表示，在合同成立后，要约人是合同当事人之一。因此，承诺必须是向特定人即要约人发出的，这样才能达到订立合同的目的。

(3) 承诺应当在确定的或者合理的期限内到达要约人。

如果要约规定了承诺的期限，则承诺应当在规定的期限内作出；如果要约中没有规定期限，则承诺应当在合理的期限内作出。如果承诺人超过了规定的期限作出承诺，则视为承诺迟到，或者称为逾期承诺。一般来说，逾期承诺被视为新的要约，而不是承诺。

(4) 承诺的内容应当与要约的内容一致。

因为承诺是受约人愿意按照要约的全部内容与要约人订立合同的意思表示，即承诺是对要约的同意，其同意内容必须与要约内容完全一致，合同才能成立。具体表现在承诺必须是无条件的承诺，不得限制、扩张或者变更要约内容，否则不构成承诺。

(5) 承诺必须表明受约人的缔约意图。

同要约一样，承诺必须明确表明与要约人订立合同，此时合同才能成立。这就要求受约人作出的承诺必须清楚明确，不能含糊。

(6) 承诺的传递方式应当符合要约的要求。

如果要约要求承诺采取某种方式作出，则不能采取其他方式。如果要约未对此作出规定，承诺应当以合理的方式作出。

2) 承诺的方式

承诺的方式是指受约人通过何种形式将承诺的意思送达给要约人。如果要约中明确规定承诺必须采取何种形式作出，则承诺人必须按照规定发出承诺。如果要约没有对承诺方式作出特别规定，受约人可以采用以下方式作出承诺：

(1) 通知。

在一般情况下，承诺应当以通知的方式作出，即以口头或者书面的形式将承诺明确告知要约人。要约中有明确规定的，则按照要约的规定作出承诺，如果要约没有作出明确规定，通常采用与要约相同的方式作出承诺。

(2) 行为。

如果根据交易习惯或者要约明确规定可以通过行为作出承诺的，则可以通过行为进行承诺，即以默示方式作出承诺，包括作为与不作为两种方式。

3) 承诺的生效时间

承诺的生效时间是指承诺何时产生法律效力。根据合同法规定，承诺在承诺通知到达要约人时生效。但是，承诺必须在承诺期限内作出，分为以下几种情况：

(1) 承诺必须在要约确定的期限内作出；

(2) 如果要约没有确定承诺期限，承诺应当按照下列规定到达：

① 要约以对话方式作出的，应当及时作出承诺的意思表示；

② 要约以非对话方式作出的，承诺应当在合理期限内到达要约人。

4) 对要约内容变更的承诺的处理

按照承诺成立的条件，承诺的内容必须与要约的内容保持一致，即承诺必须是无条件的承诺，不得限制、扩张或者变更要约的内容。如果对要约内容进行变更，就有可能不能成为承诺。变更分为两种情况：

(1) 承诺如果对要约的内容进行实质性变更，此时，不能构成承诺而应该视为新的要约。

有关合同的标的、数量、质量、价款和酬金、履行期限、履行地点和方式、违约责任和争议解决的方法的变更，是对要约内容的实质性变更。因为这些条款是未来合同内容所必须具备的条款，如果缺少这些条款，未来的合同便不能成立。因此，当这些变更后的承诺到达要约人时，合同并不能成立，必须等到原要约人无条件同意这些经变更后形成的新的要约，再向新要约人发出承诺时，合同方可成立。

(2) 承诺对要约的内容作出非实质性变更时，承诺一般有效。

《合同法》规定，如果承诺对要约的内容作出非实质性变更的，除了要约人及时表示反对或者要约明确表示承诺不得对要约的内容作出任何变更的以外，该承诺有效，合同的内容以承诺的内容为准。

承诺不能对要约的内容进行实质性变更，并非不能对要约的非实质性内容作出更改。对要约的非实质性内容的更改包括：

① 对非主要条款作出了改变；

② 受约人对要约的主要条款未表示异议，然而在对这些主要条款承诺后，又添加了一些建议或者表达了一些愿望。如果在这些建议和愿望中并没有提出新的合同成立条件，则认为承诺有效。

③ 如果承诺中添加了法律规定的义务，承诺仍然有效。

4. 缔约过失责任

缔约过失责任是一种合同前的责任，指在合同订立过程中，一方当事人违反诚实信用原则的要求，因自己的过失而引起合同不成立、无效或者被撤销而给对方造成损失时所应当承担的损害赔偿责任。

1) 特点

缔约过失责任具有以下特点：

(1) 缔约过失责任是发生在订立合同过程中的法律责任。

缔约过失责任与违约责任最重要的区别在于发生的时间不同。违约责任是发生在合同成立以后，合同履行过程中的法律责任，而缔约过失责任则是发生在缔约过程中当事人一方因其过失行为而应承担的法律责任。只有在合同还未成立，或者虽然成立，但不能产生法律效力而被确定无效或者被撤销时，有过错的一方才能承担缔约过失责任。

(2) 承担缔约过失责任的基础是违背了诚实信用原则。

诚实信用原则是合同法的基本原则。根据诚实信用原则的要求，在合同订立过程中，应当承担先合同义务，包括使用方法的告知义务、瑕疵告知义务、重要事实告知义务、协作与照顾义务等。我国合同法规定，假借订立合同，恶意进行磋商，故意隐瞒与订立合同有关的重要事实或者提供虚假情况，都属于违背诚实信用原则的行为，应承担缔约过失责任。

(3) 责任人的过失导致他人信赖利益的损害。

缔约过失行为直接破坏了与他人的缔约关系，损害的是他人因为信赖合同的成立和有效，但由于合同不成立和无效的结果而遭受的损失。

2) 类型

缔约过失责任的类型包括：① 擅自撤回要约时的缔约过失责任；② 缔约之际未尽通知等义务给对方造成损失时的缔约过失责任；③ 缔约之际未尽保护义务侵害对方权利时的缔约过失责任；④ 合同不成立时的缔约过失责任；⑤ 合同无效时的缔约过失责任；⑥ 合同被变更或者撤销时的缔约过失责任；⑦ 无权代理情况下的缔约过失责任。

7.3.2 合同的效力

1. 合同的生效

1) 合同生效的概念

合同的成立只是意味着当事人之间已经就合同的内容达成了意思表示一致，但是合同能否产生法律效力还要看它是否符合法律规定。

合同的生效是指已经成立的合同因符合法律规定而受到法律保护，并能够产生当事人所预想的法律后果。合同法规定，依法成立的合同，自成立时生效。

如果合同违反法律规定，即使合同已经成立，而且可能当事人之间还进行了合同的履行，该合同及当事人的履行行为也不会受到法律保护，甚至还可能受到法律的制裁。

2) 合同成立与合同生效的区别

合同成立与合同生效是两个完全不同的概念。合同成立是指合同订立过程的完成，即当事人经过平等协商，对合同的主要内容达成一致意见，要约承诺阶段宣告结束，即合同成立。而合同生效是指合同产生法律效力。合法合同从合同成立时起即具备法律效力，而违法合同就算已经成立也不会产生法律效力。合同成立与合同生效的区别如下：

(1) 合同不具备成立要件所产生的是缔约过失责任，即在合同订立过程中，一方当事人违反诚实信用原则的要求，因自己的过失给对方造成损失时所应当承担的损害赔偿责任，其后果仅仅表现为当事人之间的民事赔偿责任；而合同不具备生效要件则产生合同无效的法律后果，除了要承担民事赔偿责任以外，往往还要承担行政责任和刑事责任。

(2) 在合同形式方面的不同要求。在法律、行政法规或者当事人约定采用书面形式订立合同而没有采用，而且也没有出现当事人一方已经履行主要义务、对方接受的情况，则合同不能成立；但是，如果法律、行政法规规定合同只有在办理批准、登记等手续才能生效，当事人未办理相关手续则会导致合同不能生效，但并不影响合同的成立。

(3) 国家的干预。有些合同往往由于其具有非法性，违反了国家的强制性规定或者社会公共利益而成为无效合同，此时，即使当事人不主张合同无效，国家也有权干预；合同不成立仅仅涉及当事人内部的合意问题，国家往往不能直接干预，而应当由当事人自己解决。

合同成立制度主要表现了当事人的意志，体现了合同自由的原则；而合同生效制度则体现了国家对合同关系的认可与否，它反映了国家对合同关系的干预。

3）合同的生效时间

根据合同法规定，依法成立的合同，自成立时生效。即依法成立的合同，其生效时间一般与合同的成立时间相同。如果法律、行政法规规定应当办理批准、登记等手续生效的，则在当事人办理了相关手续后合同生效。未办理手续的合同尽管合同成立，但是不能生效。

如果当事人约定应当办理公证、鉴证或者登记手续生效的，当事人未办理，并不影响合同的生效，合同仍然自成立起生效。

违反规定而订立的合同包括无效合同、可撤销合同和效力待定合同。

2. 无效合同

1）无效合同的概念

无效合同是指合同虽然已经成立，但因违反法律、行政法规的强制性规定或者社会公共利益，自始不能产生法律约束力的合同。

无效合同具有以下法律特征：

（1）合同已经成立，这是无效合同产生的前提。如果合同不成立，则按照缔约过失责任制度来处理。

（2）合同不能产生法律约束力，即当事人不受合同条款的约束。因为合同本身就已经违法，其目的和内容与法律的要求发生根本性冲突，因此不能产生法律效力。

（3）合同自始无效。合同一旦被确认无效，就产生了追溯力，该合同从订立之时就不具备法律约束力，以后也不能转化为有效合同。

2）无效合同的类型

按照合同法规定，以下几种情况，合同无效：

（1）一方以欺诈、胁迫的手段订立合同，损害国家利益。

欺诈是指一方当事人故意告诉对方虚假情况，或者故意隐瞒真实情况，诱使对方当事人作出错误的意思表示的行为。欺诈行为的构成要件：欺诈方有欺诈的故意；欺诈方实施欺诈的行为；相对人因受到欺诈而作出错误的意思表示。

胁迫是指以将来发生的损害或直接加以损害相威胁，使对方产生恐惧并因此而订立合同。胁迫行为的构成要件：胁迫人具有胁迫的故意；胁迫人实施了胁迫行为；胁迫必须是非法的；受胁迫人产生了恐惧而作出不真实的意思表示。

（2）恶意串通，损害国家、集体或者第三人利益。

恶意串通的合同是指明知合同违反了法律规定，或者会损害国家、集体或他人利益，合同当事人还是非法串通在一起共同订立某种合同，造成国家、集体或者第三人利益的损害。

（3）以合法的形式掩盖非法的目的。

采用法律允许的合同类型，掩盖其非法的合同目的。如签订赠与合同，以转移财产等。这种行为必然导致市场经济秩序混乱，因此是无效合同。

（4）损害社会公共利益。

合同法规定，第三人订立的合同，不得损害社会公共利益，因此，当事人订立的合同首先必须符合社会公共利益，否则，只能是无效合同。

(5) 违反法律、行政法规的强制性规定。

法律的强制性规定，是指规范义务性要求十分明确，而且行为人必须履行，不允许以任何方式加以变更或者违反的法律规定。

3) 合同中免责条款无效的法律规定

免责条款是指合同当事人在合同中预先约定的，旨在限制或免除其未来责任的条款。合同法规定，合同中下列免责条款无效：

(1) 造成对方人身伤害的；

(2) 因故意或者重大过失造成对方财产损失的。

法律之所以规定以上两种情况的免责条款无效，一是这两种行为都具有一定的社会危害性和法律的谴责性；二是这两种行为都可以构成侵权行为，即使当事人之间没有合同关系，当事人也可以追究对方当事人的侵权行为责任，如果当事人约定这种侵权行为免责的话，等于以合同的方式剥夺了一方当事人在合同以外的法定权利，违反了民法的公平原则。

任务4 合同的履行

1. 合同履行的原则

合同订立并生效后，合同便成为约束和规范合同当事人行为的法律依据。合同当事人必须按照合同约定的条款全面、适当地完成合同义务，如交付标的物、提供服务、支付报酬或者价款、完成工作等。合同的履行是合同当事人订立合同的根本目的，也是实现合同目的最重要和最关键的环节，直接关系到合同当事人的利益，而合同履行往往最容易出现争议和纠纷。因此，合同的履行成为合同法中的核心内容。

1) 合同履行的基本原则

为了保证合同当事人依约履行合同义务，必须规定一些基本的原则，以指导当事人具体地去履行合同，处理合同履行过程中发生的各种情况。合同履行的基本原则构成了履行合同过程中总的和基本的行为准则，成为合同当事人是否履行合同以及履行是否符合约定的基本判断标准。

合同法中规定，在合同履行过程中必须遵循两个基本原则：

(1) 全面履行原则。

全面履行是指合同当事人应当按照合同的约定全面履行自己的义务，不能以单方面的意思改变合同义务或者解除合同。全面履行原则对合同当事人的要求相当严格，因此，合同当事人各方都应当严肃、认真、完整地履行合同义务，否则应承担相应的责任。

全面履行原则对促使当事人保质、保量、按期履行合同义务，保护当事人的合法权益有一定的指导意义和制约作用。根据全面履行原则可以确定当事人在履行合同中是否有违约行为及违约的程度，对合同当事人应当履行的合同义务予以全面制约，充分保护合同当事人的合法权益。

(2) 诚实信用原则。

诚实信用原则是指在合同履行过程中，合同当事人讲究信用，恪守信用，以善意的方式履行其合同义务，不得滥用权力及规避法律或者合同规定的义务。

合同的履行应当严格遵循诚实信用原则。一方面，要求当事人除了履行法律和合同规定的义务外，还应当履行依据诚实信用原则所产生的各种附随义务，包括相互协作和照顾义务、瑕疵的告知义务、使用方法的告知义务、重要情事的告知义务、忠实的义务等。另一方面，在法律和合同规定的内容不明确或者欠缺规定的情况下，当事人应当依据诚实信用原则履行义务。

2）与合同履行有关的其他原则

（1）协作履行原则。

协作履行原则要求合同当事人在合同履行过程中相互协作、积极配合，完成合同的履行。

当事人适用协作履行原则不仅有利于全面、实际地履行合同，也有利于增强当事人之间相互信赖、相互协作的关系。

（2）效益履行原则。

效益履行原则是指履行合同时应当讲求经济效益，尽量以最小的成本，获得最大的效益；以及合同当事人为了谋求更大的效益或者为了避免不必要的损失，变更或解除合同。

（3）情事变更原则。

情事变更原则是指在合同订立后，如果发生了订立合同时当事人不能预见并且不能克服的情况，改变了订立合同时的基础，使合同的履行失去意义或者履行合同将使当事人之间的利益发生重大失衡，应当允许当事人变更合同或者解除合同。

2. 合同履行的义务

1）通知义务

通知义务是指合同当事人负有将与合同有关的事项通知给对方当事人的义务。包括有关履行标的物到达对方的时间、地点、交货方式的通知，合同提存的有关事项的通知，履行抗辩权行使时要求对方提供充分担保的通知，情事变更的通知，不可抗力的通知等。

2）协助义务

协助义务是指合同当事人在履行合同过程中应当给予对方必要的和能够的协助与帮助的义务。

3）保密义务

保密义务是指合同当事人负有为对方的秘密进行保守、不为外人知道的义务。如果因为未能为对方保守秘密，使外人知道对方的秘密，给对方造成损害的，应当对此承担责任。

3. 合同履行中约定不明情况的处置

合同生效后，合同的主要内容包括质量、价款或者报酬、履行地点等没有约定或者约定不明确的，当事人可以通过协商确定合同的内容。不能达成补充协议的，按照合同有关条款或者交易习惯确定。

如果合同当事人双方不能达成一致意见，又不能按照合同的有关条款或者交易习惯确定，可以适用下列规定：

（1）质量要求不明确的，按照国家标准、行业标准履行；没有国家标准、行业标准的，按照通常标准或者符合合同目的的特定标准履行。所谓的通常标准是指在同类的交易中，产品应当达到的质量标准；符合合同目的的特定标准是指根据合同的目的、产品的性能、产品的用途等因素确定质量标准。

（2）价款或者报酬不明确的，按照订立合同时履行地市场价格履行；依法执行政府定价或者政府指导价的，按照规定执行。此处所指的市场价格是指市场中的同类交易的平均价格。对于一些特殊的物品，由国家确定价格的，应当按照国家的定价来确定合同的价款或者报酬。

（3）履行地点不明确，给付货币的，在接受货币一方所在地履行；交付不动产的，在不动产所在地履行;其他标的,在履行义务一方所在地履行。

(4) 履行期限不明确,债务人可以随时履行,债权人也可以随时要求履行,但应当给对方必要的准备时间。

(5) 履行方式不明确的,按照有利于实现合同目的的方式履行。

(6) 履行费用的负担不明确的,由履行义务一方负担。

4. 合同中执行政府定价或者政府指导价的法律规定

在发展社会主义市场经济过程中,政府对经济活动的宏观调控和价格管理十分必要。合同法规定:执行政府定价或者政府指导价的,在合同约定的交付期限内政府价格调整时,按照交付时的价格计价。逾期交付标的物的,遇价格上涨时,按照原价格执行;价格下降时,按照新价格执行。逾期提取标的物或者逾期付款的,遇价格上涨时,按照新价格执行;价格下降时,按照原来的价格执行。

从合同法中可以看到,国家定价的合同当事人,由于逾期不履行合同遇到国家调整物价时,在原价格和新价格中,执行对违约方不利的那种价格,这是对不按期履行合同的一方从价格结算上给予的一种惩罚。这样规定,有利于促进双方按规定履行合同。需要注意的是,这种价格制裁只适用于当事人因主观过错而违约,不适用因不可抗力所造成的违约。

5. 合同履行规则

1) 向第三人履行债务的规则

合同履行过程中,由于客观情况变化,有可能引起合同中债权人和债务人之间债权债务履行的变更。法律规定债权人和债务人可以变更债务履行,这并不会影响当事人的合法权益。在一定意义上来讲,债权人与债务人依法约定变更债务履行,有利于债权人实现其债权以及债务人履行其债务。

合同法规定,当事人约定由债务人向第三人履行债务的,债务人未向第三人履行债务或履行债务不符合约定,应当向债权人承担违约责任。

从合同法中可以看出,三方的权利义务关系如下:

(1) 债权人。

合同的债权人有权按照合同约定要求债务人向第三人履行合同,如果债务人未履行或者未正确履行合同义务,债权人有权追究债务人的违约责任,包括债权人和第三人的损失。

(2) 债务人。

债务人应当按照约定向第三人履行合同义务。如果合同本身已经因为某种原因无效或者被撤销,债务人可以依此解除自己的义务。如果债务人未经第三人同意或者违反合同约定,直接向债权人履行债务,并不能解除自己的义务。需说明的是,一般来说,向第三人履行债务原则上不能增加履行的难度及履行费用。

(3) 第三人。

第三人是合同的受益人,他有以自己的名义直接要求债务人履行合同的权利。但是,如果债务人不履行义务或者履行义务不符合约定,第三人不能请求损害赔偿或者申请法院强制执行,因为债务人只对债权人承担责任。此外,合同的撤销权或解除权只能由合同当事人行使。

2) 由第三人履行债务的规则

合同法规定,当事人约定由第三人向债权人履行债务的,第三人不履行债务或履行债务不符合约定，债务人应当向债权人承担违约责任。从中可以看出三者的权利义务关系如下：

(1) 第三人。

合同约定由第三人代为履行债务，除了必须经债权人同意外，还必须事先征得第三人的同意。同时，在没有事先征得债务人同意的情况下，第三人一般也不能代为履行合同义务，否则，债务人对其行为将不负责任。

(2) 债务人。

第三人向债权人履行债务，并不等于债务人解除了合同的义务，而只是免除了债务人亲自履行的义务。如果第三人不履行债务或履行债务不符合约定，债务人应当向债权人承担违约责任。

(3) 债权人。

当合同约定由第三人履行债务后，债权人应当接受第三人的履行而无权要求债务人自己履行。但是，如果第三人不履行债务或履行债务不符合约定，债权人有权向债务人主张自己的权利。

3) 提前履行规则

合同法规定，债权人可以拒绝债务人提前履行债务，但提前履行不损害债权人利益的除外。债务人提前履行债务给债权人增加的费用，由债务人负担。

提前履行规则适用的前提是合同当事人已经对履行的期限作出约定。一般来说，合同中的履行期限主要是为债务人的利益而设定的，如果合同中约定了履行期限，债权人就不能要求债务人提前履行；而根据效益履行原则，债务人有权提前履行债务，债权人不得无故拒绝。但是，债务人提前履行必须遵循诚实信用原则，如提前告知、不增加债权人的负担等。同时，债务人也应当承担由于提前履行给债权人增加的费用等附随义务。

4) 部分履行规则

合同法规定，债权人可以拒绝债务人部分履行债务，但部分履行不损害债权人利益的除外。债务人部分履行债务给债权人增加的费用，由债务人负担。

部分履行规则是针对可分的履行而言，如果部分履行并不损害债权人的利益，债权人有义务接受债务人的部分履行。债务人部分履行必须遵循诚实信用原则，不能增加债权人的负担，如果因部分履行而增加了债权人的费用，应当由债务人承担。

5) 中止履行规则

合同法规定，债权人分立、合并或者变更住所没有通知债务人，致使履行发生困难的，债务人可以中止履行或者将标的物提存。这条规定指明了债权人不明时的履行规则。债权人因自身的情况发生变化，可能对债务履行产生影响的，债权人应负有通知债务人的附随义务。如果债权人分立、合并或者变更住所时没有履行该义务，债务人可以采取中止履行的措施，当阻碍履行的原因消灭以后再继续履行。

6) 债务人同一性规则

合同法规定，合同生效后，当事人不得因姓名、名称的变更或者法定代表人、负责人、承办人的变动而不履行合同义务。

合同生效后，债务人的情况往往会发生变化，债务人常常以变动为理由拒绝履行原合同而给债权人造成损害。以上情况的变化仅仅是合同的外在表现形式的变更而非履行主体的变更，债务人与名称变动前相比具有同一性，这不构成合同变更和解除的理由，新的代表人应当代表原债务人履行合同义务，拒绝履行的，应承担违约责任。

任务5 合同的变更和转让

7.5.1 合同的变更

1. 合同变更的概念

合同变更有两层含义，广义的合同变更包括合同三个构成要素的变更：合同主体的变更、合同客体的变更以及合同内容的变更。但是，考虑到合同的连贯性，合同的主体不能与合同的客体及内容同时变更，否则，变化前后的合同就没有联系的基础，就不能称之为合同的变更，而是一个旧合同的消灭与新合同的订立。

根据合同法规定，合同当事人的变化为合同的转让。因此，狭义的合同变更专指合同成立以后履行之前或者在合同履行开始之后尚未履行完之前，当事人不变而合同的内容、客体发生变化的情形。

合同的变更通常分为协议变更和法定变更两种，协议变更又称为合意变更，是指合同双方当事人以协议的方式对合同进行变更。我国《合同法》中所指的合同变更即指协议变更合同。

2. 合同变更的条件

1）当事人之间原已经存在合同关系

合同的变更是新合同对旧合同的替代，所以必然在变更前就存在合同关系。如果没有这一作为变更基础的现存合同，就不存在合同变更，只是单纯订立了新合同，发生新的债务。另外，原合同必须是有效合同，如果原合同无效或者被撤销，则合同自始就没有法律效力，不发生变更问题。

2）合同变更必须有当事人的变更协议

当事人达成变更合同的协议也是一种民事合同，因此也应符合合同法有关合同的订立与生效的一般规定。合同变更应当是双方当事人自愿与真实的意思表示。

3）原合同内容发生变化

合同变更按照合同法的规定仅为合同内容的变更，所以合同的变更应当能起到使合同的内容发生改变的效果，否则不能认为是合同的变更。合同的变更包括：合同性质的变更、合同标的物的变更、履行条款的变更、合同担保的变更、合同所附条件的变更等。

4）合同变更必须按照法定的方式

合同当事人协议变更合同，应当遵循自愿互利原则，给合同当事人以充分的合同自由。国家对合同当事人协议变更合同应当加以保护，但也必须从法律上实行有条件的约束，以保证当事人对合同的变更不至于危及他人、国家和社会利益。

3. 合同变更的效力

合同变更实际是新合同取代了旧合同，双方当事人应当按照变更后的合同履行。合同变更后有下列效力：

（1）变更后的合同部分，原有的合同失去效力，当事人应当按照变更后的合同履行。合同的变更就是在保持原合同的统一性的前提下，使合同有所变化。合同变更的实质是以变更后的合同取代原有的合同关系。

(2) 合同的变更只对合同未履行部分有效，不对合同中已经履行部分产生效力，除了当事人约定以外，已经履行部分不因合同的变更而失去法律依据。即合同的变更不产生追溯力，合同当事人不得以合同发生变更而要求已经履行的部分归于无效。

(3) 合同的变更不影响当事人请求损害赔偿的权利。合同变更以前，一方因可归责于自己的原因而给对方造成损害的，另一方有权要求责任方承担赔偿责任，并不因合同变更而受到影响。但是合同的变更协议已经对受害人的损害给予处理的除外。合同的变更本身给一方当事人造成损害的，另一方当事人也应当对此承担赔偿责任，不得以合同的变更是双方当事人协商一致的结果为由而不承担赔偿责任。

4. 合同变更内容约定不明的法律规定

合同变更内容约定不明是指当事人对合同变更的内容约定含义不清，令人难以判断约定的新内容与原合同的内容的本质区别。

合同法规定，当事人对合同变更的内容约定不明确的，推定为未变更。

有效的合同变更，必须有明确的合同内容的变更，即在保持原合同的基础上，通过对原合同作出明显的改变，而成为一个与原合同有明显区别的合同。否则，就不能认为对原合同进行了变更。

7.5.2 合同的转让

1. 合同转让的概念

合同转让是指合同成立后，当事人依法可以将合同中的全部或部分权利(或者义务)转让或者转移给第三人的法律行为。也就是说合同的主体发生了变化，由新的合同当事人代替了原合同当事人，而合同的内容没有改变。

合同转让有两种基本形式：债权让与和债务承担。

2. 债权让与

1) 债权让与的概念及法律特征

债权让与即合同权利转让，是指合同的债权人通过协议将其债权全部或者部分转移给第三人的行为。债权的让与是合同的主体变更的一种形式，它是在不改变合同内容的情况下，合同债权人的变更。债权让与的法律特征有：

(1) 合同权利的转让是在不改变合同权利内容的基础上，由原合同的债权人将合同权利转移给第三人；

(2) 合同债权的转让只能是合同权利，不应包括合同义务；

(3) 合同债权的转让可以是全部转让也可以是部分转让；

(4) 转让的合同债权必须是依法可以转让的债权，否则不得进行转让，转让不得进行转让的合同债权的协议无效。

2) 债权让与的构成条件

根据合同法规定，债权让与的成立与生效的条件包括：

(1) 让与人与受让人达成协议。

债权让与实际上就是让与人与受让人之间订立了一个合同，让与人按照约定将债权转让给受让人。合同当事人包括债权人与第三人，不包括债务人。该合同的成立、履行及法律效力必须符合法律规定，否则不能产生法律效力，转让合同无效。合同一旦生效，债权即转移给受让人，债务人对债权让与同意与否，并不影响债权让与的成立与生效。

（2）原债权有效存在。

转让的债权必须具有法律上的效力，任何人都不能将不存在的权利让与他人。所以，转让的债权应当是为法律所认可的具有法律约束力的债权。对于不存在或者无效的合同债权的转让协议是无效的，如果因此而造成受让人利益损失，让与人应当承担赔偿责任。

（3）让与的债权具有可转让性。

并非所有的债权都可以转让，必须根据合同的性质、遵循诚实信用原则以及具体情况判断是否可以转让。其标准为是否改变了合同的性质，是否改变了合同的内容，增加了债务人的负担等。

（4）履行必需的程序。

合同法规定，法律、行政法规规定转让权利或者转移义务应当办理批准、登记等手续的，依照其规定。

3）债权让与的限制

不得进行转让的合同债权主要包括：

（1）根据合同性质不得转让的合同债权。主要有：合同的标的与当事人的人身关系相关的合同债权；不作为的合同债权以及与第三人利益有关的合同债权。

（2）按照当事人的约定不得转让的债权。即债权人与债务人对债权的转让作出了禁止性约定，只要不违反法律的强制性规定或者公共利益，这种约定都是有效的，债权人不得将债权进行转让。

（3）依照法律规定不得转让的债权。是指法律明文规定不得让与或者必须经合同债务人同意才能让与的债权。如担保法中规定，最高额抵押的主合同债权不得转让。

4）债权让与的效力

（1）债权让与的内部效力。

合同债权转让协议一旦达成，债权就发生了转移。如果合同债权进行了全部转让，则受让人取代了让与人而成为新的债权人；如果是部分转让，则受让人加入了债的关系，按照债的份额或者连带地与让与人共同享有债权。同时，受让人还享有与债权有关的从权利。所谓合同的从权利是指与合同的主债权相联系，但自身并不能独立存在的合同权利。大部分是由主合同的从合同所规定的，也有本身就是主合同内容的一部分。如被担保的权利就是主权利，担保权则为从权利。常见的从权利除了保证债权、抵押权、质押权、留置权、定金债权等，还有违约金债权、损害赔偿请求权、合同的解除权、债权人的撤销权以及代位权等属于主合同的规定或者依照法律规定所产生的债权人的从权利。

合同法规定，债权人转让债权的，受让人取得与债权有关的从权利，但该从权利专属于债权人自身的除外。

（2）债权让与的外部效力。

债权让与通知债务人后即对债务人产生效力，包括让与人与债务人之间以及受让人与债务人之间的效力。

对让与人与债务人来说，就债权转让部分，债务人不再对让与人负有任何债务，如果债务人向让与人履行债务，债务人并不能因债权清偿而解除对受让人的债务；让与人也无权要求债务人向自己履行债务，如果让与人接受了债务人的债务履行，应负返还义务。

对受让人与债务人来说，就债权转让部分，债务人应当承担让与人转让给受让人的债务，如果债务人不履行其债务，应当承担违约责任。

5）让与人的义务

让与人必须对受让人承担下列义务：① 将债权证明文件交付受让人。让与人对债权凭证保有利益的，由受让人自负费用取得与原债权证明文件有同等证据效力的副本；② 将占有的质物交付受让人；③ 告知受让人行使债权的一切必要情况；④ 应受让人的请求制作让与证书，其费用由受让人承担；⑤ 承担因债权让与而增加的债务人履行费用；⑥ 提供其他为受让人行使债权所必需的合作。

同时，让与人应当将债权让与情况及时通知债务人，从而使债权让与对债务人产生法律效力。如果让与人未将其转让行为通知债务人，该转让对债务人不发生法律效力。债权让与的通知到达债务人时产生法律效力，产生法律效力后，让与人不得再行撤销，只有在受让人同意撤销转让以后，债权让与的协议才失去效力。

6）债权抵消

债权抵消是指当双方互负债务时，各以其债权充当债务的清偿，而使其债务与对方的债务在相同数额内相互消灭，不再履行。

合同法规定，债务人接到债权转让通知时，债务人对让与人享有债权，并且债务人的债权先于转让的债权到期或者同时到期的，债务人可以向受让人主张抵消。

由此可见，债务人对受让人主张债权抵消必须符合以下条件：

① 债务人在接到债权让与通知之前对让与人享有债权；② 该债权已经到期；③ 接到了债权让与通知；④ 符合债权抵消的其他条件。

3. 债务承担

1）债务承担的概念

债务承担又称为合同义务的转移，是指经债权人同意，债务人将债务转移给第三人的行为。

债务的转移可分为全部转移和部分转移。全部转移，是由新的债务人取代原债务人，即合同的主体发生变化，而合同内容保持不变；债务的部分转移则是指债务人将其合同义务的一部分转交给第三人，由第三人对债权人承担一部分债务，原债务人并没有退出合同关系，而是又加入了一个债务人，该债务人就其接受转让的债务部分承担履行责任。

《合同法》第二百七十二条规定，建设工程中，总承包人或者勘察、设计、施工承包人经发包人同意，可以将自己承包的部分工作交由第三人完成；承包人不得将其承包的全部建设工程转包给第三人或者将其承包的全部建设工程肢解以后以分包的名义分别转包给第三人。

由此可见，在建设工程中，法律明确规定，承包商的债务转移只能是部分转移。

2）债务承担的构成条件

债务承担生效与成立的条件包括：① 承担人与债务人订立债务承担合同；② 存在有效债务；③ 拟转移的债务具有可转移性，即性质上不能进行转让，或者法律、行政法规禁止转让的债务，不得进行转让；④ 合同债务的转移必须取得债权人的同意。

其中，转移必须经债权人同意是债务承担生效条件，也是债务承担与债权让与最大的不同。因为债务承担直接影响债权人的利益。债务人的信用、资力是债权人利益得以实现的保障，如果债务人不经债权人同意而将债务转移，则债权人的利益将难以确定，有可能会因为第三人履行债务能力差而使债权人的利益受损。所以，为保护债权人的利益，债务承担必须事先征得债权人的同意。

3）债务承担的效力

债务承担的效力主要表现在以下几方面：

（1）承担人代替了原债务人承担债务，原债务人免除债务。

由于实行了债务转让，转移后的债务应当由第三人承担，债权人只能要求承担人履行债务且不得拒绝承担人的履行。同时，承担人以自己的名义向债权人履行债务并承担未履行或者不适当履行债务的违约责任，原债务人对承担人的履行不承担任何责任。

需说明的是，此处所说的债务是指经债权人同意后转让的债务，否则不能产生法律效力；同时，该债务仅仅限于转让部分，对部分转让的，原债务人不能免除未转移部分的债务。

（2）承担人可以主张原债务人对债权人的抗辩。

既然承担人经过债务转让而处于债务人的地位，所有与所承担的债务有关的抗辩，都应当同时转让给承担人并向债权人提出。承担人拥有的抗辩权包括法定的抗辩事由，如不可抗力。但这种抗辩必须符合两方面条件：该行为必须有效；债务人履行的时间应当在转让债务得到债权人的同意之前。如果抗辩事由发生在债务转移之后，则为承担人自己对债权人的抗辩。

（3）承担人同时负担从债务。

对于附属于主债务的从债务，在原债务人转移债务后，无论在转让协议中是否约定，承担人应当一并对从债务进行承担。但是，从债务专属于原债务人的，承担人不予承担。仍然由原债务人负担，债权人无权要求承担人履行这些债务。

4. 债权债务的概括转移

1）债权债务概括转移的概念

债权债务的概括转移是指由原合同的当事人一方将其债权债务一并转移给第三人，由第三人概括地继受这些权利和义务。

债权债务的概括转移一般由合同当事人一方与合同以外的第三人通过签订转让协议，约定由第三人取代合同转让人的地位，享有合同中转让人的一切权力并承担转让人在合同中的一切义务。

2）债权债务概括转移的成立条件

（1）转让人与承受人达成合同转让协议。这是债权债务概括转移的关键。

（2）原合同必须有效。原合同无效不能产生法律效力，更不能转让。

（3）原合同为双务合同。只有双务合同才可能将债权债务一并转移，否则只能是债权让与或者债务承担。

（4）必须经原合同对方当事人的同意。

3）债权债务概括转移的发生条件

（1）债权债务因当事人合并而发生概括转移。

当事人的合并是指合同当事人与其他的民事主体合成一个民事主体。

合并有两种形式，一是新设合并，即由原来的两个以上的民事主体合并成为一个新的民事主体。另一种方式是吸收合并，即两个以上的民事主体，由其中一个加入另一个中去。

合同法规定，合同当事人与其他民事主体发生合并的，合并后的民事主体承担原合同中的债务，同时享有原合同当事人的权利。

（2）债权债务因当事人分立而发生概括转移。

当事人的分立是指当事人由一个分成两个或者两个以上的民事主体。

分立也分为两种情况，一是由原来的主体分出另外一个民事主体而原主体并不消灭；另一种则是消灭原主体而形成两个新的民事主体。

合同法规定，当事人订立合同后分立的，除了债权人与债务人另有约定的以外，由分立的法人或者其他组织对合同的权利义务享有连带债权，承担连带债务。

任务6 违反合同的责任

7.6.1 违约责任的概念

1. 概念

违约责任是指合同当事人因违反合同约定而不履行债务所应当承担的责任。违约责任和其他民事责任相比较，有以下一些特点：

1）违约责任是一种民事责任

民事责任分为侵权责任和违约责任两种。尽管违约行为可能导致当事人必须承担一定的行政责任或者刑事责任，但违约责任仅仅限于民事责任。违约责任的承担形式有继续履行、采取补救措施、赔偿损失、支付违约金、交付定金等。大多数情况下违约金属于补偿性质，即补偿对方当事人因违约而造成的损失；在特定的情况下，违约责任也体现了一定的惩罚性。

2）违约责任是当事人违反合同义务所产生的责任

违约责任是合同当事人不履行合同义务或者履行合同义务不符合约定而产生的法律责任，它是以合同的存在为基础。这就要求合同本身必须有效，这样合同的权利义务才能受到法律的保护。合同不成立、无效合同、被撤销合同都不可能产生违约责任。

3）违约责任具有相对性

首先，违约责任仅仅产生于合同当事人之间，一方违约的，由违约方向另一方承担违约责任；双方都违约，各自就违约部分向对方承担违约责任。违约方不得将责任推卸给他人。

其次，在因第三人的原因造成债务人不能履行合同义务或者履行合同义务不符合约定的情况下，债务人仍然应当向债权人承担违约责任，而不是由第三人直接承担违约责任。

最后，违约责任不涉及合同以外的第三人，违约方只向债权人承担违约责任，而不向国家或者第三人承担责任。

4）违约责任具有任意性和法定性双重特征

违约责任的任意性体现在合同当事人可以在法律规定的范围内，通过协议对双方当事人的违约责任事先作出规定，其他人对此不得进行干预。

违约责任的法定性表现在：

首先，合同当事人事先没有在合同中约定违约责任条款的情况下，在合同履行过程中，如果当事人不履行或者履行不符合约定时，违约方并不能因合同中没有违约责任条款而免除责任。合同法规定，当事人一方不履行合同义务或者履行合同义务不符合约定的，应当承担继续履行、采取补救措施或者赔偿损失等违约责任。

其次，当事人约定的违约责任条款作为合同内容的一部分，也必须符合法律关于合同的成立与生效要件的规定，如果事先约定的违约责任条款不符合法律规定，则这些条款将被认定无效或者被撤销。

5）违约责任具有补偿性和惩罚性双重属性

违约责任的补偿性是指违约责任的主要目的在于弥补或者补偿非违约方因对方违约行为而遭受的损失，违约方通过承担损失的赔偿责任，弥补违约行为给对方当事人造成的损害。

违约责任的惩罚性体现在如果合同中约定了违约金或者法律直接规定了违约金的，当合同当事人一方违约时，即使并没有给对方造成实际损失，或者造成的损失没有超过违约金的，违约方也应当按照约定或者法律规定支付违约金，这完全体现了违约金的惩罚性；如果造成的损失超过违约金的，违约方还应当对超过的部分进行补偿，这体现了补偿性。

2. 违约责任与缔约过失责任的区别

缔约过失责任是一种合同前的责任，即合同不成立、无效或者被撤销，当事人一方因对方当事人的过错而遭受损失时，有过错一方应当承担赔偿责任。

缔约过失责任与违约责任有着许多相似之处，两者容易混淆。但是，违约责任与缔约过失责任是两种不同的民事责任，有着本质上的区别，表现在：

1）产生的根据不同

违约责任是基于有效合同成立而产生的民事责任，责任人违反的是合同义务，违约责任只能在合同成立并生效之后才能产生；缔约过失责任是基于合同不成立或者无效以及被撤销而产生的责任，责任人违反的是先合同义务，缔约过失责任只能在缔结合同过程中产生。

2）责任形式不同

违约责任的形式有继续履行、采取补救措施、赔偿损失、支付违约金、支付定金等，而缔约过失责任的形式只有赔偿损失。

例如，在建筑工程中，业主与承包商签订了施工承包合同，现出现了两种情况。第一种情况：承包商不具备相应的资格等级，采取了欺诈的手段谋取了工程的承包权，被有关部门发现并查处后，该承包商不得再继续施工，而应当由具备相应资格等级的承包商来完成承包工作，对此造成的损失应当由实施欺诈行为的承包商承担，因为该承包商是违背了国家的法律规定而导致合同无效，他所承担的应当是缔约过失责任。第二种情况：承包商的资格等级符合要求，但是在合同履行过程中，承包商未能按照合同约定履行，工期严重拖延，工程质量出现问题等，此时，承包商违反的是合同义务，他应当承担违约责任，业主可以按照约定或者法律规定选择继续履行、采取补救措施、赔偿损失、支付违约金、支付定金等形式让承包商承担违约责任，如果承包商的违约行为特别严重，业主也可以解除合同。

3）性质不同

违约责任具有任意性与法定性双重特征。而缔约过失责任只有法定性，它是基于法律的直接规定而产生的，与当事人所缔结的合同没有关系，而且缔约过失责任的形式也是法律直接规定的，不能由当事人任意选择确定。

4）赔偿责任范围不同

在违约责任中，如果违约方承担赔偿损失责任时，违约方所赔偿的是履行利益的损失，即合同有效成立，而违约方不履行合同义务或者履行合同义务不符合约定时非违约方所遭受的损失。

缔约过失责任所赔偿的是信赖利益损失，即一方因信赖合同的成立与有效，但由于合同无效或者不成立所遭受的损失，它既包括因他方的缔约过失而导致信赖人的直接财产损失，也包括信赖人的财产应当增加却因合同无效或者不成立而未能增加所遭受的损失。

7.6.2 违约责任的构成要件

违约责任的构成要件是确定合同当事人是否应当承担违约责任、承担何种违约责任的依据，这对于保护合同双方当事人的合法权益有着重要意义。

1. 违约责任的一般构成要件

合同当事人必须有违约行为。违约责任实行严格责任制度，违约行为是违约责任的首要条件，只要合同当事人有不履行合同义务或者履行合同义务不符合约定的事实存在，除了发生符合法定的免责条件的情形外，无论违约方主观是否有过错，都应当承担违约责任。

2. 违约责任的特殊构成要件

除了一般构成要件以外，对于不同的违约责任形式还必须具备特定的条件。违约责任的特殊构成要件因违约责任形式的不同而不一样。

1）损害赔偿责任的特殊构成要件

(1) 有因违约行为而导致损害的事实。一方面，损害必须是实际发生的损害，对于尚未发生的损害，不能赔偿；另一方面，损害是可以确定的，受损方可以通过举证加以确定。

(2) 违约行为与损害事实之间必须有因果关系。违约方在实施违约行为时必然会引起某些事实结果发生，如果这些结果中包括对方当事人因违约方的违约行为而遭受损失，则违约方必须对此承担损失赔偿责任以补偿对方的损失。如果违约行为与损害事实之间并没有因果关系，则违约方不需要对该损害承担赔偿责任。

2）违约金责任形式的特殊构成要件

(1) 当事人事先在合同中约定了违约金，或者法律对违约金作出了规定；

(2) 当事人对违约金的约定符合法律规定，违约金是有效的。

3）继续履行的特殊构成要件

(1) 非违约方在合理的期限内要求违约方继续履行合同义务。非违约方必须在合理的期限内通知对方，要求对方继续履行。否则超过了期限规定，违约方不能以继续履行来承担违约责任。

(2) 违约方有继续履行的能力。如果违约方因客观原因而失去了继续履行能力，非违约方也不得强迫违约方实际履行。

(3) 合同债务可以继续履行。合同法规定，如果法律上或者事实上不能继续履行的，或者债务的标的不适于强制履行或者履行费用过高的，违约方可以不以继续履行来承担违约责任。

7.6.3 违约行为的种类

违约行为是违约责任产生的根本原因，没有违约行为，合同当事人一方就不应当承担违约责任。而不同的违约行为所产生的后果又各不相同，从而导致违约责任的形式也有所不同。按照我国《合同法》规定，违约行为可分为预期违约和实际违约两种形式。

1. 预期违约

1）预期违约的概念和特点

预期违约又称为先期违约，是指在合同履行期限届满之前，一方当事人无正当理由而明确地向对方表示，或者以自己的行为表明将来不履行合同义务的行为。预期违约可分为明示毁约和默示毁约两种形式，明确地向对方表示不履行的为明示毁约，以自己的行为表明不履行的为默示毁约。其特点为：

(1) 预期违约在时间上是发生于合同的履行期限届满之前，它是对将届满的合同义务的一种违反，而不是对履行期限届满的合同义务的违约。

(2) 预期违约侵害的是期待的债权而不是现实的债权。因为合同的履行期限尚未届满，所以预期违约的行为不会对现实的权利造成损害，而损害的是将来的合同债权。

(3) 预期违约行为表现为将来不履行合同义务。

2) 预期违约的构成要件

(1) 在合同履行期限届满之前有将不履行合同义务的行为。

在明示毁约的情况下，违约方必须明确作出将不履行合同义务的意思表示。在默示毁约情况下，违约方的行为必须能够使对方当事人预料到在合同履行期限届满时违约方将不履行合同义务。

(2) 毁约行为必须发生在合同生效后履行期限届满之前。

预期违约是针对违约方在合同履行期限届满之前的毁约行为，如果在合同有效成立之前发生，则合同不会成立；如果是在合同履行期限届满之后发生，则为实际违约。

(3) 毁约必须是对合同中实质性义务的违反。

如果当事人预期违约的行为仅仅是不履行合同中的非实质性义务，则该行为不会造成合同的根本目的不能实现，而仅仅是实现的目标出现了偏差。这样的行为不属于预期违约。

(4) 违约方不履行合同义务无正当理由。

如果债务人有正当理由拒绝履行合同义务的，如诉讼时效届满、发生不可抗力等，则其行为不属于预期违约。

3) 预期违约的法律后果

(1) 解除合同。

当合同一方当事人以明示或者默示的方式表明他将在合同的履行期限届满时不履行或者不能履行合同义务，另一方当事人即享有法定的解除权，他可以单方面解除合同同时要求对方承担违约责任。但是，解除合同的意思表示必须以明示的方式作出，在该意思表示到达违约方时即产生合同解除的效力。

(2) 债权人有权在合同的履行期限届满之前要求预期违约责任方承担违约责任。

在预期违约情况下，为了使自己尽快从已经不能履行的合同中解脱出来，债权人有权要求违约方承担违约责任。

《合同法》规定，当事人一方明确表示或者以自己的行为表明不履行合同义务的，对方可以在履行期限届满之前要求其承担违约责任。

(3) 履行期限届满后要求对方承担违约责任。

预期违约是在合同履行期限届满之前的行为，这并不代表违约方在履行期限届满时就一定不会履行合同义务，他仍然有履行合同义务的可能性。所以，债权人也可以出于某种考虑，等到履行期限届满后，对方的预期违约行为变为实际违约时再要求违约方承担违约责任。

2. 实际违约

实际违约可分为不履行合同义务和履行合同义务不符合约定。不履行合同义务是指在合同生效后，当事人根本不按照约定履行合同义务，可分为两种情况：履行不能和拒绝履行。

1）履行不能

履行不能是指合同当事人一方出于某些特定的事由而不履行或者不能履行合同义务。这些事由分为客观事由与主观事由，如果不履行或者不能履行是由于不可归责于债务人的事由产生的，则可以就履行不能的范围免除债务人的违约责任。

2）拒绝履行

拒绝履行是指在履行期限届满后，债务人能够履行却在无抗辩事由的情形下拒不履行合同义务的行为。这是一种比较严重的违约行为，是对债权的积极损害。

（1）拒绝履行的构成要件：① 存在合法有效的债权债务关系；② 债务人向债权人拒不履行合同义务；③ 拒绝履行合同义务无正当理由；④ 拒绝履行是在履行期限届满后作出。

（2）拒绝履行的法律后果：

① 实际履行。如果违约方不履行合同义务，无论他是否已经承担损害赔偿责任或者违约金责任，都必须根据相对方的要求，并在能够履行的情况下，按照约定继续履行合同义务。

② 解除合同。违约方拒绝履行合同义务，表明了他不愿意继续受合同的约束。此时，相对方也有权选择解除合同的方式。同时，可以向违约方主张要求其承担损失赔偿责任或者违约金责任。

③ 赔偿损失或者支付违约金、承担定金罚则。违约方拒绝履行合同义务，相对方根据实际情况可以选择强制实际履行或者解除合同后，相对方仍然有因违约方违约而遭受损害时，相对方有权要求违约方继续履行损失赔偿责任。也可以根据约定要求违约方按照约定，向相对方支付违约金或者定金罚则。

3）履行合同义务不符合约定

履行合同义务不符合约定又称不适当履行或者不完全履行，是指虽然当事人一方有履行合同义务的行为，但是其履行违反了合同约定或者法律规定。按照其特点，不适当履行又分为：

（1）迟延履行。即违约方在履行期限届满之后才作出的履行行为，或者履行未能在约定的履行期限内完成。

（2）瑕疵给付。指债务人没有完全按照合同的约定履行合同义务。

（3）提前履行。指债务人在约定的履行期限尚未届满前就履行完合同义务。

对于以上这些不适当履行，债务人都应当承担违约责任，但对提前履行规律另有规定或者当事人另有约定的除外。

7.6.4 违约责任的承担形式

当合同当事人一方在合同履行过程中出现违约行为，在一般情况下他必须承担违约责任。违约责任的承担形式主要有以下几种。

1. 继续履行

1）继续履行的含义

如果违约方不履行合同义务，无论他是否已经承担损害赔偿责任或者违约金责任，都必须根据相对方的要求，并在能够履行的情况下，按照约定继续履行合同义务。

继续履行又称强制继续履行，即如果违约方出现违约行为，非违约方必须借助国家的强制力才能使违约方继续按照约定履行合同义务。

要求违约方继续履行是合同法赋予债权人的一种权利，其目的主要是维护债权人的合法权益，保证债权人在违约方违约的前提下，还可以实现订立合同的目的。

2）继续履行的构成要件

（1）违约方在履行合同义务过程中有违约行为；

（2）非违约方在合理期限内要求违约方继续履行合同义务；

（3）违约方能够继续履行合同义务，一方面违约方有履行合同义务的能力；另一方面合同义务是可以继续履行的。

3）继续履行的例外

由于合同的性质等原因，有些债务主要是非金钱债务，当违约方出现违约行为后，该债务不适合继续履行。对此，合同法作出了专门的规定，包括以下几种例外情况：

（1）法律上或者事实上不能履行；

（2）债务的标的不适于强制履行或者履行费用过高。

2. 采取补救措施

1）采取补救措施的含义

补救措施是指在发生违约行为后，为防止损失的发生或者进一步扩大，违约方按照法律规定或者约定以及双方当事人的协商，采取修理、更换、重做、退货、减少价款或者报酬、补充数量、物资处置等手段，弥补或者减少非违约方的损失的一种违约责任形式。

采取补救措施有两层含义，一是违约方通过对已经作出的履行予以补救，如修理、更换、维修标的物等使履行符合约定；二是采取措施避免或者减少债权人的违约损失。

2）采取补救措施的条件

（1）违约方已经完成履行行为但履行质量不符合约定；

（2）采取补救措施必须具有可能性；

（3）补救对于债权人来讲是可行的，即采取补救措施并不影响债权人订立合同的根本目的；

（4）补救行为必须符合法律规定、约定或者经债权人同意。

3. 赔偿损失

赔偿损失是指违约方不履行合同义务或者履行合同义务不符合约定而给对方造成损失时，按照法律规定或者合同约定，违约方应当承担受损害方的损失的一种违约责任形式。

1）赔偿损失的适用条件

（1）违约方在履行合同义务过程中发生违约行为；

（2）债权人有损害的事实；

（3）违约行为与损害事实之间必须有因果关系。

2）赔偿损失的基本原则

（1）完全赔偿原则。

完全赔偿原则是指违约方应当对其违约行为所造成的全部损失承担赔偿责任。

完全赔偿原则的目的是补偿债权人因债务人违约所造成的损失，所以，损害的赔偿范围除了包括该违约行为给债权人所造成的直接损害外，还包括该违约行为对债权人的可得利益的损害。

（2）合理限制原则。

完全赔偿原则是为了保护债权人免于遭受违约损失，因此是完全站在债权人的立场上，根据公平合理原则，债权人也不能擅自夸大损害事实而给违约方造成额外损失。对此，合同法也对债权人要求赔偿的范围进行了限制性规定，包括：

① 应当预见规则。合同法规定，当事人一方不履行合同义务或者履行合同义务不符合约定，给对方造成损失的，损失赔偿额应当相当于因违约造成的损失，包括合同履行后可以获得的利益，但不得超过违反合同一方订立合同时预见到或者应当预见到的因违反合同可能造成的损失。

② 减轻损害规则。合同法规定，当事人一方违约后，对方应当采取适当措施防止损失的扩大；没有采取适当措施致使损失扩大的，不得就扩大的部分要求赔偿。当事人因防止扩大而支出的合理费用，由违约方承担。

③ 损益相抵规则。损益相抵规则是指受损方基于违约行为而发生违约损失的同时，又由于违约行为而获得一定的利益或者减少了一定的支出，受损方应当在其应得的损害赔偿额中扣除其所得的利益部分。

3）赔偿损失的计算

（1）法定损害赔偿。即法律直接规定违约方应当向受损方赔偿损失时赔偿额的计算方法。如上文中所说的应当预见规则、减轻损害规则以及损益相抵规则都属于合同法对于赔偿损失的直接规定。

（2）约定损害赔偿。即合同当事人双方在订立合同时预先约定违约金或者损失赔偿金的计算方法。合同法规定，当事人可以约定一方违约时应当根据违约情况向对方支付一定数额的违约金，也可以约定因违约产生的损失赔偿金的计算方法。

4. 支付违约金

违约金是指当事人在合同中或订立合同后约定的，或者法律直接规定的，违约方发生违约行为时向另一方当事人支付一定数额的货币。违约金是因有违约行为而按照约定或者法律规定适用，即为违约责任。违约金的特点主要有以下几点：

1）违约金具有约定性

对于约定违约金来说，是双方当事人协商一致的结果，是否约定违约金，违约金的具体数额都是由当事人双方协商确定的。

对于法定违约金来说，法律仅仅规定了违约金的支付条件及违约金的大小范围，至于违约金的具体数额还是由双方当事人另行商定。

2）违约金具有预定性

约定违约金的数额是合同当事人预先在订立合同时确定的，法定违约金也是由法律直接规定了违约金上下浮动的范围。一方面，由于当事人知道违约金的情况，这样在合同履行过程中，违约金可以对当事人起着督促作用；另一方面，一旦违约行为发生，双方对违约责任的处理明确简单。

3）违约金是独立于履行行为以外的给付

违约金是违约方不履行合同义务或者履行合同义务不符合约定时向债权人支付的一定数额的货币，它并不是主债务，而一种独立于合同义务以外的从债务，如果违约行为发生后，债权人仍然要求违约方履行合同义务而且违约方具有继续履行的可能性，违约方不得以支付违约金为由而免除继续履行合同义务的责任。

4）违约金具有补偿性和担保性双重作用

违约金可以分为赔偿性违约金和惩罚性违约金。赔偿性违约金的目的是补偿债权人因债务人违约而造成的损失，这表现了违约金的补偿性；惩罚性违约金的目的是对违约行为进行惩罚和制裁，与违约造成的实际损失没有必然联系，违约金的支付是以当事人有违约行为为前提，而不必证明债权人的实际损失究竟有多大，这体现了违约金具有明显的惩罚性。这是违约金不同于一般的损失赔偿金的最显著的地方，也正是违约金担保作用的具体体现。

任务7 合同纠纷的解决

7.7.1 当事人对合同条款产生争议时合同文件的解释

合同应当是合同当事人双方完全一致的意思表示。但是，在实际操作中，由于各方面的原因，如当事人的经验不足、素质不高、出于疏忽或是故意，对合同中应当包括的条款未作明确规定，或者对有关条款用词不够准确，从而导致合同内容表达不清楚。表现在：合同中出现错误、矛盾以及二义性解释；合同中未作出明确解释，但在合同履行过程中发生了事先未考虑到的事；合同履行过程中出现超出合同范围的事件，使得合同全部或者部分归于无效等。

一旦在合同履行过程中产生上述问题，合同当事人双方往往可能会对合同文件的理解出现偏差，从而导致双方当事人产生合同争议。因此，如何对内容表达不清楚的合同进行正确的解释就显得尤为重要。

《合同法》第一百二十五条规定："当事人对合同条款的理解有争议的，应当按照合同所使用的词句、合同的有关条款、合同的目的、交易习惯以及诚实信用原则，确定该条款的真实意思。合同文本采用两种以上文字订立并约定具有同等效力的，对各文本使用的词句推定具有相同含义。各文本使用的词句不一致的，应当根据合同的目的予以解释"。

由此可见，合同的解释方法主要有以下几种：

1. 词句解释

首先应当确定当事人双方的共同意图，据此确定合同条款的含义。如果仍然不能作出明确解释，就应当根据与当事人具有同等地位的人处于相同情况下可能作出的理解来进行解释。其规则有：

1）排他规则

如果合同中明确提及属于某一特定事项的某些部分而未提及该事项的其他部分，则可以推定为其他部分已经被排除在外。

例如，某承包商与业主就某酒楼的装修工程达成协议。该酒楼包括两个大厅、二十个包厢和一个歌舞厅，在签订的合同中没有对该酒楼是全部装修还是部分装修作出具体规定，在招标文件的工程量表中仅仅开列了包括大厅和包厢在内的工程的装修要求，对歌舞厅未作要求。在工程实施过程中双方产生争议。

根据上述规则，应当认为该装修合同中未包含歌舞厅的装修在内。

2）对合同条款起草人不利规则

虽然合同是经过双方当事人平等协商而作出的一致的意思表示，但是在实际操作过程中，合同往往是由当事人一方提供的，提供方可以根据自己的意愿对合同提出要求。这样，他对合同条款的理解应该更为全面。如果因合同的词义而产生争议，则起草人应当承担由于选用词句的含义不清而带来的风险。

3）主张合同有效的解释优先规则

双方当事人订立合同的根本目的是正确完整地享有合同权利，履行合同义务，即希望合同最终能够得以实现。如果在合同履行过程中双方产生争议，其中有一种解释可以从中推断出若按照此解释合同仍然可以继续履行；而从其他各种对合同的解释中可以推断出合同将归于无效而不能履行。此时，应当按照主张合同仍然有效的方法来对合同进行解释。

2. 整体解释

当双方当事人对合同产生争议后，应当从合同整体出发，联系合同条款上下文，从总体上对合同条款进行解释，而不能断章取义，割裂合同条款之间的联系来进行片面解释。整体解释的原则包括：

1）同类相容规则

即如果有两项以上的条款都包含同样的语句，而前面的条款又对此赋予特定的含义，则其他所出现的条款所表达出来的含义可以推断出和前面一样。

2）非格式条款优先于格式条款规则

当格式合同与非格式合同并存时，如果格式合同中的某些条款与非格式合同相互矛盾时，应当按照非格式条款的规定执行。

3. 合同目的解释

肯定符合合同目的的理解，排除不符合合同目的的解释。

例如在某装修工程合同中没有对材料的防火阻燃等要求进行事先约定，在施工过程中，承包商采用了易燃材料，业主对此产生异议。

在此案例中，虽然业主未对材料的防火性能作出明确规定，但是，根据合同目的，装修好的工程必须符合我国消防法的规定。所以，承包商应当采用防火阻燃材料进行装修。

4. 交易习惯解释

按照该国家、该地区、该行业所采用的惯例进行解释。

5. 诚实信用原则解释

诚实信用原则是合同订立和合同履行的最根本的原则，因此，无论对合同的争议采用何种方法进行解释，都不能违反诚实信用原则。

7.7.2 合同争执的解决方法

当双方当事人在合同履行过程中发生争执时，首先，应当按照公平合理和诚实信用原则由双方当事人依据上述合同的解释方法自愿协商解决争执，或者通过调解解决争端。如果仍然不能解决争端的，则可以采取司法途径解决。

司法途径可分为仲裁和诉讼两种方式。当事人采用仲裁方式解决争端，应当是双方协商一致，达成仲裁协议。没有仲裁协议，一方提出申请仲裁，仲裁机关不予受理。

合同争端产生后，如果双方有仲裁协议的，不应当向法院起诉，而应当通过仲裁方式解决，即使向法院起诉，法院也不应当受理。但是，在仲裁协议无效的情况下，当事人一方向法院起诉，法院可以受理该案件，作出正确判决。

Chapter 8

项目 8 建设工程施工合同

任务1 建设工程合同体系

建设工程项目是一个极为复杂的社会生产过程，它分别经历可行性研究、勘察设计、工程施工和运行等阶段；有建设工程、装饰装修、水电、机械设备、通信等专业设计和施工活动；在建筑产品生产过程中需要各种材料、设备、资金和劳动力的供应。由于现代社会化大生产和专业化分工的进一步细化，一个稍大一点的工程其参加单位就有十几个、几十个，甚至成百上千个，它们之间形成各式各样的经济关系。由于工程中维系这种关系的纽带是合同，所以就有各式各样的合同。工程项目的建设过程实质上是一系列经济合同的签订和履行过程。

在一个建设工程中，相关的合同可能有几份、几十份、几百份，甚至几千份，形成了一个复杂的合同网络。在这个网络中，业主和工程的承包人是两个最主要的节点。

8.1.1 业主的主要合同关系

业主是建筑工程的买方，它可能是政府、企业、其他投资者，或几个企业的联合体，也可能是政府与企业的组合。业主作为一个项目的投资人，要实现工程项目的目标，通常要将工程的勘察设计、工程施工以及设备和材料的供应等工作委托出去，与有关单位签订各种合同，这些合同通常包括如下几类：

1）咨询（监理）合同

业主与咨询（监理）公司签订的合同。咨询（监理）公司负责工程的可行性研究、设计监理、招标和施工阶段监理等某一项或几项工作。

2）勘察设计合同

业主与勘察设计单位签订的合同。勘察设计单位负责工程的地质勘察和技术设计工作。

3）供应合同

业主与材料或设备供应商（厂家）签订的材料和设备供应合同。由各供应商向业主进行材料、设备供应。

4）工程施工合同

业主与工程承包人签订的工程施工合同。一个或几个承包人承包或分别承包建筑工程、装饰工程、机械设备、安装工程等工程施工。

5）贷款合同

业主与金融机构签订的合同。后者向业主提供资金保证。按照资金来源的不同，可能有贷款合同、合资合同或BOT合同等。

按照工程承包方式和范围的不同，业主可能订立几十份合同。例如将工程分专业、分阶段委托，将材料和设备供应分别委托，也可能将上述委托以各种形式合并，如把土建和安装委托给一个承包人，把整个设备供应委托给一个成套设备供应企业。当然业主还可以与一个承包人订立总承包合同，由该承包人全面负责整个工程的可行性研究、设计、监理、供应、施工，甚至管理等工作。

8.1.2　承包人的主要合同关系

承包人是工程施工的具体实施者，是工程承包合同的执行者。承包人通过投标接受业主的委托，签订工程承包合同。工程承包合同和承包人是任何建设工程中都不可缺少的。承包人要完成承包合同的责任，包括由工程量表所确定的工程范围的施工、竣工和保修，为完成这些工程提供劳动力、施工设备、材料等，有时也包括技术设计、项目立项等。任何承包人都不可能，也不必具备所有专业工程的施工能力、材料设备的生产和供应能力，承包人必须将许多专业工作委托出去，因此承包人常常有自己复杂的合同关系：

1）分包合同

对于一些大的工程，承包人常常必须与其他承包人合作才能完成总承包合同责任。承包人把从业主那里承接到的工程中的某些分项工程或工作分包给另一承包人来完成，则与该承包人签订分包合同。

承包人在承包合同下可能订立许多分包合同，而分包商仅完成总承包人的工程，向承包人负责，与业主无合同关系。承包人向业主担负全部工程责任，负责工程的管理和所属各分包商工作之间的协调，以及各分包商之间合同责任界限的划分，同时承担协调失误造成损失的责任，向业主承担工程风险。

2）供应合同

承包人在进行工程施工中，对由自己采购和供应的材料和设备，必须与相应的供应商签订供应合同。

3）运输合同

当采购和供应的材料和设备由承包人负责运输时，承包人必须与运输单位签订运输合同。

4）加工合同

承包人将建筑构配件、特殊构件的加工任务委托给加工单位而签订加工合同。

5）租赁合同

在建筑工程中承包人需要许多施工设备、运输设备、周转材料。当购置需要大量资金投入而承包人又不具备足够的经济实力时，可以采用租赁方式，与租赁单位签订租赁合同。

6）劳务合同

承包人与劳务供应商之间签订劳务合同，由劳务供应商向工程提供劳务。

7）保险合同

承包人按照施工合同要求对工程进行保险，与保险公司签订保险合同。

8.1.3 其他情况的合同关系

在实际工程中还可能有如下情况：

(1) 各供应单位或分包商也可能把自己所承揽的工作分出去，则其要签订各种形式的分包合同。

(2) 承包人有时也承担工程（或部分工程）的设计（如设计-施工总承包），如果承包人要进行委托，则必须委托设计单位，与设计单位签订设计合同。

(3) 如果工程付款条件苛刻，承包人经济实力有限，则需与金融单位签订借（贷）款合同。

(4) 在许多大工程中，尤其是在业主要求全包的工程中，承包人经常是几个企业的联合体（最常见的是设备供应商、土建承包人、安装承包人、勘察设计单位）之间订立联营合同，联合进行投标，共同承接工程。联合体承包已成为许多承包人的经营策略之一，在国内外工程中都很常见。

在一个工程项目中，对上述所签订的不同层次、不同种类的合同进行组合分析，就可以得到该工程的合同体系（见图 8-1）。

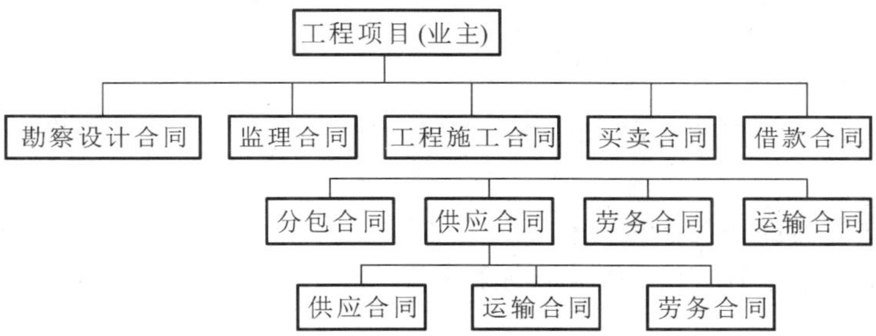

图 8-1 建设工程合同体系

在建设工程合同体系中，所有合同都是为了完成业主的工程项目目标，都必须围绕这个目标来签订和实施。由于这些合同之间存在着复杂的内部联系，构成了该工程的合同网络。其中，工程承包合同是最有代表性、最普遍，也是最复杂的合同类型，在工程项目的合同体系中处于主导地位，是整个工程项目合同管理的重点。无论是业主、监理工程师或承包人，都将它作为合同管理的主要对象。

建设工程合同体系在项目管理中是一个非常重要的概念。它从一个重要角度反映了项目的形象，对整个项目管理的运作有很大的影响：

(1) 它反映了项目任务的范围和划分方式。

(2) 它反映了项目所采用的管理模式，例如监理制度、全包方式或平行承包方式。

(3) 它在很大程度上决定了项目的组织形式，因为不同层次的合同，常常又决定了合同实施者在项目组织结构中的地位。

8.1.4 建设工程合同的法律运用顺序

建设工程合同，具有一般合同的法律特点，同时又受到建筑工程相关法规的制约。建筑工程合同的种类繁多，有在《合同法》中列名的，也有无名的。不同的合同，适用于它的法律内容和执行次序不一样。一般情况下，如果在建设工程合同的签订和实施过程中出现争执，先按合同条文和双方的其他协议解决;如果解决不了(如合同中没有明确规定),则在《合同法》中寻找解决依据;如果仍解决不了,再按《民法通则》中的规定解决。

除了上述《合同法》和《民法通则》外,由于建筑工程是一个非常复杂的社会生产活动。在合同的签订和实施过程中还会涉及其他非常复杂的法律问题,主要包括:

(1) 建筑法。建筑法是建筑活动的基本法,它规定了施工许可、施工企业资质等级的审查,工程承发包、建设工程监理制度等。

(2) 涉及合同主体资格管理的法规,例如国家对于签订合同各方的资质管理规定、资质等级标准。

(3) 建筑市场法规,如招标投标法。

(4) 建筑工程合同管理法规,包括国家关于合同公证和鉴证的条例和规定。

(5) 建筑工程质量管理法规,包括《中华人民共和国标准化法》。

(6) 建筑工程造价管理法规。

(7) 税法。

(8) 劳动保护法。

(9) 环境保护法。

(10) 保险法。

(11) 担保法。

(12) 合同争执解决方面的法规,如仲裁法、诉讼法。

(13) 文物保护法。

(14) 安全生产方面的相关法规。

(15) 其他。例如土地管理法、交通管制条例等。

8.1.5 建设工程合同的基本作用

建设工程合同包括工程勘察、设计、施工、监理等合同。建设工程合同是工程承发包双方实现市场交易的重要方式和依据。合同一经成立,即受法律保护。合同在工程建设中有着特殊的地位和作用:

(1) 建设工程合同确定了项目实施和管理的主要目标,是合同双方在项目中各种经济活动的依据。

合同在项目实施前签订,它确定了项目所要达到的目标以及和目标相关的所有主要的和细节的问题。合同确定的项目目标主要有价格、工期、工程质量等。项目中的合同管理工作就是为了保证这些目标的实现。

(2) 建设工程合同明确了双方的经济关系,规定了双方在合同实施过程中的经济责任、利益和权利。

合同一经签订,合同双方便结成了一定的经济关系。签订合同,说明当事人双方互相信任,双方共同完成项目的总目标,双方的利益是一致的。但从另一个角度上看,合同双方的利益又是不一致的。承包人的目标是尽可能多地取得利润、降低成本;业主的目标是以尽可能少的费用、短的时间完成尽可能多的、质量尽可能高的项目。

由于利益不一致,就会导致利益冲突,造成双方行为的不一致、不协调甚至产生矛盾。而合同是调节这种关系的主要手段。它规定了双方的责任和权益。双方都可以利用合同保护自己的权益,限制和约束对方。所以,合同应该体现双方经济责权利关系的平衡。如果不能保持这种均势，往往会导致合同一方的失败，或整个项目的失败。

(3) 建设工程合同是双方工程经济活动的最高行为准则。

项目实施过程中的一切活动都是为了履行合同，都必须按合同办事，双方的行为主要靠合同来约束，所以，项目管理要以合同为核心。

合同一经签订，只要合同合法，双方必须全面地完成合同规定的责任和义务。如果不能认真履行自己的责任和义务，甚至单方撕毁合同，则必须接受经济的，甚至法律的处罚。除了特殊情况(如不可抗力因素等)使合同不能实施外，合同当事人即使亏本，甚至破产也不能摆脱这种法律约束力。

(4) 建设工程合同和它的法律约束力是项目施工和管理的要求和保证。

合同将项目所涉及的服务、生产、材料和设备供应、运输、各专业设计和施工的分工协作关系联系起来，协调并统一项目各参加者的行为。一个参加单位与项目的关系，它在项目中承担的角色，它的任务和责任，就是由与它相关的合同所限定的。

由于社会化大生产和专业化分工的需要，一个工程必须有几个、十几个、甚至几十个参加单位分工协作。专业化越发达，项目参加者越多，这种协调关系就越重要。在项目实施中，由于合同一方违约，不能履行合同责任，不仅会造成自己的损失，而且会殃及合同伙伴和其他项目参加者，甚至会造成整个项目的中断。如果没有合同和合同的法律约束力，就不能保证各参加者在项目的各个方面、各个环节上都按时、按质、按量地完成自己的义务，就不会有正常的工作秩序，就不可能顺利地实现项目总目标。合同管理必须协调和处理各方面的关系、使相关的各个合同和合同规定的各种项目活动之间不会产生矛盾，在内容上、技术上、组织上、时间上协调一致，形成一个完整、周密、有序的体系，以保证项目有秩序、按计划实施。

(5) 建设工程合同是双方解决工程争执的依据。

由于双方经济利益的不一致，在项目实施过程中争执是难免的。合同争执是经济利益冲突的表现，它常常起因于双方对合同理解的不一致、合同实施环境的变化、有一方违反合同或未能正确地履行合同等。

合同对争执的解决有两个决定性作用：一方面，争执的判定以合同作为法律依据，即以合同条文判定争执的性质，谁对争执负责，应负什么样的责任等；另一方面，争执的解决方法和解决程序由合同规定。

任务2 施工合同

8.2.1 施工合同的概念

建设工程施工合同是以发包人委托监理人管理工程合同的模式设定合同当事人的权利、义务和责任。建设工程施工合同也称为建筑安装承包合同，建筑是指对工程进行营造的行为，安装主要是指与工程有关的线路、管道、设备等设施的装配。

建设工程施工合同是建筑工程的主要合同，是工程建设进度控制、质量控制、安全施工、投资控制的主要依据。因此，在建设领域加强对施工合同的管理具有十分重要的意义。根据国家有关法律、法规和部门规章，以及按合同管理的操作要求进行约定和设置，制定建设工程施工合同条款，用以规范建设工程施工合同的签订和履行。

施工合同的当事人是发包人和承包人，双方是平等的民事主体。发包人必须具备组织协调能力，并应按合同约定及时支付合同价款，来保障工程的顺利完工；承包人应按合同协议书、合同条款、技术标准和要求、图纸、已标价工程量清单等合同文件约定及监理人指示，完成全部工程，并负责提供合同所需的劳务、材料、施工设备、工程设备和其他物品，以及临时设施的设计、建造、运行、维护、管理和拆除的责任。监理人作为合同管理者，其职责主要有两个方面：一是作为发包人的代理人，负责发出指示，检查工程质量、进度等现场管理工作；二是作为第三方，负责商定或确定有关事项，如单价的合理调整、变更估价、索赔等。

为了指导建设工程施工合同当事人的签约行为，维护合同当事人的合法权益，依据《合同法》《建筑法》《招标投标法》以及相关法律法规，住房城乡建设部、国家市场监督管理总局对《建设工程施工合同(示范文本)》(GF-1999-0201) 进行了修订，制定了《建设工程施工合同(示范文本)》(GF-2013-0201)(简称《示范文本》)。为了便于合同当事人使用，现就《示范文本》有关问题说明如下：

1.《示范文本》的组成

《示范文本》由合同协议书、通用合同条款和专用合同条款三部分组成。

1) 合同协议书

《示范文本》合同协议书共计 13 条，主要包括：工程概况、合同工期、质量标准、签约合同价与合同价格形式、项目经理、合同文件构成、承诺以及合同生效等重要内容，集中约定了合同当事人基本的合同权利义务。

2) 通用合同条款

通用合同条款是合同当事人根据《建筑法》《合同法》等法律法规的规定，就工程建设的实施及相关事项，对合同当事人的权利义务作出的原则性约定。

通用合同条款共计 20 条，分别为：一般约定，发包人，承包人，监理人，工程质量，安全文明施工与环境保护，工期和进度，材料与设备，试验与检验，变更，价格调整，合同价格、计量与支付，验收和工程试车，竣工结算，缺陷责任与保修，违约，不可抗力，保险，索赔，争议解决。前述条款安排既考虑了现行法律法规对工程建设的有关要求，也考虑了建设工程施工管理的特殊需要。

3) 专用合同条款

专用合同条款是对通用合同条款原则性约定的细化、完善、补充、修改或另行约定的条款。合同当事人可以根据不同建设工程的特点及具体情况，通过双方的谈判、协商对相应的专用合同条款进行修改补充。在使用专用合同条款时，应注意以下事项：

(1) 专用合同条款的编号应与相应的通用合同条款的编号一致；

(2) 合同当事人可以通过对专用合同条款的修改，满足具体建设工程的特殊要求，避免直接修改通用合同条款；

(3) 在专用合同条款中有横道线的地方，合同当事人可针对相应的通用合同条款进行细化、完善、补充、修改或另行约定；如无细化、完善、补充、修改或另行约定，则填写“无”或“/”。

2.《示范文本》的性质和适用范围

《示范文本》为非强制性使用文本。《示范文本》适用于房屋建筑工程、土木工程、线路管道和设备安装工程、装修工程等建设工程的施工承发包活动，合同当事人可结合建设工程具体情况，根据《示范文本》订立合同，并按照法律法规规定和合同约定承担相应的法律责任及合同权利义务。

8.2.2 施工合同的特点

1. 施工合同的特殊性

首先，建筑产品的固定性和生产的流动性，是区别于社会其他产品的根本特点。各类建筑产品是不动产，其基础部分与大地相连，不能移动，建筑物所在地就是施工生产场地，施工队伍、施工机械必须围绕建筑产品不断流动。其次，建筑产品的类别庞杂，千差万别，其外观、结构、使用目的、使用人都各不相同，这就要求每一个建筑产品都需单独设计和施工，即使可重复利用的标准设计或重复使用的图纸，也应进行必要的修改设计才能施工。最后，建筑产品体积庞大，消耗的人力、物力、财力多，一次性投资额大。

2. 合同履行周期长

由于建设工程结构复杂、体积大、材料类型多、工作量大，使得建设工程生产周期都较长，少则几个月，多则数年。因为建设工程的施工应当在合同签订后才开始，且需加上合同签订后到正式开工前的施工准备时间和工程全部竣工验收后、办理竣工结算及保修期的时间。此外，在工程的施工过程中，还可能因为不可抗力、工程变更、材料供应不及时、一方违约等原因而导致工期延误，因而施工合同的履行期限具有长期性，变更频繁，合同争议和纠纷也比较多。

3. 合同内容的多样性和复杂性

施工合同实施过程中涉及的主体有多种，且其履行期限长、标的额大。涉及的法律关系，除承包人与发包人的合同关系外，还涉及与劳务人员的劳动关系、与保险公司的保险关系、与材料设备供应商的买卖关系、与运输企业的运输关系等。施工合同除了应当具备合同的一般内容外，还应对施工安全、专利技术使用、化石和文物发现、工程分包、不可抗力、工程变更、材料和工程设备供应、运输和验收等内容作出规定。上述的关系和规定，都决定了施工合同的内容具有多样性和复杂性的特点，要求合同条款必须具体、明确和完整。

4. 合同涉及面广

施工合同在国家法律、行政法规方面涉及面广，其合同签订的依据有：《合同法》《民事诉讼法》《民法通则》《建筑法》《保险法》《担保法》《标准化法》《文物保护法》《噪声污染防治法》《反不正当竞争法》《仲裁法》《建设工程施工合同管理办法》等。此外，施工合同监督方面还涉及工商行政管理部门、建设工程行政主管部门；合同履行中产生纠纷还要涉及仲裁委员会或人民法院。

5. 合同监督的严格性

由于施工合同的履行对国家经济发展、公民的工作与生活都有重大的影响，因此，国家对施工合同的监督是十分严格的。具体表现在以下几个方面：

1）对合同主体监督的严格性

建设工程施工合同主体一般是法人。发包人一般是经过批准进行工程项目建设的法人，必须有国家批准的建设项目，落实投资计划，并且应当具备相应的协调能力；承包人则必须具备法人资格，而且应当具备相应的从事施工的资质。无营业执照或无承包资质的单位不能作为建设工程施工合同的主体，资质等级低的单位不能越级承包建设工程。

2）对合同订立监督的严格性

订立建设工程施工合同必须以国家批准的投资计划为前提，即使是国家投资以外的、以其他方式筹集的投资也要受到当年的贷款规模和批准限额的限制，纳入当年投资规模的平衡，并经过严格的审批程序。建设工程施工合同的订立，还必须符合国家关于建设程序的规定。考虑到建设工程的重要性和复杂性，《合同法》规定，建设工程施工合同应当采用书面形式。

3）对合同履行监督的严格性

在施工合同的履行过程中，除了合同当事人应当对合同进行严格的管理外，合同的主管机关（工商行政管理部门）、建设行政主管机关、合同双方的上级主管部门、金融机构、解决合同争议的仲裁机关或人民法院、税务部门等机构和部门，都要对施工合同的履行进行严格的监督。

8.2.3 施工合同订立的原则

1. 遵守国家法律、法规和国家计划原则

订立施工合同，必须遵守国家法律、法规，也应遵守国家的建设计划和其他计划（如贷款计划）。建设工程施工对经济发展、社会生活有多方面的影响，国家有许多强制性的管理规定，施工合同当事人都必须遵守。

2. 平等、自愿、公平的原则

签订施工合同当事人双方都具有平等的法律地位，任何一方都不得强迫对方接受不平等的合同条件。当事人有权决定是否订立合同和合同内容，合同内容应当是双方当事人真实意思的体现，合同内容还应当是公平的，不能单纯损害一方的利益。对于显失公平的施工合同，当事人一方有权申请人民法院或仲裁机构予以变更或撤销。

3. 诚实信用的原则

当事人订立施工合同应该诚实信用，不得有欺诈行为，双方应当如实将自身和工程的情况介绍给对方。在施工合同履行过程中，当事人也应守信用，严格履行合同。

例如，工程施工项目由于发包人拖欠工程款而发生纠纷，但双方直到施工任务完成后仍未签订合同。该施工合同成立吗？事实上，在该案例中，合同是成立的。因为承包人已履行了合同的主要义务，且业主并未提出异议。

任务3 施工合同条款的一般约定

8.3.1 词语定义

1. 合同

合同文件（或称合同）由合同协议书、中标通知书、投标函及投标函附录、专用合同条款、通用合同条款、技术标准和要求、图纸、已标价工程量清单以及其他合同文件组成。

承包人按中标通知书规定的时间与发包人签订合同协议书，除法律另有规定或合同另有约定外，发包人和承包人的法定代表人或其委托人在合同协议书上签字并盖单位章后，合同生效。中标通知书是指发包人通知承包人中标的函件。投标函是指构成合同文件组成部分的由承包人填写并签署的投标函。投标函附录是指附在投标函后构成合同文件的投标函附录。技术标准和要求是指构成合同文件组成部分的名为技术标准和要求的文件，包括合同双方当事人约定对其所作的修改或补充。图纸是指包含在合同中的工程图纸，以及由发包人按合同约定提供的任何补充和修改的图纸、变更及配套说明。已标价工程量清单是指构成合同文件组成部分的由承包人按照规定的格式和要求填写并标明价格的工程量清单。其他合同文件是指经合同双方当事人确认构成合同文件的其他文件，它主要是为满足不同行业、不同项目的实际和合同管理需要所作的规定。

2. 合同当事人和人员

合同当事人为发包人和承包人。发包人指专用合同条款中指明并与承包人在合同协议书中签字的当事人；承包人指与发包人签订合同协议书的当事人。

承包人项目经理指承包人派驻施工场地的全权负责人；分包人指从承包人处分包合同中某一部分工程，并与承包人签订分包合同的分包人。监理人是指受发包人委托对合同履行实施管理的法人或其他组织；总监理工程师(总监)是指由监理人委派常驻施工场地对合同履行实施管理的全权负责人。

3. 工程和设备

工程和设备包括工程(永久工程、临时工程和其他工程)、设备(工程设备、施工设备和承包人设备)、临时设施、施工场地，以及永久占地和临时占地。

工程指永久工程和(或)临时工程和其他工程：永久工程指按合同约定建造并移交给发包人的工程，包括工程设备；临时工程是指为完成合同约定的永久工程所修建的各类临时性工程，不包括施工设备；其他工程指专用合同条款中指明特定范围的永久工程。

构成或计划构成永久工程一部分的机电设备、金属结构设备、仪器装置及其他类似的设备和装置称为工程设备；施工设备指为完成合同约定的各项工作所需的设备、器具和其他物品，不包括临时工程和材料。

为完成合同约定的各项工作所服务的临时性生产和生活设施称为临时设施。

用于合同工程施工的场所，以及在合同中指定作为施工场地组成部分的其他场所，包括永久占地和临时占地，称为施工场地(或称工地、现场)；永久占地指专用合同条款中指明为实施合同工程需永久占用的土地；临时占地指专用合同条款中指明为实施合同工程需临时占用的土地。

4. 日期

1) 开工通知和开工日期

开工通知是指监理人通知承包人开工的函件；开工日期指监理人发出的开工通知中写明的开工日期，它是计算合同工期的起算点。

2) 工期

工期是指承包人在投标函中承诺的完成合同工程所需的期限，包括发包人工期延误、异常恶劣的气候条件和工期提前三项约定所作的变更。

3) 竣工日期

竣工日期是指约定工期届满时的日期，实际竣工日期以工程接收证书中写明的日期为准。

4) 缺陷责任期

缺陷责任期是指履行约定的缺陷责任的期限，具体期限由专用合同条款约定，包括根据约定所作的延长时间。

5）基准日期

基准日期指投标截止时间前 28 天的日期。

6）天

除特别指明外，天指日历天。合同中按天计算时间的，开始当天不计入，从次日开始计算。期限最后一天的截止时间为当天 24:00。

5. 合同价格和费用

(1) 签约合同价：签订合同时合同协议书中写明的并且包括了暂列金额、暂估价的合同总金额。已标价工程量清单中所列的暂列金额，用于在签订协议书时尚未确定或不可预见变更的施工及其所需材料、工程设备、服务等的金额，包括以计日工方式支付的金额；暂估价指发包人在工程量清单中给定的用于支付必然发生但暂时不能确定价格的材料、设备以及专业工程的金额；暂估价与暂列金额均是工程量清单的组成部分，暂估价是肯定要发生的项目，而暂列金额中的内容和项目可能发生也可能不发生。

(2) 合同价格：承包人按合同约定完成了包括缺陷责任期内的全部承包工作后，发包人应付给承包人的金额，包括在履行合同过程中按合同约定进行的变更和调整。

(3) 费用：为履行合同所发生的或将要发生的所有合理开支，包括管理费和应分摊的其他费用，但不包括利润。

(4) 计日工：对零星工作采取的一种计价方式，按合同中的计日工子目及其单价计价付款。

(5) 质量保证金(或称保留金)：按约定用于保证在缺陷责任期内履行缺陷修复义务的金额。

8.3.2 语言文字及法律

除专用术语外，合同使用的语言文字为中文。必要时专用术语应附有中文注释。适用于合同的法律包括中华人民共和国法律、行政法规、部门规章，以及工程所在地的地方法规、自治条例、单行条例和地方政府规章。

8.3.3 合同文件的优先顺序

组成合同的各项文件应互相解释，互为说明。解释合同文件的一般优先顺序如下：① 合同协议书；② 中标通知书；③ 投标函及投标函附录；④ 专用合同条款；⑤ 通用合同条款；⑥ 技术标准和要求；⑦ 图纸；⑧ 已标价工程量清单；⑨ 其他合同文件。

以上为合同当事人提供了合同文件的优先顺序示例。合同当事人可根据合同管理需要在专用合同条款中另行约定合同文件的优先顺序。

8.3.4 图纸和承包人文件

1. 图纸的提供

图纸应在合理的期限内按照合同约定的数量提供给承包人。由于发包人未按时提供图纸造成工期延误的，按相关约定办理。

图纸包括各种图纸和相关的资料、记录与附件，是构成合同条款的重要组成部分。

2. 承包人提供的文件

按专用合同条款约定由承包人提供的文件，包括部分工程的大样图、加工图等，承包人应按约定的数量和期限报送监理人。监理人应在专用合同条款约定的期限内批复。

承包人提供的文件不属于合同条款定义的“图纸”，不应作为计量和结算的依据。

3. 图纸的修改

图纸需要修改和补充的，应由监理人取得发包人同意后，在该工程或工程相应部位施工前的合理期限内签发图纸修改图给承包人，具体签发期限在专用合同条款中约定。承包人应按修改后的图纸施工。

承包人发现发包人提供的图纸存在明显错误或疏忽，应及时通知监理人。

4. 图纸和承包人文件的保管

监理人和承包人均应在施工场地各保存一套完整的图纸和承包人文件。

8.3.5 其他

1. 联络

与合同有关的通知、批准、证明、证书、指示、要求、请求、同意、意见、确定和决定等，均应采用书面形式。

上述来往函件，均应在合同约定的期限内送达指定地点和接收人，并办理签收手续。

书面形式是指合同书、信件和数据电文(包括电报、电传、传真、电子数据交换和电子邮件)等可以有形表现所载内容的形式。

2. 转让

除合同另有约定外，未经对方当事人同意，一方当事人不得将合同权利全部或部分转让给第三人，也不得全部或部分转移合同义务。

3. 严禁贿赂

合同双方当事人不得以贿赂或变相贿赂的方式，谋取不正当利益或损害对方权益。因贿赂造成对方损失的，行为人应赔偿损失，并承担相应的法律责任。

在工程招投标和履行合同过程中，以贿赂手段谋取不正当利益，不仅损害了合同当事人的利益，还将影响工程质量，甚至可能危及工程安全。因此，合同双方当事人均应采取有效措施，禁止本合同有关单位和人员采用贿赂或类似的行为谋取不正当利益。

4. 化石、文物

在施工场地发掘的所有文物、古迹以及具有地质研究或考古价值的其他遗迹、化石、钱币或物品属于国家所有。一旦发现上述文物，承包人应采取有效合理的保护措施，防止任何人员移动或损坏上述物品，并立即报告当地文物行政部门，同时通知监理人。发包人、监理人和承包人应按文物行政部门要求采取妥善保护措施，由此导致的费用增加和(或)工期延误由发包人承担。

承包人发现文物后不及时报告或隐瞒不报，致使文物丢失或损坏的，应赔偿损失，并承担相应的法律责任。

5. 专利技术

承包人在使用任何材料、承包人设备、工程设备或采用施工工艺时，因侵犯专利权或其他知识产权所引起的责任，由承包人承担，但由于遵照发包人提供的设计或技术标准和要求引起的除外。

承包人在投标文件中采用专利技术的，专利技术的使用费包含在投标报价内。

承包人的技术秘密和声明需要保密的资料和信息，发包人和监理人不得为合同以外的目的泄露给他人。

6. 图纸和文件的保密

发包人提供的图纸和文件，未经发包人同意，承包人不得为合同以外的目的泄露给他人或公开发表与引用。

承包人提供的文件，未经承包人同意，发包人和监理人不得为合同以外的目的泄露给他人或公开发表与引用。

7. 修正工程量清单错误

发包人提供的工程量清单应是准确的和完整的。出现下列情形之一时，发包人应予以修正，并相应调整合同价格：

(1) 工程量清单存在缺项、漏项的；

(2) 工程量清单偏差超出专用合同条款约定的工程量偏差范围的；

(3) 未按照国家现行计量规范强制性规定计量的。

任务4 施工合同参与方

8.4.1 发包人

发包人应遵守法律，并办理法律规定由其办理的许可、批准或备案，包括但不限于建设用地规划许可证、建设工程规划许可证、建设工程施工许可证，施工所需临时用水、临时用电、中断道路交通、临时占用土地等许可和批准。发包人应协助承包人办理法律规定的有关施工证件和批件。

1. 发包人代表

发包人应在专用合同条款中明确其派驻施工现场的发包人代表的姓名、职务、联系方式及授权范围等事项。发包人代表在发包人的授权范围内，负责处理合同履行过程中与发包人有关的具体事宜。发包人代表在授权范围内的行为由发包人承担法律责任。发包人更换发包人代表的，应提前 7 天书面通知承包人。

不属于法定必须监理的工程，监理人的职权可以由发包人代表或发包人指定的其他人员行使。

2. 发包人人员

发包人人员包括发包人代表及其他由发包人派驻施工现场的人员。发包人人员应遵守法律及有关安全、质量、环境保护、文明施工等规定，并保障承包人免于承受因发包人人员未遵守上述要求给承包人造成的损失和责任。

3. 施工现场、施工条件和基础资料的提供

发包人应最迟于开工日期 7 天前向承包人移交施工现场。发包人应负责提供施工所需要的条件，包括：

(1) 将施工用水、电力、通信线路等施工所必需的条件接至施工现场内；

(2) 保证向承包人提供正常施工所需要的进入施工现场的交通条件；

(3) 协调处理施工现场周围地下管线和邻近建筑物、构筑物、古树名木的保护工作，并承担相关费用；

(4) 按照专用合同条款约定应提供的其他设施和条件。

发包人应当在移交施工现场前向承包人提供施工现场及工程施工所必需的毗邻区域内供水、排水、供电、供气、供热、通信、广播电视等地下管线资料，气象和水文观测资料，地质勘察资料，相邻建筑物、构筑物和地下工程等有关基础资料，并对所提供资料的真实性、准确性和完整性负责。

因发包人原因未能按合同约定及时向承包人提供施工现场、施工条件、基础资料的，由发包人承担由此增加的费用和(或)延误的工期。

4. 资金来源证明及支付担保

发包人应在收到承包人要求提供资金来源证明的书面通知后 28 天内，向承包人提供能够按照合同约定支付合同价款的相应资金来源证明。

如果发包人要求承包人提供履约担保，则发包人应当向承包人提供支付担保。支付担保可以采用银行保函或担保公司担保等形式，具体由合同当事人在合同条款中约定。

5. 其他

发包人应按合同约定向承包人及时支付合同价款，并及时组织竣工验收。发包人可以与承包人、由发包人直接发包的专业工程的承包人签订施工现场统一管理协议，明确各方的权利义务，以方便现场质量、安全、进度、成本管理。

8.4.2 监理人

工程实行监理的，发包人和承包人应在专用合同条款中明确监理人的监理内容及监理权限等事项。监理人应当根据发包人授权及法律规定，代表发包人对工程施工相关事项进行检查、查验、审核、验收，并签发相关指示，但监理人无权修改合同，且无权减轻或免除合同约定的承包人的任何责任与义务。

一般情况下，监理人在施工现场的办公场所、生活场所由承包人提供，所发生的费用由发包人承担。

1. 监理人员

监理人员包括总监理工程师及监理工程师，发包人授予监理人对工程实施监理的权利由监理人派驻施工现场的监理人员行使。监理人应将授权的总监理工程师和监理工程师的姓名及授权范围以书面形式提前通知承包人。更换总监理工程师的，监理人应提前 7 天书面通知承包人；更换其他监理人员，监理人应提前 48 小时书面通知承包人。

2. 监理人的指示

监理人应按照发包人的授权发出监理指示。监理人的指示应采用书面形式，并经其授权的监理人员签字。紧急情况下，为了保证施工人员的安全或避免工程受损，监理人员可以口头形式发出指示，该指示与书面形式的指示具有同等法律效力，但必须在发出口头指示后 24 小时内补发书面监理指示，补发的书面监理指示应与口头指示一致。

监理人发出的指示应送达承包人项目经理或经项目经理授权接收的人员。因监理人未能按合同约定发出指示、指示延误或发出了错误指示而导致承包人费用增加和(或)工期延误的，由发包人承担相应责任。

承包人对监理人发出的指示有疑问的，应向监理人提出书面异议，监理人应在48小时内对该指示予以确认、更改或撤销，监理人逾期未回复的，承包人有权拒绝执行上述指示。

监理人对承包人的任何工作、工程或其采用的材料和工程设备未在约定的或合理期限内提出意见的，视为批准，但不免除或减轻承包人对该工作、工程、材料、工程设备等应承担的责任和义务。

3. 商定或确定

合同当事人进行商定或确定时，总监理工程师应当会同合同当事人尽量通过协商达成一致，不能达成一致的，由总监理工程师按照合同约定审慎作出公正的确定。

总监理工程师应将确定以书面形式通知发包人和承包人，并附详细依据。合同当事人对总监理工程师的确定没有异议的，按照总监理工程师的确定执行。任何一方合同当事人有异议，按照争议解决约定处理。争议解决前，合同当事人暂按总监理工程师的确定执行；争议解决后，争议解决的结果与总监理工程师的确定不一致的，按照争议解决的结果执行，由此造成的损失由责任人承担。

例如，在工程施工中，监理工程师签发了临时书面指示：将瓷砖墙裙改为木墙裙，但是监理工程师直到竣工仍未鉴认书面确认函。此时监理工程师的临时书面指示能够构成合同的组成部分吗？事实上，该临时书面指示可以构成合同的组成部分。监理工程师可以当场发出临时指示，承包人应在规定时间内要求监理人书面确认，监理人在规定时间内未答复的，视同确认。

8.4.3 承包人

1. 承包人的一般义务

承包人在履行合同过程中应遵守法律和工程建设标准规范，并履行以下义务：

(1) 办理法律规定应由承包人办理的许可和批准，并将办理结果书面报送发包人留存；

(2) 按法律规定和合同约定完成工程，并在保修期内承担保修义务；

(3) 按法律规定和合同约定采取施工安全和环境保护措施，办理工伤保险，确保工程及人员、材料、设备和设施的安全；

(4) 按合同约定的工作内容和施工进度要求，编制施工组织设计和施工措施计划，并对所有施工作业和施工方法的完备性和安全可靠性负责；

(5) 在进行合同约定的各项工作时，不得侵害发包人与他人使用公用道路、水源、市政管网等公共设施的权利，避免对邻近的公共设施产生干扰，承包人占用或使用他人的施工场地，影响他人作业或生活的，应承担相应责任；

(6) 按照环境保护约定负责施工场地及其周边环境与生态的保护工作；

(7) 按安全文明施工约定采取施工安全措施，确保工程及其人员、材料、设备和设施的安全，防止因工程施工造成的人身伤害和财产损失；

(8) 将发包人按合同约定支付的各项价款专用于合同工程，且应及时支付其雇用人员工资，并及时向分包人支付合同价款；

(9) 按照法律规定和合同约定编制竣工资料，完成竣工资料立卷及归档，并按专用合同条款约定的竣工资料的套数、内容、时间等要求移交发包人。

2. 项目经理

项目经理应为合同当事人所确认的人选，并在专用合同条款中明确项目经理的姓名、职称、注册执业证书编号、联系方式及授权范围等事项，项目经理经承包人授权后代表承包人负责履行合同。项目经理应是承包人正式聘用的员工，承包人应向发包人提交项目经理与承包人之间的劳动合同，以及承包人为项目经理缴纳社会保险的有效证明。

项目经理应常驻施工现场，且每月在施工现场时间不得少于专用合同条款约定的天数。项目经理不得同时担任其他项目的项目经理。项目经理确需离开施工现场时，应事先通知监理人，并取得发包人的书面同意。项目经理的通知中应当载明临时代行其职责的人员的注册执业资格、管理经验等资料，该人员应具备履行相应职责的能力。

项目经理按合同约定组织工程实施。在紧急情况下为确保施工安全和人员安全，在无法与发包人代表和总监理工程师及时取得联系时，项目经理有权采取必要的措施保证与工程有关的人身、财产和工程的安全，但应在 48 小时内向发包人代表和总监理工程师提交书面报告。

承包人需要更换项目经理的，应提前 14 天书面通知发包人和监理人，并征得发包人书面同意（通知中应当载明继任项目经理的注册执业资格、管理经验等资料）。未经发包人书面同意，承包人不得擅自更换项目经理。

发包人有权书面通知承包人更换其认为不称职的项目经理，通知中应当载明要求更换的理由。承包人应在接到更换通知后 14 天内向发包人提出书面的改进报告。发包人收到改进报告后仍要求更换的，承包人应在接到第二次更换通知的 28 天内进行更换，并将新任命的项目经理的注册执业资格、管理经验等资料书面通知发包人。

项目经理因特殊情况授权其下属人员履行其某项工作职责的，该下属人员应具备履行相应职责的能力，并应提前 7 天将该下属人员的姓名和授权范围书面通知监理人，并征得发包人书面同意。

3. 承包人人员

承包人应在接到开工通知后 7 天内，向监理人提交承包人项目管理机构及施工现场人员安排的报告，其内容应包括合同管理、施工、技术、材料、质量、安全、财务等主要施工管理人员名单及其岗位、注册执业资格等，以及各工种技术工人的安排情况，并同时提交主要施工管理人员与承包人之间的劳动关系证明和缴纳社会保险的有效证明。

承包人派驻到施工现场的主要施工管理人员应相对稳定。施工过程中如有变动，承包人应及时向监理人提交施工现场人员变动情况的报告。承包人更换主要施工管理人员时，应提前 7 天书面通知监理人，并征得发包人书面同意。通知中应当载明继任人员的注册执业资格、管理经验等资料。

特殊工种作业人员均应持有相应的资格证明，监理人可以随时检查。

发包人对于承包人主要施工管理人员的资格或能力有异议的，承包人应提供资料证明被质疑人员有能力完成其岗位工作或不存在发包人所质疑的情形。发包人要求撤换不能按照合同约定履行职责及义务的主要施工管理人员的，承包人应当撤换。

承包人的主要施工管理人员离开施工现场每月累计不超过 5 天的，应报监理人同意；离开施工现场每月累计超过5天的，应通知监理人，并征得发包人书面同意。主要施工管理人员离开施工现场前应指定一名有经验的人员临时代行其职责，该人员应具备履行相应职责的资格和能力，且应征得监理人或发包人的同意。

4. 承包人现场查勘

承包人应对基于发包人提供基础资料所作出的解释和推断负责，但因基础资料存在错误、遗漏导致承包人解释或推断失实的，由发包人承担责任。

承包人应对施工现场和施工条件进行查勘，并充分了解工程所在地的气象条件、交通条件、风俗习惯以及与完成合同工作有关的其他资料。因承包人未能充分查勘、了解前述情况或未能充分估计前述情况可能产生的后果，承包人应当承担由此增加的费用和(或)延误的工期。

5. 分包

承包人不得将其承包的全部工程转包给第三人，或将其承包的全部工程肢解后以分包的名义转包给第三人。承包人不得将工程主体结构、关键性工作及专用合同条款中禁止分包的专业工程分包给第三人，主体结构、关键性工作的范围由合同当事人按照法律规定在专用合同条款中予以明确。承包人不得以劳务分包的名义转包或违法分包工程。

1）分包的确定

承包人应按专用合同条款的约定进行分包，确定分包人。已标价工程量清单或预算书中给定暂估价的专业工程，按照暂估价确定分包人。按照合同约定进行分包的，承包人应确保分包人具有相应的资质和能力。工程分包不减轻或免除承包人的责任和义务，承包人和分包人就分包工程向发包人承担连带责任。承包人应在分包合同签订后7天内向发包人和监理人提交分包合同副本。

承包人应向监理人提交分包人的主要施工管理人员表，并对分包人的施工人员进行实名制管理，包括但不限于进出场管理、登记造册以及各种证照的办理。

2）分包合同价款

分包合同价款由承包人与分包人结算，未经承包人同意，发包人不得向分包人支付分包工程价款；生效法律文书要求发包人向分包人支付分包合同价款的，发包人有权从应付承包人工程款中扣除该部分款项。

3）分包合同权益的转让

分包人在分包合同项下的义务持续到缺陷责任期届满以后的，发包人有权在缺陷责任期届满前，要求承包人将其在分包合同项下的权益转让给发包人，承包人应当转让。转让合同生效后，由分包人向发包人履行义务。

6. 工程照管与成品、半成品保护

(1) 除专用合同条款另有约定外，自发包人向承包人移交施工现场之日起，承包人应负责照管工程及工程相关的材料、工程设备，直到颁发工程接收证书之日止。

(2) 在承包人负责照管期间，因承包人原因造成工程、材料、工程设备损坏的，由承包人负责修复或更换，并承担由此增加的费用和(或)延误的工期。

(3) 对合同内分期完成的成品和半成品，在工程接收证书颁发前，由承包人承担保护责任。因承包人原因造成成品或半成品损坏的，由承包人负责修复或更换，并承担由此增加的费用和(或)延误的工期。

7. 履约担保

发包人需要承包人提供履约担保的，由合同当事人在专用合同条款中约定履约担保的方式、金额及期限等。履约担保可以采用银行保函或担保公司担保等形式，具体由合同当事人在专用合同条款中约定。

因承包人原因导致工期延长的，继续提供履约担保所增加的费用由承包人承担；非因承包人原因导致工期延长的，继续提供履约担保所增加的费用由发包人承担。

8. 联合体

联合体各方应共同与发包人签订联合体合同协议书，联合体各方应为履行合同向发包人承担连带责任，联合体协议经发包人确认后作为合同附件。在履行合同过程中，未经发包人同意，不得修改联合体协议。联合体牵头人负责与发包人和监理人联系，并接受指示，负责组织联合体各成员全面履行合同。

任务5 施工准备阶段的合同管理

1. 进度计划

承包人应按专用合同条款约定的内容和期限，编制详细的施工进度计划和施工方案说明报送监理人。监理人应在专用合同条款约定的期限内批复或提出修改意见，否则该进度计划视为已得到批准。经监理人批准的施工进度计划称合同进度计划，是控制合同工程进度的依据。承包人还应根据合同进度计划，编制更为详细的分阶段或分项进度计划，报监理人审批。

不论何种原因造成工程的实际进度与合同进度计划不符时，承包人可以在合同约定的期限内向监理人提交修订合同进度计划的申请报告，并附有关措施和相关资料，报监理人审批；监理人也可以直接向承包人作出修订合同进度计划的指示，承包人应按该指示修订合同进度计划，报监理人审批。监理人应在合同约定的期限内批复。监理人在批复前应获得发包人同意。

在履行合同过程中，如果承包人的实际完成情况落后于计划进度，一般情况下，监理人应要求承包人采取赶工措施抢回进度，保证工程按期竣工；如果采取赶工措施后仍不能按期竣工，应由承包人报送修订后的进度计划，经监理人批准并获得发包人同意后作为合同进度计划的补充文件。承包人报送修订合同进度计划的时限和监理人批复的时限应在合同中约定。

2. 开工

监理人应在开工日期 7 天前向承包人发出开工通知。监理人在发出开工通知前应获得发包人同意。工期自监理人发出的开工通知中载明的开工日期起计算。承包人应在开工日期后尽快施工。

承包人应按约定的合同进度计划，向监理人提交工程开工报审表，经监理人审批后执行。开工报审表应详细说明按合同进度计划正常施工所需的施工道路、临时设施、材料设备、施工人员等施工组织措施的落实情况以及工程的进度安排。

3. 预付款

预付款用于承包人为合同工程施工购置材料、工程设备、施工设备、修建临时设施以及组织施工队伍进场等。预付款的额度和预付办法在专用合同条款中约定。预付款必须专用于合同工程。

承包人应在收到预付款的同时向发包人提交预付款保函，预付款保函的担保金额应与预付款金额相同。保函的担保金额可根据预付款扣回的金额相应递减。

预付款在进度付款中扣回，扣回办法在专用合同条款中约定。在颁发工程接收证书前，由于不可抗力或其他原因解除合同时，预付款尚未扣清的，尚未扣清的预付款余额应作为承包人的到期应付款。

预付款是发包人为解决承包人在施工准备阶段资金周转问题提供的协助，只能用于本合同工程。

任务6 施工阶段的合同管理

8.6.1 材料和工程设备

1. 承包人提供的材料和工程设备

承包人提供的材料和工程设备均由承包人负责采购、运输和保管。承包人应对其采购的材料和工程设备负责。承包人应按专用合同条款的约定，将各项材料和工程设备的供货人及品种、规格、数量和供货时间等报送监理人审批。承包人应向监理人提交其负责提供的材料和工程设备的质量证明文件，并满足合同约定的质量标准。

对承包人提供的材料和工程设备，承包人应会同监理人进行检验和交货验收，查验材料合格证明和产品合格证书，并按合同约定和监理人指示，进行材料的抽样检验和工程设备的检验测试，检验和测试结果应提交监理人，所需费用由承包人承担。

若工程采用承包人直接采购的模式，发包人可采取以下措施，加强对材料和工程施工的全面质量控制：

(1) 发包人和监理人监督承包人健全其施工全过程的质量自检制度；承包人按监理人的指示，做好材料和工程质量检查的同期纪录；发包人和监理人严格做好隐藏工程和工程隐藏部位的验收。

(2) 建立材料和工程的质量检查、检验和验收制度。加强监理人对材料采购进货、运输、储存的检查和现场施工用材的全过程监控。

(3) 承包人负责采购的材料和工程设备，一经与供货人签订供货协议，应将协议副本提交给监理人，使监理人及时了解承包人订货情况是否满足工程需要，供货协议还可作为价格调整的参考。

(4) 承包人提供的材料和工程设备只有经检验合格后才能用于工程施工。依据《建设工程质量管理条例》规定，未经监理工程师签字，建筑材料、建筑构配件和设备不得在工程上使用或者安装，施工单位不得进行下一道工序的施工。

2. 发包人提供的材料和工程设备

发包人提供的材料和工程设备，应在专用合同条款中写明材料和工程设备的名称、规格、数量、价格、交货方式、交货地点和计划交货日期等。承包人应根据合同进度计划的安排，向监理人报送要求发包人交货的日期计划。发包人应按照监理人与合同双方当事人商定的交货日期，向承包人提交材料和工程设备。

发包人应在材料和工程设备到货 7 天前通知承包人，承包人应会同监理人在约定的时间内，赴交货地点共同进行验收。一般情况下，发包人提供的材料和工程设备验收后，由承包人负责接收、运输和保管。

发包人要求向承包人提前交货的，承包人不得拒绝，但发包人应承担承包人由此增加的费用；承包人要求更改交货日期或地点的，应事先报请监理人批准。由于承包人要求更改交货时间或地点所增加的费用和(或)工期延误由承包人承担。

发包人提供的材料和工程设备的规格、数量或质量不符合合同要求，或由于发包人原因发生交货日期延误及交货地点变更等情况的，发包人应承担由此增加的费用和(或)工期延误，并向承包人支付合理利润。

3. 材料和工程设备专用于本工程

运入施工场地的材料、工程设备，包括备品备件、安装专用工器具与随机资料，必须专用于本工程，未经监理人同意，承包人不得运出施工场地或挪作他用。随同工程设备运入施工场地的备品备件、专用工器具与随机资料，应由承包人会同监理人按供货人的装箱单清点后共同封存，未经监理人同意不得启用。承包人因合同工作需要使用上述物品时，应向监理人提出申请。

4. 禁止使用不合格的材料和工程设备

监理人有权拒绝承包人提供的不合格材料或工程设备，并要求承包人立即进行更换。监理人应在更换后再次进行检查和检验，由此增加的费用和(或)工期延误由承包人承担。

监理人发现承包人使用了不合格的材料和工程设备，应即时发出指示要求承包人立即改正，并禁止在工程中继续使用不合格的材料和工程设备。

发包人提供的材料或工程设备不符合合同要求的，承包人有权拒绝，并可要求发包人更换，由此增加的费用和(或)工期延误由发包人承担。

8.6.2 施工设备和临时设施

1. 承包人提供的施工设备和临时设施

承包人应按合同进度计划的要求，及时配置施工设备和修建临时设施。进入施工场地的承包人设备需经监理人核查后才能投入使用。承包人更换合同约定的承包人设备的，应报监理人批准。承包人应自行承担修建临时设施的费用，需要临时占地的，应由发包人办理申请手续并承担相应费用。

承包人在投标时一般均应提交拟投入本合同工作的主要施工设备表和修建临时设施的项目内容与进度计划，并承诺主要施工设备进场和修建临时设施的时间。在签订合同协议书时经发包人认可后可列入合同文件，开工后承包人应照此执行，若需变更应经监理人批准；为了保证进场设备的可靠性，进场前必须经过监理人核查。

2. 发包人提供的施工设备和临时设施

发包人可利用自有设备或购置新设备或自建临时设施租赁给承包人或免费提供给承包人使用，此时应在专用合同条款中约定这些施工设备和临时设施出租或免费提供的办法。承包人也可根据自身需要，在投标文件中提出租用哪些施工设备和临时设施。

3. 要求承包人增加或更换施工设备

承包人使用的施工设备不能满足合同进度计划和（或）质量要求时，监理人有权要求承包人增加或更换施工设备，承包人应及时增加或更换，由此增加的费用和（或）工期延误由承包人承担。

施工设备和临时设施是专为本合同施工配备和修建的，即使这些设备和某些设施原属承包人所有，但为保证合同顺利履行，进入工地的施工设备和设施，未经监理人批准，不得将其运出工地或挪作他用。根据合同进度计划的安排，经监理人批准，承包人可以撤走在完工前不再使用的闲置施工设备。

8.6.3 交通运输

发包人应根据合同工程的施工需要，负责办理取得出入施工场地的专用和临时道路的通行权，以及取得为工程建设所需修建场外设施的权利，并承担有关费用。承包人应协助发包人办理上述手续。

当前多数工程采取一个工程项目分成多个合同的做法，针对这一具体情况，有利的做法是由发包人统一与当地行政管理部门联系，为各项目承包人办理工程需要取得的道路通行权和场外设施使用权。若约定由承包人办理相关手续，需在专用合同条款中约定。

承包人应负责修建、维修、养护和管理施工所需的临时道路和交通设施，包括维修、养护和管理发包人提供的道路和交通设施，并承担相应费用；承包人修建的临时道路和交通设施应免费提供发包人和监理人使用。

属于公用的场内施工道路干线和交通设施，常由发包人负责修建后提供给有关承包人共用，并明确维护和管理责任，此时需在专用合同条款中约定，各承包人如何分工维护和管理公用的场内施工道路干线和交通设施。

承包人车辆外出行驶所需的场外公共道路的通行费、养路费和税款等由承包人承担。

由承包人负责运输的超大件或超重件，应由承包人负责向交通管理部门办理申请手续，发包人给予协助。运输超大件或超重件所需的道路和桥梁临时加固改造费用和其他有关费用，由承包人承担，但专用合同条款另有约定的除外。

8.6.4 测量放线

发包人应在专用合同条款约定的期限内，通过监理人向承包人提供测量基准点、基准线和水准点及其书面资料。除专用合同条款另有约定外，承包人应根据国家测绘基准、测绘系统和工程测量技术规范，按上述基准点（线）以及合同工程精度要求，测设施工控制网，并在专用合同条款约定的期限内，将施工控制网资料报送监理人审批。

承包人应负责管理施工控制网点。施工控制网点丢失或损坏的，承包人应及时修复。承包人应承担施工控制网点的管理与修复费用，并在工程竣工后将施工控制网点移交发包人。

承包人应负责施工过程中的全部施工测量放线工作（包括地形测量、放样测量、断面测量和验收测量等），并配置合格的人员、仪器、设备和其他物品；监理人可以指示承包人进行抽样复测，当复测中发现错误或出现超过合同约定的误差时，承包人应按监理人指示进行修正或补测，并承担相应的复测费用。

发包人应保证其所提供的测量基准点、基准线和水准点等基础资料的准确性。发包人提供的基准资料错误导致承包人测量放线工作的返工或造成工程损失的，在承担承包人费用、工期损失的同时，还应支付利润。

当承包人发现发包人提供的基准资料存在明显错误或疏忽，应及时通知监理人，目前没有规定承包人需承担信息不反馈带来的损失赔偿责任。如果事后承包人据此提出索赔时，必须证明损失是由于基准资料的错误或疏忽造成的，并且这种错误或疏忽不易于识别。

监理人需要使用施工控制网的，承包人应提供必要的协助，发包人不再为此支付费用。

8.6.5 施工安全、治安保卫和环境保护

1. 发包人的施工安全责任

（1）发包人应按合同约定履行安全职责，授权监理人按合同约定的安全工作内容监督、检查承包人安全工作的实施，组织承包人和有关单位进行安全检查。

（2）发包人应对其现场机构雇用的全部人员的工伤事故承担责任，但由于承包人原因造成发包人人员工伤的，应由承包人承担责任。

（3）发包人应负责赔偿以下情况造成的第三者人身伤亡和财产损失：

① 工程或工程的任何部分对土地的占用所造成的第三者财产损失；

② 由于发包人原因在施工场地及其毗邻地带造成的第三者人身伤亡和财产损失。

2. 承包人的施工安全责任

（1）承包人应按合同约定履行安全职责，执行监理人有关安全工作的指示，并在专用合同条款约定的期限内，按合同约定的安全工作内容，编制施工安全措施计划报送监理人审批。

（2）承包人应加强施工作业安全管理，特别应加强易燃、易爆材料，火工器材，有毒与腐蚀性材料和其他危险品的管理，以及对爆破作业和地下工程施工等危险作业的管理。

（3）承包人应严格按照国家安全标准制定施工安全操作规程，配备必要的安全生产和劳动保护设施，加强对承包人人员的安全教育，并发放安全工作手册和劳动保护用具。

（4）承包人应按监理人的指示制定应对灾害的紧急预案，报送监理人审批。承包人还应按预案做好安全检查，配置必要的救助物资和器材，切实保护好有关人员的人身和财产安全。

（5）合同约定的安全作业环境及安全施工措施所需费用应遵守有关规定，并包括在相关工作的合同价格中。因采取合同未约定的安全作业环境及安全施工措施增加的费用，由监理人按相应条款商定或确定。

（6）承包人应对其履行合同所雇用的全部人员，包括分包人人员的工伤事故承担责任，但由于发包人原因造成承包人人员工伤事故的，应由发包人承担责任。

（7）由于承包人原因在施工场地内及其毗邻地带造成的第三者人员伤亡和财产损失，由承包人负责赔偿。

3. 治安保卫

一般情况下，承包人应与当地公安部门协商，在现场建立治安管理机构或联防组织，统一管理施工场地的治安保卫事项，履行合同工程的治安保卫职责。发包人和承包人除应协助现场治安管理机构或联防组织维护施工场地的社会治安外，还应做好包括生活区在内的各自管辖区的治安保卫工作。发包人和承包人应在工程开工后，共同编制施工场地治安管理计划，并制定应对突发治安事件的紧急预案。

在工程施工过程中，发生暴乱、爆炸等恐怖事件，以及群殴、械斗等群体性突发治安事件的，发包人和承包人应立即向当地政府报告。发包人和承包人应积极协助当地有关部门采取措施平息事态，防止事态扩大，尽量减少财产损失和避免人员伤亡。

4. 环境保护

承包人在施工过程中，应遵守有关环境保护的法律，履行合同约定的环境保护义务，并对违反法律和合同约定义务所造成的环境破坏、人身伤害和财产损失负责。承包人按合同约定的环保工作内容编制施工环保措施计划，报送监理人审批，并按照批准的施工环保措施计划有序地堆放和处理施工废弃物，避免对环境造成破坏。因承包人任意堆放或弃置施工废弃物造成妨碍公共交通、影响城镇居民生活、降低河流行洪能力、危及居民安全、破坏周边环境，或者影响其他承包人施工等后果的，承包人应承担责任。

承包人应按合同约定采取有效措施，对施工开挖的边坡及时进行支护，维护排水设施，并进行水土保护，避免因施工造成的地质灾害；按国家饮用水管理标准定期对饮用水源进行监测，防止施工活动污染饮用水源；并按合同约定，加强对噪声、粉尘、废气、废水和废油的控制，努力降低噪声，控制粉尘和废气浓度，做好废水和废油的治理和排放。

5. 事故处理

工程施工过程中发生事故的，承包人应立即通知监理人，监理人应立即通知发包人。发包人和承包人应立即组织人员和设备进行紧急抢救和抢修，减少人员伤亡和财产损失，防止事故扩大，并保护事故现场。需要移动现场物品时，应作出标记和书面记录，妥善保管有关证据。发包人和承包人应按国家有关规定，及时如实地向有关部门报告事故发生的情况，以及正在采取的紧急措施等。

例如，某在建框架结构行政办公楼，建设单位与承包人签订了施工合同，与监理公司签订了监理合同。那么，由于承包人安全措施不力造成事故的责任和因此发生的费用由谁承担？因发包人原因导致的安全事故，造成事故的责任和因此发生的费用由谁承担？首先，承包人必须遵守安全生产法律、法规的规定，保证建设工程安全生产，依法承担建设工程安全生产责任。由于承包人安全措施不力造成事故的责任和因此发生的费用，由承包人承担。其次，发包人应保证工程安全符合国家安全管理要求，组织一个由发包人和各项目承包人共同组成的安全生产委员会，统一管理和协调全工地的施工安全工作。因发包人原因导致的安全事故，由发包人承担相应责任及发生的费用。

8.6.6 施工工期

1. 工期延误

1）发包人的工期延误

在履行合同过程中，由于发包人的下列原因造成工期延误的，承包人有权要求发包人延长工期和（或）增加费用，并支付合理利润。需要修订合同进度计划的，按照合同进度计划修订的约定办理。

（1）增加合同工作内容；

（2）改变合同中任何一项工作的质量要求或其他特性；

（3）发包人迟延提供材料、工程设备或变更交货地点的；

（4）因发包人原因导致的暂停施工；

(5) 提供图纸延误;

(6) 未按合同约定及时支付预付款、进度款。

承包人可在专用合同条款中对发包人造成工期延误的其他原因作进一步补充和明确。改变合同中任何一项工作的质量要求或其他特性、变更交货地点等一般都会影响费用和利润,但并不一定影响工期。

2) 异常恶劣的气候条件

异常恶劣气候条件的具体范围由发包人和承包人在专用合同条款进一步明确。

当出现异常恶劣的气候条件时,承包人有责任自行采取措施,避免和克服异常气候条件造成的损失,同时有权要求发包人延长工期。当发包人不同意延长工期时,可按发包人工期延误的约定支付为抢工增加的费用,但不包括利润。

3) 承包人的工期延误

由于承包人原因,未能按合同进度计划完成工作,或监理人认为承包人施工进度不能满足合同工期要求的,承包人应采取措施加快进度,并承担加快进度所增加的费用。由于承包人原因造成工期延误,承包人应支付逾期竣工违约金。承包人支付逾期竣工违约金,不免除承包人完成工程及修补缺陷的义务。

2. 工期提前

施工中如发包人要求提前竣工,双方协商一致后应签订提前竣工协议,作为合同文件组成部分,并修订合同进度计划。提前竣工协议应包括承包人为保证工程质量和安全采取的措施、发包人为提前竣工提供的条件,以及提前竣工所需的追加合同价款等。提前竣工给发包人带来效益的,发包人应按专用合同条款的约定,向承包人支付相应奖金。

实践中,如承包人因自身原因要求提前竣工的,应征得监理人和发包人的同意,并自行承担相应的费用。

3. 暂停施工

除了发生不可抗力事件或其他客观原因造成必要的暂停施工外,工程施工过程中,当一方违约使另一方受到严重损失的,受损方有权要求暂停施工,其目的是减少工程损失和保护受损方的利益。但暂停施工将会影响工程进度,影响合同的正常履行,为此,合同双方都应尽量避免采取暂停施工的手段,而应通过协商或共同采取紧急措施,消除可能发生的暂停施工因素。

1) 承包人暂停施工的责任

因下列暂停施工增加的费用和(或)工期延误由承包人承担:① 承包人违约引起的暂停施工;② 由于承包人原因为工程合理施工和安全保障所必需的暂停施工;③ 承包人擅自暂停施工;④ 承包人由于其他原因引起的暂停施工;⑤ 专用合同条款约定由承包人承担的其他暂停施工。

对于以上约定的暂停施工情形,承包人不仅无权提出索赔要求,而且应承担暂停施工造成的费用增加和(或)工期延误责任。

2) 发包人暂停施工的责任

由于发包人原因引起的暂停施工造成工期延误的,承包人有权要求发包人延长工期和(或)增加费用,并支付合理利润。

3) 监理人暂停施工的指示

监理人认为有必要时,可向承包人作出暂停施工的指示,承包人应按监理人的指示暂停施工。不论由于何种原因引起的暂停施工,暂停施工期间承包人应负责妥善保护工程并提供安全保障。

由于发包人的原因发生暂停施工的紧急情况，且监理人未及时下达暂停施工指示的，承包人可先暂停施工，并及时向监理人提出暂停施工的书面请求。监理人应在接到书面请求后的 24 小时内予以答复，逾期未答复的，视为同意承包人的暂停施工请求。

4）暂停施工后的复工

暂停施工后，监理人应与发包人和承包人协商，采取有效措施积极消除暂停施工的影响。当工程具备复工条件时，监理人应立即向承包人发出复工通知。承包人收到复工通知后，应在监理人指定的期限内复工。

承包人无故拖延和拒绝复工的，由此增加的费用和工期延误由承包人承担；因发包人原因无法按时复工的，承包人有权要求发包人延长工期和（或）增加费用，并支付合理利润。

5）暂停施工持续 56 天以上

监理人发出暂停施工指示后 56 天内未向承包人发出复工通知，除了该项停工属于承包人责任的情况外，承包人可向监理人提交书面通知，要求监理人在收到书面通知后 28 天内准许已暂停施工的工程或其中一部分工程继续施工。如监理人逾期不予批准，则承包人可以通知监理人，将工程受影响的部分视为可取消工作。如暂停施工影响到整个工程，可视为发包人违约，并按发包人违约的约定处理。

由于承包人责任引起的暂停施工，如承包人在收到监理人暂停施工指示后 56 天内不认真采取有效的复工措施，造成工期延误，可视为承包人违约，应按承包人违约的约定处理。

8.6.7 工程质量

1. 工程质量要求

工程质量的具体验收标准和要求，主要在技术标准和要求中约定。因承包人原因造成工程质量达不到合同约定验收标准的，监理人有权要求承包人返工直至符合合同要求为止，由此造成的费用增加和（或）工期延误由承包人承担。

因发包人原因造成工程质量达不到合同约定验收标准的，发包人应承担由于承包人返工造成的费用增加和（或）工期延误，并支付承包人合理利润。

2. 承包人的质量管理

承包人应在施工场地设置专门的质量检查机构，配备专职质量检查人员，建立完善的质量检查制度。承包人应在合同约定的期限内，提交工程质量保证措施文件，包括质量检查机构的组织和岗位责任、质检人员的组成、质量检查程序和实施细则等，报送监理人审批。

承包人应加强对施工人员的质量教育和技术培训，定期考核施工人员的劳动技能，严格执行规范和操作规程。

3. 承包人的质量检查

承包人应负责对材料和工程设备以及工程的所有部位及其施工工艺进行全过程的质量检查，认真执行自检、互检和工序交接检验制度，尤其应切实做好隐蔽工程和工程隐蔽部位的质量检查工作。此外，还应建立一套全部工程的质量记录和报表，便于监理人复核检验和在日后发现质量问题时查找原因，并可作为解决合同争议的证据。

4. 监理人的质量检查

监理人有权对工程的所有部位及其施工工艺、材料和工程设备进行检查和检验。承包人应为监理人的检查和检验提供方便，包括监理人到施工场地，或制造、加工地点，或合同约定的其他地方进行察看和查阅施工原始记录。承包人还应按监理人指示，进行施工场地取样试验、工程复核测量和设备性能检测，提供试验样品、提交试验报告和测量成果以及监理人要求进行的其他工作。监理人的检查和检验，不免除承包人按合同约定应负的责任。

5. 工程隐蔽部位覆盖前的检查

工程隐蔽部位指工作面经覆盖后将无法直接查看的任何工程部位。工程隐蔽部位施工作业完成后，必须在覆盖前由承包人先行自检，并通知监理人进行检查。承包人应给监理人留出足够的检查时间。工程隐蔽部位经监理人检查合格并签字后，才能进行下一道工序。

监理人不能按约定时间到场检查的，承包人可自行覆盖，并做好相应记录报送监理人，监理人应签字确认。监理人事后对检查记录有疑问的，可重新检查。

无论监理人是否已进行检查，当其要求对已隐蔽的工程重新检验时，承包人应按要求进行剥离或开孔，并在检验后重新覆盖或修复。按照公平原则，对覆盖工程隐蔽部位重新检查的后果和风险做了合理划分，即重新检查结果是合格的，发包人应承担由此增加的费用和(或)相应顺延工期，并支付承包人合理利润；重新检查结果不合格，承包人应承担由此发生的全部费用，工期不予顺延。

承包人私自覆盖的工程，监理人有权指示承包人进行补检，无论检查结果是否合格，由此增加的费用和工期延误责任均由承包人承担。

6. 清除不合格工程

承包人使用不合格材料、工程设备，或采用不适当的施工工艺，或施工不当，造成工程不合格的，监理人可以随时发出指示，要求承包人立即采取措施进行补救，直至达到合同要求的质量标准，由此增加的费用和(或)工期延误由承包人承担。由于发包人提供的材料或工程设备不合格造成的工程不合格，需要承包人采取措施补救的，发包人应承担由此增加的费用和(或)工期延误，并支付承包人合理利润。

例如，某在建框架结构行政办公楼，建设单位与承包人签订了施工合同，与监理公司签订了监理合同。监理工程师发现因承包人的原因，办公室墙面装修质量没有达到合同约定验收标准。那么，承包人应承担什么责任？监理工程师应如何处理？承包人应如何处理这一质量不合格事件？此时，承包人承担违约责任。监理工程师应要求承包人返工直至符合合同要求为止。承包人应按监理工程师的要求拆除和重新施工，直至符合合同要求。由此造成的费用增加和(或)工期延误由承包人承担。

8.6.8 试验和检验

1. 材料、工程设备和工程的试验和检验

承包人应按合同约定进行材料、工程设备和工程的试验和检验，并为监理人对上述材料、工程设备和工程的质量检查提供必要的试验资料和原始记录。按合同约定应由监理人与承包人共同进行试验和检验的，由承包人负责提供必要的试验资料和原始记录。

监理人未按合同约定派人员参加试验和检验的，除监理人另有指示外，承包人可自行试验和检验，并应立即将试验和检验结果报送监理人，监理人应签字确认；监理人对承包人的试验和检验结果有疑问的，或为查清承包人试验和检验成果的可靠性要求承包人重新试验和检验的，可按合同约定由监理人与承包人共同进行。重新试验和检验的结果证明该项材料、工程设备或工程的质量不符合合同要求的，由此增加的费用和(或)工期延误由承包人承担；重新试验和检验结果证明该项材料、工程设备和工程符合合同要求，由发包人承担由此增加的费用和(或)工期延误，并支付承包人合理利润。

2. 现场材料和工艺试验

现场材料试验的工作，主要是现场常规试验及检验，如水泥、钢材、土料以及混凝土材料等的检验。

承包人根据合同约定或监理人指示进行的现场材料试验，应由承包人提供试验场所、试验人员、试验设备器材以及其他必要的试验条件；监理人在必要时可以使用承包人的试验场所、试验设备器材以及其他试验条件，进行以工程质量检查为目的的复核性材料试验，承包人应予以协助。

承包人应按合同约定或监理人指示进行现场工艺试验。对大型的现场工艺试验，监理人认为必要时，应由承包人根据监理人提出的工艺试验要求，编制工艺试验措施计划，报送监理人审批。

8.6.9 变更

1. 变更的范围和内容

由于施工条件和发包人要求变化等原因，往往会发生合同约定的工程材料性质和品种、建筑物结构形式、施工工艺和方法，以及施工工期等的变动，必须变更才能维护合同公平。

在履行合同中发生以下情形之一应进行变更：

(1) 取消合同中任何一项工作，但被取消的工作不能转由发包人或其他人实施；

(2) 改变合同中任何一项工作的质量或其他特性；

(3) 改变合同工程的基线、标高、位置或尺寸；

(4) 改变合同中任何一项工作的施工时间或改变已批准的施工工艺或顺序；

(5) 为完成工程需要追加的额外工作。

上述约定的变更内容，对各建设行业均具有通用性，即在各建设行业均存在这五方面的变更内容，故在专用合同条款约定具体工程的变更规则时，不宜删除此五项中的任何一项，以维护合同的公平原则。

2. 变更权

在履行合同过程中，经发包人同意，监理人可按约定的变更程序向承包人作出变更指示，承包人应遵照执行。没有监理人的变更指示，承包人不得擅自变更。

3. 变更程序

1) 变更的提出

(1) 在合同履行过程中，可能发生变更情形的，监理人可向承包人发出变更意向书。变更意向书应说明变更的具体内容和发包人对变更的时间要求，并附必要的图纸和相关资料。变更意向书应要求承包人提交包括拟实施变更工作的计划、措施和竣工时间等内容的实施方案。发包人同意承包人根据变更意向书要求提交的变更实施方案的，由监理人发出变更指示。

(2) 在合同履行过程中，发生变更情形时，监理人应按约定向承包人发出变更指示。

(3) 承包人收到监理人按合同约定发出的图纸和文件，经检查认为其中存在变更约定情形的，可向监理人提出书面变更建议。变更建议应阐明要求变更的依据，并附必要的图纸和说明。监理人收到承包人书面建议后，应与发包人共同研究，确认存在变更的，应在收到承包人书面建议后的14天内作出变更指示。经研究后不同意变更的，应由监理人书面答复承包人。

(4) 若承包人收到监理人的变更意向书后认为难以实施此项变更，应立即通知监理人，说明原因并附详细依据。监理人与承包人和发包人协商后确定撤销、改变或不改变原变更意向书。

2) 变更估价

(1) 除专用合同条款对期限另有约定外，承包人应在收到变更指示或变更意向书后的14天内，向监理人提交变更报价书，报价内容应根据约定的变更估价原则，详细开列变更工作的价格组成及其依据，并附必要的施工方法说明和有关图纸。

(2) 变更工作影响工期的，承包人应提出调整工期的具体细节。监理人认为有必要时，可要求承包人提交要求提前或延长工期的施工进度计划及相应施工措施等详细资料。

(3) 除专用合同条款对期限另有约定外，监理人收到承包人变更报价书后的14天内，根据约定的变更估价原则，按照约定的商定或确定变更价格。

3) 变更指示

(1) 变更指示只能由监理人发出。

(2) 变更指示应说明变更的目的、范围、变更内容以及变更的工程量及其进度和技术要求，并附有关图纸和文件。承包人收到变更指示后，应按变更指示进行变更工作。

4. 变更的估价原则

除专用合同条款另有约定外，因变更引起的价格调整按照合同条款约定处理，合同条款约定的估价原则是以已标价的工程量清单为主要依据的。

(1) 已标价工程量清单中有适用于变更工作的子目，采用该子目的单价。此项变更工作的前提是其采用的材料、施工工艺和方法相同，亦不因此增加关键线路上工程项目的施工时间。

(2) 已标价工程量清单中无适用于变更工作的子目，但有类似子目，可在合理范围内参照类似子目的单价，由监理人按约定的商定或确定变更工作的单价。变更采用适用的子目单价的前提是其采用的材料、施工工艺和方法基本相似，不增加关键线路上工程项目的施工时间，可仅就其变更后的差异部分，参考类似的子目单价协商新的子目单价。

(3) 已标价工程量清单中无适用或类似子目的单价，可按照成本加利润的原则，由监理人按约定的商定或确定变更工作的单价。

5. 承包人的合理化建议

在履行合同过程中，承包人对发包人提供的图纸、技术要求以及其他方面提出的合理化建议，均应以书面形式提交监理人。合理化建议的内容应包括建议工作的详细说明、进度计划和效益以及与其他工作的协调等，并附必要的设计文件。监理人应与发包人协商是否采纳建议。建议被采纳并构成变更的，应按相关约定向承包人发出变更指示。

承包人提出的合理化建议降低了合同价格、缩短了工期或者提高了工程经济效益的，发包人可按国家有关规定在专用合同条款中约定给予奖励。

6. 暂列金额

暂列金额只能按照监理人的指示使用，并对合同价格进行相应调整。暂列金额在发包人提供的工程量清单中专项列出，并且只能按照监理人的指示使用。尽管暂列金额列入合同价格，但并不属于承包人所有，也不必然发生。只有按照合同约定实际发生后，才成为承包人的应得金额，纳入合同结算价款中。扣除实际发生金额后的暂列金额余额仍属于发包人所有。

7. 计日工

发包人认为有必要时，由监理人通知承包人以计日工方式实施变更的零星工作。其价款按列入已标价工程量清单中的计日工计价子目及其单价进行计算。

采用计日工计价的任何一项变更工作，应从暂列金额中支付，承包人应在该项变更的实施过程中，每天提交以下报表和有关凭证报送监理人审批：

(1) 工作名称、内容和数量；

(2) 投入该工作所有人员的姓名、工种、级别和耗用工时；

(3) 投入该工作的材料类别和数量；

(4) 投入该工作的施工设备型号、台数和耗用台时；

(5) 监理人要求提交的其他资料和凭证。

计日工由承包人汇总后，按约定列入进度付款申请单，由监理人复核并经发包人同意后列入进度付款。

8. 暂估价

发包人在工程量清单中给定暂估价的材料、工程设备和专业工程属于依法必须招标的范围并达到规定的规模标准的，由发包人和承包人以招标的方式选择供应商或分包人。发包人和承包人的权利义务关系在专用合同条款中约定。中标金额与工程量清单中所列的暂估价的金额差以及相应的税金等其他费用列入合同价格。

发包人在工程量清单中给定暂估价的材料和工程设备不属于依法必须招标的范围或未达到规定的规模标准的，应由承包人按约定提供。经监理人确认的材料、工程设备的价格与工程量清单中所列的暂估价的金额差以及相应的税金等其他费用列入合同价格。

发包人在工程量清单中给定暂估价的专业工程不属于依法必须招标的范围或未达到规定的规模标准的，由监理人按变更的估价原则进行估价，但专用合同条款另有约定的除外。经估价的专业工程与工程量清单中所列的暂估价的金额差以及相应的税金等其他费用列入合同价格。

8.6.10 价格调整

1. 物价波动引起的价格调整

1) 采用价格指数调整价格差额

(1) 价格调整公式。

因人工、材料和设备等价格波动影响合同价格时，根据投标函附录中的价格指数和权重表约定的数据，按价格调整公式计算差额并调整合同价格。

价格调整公式中的各可调因子、定值和变值权重，以及基本价格指数及其来源在投标函附录价格指数和权重表中约定。价格指数应首先采用有关部门提供的价格指数，缺乏上述价格指数时，可采用有关部门提供的价格代替。

(2) 暂时确定调整差额。

在计算调整差额时得不到现行价格指数的，可暂用上一次价格指数计算，并在以后的付款中再按实际价格指数进行调整。

(3) 权重的调整。

按相关约定的变更导致原定合同中的权重不合理时，由监理人与承包人和发包人协商后进行调整。

（4）承包人工期延误后的价格调整。

由于承包人原因未在约定的工期内竣工的，则对原约定竣工日期后继续施工的工程，在使用价格调整公式时，应采用原约定竣工日期与实际竣工日期的两个价格指数中较低的一个作为现行价格指数。

2）采用造价信息调整价格差额

施工期内，因人工、材料、设备和机械台班价格波动影响合同价格时，人工、机械使用费按照国家或省、自治区、直辖市建设行政管理部门、行业建设管理部门或其授权的工程造价管理机构发布的人工成本信息、机械台班单价或机械使用费系数进行调整；需要进行价格调整的材料，其单价和采购数应由监理人复核，监理人确认需调整的材料单价及数量，作为调整工程合同价格差额的依据。

2. 法律变化引起的价格调整

在基准日后，因法律变化导致承包人在合同履行中所需要的工程费用发生（除物价波动的价格调整）以外的增减时，监理人应根据法律，国家或省、自治区、直辖市有关部门的规定，按相应条款商定或确定需调整的合同价款。

8.6.11 计量与支付

1. 计量

1）计量单位

计量采用国家法定的计量单位。我国《计量法》规定，国际单位制计量单位和国家选定的其他计量单位为国家法定计量单位。国家法定计量单位的名称、符号由国务院公布。各子目的计量单位在工程量清单中写明，应以国家法定的计量单位为基本依据，并以计量支付便捷的原则予以确定。

2）计量方法

工程量清单中的工程量计算规则应按有关国家标准、行业标准的规定，并在合同中约定执行。

3）计量周期

一般情况下，单价子目已完成工程量按月计量，总价子目的计量周期按批准的支付分解报告确定。

4）单价子目的计量

单价子目就是已标价工程量清单中以单价计价的子目，一般为可以按照约定的工程量计算规则确定数量的子目。

（1）已标价工程量清单中的单价子目工程量为估算工程量，结算工程量是承包人实际完成的，并按合同约定的计量方法进行计量的工程量。

合同约定的计量方法主要是指通用合同条款、专用合同条款、技术标准和要求、工程量清单等约定的计量周期和计量方法。已完成的工程量一般按月计量和支付，若有特殊要求，可在专用合同条款中约定。计量周期的起止日期可根据具体建设项目有关财务拨付和计划统计的要求由当事人协商确定。

（2）承包人对已完成的工程进行计量，向监理人提交进度付款申请单、已完成工程量报表和有关计量资料。

(3) 监理人对承包人提交的工程量报表进行复核，以确定实际完成的工程量。对数量有异议的，可要求承包人按相应条款约定进行共同复核和抽样复测。承包人应协助监理人进行复核并按监理人要求提供补充计量资料，承包人未按监理人要求参加复核，监理人复核或修正的工程量视为承包人实际完成的工程量。

(4) 监理人认为有必要时，可通知承包人共同进行联合测量、计量，承包人应遵照执行。

(5) 承包人完成工程量清单中每个子目的工程量后，监理人应要求承包人派人员共同对每个子目的历次计量报表进行汇总，以核实最终结算工程量。监理人可要求承包人提供补充计量资料，以确定最后一次进度付款的准确工程量。承包人未按监理人要求派人员参加的，监理人最终核实的工程量视为承包人完成该子目的准确工程量。

(6) 监理人应在收到承包人提交的工程量报表后的 7 天内进行复核，监理人未在约定时间内复核的，承包人提交的工程量报表中的工程量视为承包人实际完成的工程量，据此计算工程价款。

5) 总价子目的计量

总价子目就是在已标价工程量清单中以项或总额为计量单位、以总价计价的子目，一般用于不能按照约定的工程量计算规则确定数量的子目。

(1) 总价子目的计量和支付应以总价为基础，不因物价波动而进行调整。承包人实际完成的工程量，是进行工程目标管理和控制进度支付的依据。

(2) 承包人在合同约定的每个计量周期内，对已完成的工程进行计量，并向监理人提交进度付款申请单、专用合同条款约定的合同总价支付分解表所表示的阶段性或分项计量的支持性资料，以及所达到工程形象目标或分阶段需完成的工程量和有关计量资料。

(3) 监理人对承包人提交的上述资料进行复核，以确定分阶段实际完成的工程量和工程形象目标。对其有异议的，可要求承包人进行共同复核和抽样复测。

(4) 除变更外，总价子目的工程量是承包人用于结算的最终工程量。

2. 工程进度付款

付款周期同计量周期。承包人应在每个付款周期末，按监理人批准的格式和专用合同条款约定的份数，向监理人提交进度付款申请单，并附相应的支持性证明文件。一般进度付款申请单应包括下列内容：① 截至本次付款周期末已实施工程的价款；② 增加和扣减的变更金额；③ 增加和扣减的索赔金额；④ 支付的预付款和扣减的返还预付款；⑤ 扣减的质量保证金；⑥ 根据合同应增加和扣减的其他金额。

承包人的工程进度付款申请单提交日期，以及相关的完成工程量计量起止日期，可根据施工项目财务拨付和计划统计的要求，由合同双方协商确定；工程进度付款申请单的格式应经监理人批准，内容可在专用合同条款中另行约定。

监理人在收到承包人进度付款申请单以及相应的支持性证明文件后的 14 天内完成核查，提出发包人到期应支付给承包人的金额以及相应的支持性材料，经发包人审查同意后，由监理人向承包人出具经发包人签认的进度付款证书，监理人有权扣除承包人未能按照合同要求履行任何工作或义务的相应金额。

发包人应在监理人收到进度付款申请单后的 28 天内，将进度应付款支付给承包人，发包人不按期支付的，按专用合同条款的约定支付逾期付款违约金；监理人出具进度付款证书，不应视为监理人已同意、批准或接受了承包人完成的该部分工作；进度付款涉及政府投资资金的，按照国库集中支付等国家相关规定和专用合同条款的约定办理。

在对以往历次已签发的进度付款证书进行汇总和复核中发现错、漏或重复的，监理人有权予以修正，承包人也有权提出修正申请。经双方复核同意的修正，应在本次进度付款中支付或扣除。

3. 质量保证金

质量保证金用于承包人履行属于其自身责任的工程缺陷修补，为监理人有效监督承包人圆满完成缺陷修补工作提供资金保证。质量保证金总额应视项目合同的具体情况确定，通常为合同价格的3%～5%，质量保证金的扣留比例和方法依据有关规定在专用合同条款中约定。

(1) 监理人应从第一个付款周期开始，在发包人的进度付款中，按专用合同条款的约定扣留质量保证金，直至扣留的质量保证金总额达到专用合同条款约定的金额或比例为止，质量保证金的计算额度不包括预付款的支付、扣回以及价格调整的金额。

(2) 在约定的缺陷责任期满时，承包人向发包人申请到期应返还承包人剩余的质量保证金金额，发包人应在14天内会同承包人按照合同约定的内容核实承包人是否完成缺陷责任，如无异议，发包人应当在核实后将剩余保证金返还承包人。

(3) 在约定的缺陷责任期满时，承包人没有完成缺陷责任的，发包人有权扣留与未履行责任剩余工作所需金额相应的质量保证金余额，并有权要求延长缺陷责任期，直至承包人完成剩余工作为止。

任务7 竣工阶段的合同管理

8.7.1 竣工验收

承包人应在约定的期限内完成合同工程，实际竣工日期应在接收证书中写明。

1. 竣工验收的含义

竣工验收指承包人完成了全部合同工作后，发包人按合同要求进行的验收。竣工验收所采用的各项验收和评定标准应符合国家验收标准。发包人和承包人为竣工验收提供的各项竣工验收资料应符合国家验收的要求。

2. 竣工验收申请报告

当工程具备以下条件时，承包人即可向监理人报送竣工验收申请报告：

(1) 除监理人同意列入缺陷责任期内完成的尾工(甩项)工程和缺陷修补工作外，合同范围内的全部单位工程以及有关工作，包括合同要求的试验、试运行以及检验和验收均已完成，并符合合同要求；

(2) 已按合同约定的内容和份数备齐了符合要求的竣工资料；

(3) 已按监理人的要求编制了在缺陷责任期内完成的尾工(甩项)工程和缺陷修补工作清单以及相应施工计划；

(4) 监理人要求在竣工验收前应完成的其他工作；

(5) 监理人要求提交的竣工验收资料清单。

3. 验收

监理人收到承包人提交的竣工验收申请报告后，应审查申请报告的各项内容，然后进行以下处理。

(1) 监理人审查后认为尚不具备竣工验收条件的，应在收到竣工验收申请报告后的 28 天内通知承包人，指出在颁发接收证书前承包人还需进行的工作内容。承包人完成监理人通知的全部工作内容后，应再次提交竣工验收申请报告，直至监理人同意为止。

(2) 监理人审查后认为已具备竣工验收条件的，应在收到竣工验收申请报告后的 28 天内提请发包人进行工程验收。

(3) 发包人经过验收后同意接受工程的，应在监理人收到竣工验收申请报告后的 56 天内，由监理人向承包人出具经发包人签认的工程接收证书。发包人验收后同意接收工程但提出整修和完善要求的，限期修好，并缓发工程接收证书。整修和完善工作完成后，监理人复查达到要求的，经发包人同意后，再向承包人出具工程接收证书。

(4) 发包人验收后不同意接收工程的，监理人应按照发包人的验收意见发出指示，要求承包人对不合格工程认真返工重做或进行补救处理，并承担由此产生的费用。承包人在完成不合格工程的返工重做或补救工作后，应重新提交竣工验收申请报告，并按上述(1)(2)(3)条约定进行。

(5) 经验收合格工程的实际竣工日期，以提交竣工验收申请报告的日期为准，并在工程接收证书中写明。

(6) 发包人在收到承包人竣工验收申请报告 56 天后未进行验收的，视为验收合格，实际竣工日期以提交竣工验收申请报告的日期为准，但发包人由于不可抗力不能进行验收的除外。

4. 单位工程验收

发包人根据合同进度计划安排，在全部工程竣工前需要使用已经竣工的单位工程时，或承包人提出经发包人同意时，可进行单位工程验收。验收合格后，由监理人向承包人出具经发包人签认的单位工程接收证书，已签发单位工程接收证书的单位工程由发包人负责照管，单位工程的验收成果和结论作为全部工程竣工验收申请报告的附件。

发包人在全部工程竣工前，使用已接收的单位工程导致承包人费用增加的，发包人应承担由此增加的费用和(或)工期延误，并支付承包人合理利润。

5. 施工期运行

施工期运行是指合同工程尚未全部竣工，其中某项或某几项单位工程或工程设备安装已竣工，根据专用合同条款约定，需要投入施工期运行的，经发包人按相应条款的约定验收合格，证明能确保安全后，才能在施工期投入运行。

在施工期运行中发现工程或工程设备损坏或存在缺陷的，由承包人按相应条款约定进行修复。

6. 试运行

除专用合同条款另有约定外，承包人应按专用合同条款约定进行工程及工程设备试运行，负责提供试运行所需的人员、器材和必要的条件，并承担全部试运行费用；由于承包人的原因导致试运行失败的，承包人应采取措施保证试运行合格，并承担相应费用。由于发包人的原因导致试运行失败的，承包人应当采取措施保证试运行合格，发包人应承担由此产生的费用，并支付承包人合理利润。

7. 竣工清场

工程接收证书颁发后，承包人应按以下要求对施工场地进行清理，直至监理人检验合格为止，竣工清场费用由承包人承担。

(1) 施工场地内残留的垃圾已全部清除出场；

(2) 临时工程已拆除，场地已按合同要求进行清理、平整或复原；

(3) 按合同约定应撤离的承包人设备和剩余的材料，包括废弃的施工设备和材料，已按计划撤离施工场地；

(4) 工程建筑物周边及其附近道路、河道的施工堆积物，已按监理人指示全部清理；

(5) 监理人指示的其他场地清理工作已全部完成。

承包人未按监理人的要求恢复临时占地，或者场地清理未达到合同约定的，发包人有权委托其他人恢复或清理，所发生的金额从拟支付给承包人的款项中扣除。

8. 施工队伍的撤离

工程接收证书颁发后的 56 天内，除了经监理人同意需在缺陷责任期内继续工作和使用的人员、施工设备和临时工程外，其余的人员、施工设备和临时工程均应撤离施工场地或拆除。除合同另有约定外，缺陷责任期满时，承包人的人员和施工设备应全部撤离施工场地。

例如，某在建框架结构行政办公楼，建设单位与承包人签订了施工合同，与监理公司签订了监理合同。实际竣工日期以承包人提交竣工验收申请报告的日期为准。实际竣工日期应为承包人修理、改建后提请发包人验收的日期。工程完工后，施工单位向建设单位提交工程竣工报告，申请工程竣工验收，实行监理的工程，工程竣工报告须经总监理工程师签署意见；建设单位收到工程竣工报告后，对符合竣工验收要求的工程，组织勘察、设计、施工、监理等单位和其他有关方面的专家组成验收组，制定验收方案；建设单位应当在工程竣工验收 7 个工作日前将验收的时间、地点及验收组名单书面通知负责监督该工程的工程质量监督机构；建设单位组织工程竣工验收：

(1) 建设、勘察、设计、施工、监理单位分别汇报工程合同履约情况和在工程建设各个环节执行法律、法规和工程建设强制性标准的情况；

(2) 审阅建设、勘察、设计、施工、监理单位的工程档案资料；

(3) 实地查验工程质量；

(4) 对工程勘察、设计、施工、设备安装质量和各管理环节等方面作出全面评价，形成经验收组人员签署的工程竣工验收意见。

8.7.2 竣工结算

1. 竣工付款申请单

(1) 工程接收证书颁发后，承包人应按专用合同条款约定的份数和期限向监理人提交竣工付款申请单，并提供相关证明材料。除专用合同条款另有约定外，竣工付款申请单应包括下列内容：竣工结算合同总价、发包人已支付承包人的工程价款、应扣留的质量保证金、应支付的竣工付款金额。

(2) 监理人对竣工付款申请单有异议的，有权要求承包人进行修正和提供补充资料。监理人和承包人协商后，由承包人向监理人提交修正后的竣工付款申请单。

2. 竣工付款证书及支付时间

(1) 监理人在收到承包人提交的竣工付款申请单后的14天内完成核查，提出发包人到期应支付给承包人的价款送发包人审核并抄送承包人，发包人应在收到后14天内审核完毕，由监理人向承包人出具经发包人签认的竣工付款证书，监理人未在约定时间内核查，又未提出具体意见的，视为承包人提交的竣工付款申请单已经监理人核查同意；发包人未在约定时间内审核又未提出具体意见的，监理人提出发包人到期应支付给承包人的价款视为已经发包人同意。

(2) 发包人应在监理人出具竣工付款证书后的14天内，将应支付款支付给承包人，发包人不按期支付的，将逾期付款违约金支付给承包人。

(3) 承包人对发包人签认的竣工付款证书有异议的，发包人可出具竣工付款申请单中承包人已同意部分的临时付款证书，存在争议的部分，按争议的约定办理。

(4) 竣工付款涉及政府投资资金的，应在专用合同条款中约定应遵守国库集中支付的规定，并满足本合同竣工结算程序的要求。

8.7.3 最终结清

1. 最终结清申请单

缺陷责任终止证书颁发后，承包人已完成全部承包工作，但合同的财务账目尚未结清，因此承包人应提交最终结清申请单，说明尚未结清的名目和金额，并附相关证明材料，监理人核查提出发包人应付价款，报送发包人审核。若发包人审核时有异议，可与承包人协商，若达不成协议，采取与竣工结算相同的办法解决。

2. 最终结清证书和支付时间

(1) 监理人收到承包人提交的最终结清申请单后的14天内，提出发包人应支付给承包人的价款送发包人审核并抄送承包人，发包人应在收到后14天内审核完毕，由监理人向承包人出具经发包人签认的最终结清证书，监理人未在约定时间内核查，又未提出具体意见的，视为承包人提交的最终结清申请单已经监理人核查同意。发包人未在约定时间内审核又未提出具体意见的，监理人提出应支付给承包人的价款视为已经发包人同意。

(2) 发包人应在监理人出具最终结清证书后的14天内，将应支付款支付给承包人，发包人不按期支付的，将逾期付款违约金支付给承包人。

(3) 承包人对发包人签认的最终结清证书有异议的，按争议的约定办理。

(4) 最终结清付款涉及政府投资资金的，按照国库集中支付等国家有关规定和专用合同条款的约定办理。

8.7.4 缺陷责任与保修责任

1. 缺陷责任期的起算时间

缺陷责任期自实际竣工日期起计算。在全部工程竣工验收前，已经发包人提前验收的单位工程，其缺陷责任期的起算日期相应提前。

2. 缺陷责任

(1) 承包人应在缺陷责任期内对已交付使用的工程承担缺陷责任。

(2) 缺陷责任期内，发包人对已接收使用的工程负责日常维护工作。发包人在使用过程中，发现已接收的工程存在新的缺陷或已修复的缺陷部位或部件又遭损坏的，承包人应负责修复，直至检验合格为止。

(3) 监理人和承包人应共同查清缺陷和(或)损坏的原因。经查明属承包人原因造成的，应由承包人承担修复和查验的费用。经查验属发包人原因造成的，发包人应承担修复和查验的费用，并支付承包人合理利润。

(4) 承包人不能在合理时间内修复缺陷的，发包人可自行修复或委托其他人修复，所需费用和利润的承担，按上述第(3)条约定办理。

3. 缺陷责任期的延长

由于承包人原因造成某项缺陷或损坏使某项工程或工程设备不能按原定目标使用而需要再次检查、检验和修复的，发包人有权要求承包人相应延长缺陷责任期，但缺陷责任期最长不超过2年。

4. 进一步试验和试运行

任何一项缺陷或损坏修复后，经检查证明其影响了工程或工程设备的使用性能，承包人应重新进行合同约定的试验和试运行，试验和试运行的全部费用应由责任方承担。

5. 承包人的进入权

缺陷责任期内承包人为缺陷修复工作需要，有权进入工程现场，但应遵守发包人的保安和保密规定。

6. 缺陷责任期终止证书

在约定的缺陷责任期，包括缺陷责任期延长的期限终止后14天内，由监理人向承包人出具经发包人签认的缺陷责任期终止证书，并退还剩余的质量保证金。

7. 保修责任

合同当事人根据有关法律规定，在专用合同条款中约定工程质量保修范围、期限和责任。保修期自实际竣工日期起计算。在全部工程竣工验收前，已经发包人提前验收的单位工程，其保修期的起算日期相应提前。

8.7.5 保险

1. 工程保险

承包人应以发包人和承包人的共同名义向双方同意的保险人投保建筑工程一切险、安装工程一切险。其具体的投保内容、保险金额、保险费率、保险期限等有关内容在专用合同条款中约定。

当一个建设项目分成多个合同，由几家承包人分别承包时，如由各家分别投保，可能产生重复投保或漏保。在此情况下由发包人投保为宜。如由发包人负责投保，应在专用合同条款中另行约定。

2. 人员工伤事故的保险

1) 承包人员工伤事故的保险

承包人应依照有关法律规定参加工伤保险，为其履行合同所雇用的全部人员缴纳工伤保险费，并要求其分包人也进行此项保险。

2）发包人员工伤事故的保险

发包人应依照有关法律规定参加工伤保险，为其现场机构雇用的全部人员缴纳工伤保险费，并要求其监理人也进行此项保险。

3. 人身意外伤害险

发包人应在整个施工期间为其现场机构雇用的全部人员，投保人身意外伤害险，缴纳保险费，并要求其监理人也进行此项保险；承包人应在整个施工期间为其现场机构雇用的全部人员投保人身意外伤害险，缴纳保险费，并要求其分包人也进行此项保险。

4. 第三者责任险

第三者责任险指在保险期内，对因工程意外事故造成的、依法应由被保险人负责的工地上及毗邻地区的第三者人身伤亡、疾病或财产损失（本工程除外），以及被保险人因此而支付的诉讼费用和事先经保险人书面同意支付的其他费用等承担赔偿责任；在缺陷责任期终止证书颁发前，承包人应以承包人和发包人的共同名义，投保相关约定的第三者责任险，其保险费率、保险金额等有关内容在专用合同条款中约定。

5. 其他保险

承包人应为其施工设备、进场的材料和工程设备等办理保险。施工设备险与其他工程保险不同，由于发包人在施工设备中只有间接风险，没有直接的可保权益，故由承包人以自己的名义负责投保为宜，保险的施工设备范围由承包人根据施工设备的损失和损坏对工程施工的影响程度等因素自行确定。承包人的进场材料和工程设备等，亦应由承包人办理保险。

6. 对各项保险的一般要求

1）保险凭证

承包人应在专用合同条款约定的期限内向发包人提交各项保险生效的证据和保险单副本，保险单必须与专用合同条款约定的条件保持一致。

2）保险合同条款的变动

承包人需要变动保险合同条款时，应事先征得发包人同意，并通知监理人。保险人作出变动的，承包人应在收到保险人通知后立即通知发包人和监理人。

3）持续保险

承包人应与保险人保持联系，使保险人能够随时了解工程实施中的变动，并确保按保险合同条款要求持续保险。

4）保险金不足的补偿

保险金不足以补偿损失的，应由承包人和（或）发包人按合同约定负责补偿。

5）未按约定投保的补救

(1)由于负有投保义务的一方当事人未按合同约定办理保险，或未能使保险持续有效的，另一方当事人可代为办理，所需费用由对方当事人承担。

(2) 由于负有投保义务的一方当事人未按合同约定办理某项保险，导致受益人未能得到保险人的赔偿，原应从该项保险得到的保险金应由负有投保义务的一方当事人支付。

6）报告义务

当保险事故发生时，投保人应按照保险单规定的条件和期限及时向保险人报告。

8.7.6 不可抗力

1. 不可抗力的确认

不可抗力是指承包人和发包人在订立合同时不可预见，在工程施工过程中不可避免发生并不能克服的自然灾害和社会性突发事件，如地震、海啸、瘟疫、水灾、骚乱、暴动、战争(不包括飓风、台风)和专用合同条款约定的其他情形。

不可抗力发生后，发包人和承包人应及时认真统计所造成的损失，收集不可抗力造成损失的证据。合同双方对是否属于不可抗力或其损失的意见不一致的，由监理人按相应条款商定或确定。发生争议时，按争议的约定办理。

2. 不可抗力的通知

合同一方当事人遇到不可抗力事件，使其履行合同义务受到阻碍时，应立即通知合同另一方当事人和监理人，书面说明不可抗力和受阻碍的详细情况，并提供必要的证明；如不可抗力持续发生，合同一方当事人应及时向合同另一方当事人和监理人提交中间报告，说明不可抗力和履行合同受阻的情况，并于不可抗力事件结束后 28 天内提交最终报告及有关资料。

3. 不可抗力的后果及其处理

1）不可抗力造成损害的责任

不可抗力导致的人员伤亡、财产损失、费用增加和(或)工期延误等后果，由合同双方按以下原则承担：

(1) 永久工程，包括已运至施工场地的材料和工程设备的损害，以及因工程损害造成的第三者人员伤亡和财产损失由发包人承担；

(2) 承包人设备的损坏由承包人承担；

(3) 发包人和承包人各自承担其人员伤亡和其他财产损失及相关费用；

(4) 承包人的停工损失由承包人承担，但停工期间应监理人要求照管工程和清理、修复工程的金额由发包人承担；

(5) 不能按期竣工的，应合理延长工期，承包人不需支付逾期竣工违约金，发包人要求赶工的，承包人应采取赶工措施，赶工费用由发包人承担。

2）延迟履行期间发生的不可抗力

合同一方当事人延迟履行，在延迟履行期间发生不可抗力的，不免除其责任。

3）避免和减少不可抗力损失

不可抗力发生后，发包人和承包人均应采取措施尽量避免和减少损失的扩大，任何一方没有采取有效措施导致损失扩大的，应对扩大的损失承担责任。

4）因不可抗力解除合同

合同一方当事人因不可抗力不能履行合同的，应当及时通知对方解除合同。合同解除后，承包人应撤离施工场地。已经订货的材料、设备由订货方负责退货或解除订货合同，不能退还的货款和因退货、解除订货合同发生的费用，由发包人承担，因未及时退货造成的损失由责任方承担。合同解除后的付款，由监理人商定或确定。

8.7.7 违约

1. 承包人违约

1）在履行合同过程中属于承包人违约的情况

（1）承包人私自将合同的全部或部分权利转让给其他人，或私自将合同的全部或部分义务转移给其他人；

（2）承包人未经监理人批准，私自将已按合同约定进入施工场地的施工设备、临时设施或材料撤离施工场地；

（3）承包人使用了不合格材料或工程设备，工程质量达不到标准要求，又拒绝清除不合格工程；

（4）承包人未能按合同进度计划及时完成合同约定的工作，已造成或预期造成工期延误；

（5）承包人在缺陷责任期内，未能对工程接收证书所列的缺陷清单的内容或缺陷责任期内发生的缺陷进行修复，而又拒绝按监理人指示再进行修补；

（6）承包人无法继续履行或明确表示不履行或实质上已停止履行合同；

（7）承包人不按合同约定履行义务的其他情况。

2）对承包人违约的处理

（1）承包人无法继续履行或明确表示不履行或实质上已停止履行合同时，发包人可通知承包人立即解除合同，并按有关法律处理。

（2）承包人发生除上述（1）约定以外的其他违约情况时，监理人可向承包人发出整改通知，要求其在指定的期限内改正。承包人应承担其违约所引起的费用增加和（或）工期延误。

（3）经检查证明承包人已采取了有效措施纠正违约行为，具备复工条件的，可由监理人签发复工通知进行复工。

3）承包人违约解除合同

监理人发出整改通知28天后，承包人仍不纠正违约行为的，发包人可向承包人发出解除合同通知。合同解除后，发包人可派人员进驻施工场地，另行组织人员或委托其他承包人施工。发包人因继续完成该工程的需要，有权扣留使用承包人在现场的材料、设备和临时设施。但发包人的这一行动不免除承包人应承担的违约责任，也不影响发包人根据合同约定享有的索赔权利。

4）合同解除后的估价、付款和结清

（1）合同解除后，监理人商定或确定承包人实际完成工作的价值，以及承包人已提供的材料、施工设备、工程设备和临时工程等的价值。

（2）合同解除后，发包人应暂停对承包人的一切付款，查清各项付款和已扣款金额，包括承包人应支付的违约金。

（3）合同解除后，发包人向承包人索赔由于解除合同给发包人造成的损失。

（4）合同双方确认上述往来款项后，出具最终结清付款证书，结清全部合同款项。

（5）发包人和承包人未能就解除合同后的结清达成一致而形成争议的，按争议的约定办理。

5）协议利益的转让

因承包人违约解除合同的，发包人有权要求承包人将其为实施合同而签订的材料和设备的订货协议或任何服务协议利益转让给发包人，并在解除合同后的14天内，依法办理转让手续。

6）紧急情况下无能力或不愿进行抢救

在工程实施期间或缺陷责任期内发生危及工程安全的事件，监理人通知承包人进行抢救，承包人声明无能力或不愿立即执行的，发包人有权雇用其他人员进行抢救。此类抢救按合同约定属于承包人义务的，由此发生的金额和(或)工期延误由承包人承担。

2. 发包人违约

1）在履行合同过程中属于发包人违约的情况

(1) 发包人未能按合同约定支付预付款或合同价款，或拖延、拒绝批准付款申请和支付凭证，导致付款延误的；

(2) 发包人原因造成停工的；

(3) 监理人无正当理由没有在约定期限内发出复工指示，导致承包人无法复工的；

(4) 发包人无法继续履行或明确表示不履行或实质上已停止履行合同的；

(5) 发包人不履行合同约定其他义务的。

2）承包人有权暂停施工

发包人发生除上述情况以外的违约情况时，承包人可向发包人发出通知，要求发包人采取有效措施纠正违约行为。发包人收到承包人通知后的 28 天内仍不履行合同义务，承包人有权暂停施工，并通知监理人，发包人应承担由此增加的费用和(或)工期延误，并支付承包人合理利润。

3）发包人违约解除合同

(1) 发包人无法继续履行或明确表示不履行或实质上已停止履行合同的，承包人可书面通知发包人解除合同。

(2) 承包人暂停施工 28 天后，发包人仍不纠正违约行为的，承包人可向发包人发出解除合同通知。但承包人的这一行动不免除发包人承担的违约责任，也不影响承包人根据合同约定享有的索赔权利。

4）解除合同后的付款

因发包人违约解除合同的，发包人应在解除合同后 28 天内向承包人支付下列金额，承包人应在此期限内及时向发包人提交要求支付下列金额的有关资料和凭证：

(1) 合同解除日以前所完成工作的价款；

(2) 承包人为该工程施工订购并已付款的材料、工程设备和其他物品的金额，发包人付还后，该材料、工程设备和其他物品归发包人所有；

(3) 承包人为完成工程所发生的，而发包人未支付的金额；

(4) 承包人撤离施工场地以及遣散承包人人员的金额；

(5) 由于解除合同应赔偿的承包人损失；

(6) 按合同约定在合同解除日前应支付给承包人的其他金额。

发包人应按约定支付上述金额并退还质量保证金和履约担保，但有权要求承包人支付应偿还给发包人的各项金额。

5）解除合同后的承包人撤离

因发包人违约而解除合同后，承包人应妥善做好已竣工工程和已购材料、设备的保护和移交工作，按发包人要求将承包人设备和人员撤出施工场地。承包人撤出施工场地应遵守竣工清场的约定，发包人应为承包人撤出提供必要条件。

3. 第三人造成的违约

在履行合同过程中，一方当事人因第三人的原因造成违约的，应当向对方当事人承担违约责任。一方当事人和第三人之间的纠纷，依照法律规定或者按照约定解决。

8.7.8 索赔

1. 承包人索赔的提出

根据合同约定，承包人认为有权得到追加付款和(或)延长工期的，应按以下程序向发包人提出索赔：

(1) 承包人应在知道或应当知道索赔事件发生后 28 天内，向监理人递交索赔意向通知书，并说明发生索赔事件的事由。承包人未在前述 28 天内发出索赔意向通知书的，丧失要求追加付款和(或)延长工期的权利。

(2) 承包人应在发出索赔意向通知书后 28 天内，向监理人正式递交索赔通知书。索赔通知书应详细说明索赔理由以及要求追加的付款金额和(或)延长的工期，并附必要的记录和证明材料。

(3) 索赔事件具有连续影响的，承包人应按合理时间间隔继续递交延续索赔通知，说明连续影响的实际情况和记录，列出累计的追加付款金额和(或)工期延长天数。

(4) 在索赔事件影响结束后的 28 天内，承包人应向监理人递交最终索赔通知书，说明最终要求索赔的追加付款金额和延长的工期，并附必要的记录和证明材料。

2. 承包人索赔处理程序

(1) 监理人收到承包人提交的索赔通知书后，应及时审查索赔通知书的内容、查验承包人的记录和证明材料，必要时监理人可要求承包人提交全部原始记录副本。

(2) 监理人应按商定或确定追加的付款和(或)延长的工期，在收到上述索赔通知书或有关索赔的进一步证明材料后的 28 天内，将索赔处理结果答复承包人。

(3) 承包人接受索赔处理结果的，发包人应在作出索赔处理结果答复后 28 天内完成赔付。承包人不接受索赔处理结果的，按争议的约定办理。

3. 承包人提出索赔的期限

承包人按竣工结算的约定接受了竣工付款证书后，应被认为已无权再提出在合同工程接收证书颁发前所发生的任何索赔；承包人按最终结清的约定提交的最终结清申请单中，只限于提出工程接收证书颁发后发生的索赔，提出索赔的期限自接受最终结清证书时终止。

4. 发包人的索赔

发生索赔事件后，监理人应及时书面通知承包人，详细说明发包人有权得到的索赔金额和(或)延长缺陷责任期的细节和依据。发包人提出索赔的期限和要求与承包人提出索赔期限的约定相同，延长缺陷责任期的通知应在缺陷责任期届满前发出。

监理人商定或确定发包人从承包人处得到赔付的金额和(或)缺陷责任期的延长期。承包人应付给发包人的金额可从拟支付给承包人的合同价款中扣除，或由承包人以其他方式支付给发包人。

8.7.9 争议的解决

1. 争议的解决方式

发包人和承包人在履行合同中发生争议的，可以友好协商解决或者提请争议评审组评审。

合同当事人友好协商解决不成、不愿提请争议评审或者不接受争议评审组意见的，可在专用合同条款中约定下列一种方式解决：

（1）向约定的仲裁委员会申请仲裁；

（2）向有管辖权的人民法院提起诉讼。

2. 友好解决

在提请争议评审、仲裁或者诉讼前，以及在争议评审、仲裁或诉讼过程中，发包人和承包人均可共同努力友好协商解决争议。

3. 争议评审

（1）采用争议评审的，发包人和承包人应在开工日后的 28 天内或在争议发生后，协商成立争议评审组。争议评审组由有合同管理和工程实践经验的专家组成。

（2）合同双方的争议，应首先由申请人向争议评审组提交一份详细的评审申请报告，并附必要的文件、图纸和证明材料，申请人还应将上述报告的副本同时提交给被申请人和监理人。

（3）被申请人在收到申请人评审申请报告副本后的 28 天内，向争议评审组提交一份答辩报告，并附证明材料。被申请人应将答辩报告的副本同时提交给申请人和监理人。

（4）除专用合同条款另有约定外，争议评审组在收到合同双方报告后的 14 天内，邀请双方代表和有关人员举行调查会，向双方调查争议细节；必要时争议评审组可要求双方进一步提供补充材料。

（5）除专用合同条款另有约定外，在调查会结束后的 14 天内，争议评审组应在不受任何干扰的情况下进行独立、公正的评审，作出书面评审意见，并说明理由。在争议评审期间，争议双方暂按总监理工程师的确定执行。

（6）发包人和承包人接受评审意见的，由监理人根据评审意见拟订执行协议，经争议双方签字后作为合同的补充文件，并遵照执行。

（7）发包人或承包人不接受评审意见，并要求提交仲裁或提起诉讼的，应在收到评审意见后的 14 天内将仲裁或起诉意向书面通知另一方，并抄送监理人，但在仲裁或诉讼结束前应暂按总监理工程师的确定执行。

合同协议书

发包人（全称）：____________________

承包人（全称）：____________________

根据《中华人民共和国合同法》、《中华人民共和国建筑法》及有关法律规定，遵循平等、自愿、公平和诚实信用的原则，双方就工程施工及有关事项协商一致，共同达成如下协议：

一、工程概况

1. 工程名称：____________________。

2. 工程地点：____________________。

3. 工程立项批准文号：____________________。

4. 资金来源：____________________。

5. 工程内容：____________________。

群体工程应附《承包人承揽工程项目一览表》（附件 1）。

6. 工程承包范围：

____

____。

二、合同工期

计划开工日期：________年________月________日。

计划竣工日期：________年________月________日。

工期总日历天数：________天。工期总日历天数与根据前述计划开竣工日期计算的工期天数不一致的，以工期总日历天数为准。

三、质量标准

工程质量符合______________________标准。

四、签约合同价与合同价格形式

1. 签约合同价为：人民币(大写)________(¥________元)；

其中：

(1) 安全文明施工费：人民币(大写)________(¥________元)；

(2) 材料和工程设备暂估价金额：人民币(大写)________(¥________元)；

(3) 专业工程暂估价金额：人民币(大写)________(¥________元)；

(4) 暂列金额：人民币(大写)________(¥________元)。

2. 合同价格形式：______________________。

五、项目经理

承包人项目经理：______________________。

六、合同文件构成

本协议书与下列文件一起构成合同文件：① 中标通知书(如果有)；② 投标函及其附录(如果有)；③ 专用合同条款及其附件；④ 通用合同条款；⑤ 技术标准和要求；⑥ 图纸；⑦ 已标价工程量清单或预算书；⑧ 其他合同文件。

在合同订立及履行过程中形成的与合同有关的文件均构成合同文件组成部分。

上述各项合同文件包括合同当事人就该项合同文件所作出的补充和修改，属于同一类内容的文件，应以最新签署的为准。专用合同条款及其附件须经合同当事人签字或盖章。

七、承诺

1. 发包人承诺按照法律规定履行项目审批手续、筹集工程建设资金并按照合同约定的期限和方式支付合同价款。

2. 承包人承诺按照法律规定及合同约定组织完成工程施工，确保工程质量和安全，不进行转包及违法分包，并在缺陷责任期及保修期内承担相应的工程维修责任。

3. 发包人和承包人通过招投标形式签订合同的，双方理解并承诺不再就同一工程另行签订与合同实质性内容相背离的协议。

八、词语含义

本协议书中词语含义与第二部分通用合同条款中赋予的含义相同。

九、签订时间

本合同于________年________月________日签订。

十、签订地点

本合同在______________________签订。

十一、补充协议

合同未尽事宜，合同当事人另行签订补充协议，补充协议是合同的组成部分。

十二、合同生效

本合同自＿＿＿＿＿＿＿＿＿＿生效。

十三、合同份数

本合同一式＿＿＿＿份，均具有同等法律效力，发包人执＿＿＿＿份，承包人执＿＿＿＿份。

发包人：（公章）	承包人：（公章）
法定代表人或其委托代理人： （签字）	法定代表人或其委托代理人： （签字）
组织机构代码：＿＿＿＿＿＿	组织机构代码：＿＿＿＿＿＿
地　　址：＿＿＿＿＿＿	地　　址：＿＿＿＿＿＿
邮政编码：＿＿＿＿＿＿	邮政编码：＿＿＿＿＿＿
法定代表人：＿＿＿＿＿＿	法定代表人：＿＿＿＿＿＿
委托代理人：＿＿＿＿＿＿	委托代理人：＿＿＿＿＿＿
电　　话：＿＿＿＿＿＿	电　　话：＿＿＿＿＿＿
传　　真：＿＿＿＿＿＿	传　　真：＿＿＿＿＿＿
电子信箱：＿＿＿＿＿＿	电子信箱：＿＿＿＿＿＿
开户银行：＿＿＿＿＿＿	开户银行：＿＿＿＿＿＿
账　　号：＿＿＿＿＿＿	账　　号：＿＿＿＿＿＿

履约担保

＿＿＿＿＿＿＿＿（发包人名称）：

鉴于＿＿＿＿＿＿＿＿（发包人名称，以下简称“发包人”）接受＿＿＿＿＿＿＿＿（承包人名称，以下称“承包人”）于＿＿＿＿年＿＿＿＿月＿＿＿＿日参加＿＿＿＿＿＿＿＿（项目名称）＿＿＿＿标段施工的投标。我方愿意无条件地、不可撤销地就承包人履行与你方订立的合同，向你方提供担保。

1. 担保金额人民币（大写）＿＿＿＿元（￥＿＿＿＿元）。

2. 担保有效期自发包人与承包人签订的合同生效之日起至发包人签发工程接收证书之日止。

3. 在本担保有效期内，因承包人违反合同约定的义务给你方造成经济损失时，我方在收到你方以书面形式提出的在担保金额内的赔偿要求后，在7天内无条件支付。

4. 发包人和承包人按通用合同条款第15条变更合同时，我方承担本担保规定的义务不变。

担保人：＿＿＿＿＿＿＿＿＿＿（盖单位章）
法定代表人或其委托代理人：＿＿＿＿＿（签字）
地　　址：＿＿＿＿＿＿＿＿＿＿
邮政编码：＿＿＿＿＿＿＿＿＿＿
电　　话：＿＿＿＿＿＿＿＿＿＿
传　　真：＿＿＿＿＿＿＿＿＿＿
＿＿＿＿＿年＿＿＿＿＿月＿＿＿＿＿日

预付款担保

＿＿＿＿＿＿＿＿＿＿（发包人名称）：

根据＿＿＿＿＿＿＿＿＿＿（承包人名称，以下称“承包人”）与＿＿＿＿＿＿＿＿＿＿（发包人名称，以下简称“发包人”）于＿＿＿＿＿年＿＿＿＿＿月＿＿＿＿＿日签订的＿＿＿＿＿＿＿＿＿＿（项目名称）＿＿＿＿＿标段施工承包合同，承包人按约定的金额向发包人提交一份预付款担保，即有权得到发包人支付相等金额的预付款。我方愿意就你方提供给承包人的预付款提供担保。

1. 担保金额人民币（大写）＿＿＿＿＿元（￥＿＿＿＿＿元）。

2. 担保有效期自预付款支付给承包人起生效，至发包人签发的进度付款证书说明已完全扣清止。

3. 在本保函有效期内，因承包人违反合同约定的义务而要求收回预付款时，我方在收到你方的书面通知后，在7天内无条件支付。但本保函的担保金额，在任何时候不应超过预付款金额减去发包人按合同约定在向承包人签发的进度付款证书中扣除的金额。

4. 发包人和承包人按通用合同条款第15条变更合同时，我方承担本保函规定的义务不变。

担保人：＿＿＿＿＿＿＿＿＿＿（盖单位章）
法定代表人或其委托代理人：＿＿＿＿＿（签字）
地　　址：＿＿＿＿＿＿＿＿＿＿
邮政编码：＿＿＿＿＿＿＿＿＿＿
电　　话：＿＿＿＿＿＿＿＿＿＿
传　　真：＿＿＿＿＿＿＿＿＿＿
＿＿＿＿＿年＿＿＿＿＿月＿＿＿＿＿日

Chapter 9

项目 9 建设工程其他合同

任务1 监理合同

9.1.1 概述

我国建筑法明确规定实行监理的建筑工程，由建设单位委托具有相应资质条件的工程监理单位监理。建设单位与其委托的工程监理单位应当订立书面委托监理合同。委托监理合同确定了监理服务内容、服务期限、工程类别、规模、技术复杂程度、工程环境等因素，同时也确定了监理合同双方的权利与义务，是监理人开展监理工作，获取监理报酬的依据；也是监理委托人接受与衡量监理服务，支付监理费用的依据。业主和监理的关系是通过监理合同来建立和维系的。项目监理机构的组织形式和规模，也是根据委托监理合同的规定进行确定。

建筑法规定工程监理应当依照法律、行政法规及有关的技术标准、设计文件和工程承包合同，对承包单位在施工质量、建设工期和建设资金使用等方面，代表建设单位实施监督。工程监理人员认为工程施工不符合工程设计要求、施工技术标准和合同约定的，有权要求施工企业改正。工程监理人员发现工程设计不符合有关工程质量标准或者合同约定的质量要求的，应当报告建设单位要求设计单位改正。如果工程监理单位不按照委托监理合同的约定履行监理义务，对应当监督检查的项目不检查或者不按照规定检查，给建设单位造成损失的，应当承担相应的赔偿责任。工程监理单位与承包单位串通，为承包单位谋取非法利益，给建设单位造成损失的，应当与承包单位承担连带赔偿责任。而监理能够承担以上责任，履行监理义务的前提是建设方与监理人签订的委托监理合同。

不同阶段的监理合同，对监理工作的要求也不一样。如监理规范就明确规定监理单位履行施工阶段的委托监理合同时，必须在施工现场建立项目监理机构，且必须在完成了委托监理合同约定的监理工作后可撤离施工现场。

综上所述，监理工作开展的直接依据是监理委托人和监理人签订的委托监理合同。监理合同既关系到建设项目监理工作的成败、工程项目建设目标控制的好坏，而且关系到合同双方直接的经济利益。理应受到合同各方的重视。

1. 监理合同的构成

监理合同可以有广义和狭义之分。狭义的合同是指合同文本，即合同协议书、合同标准条件、合同专用条件；广义的合同是指包括合同文本、中标人的监理投标书、中标通知书以及合同实施过程中双方签署的合同补充或修改文件等关系双方权利义务的承诺和约定。一个监理合同由哪些部分构成是由当事人在合同协议书中约定。监理合同一般由监理投标书及中标通知书、建设工程委托监理合同协议书、合同标准条件、合同专用条件以及在实施过程中双方共同签署的合同补充与修正文件五部分组成。

1）监理投标书及中标通知书

中标人的监理投标书是投标书对承担合同指向的监理任务所提出的要约，而中标通知书则是招标人对中标人要约的承诺，是对双方都有约束力的法律文件，也是双方签约的基础。

2）建设工程委托监理合同协议书

建设工程委托监理合同协议书是合同文件的正文，是合同双方签章的部分，是整个监理合同文件的核心。合同协议书将监理合同概括性地总汇，以简练、概括性语言，将合同最重要的内容，如合同价格、合同的用词定义、合同文件的构成及解释顺序等写入其中，双方一旦达成协议，只要填写很少的文字，双方即可签署，使合同成立。

3）合同标准条件

监理合同标准条件是参照国际上工程监理人通用合同条件，结合我国建设工程监理的实际情况编制。着重阐明双方一般性的权利和义务。在正常情况下是合同双方原则上应当遵守的。签约和履约过程中，一般不作改动。

4）合同专用条件

监理合同专用条件是合同双方根据具体工程项目的特点及其所处的自然和社会环境，对合同条款的一种完善与补充。工程中的具体内容，如工程规模、监理项目、工程造价、监理合同期、监理费用、特殊检测项目及费用、奖励条件等都应在专用条件中写明，由合同双方协商一致后填写。若双方认为需要，可在其中增加约定的补充条款、修正条款以及附加条款。

合同专用条件应是合同通用条件的补充和具体化，因此只要标准条件需要补充，需要具体化，它就会存在相应的专用条件，因此专用条件的编号与标准条件的编号是一致的，顺序也是相同的。但由于有的标准条件并不需要专用条件来补充，所以专用条件的编号不会是连续的，也就是说合同的标准条件不需要逐条都有专用条件来与之一一对应。

5）在实施过程中双方共同签署的合同补充与修正文件

在监理实施的过程中，难免有一些情况会发生变化。如果这种变化超出了原合同的约束范围，就有必要在原合同的基础上进行适当补充或修正。合同的任何修正和补充都必须取得合同当事人的协商一致，并经合同双方的法定代表人或其授权代理人签署才能有效。

根据我国招标投标法规定，招标人和中标人不得签署实质上背离中标条件的合同，当然也包括不得签署违背中标条件的合同补充与修正文件。

2. 监理合同的解释顺序

合同的解释顺序是指整个监理合同文件的解释顺序，或者是合同文件各个组成部分的优先级，其实质是效力等级。当合同内容出现矛盾时，以解释顺序高的，即优先等级高的为准。合同的解释顺序是由合同双方在合同协议书中约定的，但实际上是这些文件形成的时间顺序的倒序排列，一般来说，后形成的合同文件可以解释先形成的合同文件。

合同文件的解释顺序优先级最高的是在实施过程中双方共同签署的合同补充与修正文件，其次是监理合同协议书，然后是合同专用条件、合同标准条件、中标通知书和中标人的监理投标书，即解释顺序是：① 双方共同签署的合同补充与修正文件；② 监理合同协议书；③ 合同专用条件；④ 合同标准条件；⑤ 中标通知书；⑥ 中标人的监理投标书。

监理规范规定监理实行总监理工程师负责制，因此委托监理合同的履行是由监理单位法定代表人书面授权的总监理工程师全面负责的。

由于不同阶段的监理合同履行是和该阶段的建设工作相适应的。只要该阶段建设任务没有完成，监理的合同就得继续，当然所涉及的监理额外工作、附加工作的补偿应在合同中明确，或通过对合同的补充或修正来确定。

9.1.2 建设工程监理合同的主要内容

建设工程监理合同文件中除在合同履行中双方共同签署的合同补充与修正文件外，其他部分的内容基本上是确定的，尤其是在使用建设工程委托监理合同示范文本的情况下，更是这样。

1. 监理投标书

这里的监理投标书是指监理中标人的投标书。监理投标书中的投标函及监理大纲是整个投标文件中具有实质性投标意义的内容。投标函是监理取费的要约和对监理招标文件的响应；而投标监理大纲则是投标人履行监理合同、开展监理工作的具体方法、措施以及组织和人员装备的计划，是投标人为了取得监理报酬而承诺的付出和义务。

监理合同当事人应重视监理投标书在监理合同管理的地位。严格地说，监理的报价是中标人依据其投标书，主要是监理大纲中载明的监理投入作出的。当监理委托人要求监理人提供监理投标书中没有提到的，监理合同其他条款中也没有约定的服务或人员装备时，监理人就可以要求补偿；当监理人不能按投标书配备监理人员装备或提供服务的，监理委托人有权要求监理人改正或向监理人提出索赔乃至追究违约责任。

2. 监理中标通知书

监理中标通知书是招标人对监理中标人在投标书中所作要约的全盘接受，是对中标人要约的承诺。中标通知书一旦送达中标人，和中标人的投标书一同构成了对双方都有法律约束力的文件。直到正式的监理合同签订，中标通知书和投标书都是维系和制约监理招投标双方的文件。

3. 监理合同协议书

监理合同协议书是确定合同关系的总括性文件，定义了监理委托人和监理人，界定了监理项目及监理合同文件构成，原则性地约定了双方的义务，规定了合同的履行期。最后由双方法定代表人或其代理人签章，盖法人章后合同正式成立。主要的条款如下：

（1）委托人与监理人。

（2）监理工程的概况描述，以保证对监理工程的理解不产生歧义。

（3）合同中有关词语定义的规定。

（4）合同文件的组成：① 监理投标书和中标通知书；② 本合同标准条件；③ 本合同专用条件；④ 在实施过程中双方共同签署的补充与修正文件。

（5）监理人向委托人的承诺，按照合同协议书的规定，承担合同专用条件中议定范围内的监理业务。

（6）委托人向监理人的承诺，按照合同协议书注明的期限、方式、币种，向监理人支付报酬。

（7）合同自开始实施及完成的日期。

（8）合同双方签字栏。

4. 监理合同标准条件

合同标准条件是针对监理合同文件自身以及监理双方一般性的权利义务确定的合同条款，具有普遍性和通用性。

1）合同用词的定义

(1)“工程”是指委托人实施监理的工程。

(2)“委托人”是指承担直接投资责任和委托监理业务的一方以及其合法继承人。

(3)“监理人”是指承担监理业务和监理责任的一方，以及其合法继承人。

(4)“监理机构”是指监理人派驻本工程现场实施监理业务的组织。

(5)“总监理工程师”是指经委托人同意，监理人派到监理机构全面履行本合同的全权负责人。

(6)“承包人”是指除监理人以外，委托人就工程建设有关事宜签订合同的当事人。

(7)“工程监理的正常工作”是指双方在专用条件中约定，委托人委托的监理工作范围和内容。

(8)“工程监理的附加工作”是指：

① 委托人委托监理范围以外，通过双方书面协议另外增加的工作内容；

② 由于委托人或承包人原因，使监理工作受到阻碍或延误，因增加工作量或持续时间而增加的工作。

(9)“工程监理的额外工作”是指正常工作和附加工作以外，根据合同规定监理人必须完成的工作，或非监理人自己的原因而暂停或终止监理业务，其善后工作及恢复监理业务的工作。

(10)“日”是指任何一天零时至第二天零时的时间段。

(11)“月”是指根据公历从一个月份中任何一天开始到下一个月相应日期的前一天的时间段。

2）关于适用法律法规的约定

建设工程委托监理合同适用的法律是指签订合同和履行合同时所依据的法律。在我国境内开展监理，理所当然应遵守中国的法律和行政法规。但我国幅员辽阔，各地根据自己的经济和社会文化发展水平制定了一系列地方性的法规、规章；另外，我国的专业部门管理的分界也很明显，如交通、水利、电力等系统就有自己的一套有关建设的规章和制度。所以，监理合同依据工程所在地的法规还是工程所属部门的规章，这就需要在合同专用条件的相应条款中说明。

3）合同使用的语言

国内的监理合同一般都用汉语，当需要使用两种语言或两种以上的语言时，应在相应的合同专用条件中约定，但汉语仍为解释和说明本合同的标准语言文字。

4）监理人的权利和义务

(1) 监理人的义务。

① 监理人按合同约定或监理投标书的承诺派出监理工作需要的监理机构及监理人员，向委托人报送委派的总监理工程师及其监理机构主要成员名单、监理规划，完成监理合同约定的监理工程范围内的监理业务。在履行合同义务期间，应按监理合同约定定期向委托人报告监理工作。

② 监理人在履行监理合同的义务期间，应认真、勤奋地工作，为委托人提供咨询意见，并公正维护各方面的合法权益。

③ 监理人所使用的由委托人提供的设施和物品，属于委托人财产，在监理工作完成或中止时，应将其设施和剩余的物品按合同约定的时间和方式移交给委托人。

④ 在合同期内或合同终止后，未征得有关方同意，不得泄露与所监理工程及其监理合同业务有关的保密资料。

（2）监理人的权利。

① 一般权利。

a. 选择工程总承包人的建议权；

b. 选择工程分包人的认可权；

c. 对工程建设有关事项包括工程规划、设计标准、规划设计、生产工艺设计和使用功能要求，向委托人的建议权；

d. 对工程设计中的技术问题，按照安全和优化的原则，向设计人提出建议；如果拟提出的建议可能会提高工程造价，或延长工期，应当事先征得委托人的同意；当发现工程设计不符合国家颁布的建设工程质量标准或设计合同约定的质量标准时，监理人应当书面报告委托人并要求设计人更正；

e. 审批工程施工组织设计和技术方案，按照保质量、保工期和降低成本的原则，向承包人提出建议，并向委托人提出书面报告；

f. 主持工程建设有关协作单位的组织协调，重要协调事项应当事先向委托人报告；

g. 征得委托人同意，监理人有权发布开工令、停工令、复工令，但应当事先向委托人报告，如在紧急情况下未能事先报告时，则应在 24 小时内向委托人作出书面报告；

h. 工程上使用的材料和施工质量的检验权，对于不符合设计要求和合同约定及国家质量标准的材料、构配件、设备，有权通知承包人停止使用；对于不符合规范和质量标准的工序、分部分项工程和不安全施工作业，有权通知承包人停工整改、返工；承包人得到监理机构复工令后才能复工；

i. 工程施工进度的检查、监督权，以及工程实际竣工日期提前或超过工程施工合同规定的竣工期限的签认权；

j. 在工程施工合同约定的工程价格范围内，工程款支付的审核和签认权，以及工程结算的复核确认权与否决权，未经总监理工程师签字确认，委托人不支付工程款；

k. 由于委托人或承包人的原因使监理工作受到阻碍或延误，以致产生了附加工作或延长了持续时间，则监理人应当将此情况下可能产生的影响及时通知委托人；完成监理业务的时间相应延长，并得到附加工作的报酬；由于非自己的原因而暂停或终止执行监理业务，其善后工作以及恢复执行监理业务的工作，应当视为额外工作，有权得到额外的报酬。

② 特别授权。

监理人在委托人授权下，可对任何承包人合同规定的义务提出变更。如果由此严重影响了工程费用或质量、或进度，则这种变更须经委托人事先批准。在紧急情况下未能事先报委托人批准时，监理人所做的变更也应尽快通知委托人。在监理过程中如发现工程承包人的人员工作不力，监理机构有权要求承包人调换有关人员。

③ 调解权。

在委托监理的工程范围内，委托人或承包人对对方的任何意见和要求（包括索赔要求），均必须首先向监理机构提出，由监理机构研究处置意见，再同双方协商确定。当委托人和承包人发生争议时，监理机构应根据自己的职能，以独立的身份判断，公正地进行调解。当双方的争议由政府建设行政主管部门调解或仲裁机关仲裁时，应当提供证明的事实材料。

(3) 监理人的责任。

① 监理人的责任期即委托监理合同有效期。在监理过程中,如果因工程建设进度的推迟或延误而超过书面约定的日期,双方应进一步约定相应延长的合同期。

② 在责任期内,应当履行约定的义务。如果因监理人过失而造成了委托人的经济损失,应当向委托人赔偿。累计赔偿总额不应超过监理报酬总额(除去税金)。

③ 对承包人违反合同规定的质量要求和完工(交图、交货)时限,监理人不承担责任。因不可抗力导致委托监理人不能全部或部分履行,监理人不承担责任。但如果不认真履行职责或提供超出其资质范围的咨询意见而给委托人造成损失的,则应承担赔偿责任。

④ 当监理人向委托人提出赔偿要求不能成立时,则应当补偿由于该索赔所导致委托人的各种费用支出。

5) 委托人的权利和义务

(1) 委托人的义务。

① 在监理人开展监理业务之前应向监理人支付预付款。

② 负责工程建设的所有外部关系的协调,为监理工作的开展提供外部条件。

③ 根据需要,如将部分或全部协调工作委托监理人承担,则应在专用条件中明确委托的工作和相应的报酬。

④ 在双方约定的时间内免费向监理人提供与工程有关的为监理工作所需要的工程资料。

⑤ 在专用条件约定的时间内就监理人书面提交并要求作出决定的一切事宜作出书面决定。

⑥ 授权一名熟悉工程情况、能在规定时间内作出决定的常驻代表(在专用条件中约定),负责与监理人联系。更换常驻代表,要提前通知监理人。

⑦ 将授予监理人的监理权利,以及监理人主要成员的职能分工、监理权限及时书面通知已选定的承包合同的承包人,并在与第三人签订的合同中予以明确。

⑧ 在不影响监理人开展监理工作的时间内提供如下资料:

a. 与本工程合作的原材料、构配件、机械设备等生产厂家名录;

b. 提供与本工程有关的协作单位、配合单位的名录。

⑨ 免费向监理人提供办公用房、通信设施、监理人员工地住房及合同专用条件约定的设施,对监理人自备的设施给予合理的经济补偿(补偿金额=设施在工程使用时间占折旧年限的比例×设施原值+管理费)。

⑩ 根据情况需要,双方可以在专用条件中约定,由委托人免费向监理人提供其他人员。

(2) 委托人的权利。

① 选定工程总承包人,以及与其订立合同的权利。

② 对工程规划、设计标准、规划设计、生产工艺设计和设计使用功能要求的认定权,以及对设计变更的审批权。

③ 监理人调换总监理工程师须事先经委托人同意。

④ 有权要求监理人提交监理工作月报及监理业务范围内的专项报告。

⑤ 当发现监理人员不按监理合同履行监理职责,或与承包人串通给委托人或工程造成损失的,委托人有权要求监理人更换监理人员,直到终止合同并要求监理人承担相应的赔偿责任或连带赔偿责任。

(3) 委托人的责任。

① 履行委托监理合同约定的义务,如有违反则应承担违约责任,赔偿由此给监理人造成的

经济损失；

② 监理人处理委托业务时，因非监理人原因的事由受到损失的，委托人应给予补偿；

③ 如果向监理人提出赔偿的要求不能成立，则应当补偿由该索赔所引起的监理人的各种费用支出。

6）监理合同的生效、变更与终止

（1）监理合同的生效。

监理合同一般以双方签字之日起生效，也有在合同中规定生效条件的，如在专用条件中规定，合同通过建设主管部门的审查之日起生效。

（2）监理合同的变更。

① 在委托监理合同签订后，实际情况发生变化，使得监理人不能全部或部分执行监理业务时，监理人应当立即通知委托人，该监理业务的完成时间应予延长。当恢复执行监理业务时，应当增加不超过 42 日的时间用于恢复执行监理业务，并按双方约定的数量支付监理报酬。

② 当事人一方要求变更或解除合同时，应当在 42 日前通知对方，因解除合同使一方遭受损失的，除依法可以免除责任的外，应由责任方负责赔偿。

③ 变更或解除合同的通知或协议必须采取书面形式，协议未达成之前，原合同仍然有效。

（3）监理合同的终止。

① 监理人向委托人办理完竣工验收或工程移交手续，承包人和委托人已签订工程保修责任书，监理人收到监理报酬尾款，监理合同即终止。

② 监理人在应当获得监理报酬之日起 30 日内仍未收到支付单据，而委托人又未对监理人提出任何书面解释时，或根据有关条款已暂停执行监理业务时限超过六个月的，监理人可向委托人发出终止合同的通知，发出通知后 14 日内仍未得到委托人答复，可进一步发出终止合同的通知，如果第二份通知发出后 42 日内仍未得到委托人答复，可终止合同或自行暂停或继续暂停执行全部或部分监理业务，委托人承担违约责任。

③ 当委托人认为监理人无正当理由而又未履行监理义务时，可向监理人发出指明其未履行义务的通知。若委托人发出通知后 21 日内没有收到答复，可在第一个通知发出后 35 日内发出终止委托监理合同的通知，合同即行终止。监理人承担违约责任。

④ 合同的终止并不影响各方应有的权利和应当承担的责任。

7）监理报酬

经招标的监理项目，完成正常监理工作的报酬是由监理投标书或中标通知书确定的。但结算的监理报酬还应包括附加工作和额外工作的报酬。监理报酬应按照专用条件相应条款规定的方法计算，并按约定的时间、币种、数额支付。

如果委托人在规定的支付期限内未支付监理报酬，自规定之日起，还应向监理人支付滞纳金。滞纳金从规定支付期限最后一日起计算。

如果委托人对监理人提交的支付申请中报酬或部分报酬项目提出异议，应当在收到支付申请书的 24 小时内向监理人发出表示异议的通知，但委托人不得拖延其他无异议报酬项目的支付。

8）合同争议的解决

监理合同的履行同样要强调协作履行的原则，但由于合同各方所处的角度，所代表的利益不同，合同的争议是难免的。只要本着实事求是、友好协商的原则，一般的争议都能由合同当事人解决。当分歧较大，难以达成协议时，则应按照专用条件约定仲裁或诉讼程序进行。

9）其他约定

（1）委托的建设工程监理所必要的监理人员出外考察、材料设备复试，其费用支出经委托人同意的，在预知范围内向委托人实报实销。

（2）在监理业务范围内，如需聘用专家咨询或协调，由监理人聘用的，其费用由监理人承担；由委托人聘用的，其费用由委托人承担。

（3）监理人在监理工作过程中提出的合理化建议，使委托人得到了经济效益，委托人应按专用条件中的约定给予经济奖励。

（4）监理人驻地监理机构及其职员不得接受监理工程项目施工承包人的任何报酬或者经济利益。

（5）监理人不得参与可能与合同规定的与委托人的利益相冲突的任何活动。

（6）监理人在监理过程中，不得泄露委托人申明的秘密，监理人亦不得泄露设计人、承包人等提供并申明的秘密。

（7）监理人对于其编制的所有文件拥有版权，委托人仅有权为本工程使用或复制此类文件。

5. 监理合同专用条件

由于监理服务提供的是监督管理服务，不同工程项目之间所表现出来的差异性就不会像施工项目那样多，所以监理合同专用条件较之施工合同的专用条件要简单得多。也就是说，对于不同监理项目需要特别约定的内容不是很多。专用条件是对标准条件的补充，是标准条件在具体工程项目上的具体化。因此，在使用专用条件时要特别注意的是反映具体监理项目的实际、合同双方的特别约定。切不可将专用条件填写成“按标准条件执行”，否则是无法执行的，因为与专用条件对应的标准条件一般都有“按专用条件的约定”的意思。监理合同需要通过专用条件来约定的内容主要有以下几个方面：

（1）适用的法律及监理依据；

（2）监理工作范围和内容；

（3）监理工作的外部条件；

（4）委托人应提供的工程资料及提供时间；

（5）委托人必须对监理人书面提交并要求作出决定的事宜作出书面答复的时间；

（6）委托人的常驻代表；

（7）委托人免费向监理机构提供的设施以及由监理人自备，但给予补偿的设施名称、数量及其补偿金额；

（8）在监理期间，委托人免费向监理机构提供的工作人员以及服务人员的数量，且明确规定监理机构不用对此类人员及其行为负责；

（9）监理人在责任期内失职，其承担责任的办法及赔偿损失的计算方法；

（10）监理报酬、附加工作报酬以及额外工作报酬的计算方法、支付时间、货币种类（包括计算汇率）；

（11）当监理人为监理项目作出特别贡献时的奖励办法，如提出合理化建议被采纳而给委托人带来直接的经济效益时，按可计算效益额的10％～30％奖励给监理机构；

（12）约定在合同履行过程中发生争议且协商不成时，是提请仲裁委员会仲裁还是向人民法院起诉，如果是选择仲裁的，还应达成仲裁协议。

任务2 勘察设计合同

9.2.1 勘察设计合同概述

建设工程勘察设计合同是委托方与承包方为完成一定的勘察设计任务，明确双方权利和义务关系的协议。

1. 勘察设计合同的形式

勘察设计合同按委托的内容及计价的不同分为不同的合同类型。我国建设部和国家工商行政管理局在2000年颁布了勘察合同的示范文本和设计合同的示范文本。两种合同又有针对民用建设工程项目和专业工程项目的两种范本之分。

1）按委托的内容（即合同标的）分类

（1）勘察设计总承包合同。这是由具有相应资质的承包人与发包人签订的包含勘察和设计两部分内容的承包合同。其中承包人可以是：

① 具有勘察设计双重资质的勘察设计单位；

② 拥有勘察资质的勘察单位和拥有设计资质的设计单位组成的联合体；

③ 设计单位作为总承包并承担其中的设计任务，而勘察单位作为勘察分包商。

勘察设计总承包合同可以有效减轻发包人的协调工作，尤其是减少了勘察与设计之间的责任推诿和扯皮。

（2）勘察合同。发包人与具有相应勘察资质的勘察人签订的委托勘察合同。

（3）设计合同。发包人与具有相应设计资质的设计人签订的委托设计合同。

2）按计价方式分类

（1）按工程造价比例收费的合同。

（2）总价合同。总价合同可以采用预算包干的方式，一次包死，不再调整；也可以采用中标价加签证的方式，当工作量发生较大的变化时，合同价也相应调整，尤其是勘察合同，这种计价方式用得比较多。

（3）单价合同，即按实际完成工作量结算的合同。

2. 建设工程勘察、设计合同的订立

1）订立条件

（1）当事人条件：

① 双方都应是法人或者其他组织；

② 承包商必须具有完成签约项目等级相应的勘察、设计资质；

③ 承包商具有承揽建设工程勘察、设计任务所必须具有的相应的权利能力和行为能力。

（2）委托勘察设计的项目必须具备的条件：

① 建设工程项目可行性研究报告或项目建议书已获批准；

② 已办理了建设用地规划许可证等手续；

③ 法律、法规规定的其他条件。

(3) 工程项目勘察设计任务委托方式的限定条件。

建设工程勘察设计任务有招标委托和直接委托两种方式。但依法必须进行招标的项目,必须是通过招标投标的方式来委托,否则所签订的勘察设计合同无效。

2) 勘察设计合同签订前的当事人资信与能力审查

合同当事人的资信及履约能力是合同能否得到履行的保证。在签约前,双方都有必要审查对方的资信和能力。

(1) 资格审查。

审查当事人是否属于经国家规定的审批程序成立的法人组织,有无法人章程和营业执照,其经营活动是否超过章程或营业执照规定的范围。同时还要审查参加签订合同的人员,是否是法定代表人或其委托的代理人,以及代理人的活动是否在授权代理范围内。

(2) 资信审查。

审查当事人的资信情况,可以了解当事人的财务状况和履约态度,以确保所签订的合同是基于诚实信用的原则。

(3) 履约能力审查。

主要审查勘察设计单位的专业业务能力。可以通过审查勘察设计单位的勘察设计证书,按设计单位的级别可以了解其业务的规格和范围。同时还应了解该勘察设计单位以往的工作实绩及正在履行的合同量。

发包人履约能力主要是指其财务状况和建设资金到位情况。

3) 合同签订的程序

依法必须进行招标的建设工程的勘察设计任务通过招标或设计方案的竞投确定勘察、设计单位后,应遵循工程项目建设程序,签订勘察、设计合同。

由发包人提出,经双方协商同意,即可签订勘察设计合同。

(1) 确定合同标的。

合同标的是合同的中心。这里所谓的确定合同标的主要是决定勘察设计分开发包还是合在一起发包。

(2) 选定勘察设计承包人。

依法必须招标的项目,按招标投标程序优选出的中标人即为勘察设计的承包人。小型项目及依法可以不招标的项目由发包人直接选定勘察设计的承包人。

(3) 商签勘察设计合同。

如果是通过招标方式确定承包人的,由于合同的主要条件都在招标、投标文件中得到确认,所以进入签约阶段还需要协商的内容就不会很多。而通过直接委托方式委托的勘察设计承包人,其合同的谈判就要涉及几乎所有的合同条款,必须认真对待。

经勘察设计合同的当事人双方友好协商,就合同的各项条款取得一致意见,且双方法定代表人或其代理人在合同文本上签字,并加盖公章后,合同生效。

9.2.2 建设工程勘察合同的主要内容

建设工程勘察合同示范文本采用的是单式合同,即不分标准条款、专用条款,既是协议书、也是具体条款,内容也比较简单。

1. 合同当事人及合同订立目的

勘察合同的当事人就是工程勘察任务的发包人和承包人。合同订立的目的是对特定的工程建设项目的勘察。

2. 工程概况

工程概况包括工程名称，工程建设地点，工程规模、特征，工程勘察任务委托文号、日期，工程勘察任务（内容）与技术要求，承接方式，预计勘察工作量等。

3. 发包人的权利和义务

1）发包人应提供以下资料，并对其可靠性负责

（1）提供本工程批准文件（复印件），以及用地（附红线范围）、施工、勘察许可等批件（复印件）；

（2）提供工程勘察任务委托书、技术要求和工作范围的地形图、建筑总平面布置图；

（3）提供勘察工作范围已有的技术资料及工程所需的坐标与标高资料；

（4）提供勘察工作范围地下已有埋藏物的资料（如电力、电讯电缆、各种管道、人防设施、洞室等）及具体位置分布图；

（5）若委托勘察人收集上述资料的，则应向勘察人支付相应费用。

2）向勘察人支付费用

（1）按合同约定的时间和标准支付勘察费；

（2）为勘察的工作人员提供必要的生产、生活条件，并承担费用；如不能提供时，应一次性付给勘察人临时设施费；

（3）勘察过程中的任何变更，经办理正式变更手续后，发包人应按实际发生的工作量支付勘察费；

若约定由发包人负责提供材料的，应根据勘察人提出的工程用料计划，按时运到现场，并派人与勘察的人员一起验收，同时提供产品的合格证明，并承担所有费用。

完成以上工作后，从勘察人处获得约定勘察任务的准确、可靠的勘察成果。

3）发包人的责任

（1）在勘察工作范围内，没有资料、图纸的地区（段），发包人应负责查清地下埋藏物，若因未提供上述资料、图纸，或提供的资料图纸不可靠、地下埋藏物不清，致使勘察人在勘察工作过程中发生人身伤害或造成经济损失时，由发包人承担民事责任；

（2）发包人应及时为勘察人提供勘查现场的工作条件并解决出现的问题（如：落实土地征用、青苗树木赔偿、拆除地上地下障碍物、处理施工扰民及影响施工正常进行的有关问题、平整施工现场、修好通行道路、接通电源水源、挖好排水沟渠以及水上作业用船等），并承担其费用；

（3）发包人应对工作现场周围建筑物、构筑物、古树名木和地下管道、线路的保护负责，对承包人提出书面具体保护要求（措施），并承担费用；

（4）若勘查现场需要看守，特别是在有毒、有害等危险现场作业时，发包人应派人负责安全保卫工作，按国家有关规定，对从事危险作业的现场人员进行保健防护，并承担费用；

（5）由于发包人原因造成勘察人停、窝工，除工期顺延外，发包人应支付停、窝工费；发包人若要求在合同规定时间内提前完工（或提交勘察成果资料）时，发包人应按约定的标准向勘察人支付赶工加班费；

（6）应保护勘察人的投标书、勘察方案、报告书、文件、资料图纸、数据、特殊工艺（方法）、专利技术和合理化建议，未经勘察人同意，发包人不得复制，不得泄露，不得擅自修改、传送或向第

三人转让或用于本合同外的项目；

(7) 由于发包人未给勘察人提供必要的工作生活条件而造成停、窝工或来回进出场地，发包人除应付给勘察人停、窝工费(金额按预算的平均工日产值计算)，工期按实际工日顺延外，还应付给勘察人来回进出场费和调遣费；

(8) 合同履行期间，由于工程停建而终止合同或发包人要求解除合同时，勘察人未进行勘察工作的，不退还发包人已付定金；已进行勘察工作的，完成的工作量在50%以内时，发包人应向勘察人支付预算额50%的勘察费，完成的工作量超过50%时，则应向勘察人支付预算额100%的勘察费。

4. 勘查人的权利和义务

1) 义务

按国家技术规范、标准、规程和发包人的任务委托书及技术要求进行工程勘察，按合同规定的时间提交质量合格的勘察成果资料，并对其负责；在现场工作的勘察人的人员，应遵守发包人的安全保卫及其他有关的规章制度，承担其有关资料保密义务。

2) 权利

(1) 按合同的约定完成勘察任务，提交勘察成果，有权按合同约定的时间获得合同约定的勘察费。

(2) 当发包人不履行或不恰当履行合同约定的义务，给勘察人造成损失的，勘查人有权向发包人索赔。

3) 责任

(1) 若提供的勘察成果资料质量不合格，勘察人应负责无偿给予补充完善使其达到质量合格；若勘察人无力补充完善，需另委托其他单位时，勘察人应承担全部勘察费用；或因勘察质量造成重大经济损失或工程事故时，勘察人除应负法律责任和免收直接受损失部分的勘察费外，还应根据损失程度向发包人支付赔偿金，赔偿金由发包人、勘察人在合同中约定；

(2) 在工程勘察前，提出勘察纲要或勘察组织设计，派人与发包人的人员一起验收发包人提供的材料；

(3) 勘察过程中，根据工程的岩土工程条件(或工作现场地形地貌、地质和水文地质条件)及技术规范要求，向发包人提出增减工作量或修改勘察工作的意见，并办理变更手续；

(4) 合同有关条款规定和补充协议中勘察人应负的其他责任；

5. 开工及提交勘察成果资料的时间

明确约定勘察开工以及开工到提交勘察成果资料的时间，一般约定的是具体的日期；勘察工作有效期限以发包人下达的开工通知书或合同规定的时间为准，如遇特殊情况(设计变更、工作量变化、不可抗力影响以及非勘察人原因造成的停、窝工等)时，工期顺延。

6. 收费标准及付费方式

收费标准及付费方式是合同的重点，关系到勘察工作开展，也关系到双方的经济利益。但在勘察招标的条件下，往往是作为招标条件写进招标文件的。

工程勘察费可以按国家规定的现行收费标准计取费用，也按“预算包干”“中标价加签证”“实际完成工作量结算”等方式计取收费；如果国家规定的收费标准中没有规定的收费项目，可以由发包人、勘察人另行议定。

付费方式一般分定金、进度款、外业结束付款及尾款支付：

(1) 定金一般在勘察合同签订后 3 天内支付，比例大致为预算勘察费的 20%；

(2) 当勘察规模大、工期长的大型勘察工程在勘察过程中还要支付进度款，一般按完成的勘察工作量支付约定比例的勘察费；

(3) 当外业完成，应再支付一部分勘察费；

(4) 提交勘察成果资料后 10 天内，发包人应一次付清全部勘察费用。

7. 违约责任

发包人未按合同规定时间(日期)拨付勘察费，每超过一日，应偿付未支付勘察费的千分之一逾期违约金。由于勘察人原因未按合同规定时间(日期)提交勘察成果资料，每超过一日，应减收勘察费千分之一。合同签订后，发包人不履行合同时，无权要求退还定金；勘察人不履行合同时，双倍返还定金。

8. 合同争议的解决

发包人、勘察人应本着友好合作的精神及时协商解决合同争议。但一般在合同中还是应该约定当双方达不成协议时，请谁调解；当协商或调解不成时，由哪个仲裁委员会仲裁或向哪个法院起诉。

9. 合同的生效与鉴证

合同自发包人、勘察人签字盖章后生效；但要按规定到省级建设行政主管部门指定的勘察合同审查部门备案；双方认为必要时，还可到项目所在地工商行政管理部门申请鉴证。

9.2.3 建设工程设计合同的主要内容

我国建设部和国家工商行政管理局为建设工程设计合同设计了两种文本，一是民用建设工程设计合同示范文本，二是专业工程设计合同文本。但两种文本的主要内容基本上是相同的。现以民用建设工程设计合同示范文本为例来介绍设计合同的主要内容。

1. 确定合同当事人及合同订立目的和依据

建设工程合同的当事人就是工程设计任务的发包人和承包人；合同订立的目的是指特定的建设工程项目的设计；合同订立的依据是有关建设与合同的法规、有关工程设计的规章与标准、设计项目的建设批准文件等。

2. 设计项目的内容

合同必须对设计的内容如名称、规模、阶段及计划投资等有具体而详细的描述，使设计人可据此来安排投资、组织设计。

3. 发包人的权利与义务

1) 发包人义务

向设计人提交设计工程项目的有关资料及文件，并对其完整性、正确性及时限负责；发包人应为派赴现场处理有关设计问题的工作人员，提供必要的工作、生活及交通等便利条件；发包人应保护设计人的投标书、设计方案、文件、资料图纸、数据、计算软件和专利技术等的知识产权；按合同约定的数额和时间支付设计费用。

2) 发包人权利

发包人可以获得工程建设所需的设计文件，对设计人的违约行为提出索赔。如果设计人将发包人提交的设计工程项目的有关资料及文件违约利用，给发包人造成经济损失的，发包人有权向其索赔。

3）发包人责任

（1）发包人不得要求设计人违反国家有关标准进行设计；

（2）发包人变更委托设计项目、规模、条件或因提交的资料错误，或所提交资料有较大修改，造成设计需返工时，双方除需另行协商签订补充协议（或另订合同）、重新明确有关条款外，发包人应按设计人所耗工作量向设计人增付设计费；

（3）在未签合同前发包人已同意，设计人为发包人所做的各项设计工作，应按收费标准，支付相应的设计费；

（4）发包人要求设计人比合同规定时间提前交付设计资料及文件时，发包人应向设计人支付赶工费；

（5）未经设计人同意，发包人对设计人交付的设计资料及文件不得擅自修改、复制或向第三人转让或用于本合同外的项目，如发生以上情况，发包人应负法律责任，并给设计人以补偿。

4. 设计人的权利与义务

1）设计人义务

设计人应按国家技术规范、标准、规程及发包人提出的设计要求，进行工程设计，按合同规定的进度要求提交质量合格的设计资料，并对其负责；设计人应保护发包人的知识产权，不得向第三人泄露、转让发包人提交的产品图纸等技术经济资料。

2）设计人权利

设计人可以获得合同约定的设计报酬。当发包人违约利用设计成果时，设计人有权向其提出索赔或提起诉讼。

3）设计人责任

（1）按照合同约定的技术标准进行设计，并保证设计的工程具有合理的使用寿命；

（2）设计人交付设计资料及文件后，按规定参加有关的设计审查，并根据审查结论负责对不超出原定范围的内容进行必要的调整补充。设计人按合同规定时限交付设计资料及文件，本年内项目开始施工，负责向发包人及施工单位进行设计交底、处理有关设计问题和参加竣工验收。在一年内项目尚未开始施工，设计人仍负责上述工作，但应按所需工作量向发包人适当收取咨询服务费，收费金额由双方商定。

5. 设计收费估算值及设计费支付进度

设计费的计算较多地采用按估算总投资乘以设计取费费率的方法，也有采用单位面积或单位生产能力为基础计算设计费的，也有采取设计总费用包干的。但无论采用何种方法，除了小型工程项目外，设计费一般都采取分期支付的办法：

（1）设计定金，即设计预付款，也称设计费的首期支付，一般在合同中约定签约后的三天内支付，支付额常为总设计费的20%；

（2）提交各阶段设计文件的同时支付各阶段设计费，支付比例由双方在合同中约定；

（3）在提交最后一部分施工图的同时结清全部设计费，不留尾款；

（4）实际设计费按初步设计概算（施工图设计概算）核定，多退少补，实际设计费与估算设计费出现差额时，双方另行签订补充协议；

（5）合同履行后，定金抵作设计费。

6. 违约责任

1）发包人的违约责任

在合同履行期间，发包人要求终止或解除合同，设计人未开始设计工作的，不退还发包人已付的定金；已开始设计工作的，发包人应根据设计人已进行的实际工作量，不足一半时，按该阶段设计费的一半支付；超过一半时，按该阶段设计费的全部支付。

发包人应按本合同规定的金额和时间向设计人支付设计费，每逾期支付一天，应承担支付金额千分之二的逾期违约金。逾期超过30天以上时，设计人有权暂停进行下一阶段工作，并书面通知发包人。发包人的上级或设计审批部门对设计文件不审批或本合同项目停缓建，发包人应按实际完成的设计工作量支付设计费，即不足一半时，支付一半的设计费，工作超过一半时，支付全部的设计费。

2）设计人的违约责任

设计人对设计资料及文件出现的遗漏或错误负责修改或补充。由于设计人员错误造成工程质量事故损失，设计人除负责采取补救措施外，应免收直接受损失部分的设计费。损失严重的根据损失的程度和设计人责任大小向发包人支付赔偿金，赔偿金占实际损失的比例由双方在合同中约定。

由于设计人自身原因，延误了按合同规定的设计资料及设计文件的交付时间，每延误一天，应减收该项目应收设计费的千分之二。合同生效后，设计人要求终止或解除合同，设计人应双倍返还定金。

7. 其他

(1) 发包人提交合同约定的资料及文件超过规定期限15天以内，设计人按合同规定交付设计文件的时间顺延；超过规定期限15天以上时，设计人员有权重新确定提交设计文件的时间；

(2) 发包人要求设计人派专人留驻施工现场进行配合与解决有关问题时，双方应另行签订补充协议或技术咨询服务合同；

(3) 如果合同约定设计人交付的设计资料及文件份数超过《工程设计收费标准》规定的份数，而在招标文件中又没有相应要求的，设计人可另收工本费；

(4) 本工程设计资料及文件中，建筑材料、建筑构配件和设备，应当注明其规格、型号、性能等技术指标，设计人不得指定生产厂、供应商，发包人需要设计人的设计人员配合加工订货时，所需费用由发包人承担；

(5) 发包人委托设计人配合引进项目的设计任务，从询价、对外谈判、国内外技术考察直至建成投产的各个阶段，应吸收承担有关设计任务的设计人员参加，出国费用，除制装费外，其他费用由发包人支付；

(6) 发包人委托设计人承担本合同内容之外的工作服务，另行支付费用；

(7) 由于不可抗力因素致使合同无法履行时，双方应及时协商解决。

8. 合同争议的解决

发包人、设计人应本着友好合作的精神及时协商解决一切合同争议，不过在合同中一般都应约定经协商乃至调解仍达不成协议时，是选择仲裁还是起诉，并约定具体的仲裁委员会仲裁或起诉法院。

9. 合同的生效与鉴证

合同自发包人、设计人签字盖章后成立，发包人支付设计定金后生效；设计合同还应按规定到省级建设行政主管部门指定的建设工程设计合同审查部门备案；当双方认为必要时，还可到项目所在地工商行政管理部门申请鉴证。

任务3 建设工程物资采购合同

9.3.1 物资采购合同概述

物资采购供应工作是建设工程项目建设的重要组成部分，签订一个好的物资采购合同并保证它能如期顺利履行，对建设工程项目建设的成败和经济效益有着直接的、重大的影响。建设工程项目建设过程中所需物资包括建筑材料和设备两大类。物资采购合同的管理工作是一项既要有工程技术、经济管理经验，又要有商务知识的工作。

1. 物资采购合同简介

建设工程物资采购合同，是指具有平等主体的自然人、法人、其他组织之间为实现建设工程物资买卖，设立、变更、终止相互权利义务关系的协议。依据协议，出卖人转移建设工程物资的所有权于买受人，买受人接受该项建设工程物资并支付价款。

建设工程项目建设阶段需要采购的物资种类繁多，合同形式各异，但根据合同标的物供应方式的不同，可将涉及的各种合同大致划分为物资设备采购合同和大型设备采购合同两大类。物资设备采购合同，是指采购方（业主或承包人）与供货方（供货商或生产厂家）就供应工程建设所需的建筑材料和市场上可直接购买定型生产的中小型通用设备所签订的合同；而大型设备采购合同则是指采购方（通常为业主，也可能是承包人）与供货方（大多为生产厂家，也可能是供货商）为提供工程项目所需的大型复杂设备而签订的合同。大型设备采购合同的标的物可能是非标准产品，需要专门加工制作，也可能是虽为标准产品，但技术复杂而市场需求量较小，一般没有现货供应，待双方签订合同后由供货方专门进行加工制作。

建设工程物资采购合同属于买卖合同，它具有买卖合同的一般特点。此外，它还具有以下特征：

(1) 建设工程物资采购合同应依据施工合同订立。

建设工程施工合同中确立了关于物资采购的协商条款，无论是发包人供应材料和设备，还是承包人供应材料和设备，都应依据施工合同采购物资。根据施工合同的工程量来确定所需物资的数量，以及根据施工合同的类别来确定物资的质量要求。因此，建设工程施工合同一般是订立物资采购合同的前提。

(2) 建设工程物资采购合同以转移财物和支付价款为基本内容。

建设工程物资采购合同内容繁多、条款复杂，涉及物资的数量和质量条款、包装条款、运输方式、结算方式等。但最为根本的是双方应尽的义务，即卖方按质、按量、按时地将建设物资的所有权转归买方；买方按时、按量地支付货款，这两项主要义务构成了建设工程物资采购合同的最主要的内容。

(3) 建设工程物资采购合同的标的品种繁多，供货条件复杂。

建设工程物资采购合同的标的是建筑材料和设备，它包括钢材、木材、水泥和其他辅助材料以及机电成套设备等。这些建设物资的特点在于品种、质量、数量和价格差异较大，根据建设工程的需要，有的数量庞大，有的技术要求较高，因此，在合同中必须对各种所需物资逐一明细，以满足工程施工的需要。

(4) 建设工程物资采购合同应实际履行。

由于物资采购合同是依据施工合同订立的，物资采购合同的履行直接影响施工合同的履行，因此，建设工程物资采购合同一经订立，卖方义务一般不能解除，不允许卖方以支付违约金和赔偿金的方式代替合同的履行，除非合同的延迟履行对买方成为不必要。

(5) 建设工程物资采购合同采用书面形式。

根据《合同法》的规定，订立合同依照法律、行政法规或当事人约定采用书面形式的，应当采用书面形式。建设工程物资采购合同中的标的物用量大，质量要求复杂，且根据工程进度计划分期分批均衡履行，同时还涉及售后维修服务工作，因此合同履行周期长，应当采用书面形式。

1) 物资设备采购合同与大型设备采购合同的主要区别

(1) 物资设备采购合同的标的是物的转移，而大型设备采购合同的标的是完成约定的工作，并表现为一定的劳动成果。大型设备采购合同的定作物表面上与物资设备采购合同的标的物没有区别，但它却是供货方按照采购方提出的特殊要求加工制造的，或虽有定型生产的设计和图纸，但不是大批量生产的产品。采购方还可能根据工程项目特点，对定型设计的设备图纸提出更改某些技术参数或结构要求后，厂家再进行制造。

(2) 物资设备采购合同的标的物可以是在合同成立时已经存在，也可能是签订合同时还未生产，而后按采购方要求数量生产。而作为大型设备采购合同的标的物，必须是合同成立后供货方依据采购方的要求而制造的特定产品，它在合同签约前并不存在。

(3) 物资设备采购合同的采购方只能在合同约定期限到来时要求供货方履行，采购方一般无权过问供货方是如何组织生产的。而大型设备采购合同的供货方必须按照采购方交付的任务和要求去完成工作，在不影响供货方正常制造的情况下，采购方还要对加工制造过程中的质量和期限等进行检查和监督，一般情况下都派有驻厂代表或聘请监理工程师(也称设备监造)负责对生产过程进行监督控制。

(4) 物资设备采购合同中订购的货物不一定是供货方自己生产的，供货方也可以通过各种渠道去组织货源，完成供货任务。而大型设备采购合同则要求供货方必须用自己的劳动、设备、技能独立地完成订作物的加工制造。

(5) 物资设备采购合同供货方按质、按量、按期将订购货物交付采购方后即完成了合同义务；而大型设备采购合同中有时还可能包括要求供货方承担设备安装服务，或在其他承包人进行设备安装时负责协助、指导等的合同约定，以及对生产技术人员的培训服务等内容。

2) 选择供货商的方式

由于物资设备采购合同与大型设备采购合同的以上差异，因此采购方选择供货商的方式也不尽相同。当为采购一般建筑材料或设备而订立物资设备采购合同时，采购方一般选用下列方式之一挑选供货商：

(1) 招标选择供货商。

采购方通过公开招标或邀请招标的方式进行材料采购。这种方式适用于采购标的数额较大、市场竞争比较激烈的建筑材料或设备供应，易于使采购方获得较为有利的合同价格。

(2) 询价—报价—签订合同。

采购方向若干家供货商发出询价函，要求他们在规定时间内提出报价。采购方收到各供货商的报价后，通过对产品的质量、供货能力、报价等方面综合考虑，与最终选定的供货商签订合同。这种方式是物资采购最常采用的形式。

(3) 直接订购。

采购方直接向供货商报价，供货商接受报价，双方签订合同。另外还有大量的零星材料(品种多、价格低)，双方可以直接采购形式交易，不需签订书面的供应合同。这种方式大多适用于小批量物资的采购或与供货商一直保持有良好的商务合作关系，以及限于工程项目所处地理位置，没有更多选择机会的条件下采用。

大型设备采购合同由于标的物的特殊性，要求供货方应具备一定的资质条件，以及相应的加工技术能力，因此均应采用公开招标或邀请招标的方式，由采购方以合同形式将生产任务委托给承揽加工制造的供货商来实施。

2. 国内和国际物资采购合同的差异

国际采购合同比国内采购合同要相对复杂得多，国际采购合同除应包括国内采购合同应遵循的基本原则外，还将涉及有关价格、国际运输、保险、关税等问题，以及支付方式中的汇率、支付手段等内容。

由于国际采购货物的买卖都是按照货物的价格条件成交，而在国际贸易中，货物的价格不同于国内采购时其价格仅反映货物的生产成本和供货商计取的利润，它还涉及货物交接过程中的各种费用由哪一方承担，并反映了双方权利义务的划分。采购方就某一产品询价时，对方可能报出几种价格，并非此产品的出厂价在浮动，而是说明不同价格中除了出厂价之外，在货物交接过程中还会发生许多其他费用。

按照国际惯例，不同的计价合同类型，反映着采购方和供货方之间在货物交接过程中不同的权利和责任。虽然国际贸易中采用的合同种类较多，但按照惯例最常采用的有以下三种类型：

1) 到岸价(CIF 价)合同

这种计价方式是国际上采用最多的合同类型，也可称之为成本、保险加运费合同。按照国际商会的规定，合同双方的责任应分别为：

(1) 供货方责任。

① 提供符合合同规定的货物。提供符合采购合同规定的货物和商业发票或相等的电讯单证，以及合同可能要求的证明货物符合合同标准的任何其他凭证。

② 许可证、批准证件及海关手续。自行承担风险和费用，取得出口许可证或其他官方批准证件，并办理货物出口所必需的一切海关手续。

③ 运输合同与保险合同。按照通常条件自行负担费用订立运输合同，根据合同约定自行负担费用取得货物保险，使采购方或任何其他对货物拥有保险权益的人直接向保险人索赔，并向采购方提供保险单或其他形式的保险凭证。

④ 交货。在规定的日期或期间内，在装运港将货物交付至船上。

⑤ 风险转移。除采购方第④项责任外，承担货物灭失或损坏的一切风险，直至货物在装运港已越过船舷时为止。

⑥ 费用划分。支付运费、保险费以及出口所需的一切关税、捐税和官方收取的费用。

⑦ 通知采购方。给予采购方货物已装船的充分通知，以及为使采购方采取通常必要的措施能够提取货物所需要的其他任何通知。

⑧ 交货凭证。除非另有约定，应自行负担费用，毫不迟延地向采购方提供约定目的港通常所需的运输单证。

⑨ 核查、包装、标记。支付和交货目的所需的货物核查费用，自行负担费用，提供为安排货物运输所要求的包装。

⑩ 其他义务。

(2) 采购方责任。

① 支付价款。支付采购合同规定的价款。

② 许可证、批准证件及海关手续。采购方自行承担风险及费用，取得进口许可证或其他官方批准证件，并办理货物进口以及必要时须经由另一国家过境运输所需的一切海关手续。

③ 受领货物。在指定的目的港从承运人那里收领货物。

④ 风险转移。自货物在装运港已越过船舷起，承担货物灭失或损坏的一切风险。

⑤ 费用划分。支付进口税、捐税及其他各项清关手续费。

⑥ 通知供货方。在采购方有权确定装运货物的时间和(或)目的港时，给予供货方充分的通知。

⑦ 凭证。根据供货方第⑧项责任，接受符合合同规定的运输单证。

⑧ 货物检验。除非另有规定，支付装运前货物的检验费用，出口国有关当局的强制检验除外。

⑨ 其他义务。

从以上责任分担可以看出，CIF 价合同规定，除了在供货方所在国进行的发运前货物检验费用由采购方承担外，运抵目的港前所发生的各种费用支出均由供货方承担。也即供货方应将这些开支计入货物价格。这些费用包括：货物包装费、出口关税、制单费、租船费、装船费、海运费、运输保险费，以及到达目的港卸船前可能发生的各种费用。而采购方则负责卸船及以后所发生的各种费用开支，包括卸船费、港口仓储费、进口关税、进口检验费、国内运输费等。另外，CIF 价采用的是验单付款方式，即供货方是按货单交货、凭单索付的原则向对方交付合同规定的一切有效单证，采购方审查无误后即应通过银行拨付，而不是验货后再付款。这里可能有某种风险，即供货方已向船主交了货，向保险公司办理了投保手续，并将合同规定的一切单据交付给银行即可拿到货款。尽管采购方尚未见到货物，只要提货单和一切单据内容符合合同规定，采购方银行即应向对方银行拨付此笔款项。如果到货后发现货物损坏、短少或灭失时，只要发运单与合同要求相符，供货方不负责任，由采购方会同有关方面查找受损原因后，向海运公司或保险公司索赔。

2) 离岸价(FOB 价)合同

离岸价合同与到岸价合同的主要区别表现在费用承担责任的划分上。离岸价合同由采购方负责租船定仓，办理好有关手续后，将装船时间、船名、泊位通知供货方。供货方负责包装、供货方所在国的内陆运输、办理出口有关手续、装船时货物吊运过船舷前发生的有关费用等。采购方负责租船、装船后的平仓、办理海运保险，以及货物运达目的港后的所有费用开支。风险责任的转移也以货物吊运至船上越过船舷的时间作为界限。

3) 成本加运费价(C&F 价)合同

成本加运费价合同与到岸价合同的主要差异，仅为办理海运保险的责任和费用的承担不同。由到岸价合同双方责任的划分可以看到，尽管合同规定由供货方负责办理海运保险并支付保险费，但这只是属于为采购方代办性质，因为合同规定供货方承担风险责任的时间仅限于货物在启运港吊运过船舷空间时为止。也就是说，虽然由供货方负责办理海运保险并承担该项费用支出，但在海运过程中出现货物损坏或灭失时，供货方不负有向保险公司索赔的责任，仍由采购方向保险公司索赔，供货方只承担采购方向保险公司索赔时的协助义务。由于这一原因，从到岸价合同演变出成本加运费价合同，即其他责任和费用都与到岸价合同规定相同，只是将办理海运保险这项工作转由采购方负责办理并承担其费用支出。

9.3.2 国内物资购销合同的主要内容

为满足工程项目建设的需要，采购方与供货方无论是签订还是履行物资采购供应合同均属于法律行为，既要受到法律的约束，又可得到法律的保护。订立国内物资购销合同时，由于合同双方当事人都是我国的企业法人、经济组织，应遵循《合同法》以及其他相关的法规和规范要求。若供货方为国外的公司或供货商时，则还应遵守国际惯例。

1. 国内物资购销合同的主要内容

国内物资购销合同的示范文本规定，合同条款部分应包括以下内容：① 合同标的：包括产品的名称、品种、商标、型号、规格、等级、花色、生产厂家、订购数量、合同金额、供货时间及每次供应数量等；② 质量要求的技术标准、供货方对质量负责的条件和期限；③ 交（提）货地点、方式；④ 运输方式及到站、港和费用的负担责任；⑤ 合理损耗及计算方法；⑥ 包装标准、包装物的供应与回收；⑦ 验收标准、方法及提出异议的期限；⑧ 随机备品、配件工具数量及供应办法；⑨ 结算方式及期限；⑩ 如需提供担保，另立合同担保书作为合同附件；⑪ 违约责任；⑫ 解决合同争议的方法；⑬ 其他约定事项。

2. 主要条款的约定内容

标准化的示范文本涉及的内容较为全面，以便广泛用于各类标的的采购合同，对有关内容仅作出指导性的要求，因此就某一具体合同而言，则要依据采购标的物的特点加以详细约定。

1）标的物的约定

合同中标的物应按行业主管部门颁布的产品目录规定正确填写，不能用习惯名称或自行命名，以免产生由于订货差错而造成物资积压、缺货、拒收或拒付等情况。

产品质量应满足规定用途的特性指标，因此合同内必须约定产品应达到的质量标准。约定质量标准的一般原则是：

（1）按颁布的国家标准执行。

（2）无国家标准而有部颁标准的产品，按部颁标准执行。

（3）没有国家标准和部颁标准作为依据时，可按企业标准执行。

（4）没有上述标准，或虽有上述某一标准但采购方有特殊要求时，按双方在合同中商定的技术条件、样品或补充的技术要求执行。

合同内必须写明执行的质量标准代号、编号和标准名称，明确各类材料的技术要求、试验项目、试验方法、试验频率等。采购成套产品时，合同内也需规定附件的质量要求。

合同内约定产品数量时，应写明订购产品的计量单位、供货数量、允许的合理磅差范围和计算方法。建筑材料数量的计量方法一般有理论换算计量、检斤计量和计件三种。

供货方发货时所采用的计量单位与计量方法应与合同一致，并在发货明细表或质量证明书上注明，以便采购方检验。运输中转单位也应按供货方发货时所采用的计量方法进行验收和发货。

建筑材料在运输过程中容易造成自然损耗，如挥发、飞散、干燥、风化、潮解、破碎、漏损等，在装卸操作或检验环节中换装、拆包检查等也都会造成物资数量的减少，这些都属于途中自然减量。另外有些情况不能作为自然减量，如非人力所能抗拒的自然灾害所造成的非常损失，由于工作失职和管理造成的失误等，因此，为了避免合同履行过程中发生纠纷，一般建筑材料的购销合同中，应列明每次交货时允许的交货数量与订购数量之间的合理磅差、自然损耗的计算方法，以及最终的合理尾差范围。

2）订购产品的交付

订购物资或产品的供应方式，可以分为采购方到合同约定地点自提货物和供货方负责将货物送达指定地点两大类，而供货方送货又可细分为将货物负责送抵现场或委托运输部门代运两种形式。为了明确货物的运输责任，应在相应条款内写明所采用的交（提）货方式、交（接）货物的地点、接货单位（或接货人）的名称。由于工程用料数量大、体积大、品种繁杂、时间性较强，当事人应采取合理的交付方式，明确交货地点，以便及时、准确、安全、经济地履行合同。运输方式可分为：铁路、公路、水路、航空、管道运输等，一般由采购方在合同签订时提出采取哪一种运输方式。

货物的交（提）货期限，是指货物交接的具体时间要求。它不仅关系到合同是否按期履行，还可能会出现货物意外灭失或损坏时的责任承担问题。合同内应对交（提）货期限写明月份或更具体的时间（如旬、日）。如果合同内规定分批交货，还需注明各批次交货的时间，以便明确责任。

产品的包装是保护材料在储运过程中免受损坏不可缺少的环节。除特殊情况外，包装材料一般由供货方负责并包括在产品价格内，不得向采购方另行收取费用。如果采购方对包装提出特殊要求时，双方应在合同内商定，超过原标准费用部分，由采购方承担。反之，若议定的包装标准低于有关规定标准时，应相应降低产品价格。

3）产品验收

供货方交付产品时，可以作为双方验收依据的资料包括：① 双方签订的采购合同；② 供货方提供的发货单、计量单、装箱单及其他有关凭证；③ 合同内约定的质量标准，应写明执行的标准代号、标准名称；④ 产品合格证、检验单；⑤ 图纸、样品或其他技术证明文件；⑥ 双方当事人共同封存的样品。

产品验收的内容主要有：① 查明产品的名称、规格、型号、数量、质量是否与供应合同及其他技术文件相符；② 设备的主机、配件是否齐全；③ 包装是否完整、外表有无损坏；④ 对需要化验的材料进行必要的物理化学检验；⑤ 合同规定的其他需要检验事项。

具体写明检验的内容和手段，以及检测应达到的质量标准。对于抽样检查的产品，还应约定抽检的比例和取样的方法，以及双方共同认可的检测单位。

（1）驻厂验收。即在制造时期，由采购方派人在供应的生产厂家进行材质检验。

（2）提运验收。对于加工订制、市场采购和自提自运的物资，由提货人在提取产品时检验。

（3）接运验收。由接运人员对到达的物资进行检查，发现问题，当场作出记录。

（4）入库验收。这是大量采用的正式的验收方式，由仓库管理人员负责数量和外观检验。

合同内应具体写明采购方对不合格产品提出异议的时间和拒付货款的条件。在采购方提出的书面异议中，应说明检验情况，出具检验证明和对不符合规定产品提出具体处理意见。凡因采购方使用、保管、保养不善原因导致的质量下降，供货方不承担责任。在接到采购方的书面异议通知后，供货方应在10天内（或合同商定的时间内）负责处理，否则即视为默认采购方提出的异议和处理意见。

4）货款结算

产品的价格应在合同订立时明确定价。合同内应明确规定以下各项内容。

(1) 办理结算的时间和手续。

合同内首先需明确是验单付款还是验货付款,然后再约定结算方式和结算时间。尤其对分批交货的物资,每批交付后应在多少天内支付货款也应明确注明。我国现行结算方式可分为现金结算和转账结算两种。现金结算只适用于成交货物数量少且金额小的购销合同;转账结算在异地之间进行,可分为托收承付、委托收款、信用证、汇兑或限额结算等方法,转账结算在同城市或同地区内进行,有支票、付款委托书、托收无承付和同城托收承付等方法。

(2) 拒付货款条件。

采购方有权部分或全部拒付货款的情况大致包括:交付货物的数量少于合同约定,拒付少交部分的货款;有权拒付质量不符合合同要求部分货物的货款;供货方交付的货物多于合同规定的数量且采购方不同意接收部分的货物,在承付期内可以拒付。

(3) 逾期付款的利息。

合同内应规定采购方逾期付款应偿付违约金的计算办法。按照中国人民银行有关延期付款的规定,延期付款利率一般按每天万分之五计算。

5) 违约责任

在合同中,当事人应对违反合同所负的经济责任作出明确规定。

(1) 承担违约责任的形式。

当事人任何一方不能正确履行合同义务时,均应以违约金的形式承担违约赔偿责任。国务院颁布的《工矿产品购销合同条例》对违约金的计算作出了明确规定,通用产品的违约金按违约部分货款总额的1%~5%计算;专用产品按违约部分货款总额的10%~30%计算。双方应通过协商,将具体采用的比例在合同条款内写明。

(2) 供货方的违约责任。

供货方的违约责任主要有:未能按合同约定交付货物;产品的质量缺陷;运输责任。

供货方如果将货物错发到货地点或接货人时,除应负责运交到合同规定的到货地点或接货人外,还应承担对方因此多支付的一切实际费用和逾期交货的违约金。供货方应按合同约定的路线和运输工具发运货物,如果未经对方同意私自变更运输工具或路线,要承担由此增加的费用。

(3) 采购方的违约责任。

采购方的违约责任主要有:不按合同约定接受货物;逾期付款;货物交接地点错误。

9.3.3 大型设备采购合同的主要内容

1. 合同的主要内容

一个较为完备的大型设备采购合同,通常由合同条款和附件组成。

1) 合同条款的主要内容

当事人双方在合同内根据具体订购设备的特点和要求,约定以下几方面的内容:合同文件、合同中的词语定义;合同标的;供货范围和数量;合同价格;付款;交货和运输;包装与标记;技术服务;质量监督与检验;安装、调试、验收;保证与索赔;保险;税费;分包与外购;合同的变更、修改、中止和终止;不可抗力;合同争议的解决;其他。

2) 主要附件

为了对合同中某些约定条款涉及内容较多部分作出更为详细的说明,还需要编制一些附件作为合同的一个组成部分。附件通常包括：技术规范；供货范围；技术资料的内容和交付安排；交货进度；监造、检验和性能验收试验；价格表；技术服务的内容；分包加外购计划；大部件说明表等。

2. 设备制造期内双方的责任

1）设备监造

设备监造也称设备制造监理，指在设备制造过程中采购方委托有资质的监造单位派出驻厂代表，对供货方提供合同设备的关键部位进行质量监督。但设备监造不解除供货方对合同设备质量应负的责任。

2）供货方的义务

（1）在合同约定的时间内向采购方提交订购设备的设计、制造和检验的标准，包括与设备监造有关的标准、图纸、资料、工艺要求。

（2）合同设备开始投料制造时，向监造代表提供整套设备的生产计划。

（3）每个月末均应提供月报表，说明本月包括工艺过程和检验记录在内的实际生产进度，以及下一月的生产、检验计划。中间检验报告需说明检验的时间、地点、过程、试验记录，以及不一致性原因分析和改进措施。

（4）监造代表在监造中如果发现设备和材料存在质量问题或不符合本规定的标准或包装要求而提出意见并暂不予以签字时，供货方需采取相应改进措施，以保证交货质量。无论监造代表是否要求或是否知道，供货方均有义务主动及时地向其提供合同设备制造过程中出现的较大的质量缺陷和问题，不得隐瞒，在监造单位不知道的情况下供货方不得擅自处理。

（5）监造代表发现重大问题要求停工检验时，供货方应当遵照执行。

（6）为监造代表提供工作、生活必要的方便条件。

（7）不论监造代表是否参与监造与出厂检验，或者监造代表参加了监造与检验并签署了监造与检验报告，均不能被视为免除供货方对设备质量应负的责任。

3）采购方的义务

（1）制造现场的监造检验和见证，尽量结合供货方工厂实际生产过程进行，不应影响正常的生产进度（不包括发现重大问题时的停工检验）。

（2）监造代表应按时参加合同规定的检查和实验。若监造代表不能按供货方通知时间及时到场，供货方工厂的试验工作可以正常进行，试验结果有效。但是监造代表有权事后了解、查阅、复制检查试验报告和结果（转为文件见证）。若供货方未及时通知监造代表而单独检验，采购方将不承认该检验结果，供货方应在监造代表在场的情况下进行该项试验。

4）监造方式

监造实行现场见证和文件见证两种方式。

现场见证的形式包括：以巡视的方式监督生产制造过程，检查使用的原材料、元件质量是否合格，制造操作工艺是否符合技术规范的要求等；接到供货方的通知后，参加合同内规定的中间检查试验和出厂前的检查试验；在认为必要时，监造代表有权要求进行合同内没有规定的检验，如对某一部分的焊接质量有疑问，可以对该部分进行无损探伤试验。

文件见证指对所进行的检查或检验认为质量达到合同规定的标准后，在检查或试验记录上签署认可意见，以及就制造过程中有关问题发给供货方的相关文件。

5）工厂内的检验

当事人双方需在合同内约定设备监造的内容，以便监造代表进行检查和试验。具体内容应包括：监造的部套（以订购范围确定）；每套的监造内容；监造方式（可以是现场见证、文件见证或停工待检）；检验的数量等。

工厂内检查和试验的范围：① 原材料和元器件的进厂检验；② 部件的加工检验和实验；③ 出厂前预组装检验；④ 包装检验。

供货方供应的所有合同设备、部件（包括分包与外购部分），在生产过程中都需进行严格的检验和试验，出厂前还需进行部套或整机总装试验。所有检验、试验和总装（装配）必须有正式记录文件。只有以上所有工作完成后才能出厂发运。这些正式记录文件和合格证明提交给采购方，作为技术资料的一部分存档。此外，供货方还应在随机文件中提供合格证和质量证明文件。

3. 现场交货

1）到货检验

货物到达目的地后，采购方向供货方发出到货检验通知，邀请对方派代表共同进行检验。

双方代表共同根据运单和装箱单对货物的包装、外观和件数进行清点。如果发现任何不符之处，经过双方代表确认属于供货方责任后，由供货方处理解决。开箱检验，货物运到现场后，采购方应尽快与供货方共同进行开箱检验，如果采购方未通知供货方而自行开箱或每一批设备到达现场后在合同规定时间内不开箱，产生的后果由采购方承担。双方共同检验货物的数量、规格和质量，检验结果和记录对双方有效，并作为采购方向供货方提出索赔的证据。

2）损害、缺陷、短少的责任

现场检验时，如发现设备由于供货方原因（包括运输）有任何损坏、缺陷、短少或不符合合同中规定的质量标准和规范，应做好记录，并由双方代表签字，各执一份，作为采购方向供货方提出修理或更换、索赔的依据。如果供货方要求采购方修理损坏的设备，所有修理设备的费用由供货方承担。

由于采购方原因，发现损坏或短缺，供货方在接到采购方通知后，应尽快提供或替换相应的部件，但费用由采购方自负。

供货方如对采购方提出修理、更换、索赔的要求有异议，应在接到采购方书面通知后合同约定的时间内提出，否则上述要求即告成立。如有异议，供货方应在接到通知后派代表赴现场同采购方代表共同复验。

双方代表在共同检验中对检验记录不能取得一致意见时，可由双方委托的第三方权威检验机构进行裁定检验。检验结果对双方都有约束力，检验费用由责任方负担。

供货方在接到采购方提出的索赔后，应按合同约定的时间尽快修理、更换或补发短缺部分，由此产生的制造、修理和运费及保险费均应由责任方负担。

4. 设备安装验收

按照合同约定的不同，设备安装工作可以由供货方负责，也可以在供货方提供必要的技术服务条件下由采购方承担。如果由采购方负责设备安装，供货方应派出必要的现场服务人员进行技术交底

供货方现场服务人员的职责包括指导安装和调试，处理设备的质量问题，参加试车和验收试验等。

安装和调试前，供货方的技术服务人员应向安装施工人员进行技术交底，讲解和示范将要进行工作的程序和方法。对合同约定的重要工序，供货方的技术服务人员要对施工情况进行确认和签证，否则采购方不能进行下一道工序。经过确认和签证的工序，如果因技术服务人员指导错

误而发生问题，由供货方负责。

整个安装、调试过程应在供货方现场技术服务人员指导下进行。重要工序须经供货方现场技术服务人员签字确认。安装、调试过程中，若采购方未按供货方的技术资料规定和现场技术服务人员指导、未经供货方现场技术服务人员签字确认而出现问题，采购方自行负责(设备质量问题除外)；若采购方按供货方技术资料规定和现场技术服务人员的指导、供货方现场技术服务人员签字确认而出现问题，由供货方承担责任。

设备安装完毕后的调试工作由供货方的技术人员负责，或采购方的人员在其指导下进行。供货方应尽快解决调试中出现的设备问题，所需时间应不超过合同约定的时间，否则将视为延误工期。

1）启动试车

安装调试完毕后，双方共同参加启动试车的检验工作。试车分成无负荷空运和带负荷试运行两个步骤进行，且每一阶段均应按技术规范要求的程序维持一定的持续时间，以检验设备的质量。试验合格后，双方在验收文件上签字，正式移交采购方进行生产运行。若检验不合格，属于设备质量原因，由供货方负责修理、更换并承担全部费用；如果是由于工程施工质量问题，由采购方负责拆除后纠正缺陷。不论何种原因试车不合格，经过修理或更换设备后应再次进行试车试验，直到满足合同规定的试车质量要求为止。

2）性能验收

性能验收又称性能指标达标考核。启动试车只是检验设备安装完毕后是否能够顺利安全运行，但各项具体的技术性能指标是否达到供货方在合同内承诺的保证值还无法判定，因此合同中均要约定设备移交试生产稳定运行多少个月后进行性能验收。由于合同规定的性能验收时间采购方已正式投产运行，这项验收试验由采购方负责，供货方参加。

试验大纲由采购方准备，与供货方讨论后确定。试验现场和所需的人力、物力由采购方提供。供货方应提供试验所需的测点、一次性元件和装设的试验仪表，以及做好技术配合和人员配合工作。

性能验收试验完毕，每套合同设备都达到合同规定的各项性能保证值指标后，采购方与供货方共同会签合同设备初步验收证书。

如果合同设备经过性能测试检验表明未能达到合同约定的一项或多项保证指标，可以根据缺陷或技术指标试验值与供货方在合同内的承诺值偏差程度，按下列原则区别对待：

在不影响合同设备安全、可靠运行的条件下，如有个别微小缺陷，供货方在双方商定的时间内免费修理，采购方则可同意签署初步验收证书。

如果第一次性能验收试验达不到合同规定的一项或多项性能保证值，则双方应共同分析原因，澄清责任，由责任一方采取措施，并在第一次验收试验结束后合同约定的时间内进行第二次验收试验。如能顺利通过，则签署初步验收证书。

在第二次性能验收试验后，如仍有一项或多项指标未能达到合同规定的性能保证值，按责任的原因分别对待：

(1) 属于采购方原因，合同设备应被认为初步验收通过，共同签署初步验收证书。此后供货方仍有义务与采购方一起采取措施，使合同设备性能达到保证值。

(2) 属于供货方原因，则应按照合同约定的违约金计算方法赔偿采购方的损失。

在合同设备稳定运行规定的时间后，如果由于采购方原因造成性能验收试验的延误超过约定的期限，采购方也应签署设备初步验收证书，视为初步验收合格。初步验收证书只是证明供货方所提供的合同设备性能和参数截至出具初步验收证明时可以按合同要求予以接受，但不能视为供货方对合同设备中存在的可能引起合同设备损坏的潜在缺陷所应负责任解除的证据。所谓潜在缺陷指设备的隐患在正常情况下不能在制造过程中被发现，供货方应承担纠正缺陷责任。供货方的质量缺陷责任期时间应保证到合同规定的保证期终止后或到第一次大修时。当发现这类潜在缺陷时，供货方应按照合同的规定进行修理或调换。

3）最终验收

合同内应约定具体的设备保证期限。保证期从签发初步验收证书之日起开始计算。在保证期内的任何时候，如果由于供货方责任而需要进行的检查、试验、再试验、修理或调换，当供货方提出请求时，采购方应做好安排进行配合以便进行上述工作。供货方应负担修理或调换的费用，并按实际修理或更换使设备停运所延误的时间将保证期限进行相应延长。

如果供货方委托采购方施工人员进行加工、修理、更换设备，或由于供货方设计图纸错误以及因供货方技术服务人员的指导错误造成返工，供货方应承担因此所发生合理费用的责任。

合同设备保证期满后，采购方在合同规定时间内应向供货方出具合同设备最终验收证书。条件是此前供货方已完成采购方保证期满前提出的各项合理索赔要求，设备的运行质量符合合同的约定。供货方对采购方人员的非正常维修和误操作，以及正常磨损造成的损失不承担责任。

每套合同设备最后一批交货到达现场之日起，如果因采购方原因在合同约定的时间内未能进行试运行和性能验收试验，期满后即视为通过最终验收。此后采购方应与供货方共同会签合同设备的最终验收证书。

5. 合同价格与支付

大型设备采购合同通常采用固定总价合同，在合同交货期内为不变价格。合同价格包括合同设备（含备品备件、专用工具）、技术资料、技术服务等费用，还包括合同设备的税费、运杂费、保险费等与合同有关的其他费用。

支付的条件、支付的时间和费用内容应在合同内具体约定。合同生效后，供货方提交金额为合同设备价格约定的某一百分比，不可撤销履约保函，作为采购方支付合同款的先决条件。

1）支付程序

订购的合同设备价款一般分三次支付：

(1) 设备制造前供货方提交履约保函和金额为合同设备价格10%的商业发票后，采购方支付合同设备价格的10%作为预付款。

(2) 供货方按交货顺序在规定的时间内将每批设备（部组件）运到交货地点，并将该批设备的商业发票、清单、质量检验合格证明、货运提单提供给采购方，采购方支付该批设备价格的80%。

(3) 剩余合同设备价格的10%作为设备保证金，待每套设备保证期满没有问题，采购方签发设备最终验收证书后支付。

合同约定的技术服务费一般分两次支付：

(1) 第一批设备交货后，采购方支付给供货方该套合同设备技术服务费的30%。

(2) 每套合同设备通过该套机组性能验收试验，初步验收证书签署后，采购方支付该套合同设备技术服务费的70%。

运杂费在设备交货时由供货方分批向采购方结算，结算总额为合同规定的运杂费。

2）采购方的支付责任

付款时间以采购方银行承付日期为实际支付日期，若此日期晚于合同约定的付款日期，即从约定的日期开始按合同约定计算延迟付款的违约金。

6. 违约责任

双方应在合同内约定承担违约责任的条件、违约金的计算办法和违约金的最高赔偿限额等。违约金通常包括以下几方面内容。

(1) 供货方延误责任的违约金计算办法：设备延误到货的违约金计算办法；未能按合同规定时间交付严重影响施工的关键技术资料违约金的计算办法；因技术服务的延误、疏忽或错误导致工程延误违约金的计算办法。

(2) 供货方质量责任的违约金。这是指经过二次性能试验后，一项或多项性能指标仍达不到保证指标时，各项具体性能指标违约金的计算办法。

(3) 供货方不能供货的违约金。合同履行过程中如果因供货方原因不能交货，按不能交货部分设备价格约定某一百分比用于计算违约金。由于供货方中途解除合同，采购方可采取合理的补救措施，并要求供货方赔偿损失。

(4) 采购方的违约责任主要有：延期付款违约金的计算办法；延期付款利息的计算办法；如果因采购方原因中途要求退货，按退货部分设备价格约定某一百分比用于计算违约金。

双方在违约责任条款内还应分别列明任何一方严重违约时，对方可以单方面终止合同的条件、终止程序和后果责任等。

7. 工程师对大型设备采购合同的管理

由于建设工程大型设备采购合同的履行也对工程施工的质量和进度有影响，在施工过程中，监理工程师也要加强对大型设备采购合同的管理。主要包括以下几方面工作：

(1) 对大型设备采购合同及时编号、统一管理；

(2) 参与大型设备采购合同的订立；

工程师可参与大型设备采购合同的招标工作，参加招标文件的编写，提出对设备的技术要求及交货期限的要求。

(3) 监督大型设备采购合同的履行。

在设备制造期间，工程师有权根据合同提供的全部工程设备的材料和工艺进行检查、研究和检验，同时检查其制造进度。根据合同规定或取得供货方的同意，工程师可将工程设备的检查和检验授权给一个独立的检验单位。

工程师认为检查、研究或检验的结果是设备有缺陷或不符合合同规定时，可拒收此类工程设备，并就此立即通知供货方。

任何工程设备必须得到工程师的书面许可后方可运至现场。

任务4 其余建设工程合同

9.4.1 工程借款合同的主要内容

1. 借款合同的分类

借款合同是指借款人向贷款人借款，到期返还借款并支付利息的合同。工程项目建设过程中业主(发包人)为了筹集项目建设资金的不足部分,以及承包人为了解决工程前期资金的紧张,可与金融机构签订借款合同。

借款合同的当事人是贷款人和借款人。借款合同的种类按不同标准可以作出不同的划分,在此仅介绍其中的两种分类。

按贷款期限划分:

(1) 短期贷款,指贷款期限在1年以内(含1年)的贷款。

(2) 中期贷款,指贷款期限在1年以上5年以下(含5年)的贷款。

(3) 长期贷款,指贷款期限在5年以上(不含5年)的贷款。

按贷款担保方式或发放形式划分:

(1) 信用贷款。指以借款人良好信誉而签订借款合同发放的贷款,没有其他的贷款先决条件。

(2) 担保贷款。为了保证借款人能够忠实履行借款合同规定的义务,借贷人按照《担保法》的规定提供适当担保后签订借款合同。进一步可以分为:

① 保证贷款,贷款人以借款人提供可以接受的、具有法定资格第三人为其贷款行为出具保证书作为先决条件的贷款。

② 抵押贷款,贷款人以借款人提供自己或第三人财产作抵押物为先决条件的贷款。

③ 质押贷款,贷款人以借款人提供自己或第三人的动产或权利作质押物为先决条件的贷款。

(3) 票据贴现。指贷款人以购买借款人未到期商业票据的方式发放的贷款。

2. 借款合同的订立

经过贷款银行有权签批人同意的贷款,贷款人应与借款人及时签订借款合同,办理贷款手续。属于担保贷款的,还应签订保证合同、抵押合同或质押合同。抵押合同或质押合同由抵(质)押人到有关登记机关办理登记手续。

3. 借款合同的主要内容

借款合同采用书面形式,但自然人之间借款另有约定的除外。中长期借款合同的条款包括以下几方面的内容:

(1) 总则性条款。写明双方当事人、计约日期、借款种类、币种、借款金额、借款用途和借款期限等内容。

(2) 提款和还款。具体写明贷款分几次拨付、每次提款的日期和款额;写明借款人分几次还款、还款日期、归还本金的额度。

(3) 借款利率和计息。借款利率根据中国人民银行统一规定的贷款利率上下限确定,一年一定。贷款人根据国家当时规定档次利率确定下一年的借款利率。

(4) 担保。订立借款合同,贷款人可以要求借款人提供担保。双方在合同中应约定担保的方式,并写明如果担保合同中约定的有关事项发生,贷款人认为足以影响担保人的担保能力时,借款人应重新提供令贷款人满意的担保。

(5) 双方承诺。双方承诺应履行合同约定的义务。

(6) 合同的变更。

借款人要求延长借款期限。借款人需要延长借款期限时,应在借款到期日前向贷款人提出申请,并征得担保人书面同意;借款人如要将借款合同项下的债务转让给第三者,应经贷款人书面同意，在受让人和贷款人重新签订借款合同前，该合同继续有效；借款人、贷款人任何一方需变更合同其他条款，均应书面通知对方，并经双方协商一致，达成书面协议。双方协议变更合同内容，均应征得担保人书面同意。

（7）违约责任。

（8）争议的解决。

（9）其他。

4. 贷款人的权利和义务

1）贷款人的权利

贷款人按照约定可以检查、监督贷款的使用情况，有权要求借款人提供与借款有关的资料；根据借款人的条件，决定贷与不贷、贷款金额、期限和利率等；了解借款人的经营活动和财务活动；借款人未按照合同约定的借款用途使用贷款时，贷款人有权依据合同约定停止发放借款、提前收回借款或解除合同；在贷款将受或已受损失时，可依据合同采取使贷款免受损失的措施。

2）贷款人的义务

按期足额发放贷款。贷款人未按照约定的日期、数额提供借款，造成借款人损失的，应当赔偿损失；贷款利息不得预先在本金中扣除，如果预先在本金内扣除利息，应补足贷款数额，否则借款人按照实际借款数额还款付息；对借款人的债务、财务、生产、经营等情况保密。

5. 借款人的权利和义务

1）借款人的权利

按合同提取和使用全部贷款；有权拒绝借款合同以外的附加条件；征得贷款人同意后，可以向第三人转让债务；在还款期限届满之前，可以向贷款人申请延期还款。经贷款人同意后，合同方可延期。

2）借款人的义务

项目自筹资金及其他筹措资金按时足额到位；借款人未按照约定的日期、数额收取借款的，应当按照约定的日期、数额支付利息；按照合同规定的用途使用借款。接受贷款人对其使用信贷资金情况和有关生产经营、财务活动的监督；按借款合同约定及时清偿贷款本息。未按照约定的期限返还贷款，应当按照约定或者国家有关规定支付逾期利息。若提前偿还借款时，应按实际借款的期间计算利息；不得利用借款从事违法经营活动；在合同项下借款全部清偿前，借款人有任何一种改变经营方式行为（包括承包、租赁、合并、分立、股份制改造、联营、与外商合资或其他形式）时，应最迟于改变经营方式前 30 天通知贷款人，并保证贷款本息的清偿；发生歇业、解散、停业整顿、被吊销营业执照、被撤销时，保证立即归还贷款本息；当客观上有危及借款安全情况时（包括涉及重大经济纠纷的诉讼、财务状况恶化等），应当在事件发生后合同约定的时间以内书面通知贷款人，并保证贷款本息的偿还；按照约定按时如实提供贷款人要求的有关财务会计报表等资料（包括资产负债表、损益表，所有开户行、账号、存款余额等），并配合贷款人调查、审查和检查与借款有关的生产、经营、财务等情况。

9.4.2 工程保险合同的主要内容

1. 工程保险

工程项目的建设过程中存在很多不确定因素，这些风险一旦发生往往会造成很大的直接经济损失，因此参与项目建设的业主和承包人经常通过向保险公司投保来转移风险。

保险是一种受法律保护的分散危险、消化损失的经济制度。危险的存在是保险得以存在的前提条件，无危险即无保险。危险分为财产危险、人身危险和法律责任危险三种。财产危险指财产因意外事故或自然灾害而招受毁损或灭失的危险；人身危险指人们因生老病死和失业等原因而招致财产损失的危险；法律责任危险指对他人的财产、人身实施不法侵害，依法应负赔偿责任的危险。

我国《保险法》第二条规定："本法所称保险，是指投保人根据合同约定，向保险人支付保险费，保险人对于合同约定的可能发生的事故因其发生所造成的财产损失承担赔偿保险金责任，或者当被保险人死亡、伤残、疾病或者达到合同约定的年龄、期限等条件时承担给付保险金责任的商业保险行为。"

2. 保险合同

保险合同是投保人与保险人约定保险权利义务关系的协议。保险合同是双务有偿合同，但保险合同的双务有偿较为特殊，投保人给付保险费的义务是固定的，保险人赔偿或者给付保险金的义务则是不确定的，只有在保险期内发生保险人承保的事件使被保险人受到损害时才支付保险金。投保人给付保险费只是获得了一个得到保险金的机会。另外，由于保险业是经营风险的行业，其经营对象的特殊性决定了保险合同对被保险当事人的诚信要求比一般合同更为重要。

(1) 保险合同的当事人。依据保险合同建立权利义务关系的当事人一方为保险人，另一方为投保人、被保险人或保险受益人。

① 保险人指承担保险标的风险责任，负有赔偿或给付保险金义务的保险公司。

② 投保人是与保险人订立保险合同并按照保险合同负有支付保险费义务的人。

③ 被保险人指保险合同内写明投保人一方享有保险权益的所有人。在一份保险合同内，可以有若干个被保险人，其中任何一方受到损害后都有权凭借保险合同向保险公司索赔。如业主投保的"建筑工程一切险"的保险合同内填写的被保险人可以包括业主、承包人和监理工程师，任何一方受到承保范围内的风险损害后，都有权从保险公司获得赔偿。

④ 保险受益人是指人身保险合同填写的，当保险期限内被保险人意外死亡后有权享受保险赔偿的亲属或其他指定人。

(2) 保险标的。工程项目建设过程中涉及的投保内容主要包括工程险、第三者责任险、承包人设备保险和人身意外伤害保险。第三者责任险是指在施工场地由于施工发生对被保险人之外的第三人的财产或人员的生命安全、健康造成损害后，由保险公司负责赔偿的保险。

(3) 保险金额。是当事人双方约定，在保险事故或事件发生时，保险人应当赔偿或支付的最高限额。保险金额也是计算保险费的标准，直接关系双方当事人的责任和义务，必须在合同中明确。不同的保险合同中，保险金额的确定方法有所不同，财产保险合同中，保险金额根据保险价值确定，原则上不超过保险标的物的价值；人身保险合同中，由于人的价值无法用金钱衡量，则由合同双方约定一个保险人承担的最大给付数额或实际支付金额。对于施工中的人身意外伤害保险，由于是局限于项目施工阶段的短期人身保险，保险公司一般规定有一个保险责任限额，不同于长期人寿保险，一般不对保险金额作限制，只取决于投保人支付保险费的能力，以此确定保险金额。

(4) 保险的责任限度。保险合同的条款内都列有保险公司的责任范围和除外责任的条款，除外责任又称责任免除，即指被保险人虽然受到损害但保险公司不承担赔偿责任的事件原因范围。

(5) 保险合同的主要条款。各类保险合同均应包括以下几方面的条款：保险人名称和住所；投保人、被保险人名称和住所，以及人身保险的受益人的名称和住所；保险标的；保险责任和责任免除；保险期间和保险责任开始时间；保险价值；保险金额；保险费以及支付办法；保险金赔偿或者给付办法；违约责任和争议处理；订立合同的年、月、日。

3. 建筑工程一切险

我国保险公司承保的工程一切险分为建筑工程一切险和安装工程一切险两类，除了承保工程险外，还将第三者责任险和承包商设备保险包括在其中。

1) 基本概念

建筑工程一切险承保各类民用、工业和公用事业建筑工程项目，包括道路、水坝、桥梁、港埠等，在建造过程中因自然灾害或意外事故而引起的一切损失。

建筑工程一切险往往还加保第三者责任险，即保险人在承保某建筑工程的同时，还对该工程在保险期限内因发生意外事故造成的依法应由被保险人负责的工地及邻近地区的第三者的人身伤亡、疾病或财产损失，以及被保险人因此而支付的诉讼费用和事先经保险人书面同意支付的其他费用，负赔偿责任。

在工程保险中，保险公司可以在一张保险单上对投保人填写的所有参加该项工程的有关各方都给予所需的保险。即：凡在工程进行期间，对这项工程承担一定风险的有关各方，均可作为被保险人。建筑工程一切险的被保险人可以包括：业主；承包商或分包商；技术顾问，包括业主雇用的建筑师、工程师及其他专业顾问等。

由于被保险人不止一个，而且每个被保险人各有其本身的权益和责任，为了避免有关各方相互之间追偿责任，大部分保险单还加贴共保交叉责任条款。根据这一条款，每一个被保险人如同各自有一张单独的保单，其应负的那部分"责任"发生问题，财产遭受损失，都可以从保险人那里获得相应的赔偿。如果各个被保险人之间发生相互的责任事故，每一个负有责任的被保险人都可以在保单项下得到保障，即这些责任事故造成的损失都可由保险人负责赔偿，无须根据各自的责任相互进行追偿。

建筑工程一切险可承保的财产有：① 合同规定的建筑工程，包括永久工程、临时工程以及在工地的材料；② 建筑用机器、工具、设备和临时工房及其屋内存放的物件，均属履行工程合同所需要的，是被保险人所有的或为被保险人所负责的物件；③ 业主或承包商在工地的原有财产；被保险人提供的物料及项目；④ 安装工程项目；⑤ 场地清理费；⑥ 工地内的现成建筑物；⑦ 业主或承包商在工地上的其他财产。

2) 保险公司责任范围

建筑工程一切险的保险人对以下危险承担赔偿责任：① 洪水、潮水、水灾、地震、海啸、暴雨、风暴、雪崩、地崩、山崩、冻灾、冰雹及其他自然灾害；② 雷电、火灾、爆炸；③ 飞机坠毁，飞机部件或物件坠落；④ 盗窃；⑤ 工人、技术人员因缺乏经验、疏忽、过失、恶意行为等造成的事故；⑥ 原材料缺陷或工艺不善所引起的事故；⑦ 除外责任以外的其他不可预料的自然灾害或意外事故。

第三者责任险保险人的责任范围：

(1) 因发生与承保工程直接相关的意外事故引起工地内部及临近区域的第三者人身伤亡、疾病或财产损失，依法应由被保险人承担的经济赔偿责任。

(2) 被保险人因上述原因而支付的诉讼费用，以及事先经保险公司书面同意支付的其他费用。

(3) 对每次事故引起的赔偿金额以法院或政府有关部门根据法律裁定应由被保险人偿付的金额为准,但不得超过保单列明的每次事故赔偿限额和累计赔偿限额。

3) 除外责任

总除外责任:① 战争、敌对行动、武装冲突、恐怖活动等引起的任何损失、费用和责任;② 政府命令或任何公共当局的没收、征用、销毁或毁坏;③ 罢工、暴动、骚乱引起的任何损失、费用和责任;④ 被保险人及其代表人的故意行为或重大过失引起的任何损失、费用和责任;⑤ 核裂变、核聚变、核武器、核材料、核镭射及放射性污染引起的任何损失、费用和责任;⑥ 大气、土地、水污染及其他各种污染引起的任何损失、费用和责任;⑦ 工程部分停工或全部停工引起的任何损失、费用和责任;⑧ 罚金、延误、丧失合同及其他后果损失;⑨ 保险单明细表或有关条款中规定的应由被保险人自行负担的免赔额。

建筑工程一切险除外责任:① 被保险人的故意行为引起的损失;② 设计错误引起的损失、费用或责任;③ 自然磨损、内在或潜在缺陷、物质本身变化、自燃、氧化、锈蚀、渗漏等原因造成保险财产自身的损失和费用;④ 停工;⑤ 非外力引起的机构或电气装置的本身损失,或施工用机具、设备、机械装置失灵造成的本身损失;⑥ 换置、修理或矫正标的本身原材料缺陷或工艺不善所支付的费用;维修、保养或正常检修的费用;⑦ 档案、文件、账簿、票据、现金、有价证券、图表资料的损失;⑧ 领有公共运输行驶执照的或已有其他保险保障的车辆、船舶和飞机的损失;⑨ 保险工程开工前已经存在或形成的位于工地范围内或其周围的属于被保险人的财产损失。

第三者责任险的除外责任:

(1) 因发生与建筑工程一切险物质损失项下或本应在该项下予以负责的损失及各种费用。

(2) 由于震动、移动或减弱支撑而造成的任何财产、土地、建筑物的损失及由此造成的任何人员伤害和物质损失。

(3) 工程所有人、承包人或其他关系方或他们所雇用的在工地现场从事与工程有关工作的职员、工人以及他们的家庭成员的人身伤亡和疾病。

(4) 工程所有人、承包人或其他关系方或他们所雇用的职员、工人所有的或由其照管、控制的财产发生的损失。

(5) 领有公共运输行驶执照的或已有其他保险保障的车辆、船舶和飞机的损失。

(6) 被保险人根据与他人的协议应支付的赔偿或其他款项,但即使没有这种协议,被保险人仍应承担的责任也不在此限。

4) 保险金额

在保险单明细表中分别列明各类保险金额,应不低于以下说明的费用组成。

(1) 建筑工程。保险工程建筑完成时的总价值,包括原材料费用、设备费用、建造费、安装费、运输费、保险费、关税、其他税项和费用。

(2) 施工用机器、装置和机械设备。重置同型号、同负载的新机器、装置和机械设备所需的费用。

(3) 其他保险项目。签订保险合同时,由被保险人与保险人具体商定金额。

5) 保险期限

(1) 保险责任的开始时间。保险责任自投保工程开工日起或自承保项目所用材料、设备运抵工地时起开始。

(2) 保险责任的终止时间。保险公司保险责任的终止时间按以下原则以先发生者为准:

① 保险单规定的保险终止日期。

② 工程建筑或安装(包括试车、考核)完毕,移交给工程的业主,或签发完工证明时终止(如部分移交,则该移交部分的保险责任即行终止)。

③ 业主开始使用工程时,如部分使用,则该使用部分的保险责任即行终止。

如果加保了保证期(缺陷责任期、保修期)的保险责任,即在工程完毕后,工程移交证书已签发,工程已移交给业主之后,对工程质量还有一个保证期,则保险期限可延长至保证期,则需加缴一定的保险费。保证期的保险期限与工程合同中规定的保修期一致。

6) 保险赔偿

保险公司对保险财产遭受的损失有权选择以支付赔偿或以修复、重置受损项目的方式予以赔偿。但对保险财产在修复、重置过程中发生的任何变更、性能增加或改进所产生的额外费用不负责赔偿。保险公司确定赔偿的原则是:

(1) 可以修复的部分损失。以将保险财产修复至其基本恢复受损前状态的费用扣除残值后的金额为准。

(2) 全部损失或推定全损。以保险财产损失前的实际价值扣除残值后的金额为准。

(3) 被保险人采取的减损措施费用。发生损失后,被保险人为减少损失而采取必要措施所产生的合理费用,也应由保险公司予以赔偿,但总赔偿金额以保险金额为限。

4. 安装工程一切险

安装工程一切险承保安装各种工厂用的机器、设备、储油罐、钢结构工程、起重机、吊车,以及包含机械工程因素的任何建造工程因自然灾害或意外事故而引起的一切损失。

由于目前机电设备价值日趋高昂、工艺和构造日趋复杂,这使安装工程的风险越来越高。因此,在国际保险市场上,安装工程一切险已发展成一种保障比较广泛、专业性很强的综合性险种。

安装工程一切险的投保人可以是业主,也可以是承包人或卖方(供货商或制造商)。在合同中,有关利益方,如所有人、承包人、转承包人、供货人、制造人、技术顾问等其他有关方,都可被列为被保险人。

安装工程一切险也可以根据投保人的要求附加第三者责任险。在安装工程建设过程中因发生任何意外事故,造成在工地及邻近地区的第三者人身伤亡、致残或财产损失,依法应由被保险人承担赔偿责任时,保险人将负责赔偿并包括被保险人因此而支付的诉讼费用或事先经保险人同意支付的其他费用。

1) 保险期限

安装工程一切险的保险期限,通常应以整个工期为保险期限。一般是从被保险项目被卸至施工地点时起生效到工程预计竣工验收交付使用之日止。如验收完毕先于保险单列明的终止日,则验收完毕时保险期亦即终止。若工期延长,被保险人应及时以书面通知保险人申请延长保险期,并按规定增缴保险费。安装工程第三者责任险作为安装工程一切险的附加险,其保险期限应当与安装工程一切险相同。

2) 保险标的

安装工程一切险的保险标的有:安装的机器及安装费,包括安装工程合同内要安装的机器、设备、装置、物料、基础工程(如地基、座基等)以及为安装工程所需的各种临时设施(如水电、照明、通信设备等)等;为安装工程使用的承包人的机器,设备;附带投保的土木建筑工程项目，其保额不得超过整个工程项目保额的20%；场地清理费用；业主或承包人在工地上的其他财产。

3）制定费率时考虑的因素

在制定安装工程一切险的费率时，应注意安装工程的特点，主要有：

(1) 保险标的从安装开始就存在于工地上，风险一开始就比较集中。

(2) 试车考核期内任何潜在因素都可能造成损失，且试车期的损失率占整个安装期风险的50%以上。

(3) 人为因素造成的损失较多。

总之，安装工程一切险的费率要高于建筑工程一切险的费率。

5. 机器损坏险

机器损坏险主要承保各类工厂、矿山的大型机械设备、机器在运行期间发生损失的风险。这是近几年在国际上新兴起的一种保险。由于国际工程建设中使用的机器设备趋于大型化，在国际工程建设中也经常投保机器损坏险。机器损坏险具有以下特点：

(1) 用于防损的费用高于用于赔偿的费用。保险人承保机器损坏险后，要定期检查机器的运行，许多国家的立法都有这方面的强制性规定。这往往使得保险人用于检查机器的费用远高于用于赔款的费用。

(2) 承保的基本上都是人为的风险损失。机器损坏险承保的风险，如设计制造和安装错误，工人、技术人员操作错误、疏忽、过失、恶意行为等造成的损失，大都是人为的，这些风险往往是普通财产保险不负责承保的。

(3) 机器设备均按重置价投保。即在投机器损坏险时按投保时重新换置同一型号、规格、性能的新机器的价格，包括出厂价、运费、可能支付的税款和安装费进行投保。

被保险机器及其附属设备由于下列原因造成损失，需要修理或重置时，保险人负责进行赔偿：

(1) 设计、制造和安装错误，铸造和原材料缺陷。这些错误、缺点和缺陷常常在制造商的保修期满后在操作中发现，而不可能向制造商再提出追偿。

(2) 工人、技术人员操作错误，缺乏经验，技术不善，疏忽、过失，恶意行为。

(3) 离心力引起的撕裂。它往往会对机器本身或其周围财产造成很严重的损失。

(4) 电气短路或其他电气原因。这是指短路、电压过高，绝缘不良、电流放电和产生的应力等原因。

(5) 错误的操作，测量设施的失灵、锅炉加水系统有毛病，及报警设备不良，所造成的由于锅炉缺水而致的损毁。

(6) 物理性爆炸。这是相对化学性爆炸而言，指内储气、汽和液体物质的容器在内容物没有化学反应的情况下，过高的压力造成容器四壁破裂。

(7) 露装机器遭受暴风雨、冻灾、流冰等风险。

(8) 保险单规定的除外责任以外的其他事故。

在机器损坏险中，保险人对机器的检查制度是很重要的。保险人在保险期间应定期派合格的、有经验的专家去检查保险机器。由于保险人有各种防损经验，熟悉机器损失原因，所以能够提出可行的防损意见。更为重要的是，保险人应督促被保险人对机器建立完善的管理和保养制度。

9.4.3 担保合同的主要内容

1. 担保的概念

担保是指合同的当事人双方为了全面履行合同，根据法律、行政法规的规定或双方约定，经协商一致而采取的一种具有法律效力的保护措施。我国《担保法》规定的担保方式有：保证、抵押、质押、留置和定金五种。

2. 担保的特征

(1) 合同担保以保障被担保合同债权的实现为目的。设立担保法律关系可使债权人产生安全感，对实现债权有信心，保障债权人在未受损失前即可确保其权益的实现，也使担保人(第三人)监督和促使债务人(被担保人)切实履行合同，使债务人在物质和精神双重压力下切实履约。因为担保一经设立就具有法律效力，一方违约，另一方就有权请求履行合同担保的义务。

(2) 合同的担保是法律行为。担保的设定采取法定性和自愿性相结合，如加工承揽合同、运输合同、保管合同等适用法定留置的形式，工农副产品购销、建筑勘察设计、加工承揽合同等依法给付定金，借款合同一般要有抵押物做担保，但具体内容有待双方合意等。

(3) 担保合同是被担保合同的从合同。合同担保所产生的担保合同法律关系和其他担保法律关系，从属于被担保合同。担保法律关系以主合同的存在为前提，主合同终止时担保合同也随之终止，主合同转移时也随之转移，主合同无效担保合同无效。如主合同顺利履行，从合同不用实际履行；当主合同不能履行或不完全履行时，担保合同才发生法律效力。担保合同另有约定的，按照约定。担保合同被确认无效后，债务人、债权人、担保人有过错的，应当根据其过错各自承担相应的民事责任。

3. 合同担保的方式

1) 保证合同

保证由保证人与被担保合同的债权人以书面形式订立保证合同，明确保证人担保合同履行的责任。保证人与债权人可以就单个主合同分别订立保证合同，也可以协议在最高债权额限度内就一定期间连续发生的借款合同或者某项商品交易合同订立一个保证合同。保证合同应包括以下主要内容：① 被保证的主债权种类、数额；② 债务人履行债务的期限；③ 保证的方式；④ 保证担保的范围；⑤ 保证的期间；⑥ 双方认为需要约定的其他事项。

保证的方式有两种：一般保证和连带责任保证。当事人对保证方式没有约定或约定不明确的，按连带责任保证承担保证责任。

一般保证是指当事人在保证合同中约定，当债务人不能履行债务时，由保证人承担保证责任的保证方式。一般保证的保证人在主合同纠纷未经审判或仲裁，并就债务人财产依法强制执行仍不能履行债务前，对债权人可以拒绝承担保证责任。

连带责任保证是指当事人在保证合同中约定保证人与债务人对债务承担连带责任的保证方式。连带责任保证的债务人在主合同规定的债务履行期届满没有履行债务的，债权人可以要求债务人履行债务，也可以要求保证人在其保证范围内承担保证责任。

2) 抵押合同

抵押人和抵押权人应当以书面形式订立抵押合同。抵押合同应当包括以下内容：① 被担保的主债权种类、数额；② 债务人履行债务的期限；③ 抵押物的名称、数量、质量、状况、所在地、所有权权属或者使用权权属；④ 抵押担保的范围；⑤ 当事人认为需要约定的其他事项。

当事人以抵押作为履行合同的担保，还应依据有关法律、法规签订抵押合同并办理抵押物登记，抵押合同自登记之日起生效。抵押担保的范围包括主债权及利息、违约金、损害赔偿金和实现抵押权的费用。抵押合同另有约定的，按照约定执行。

3）质押合同

出质人和质权人应当以书面形式订立质押合同。质押合同自质物移交于质权人占有时生效。动产质押合同应当包括以下内容：① 被担保的主债权种类、数额；② 债务人履行债务的期限；③ 质物的名称、数量、质量、状况；④ 质押担保的范围；⑤ 质押移交的时间；⑥ 当事人认为需要约定的其他事项。

质押担保的范围包括主债权及利息、违约金、损害赔偿金、质物保管费用和实现质权的费用。质押合同另有约定的，按照约定执行。

4）留置

留置是指依据法律规定，债权人按照合同约定占有债务人的动产，债务人不按照合同约定的期限履行债务的，债权人有权依法留置该财产，以该财产折价或者以拍卖、变卖该财产的价款优先受偿。

留置权的使用具有严格的限制性，不能乱用，法律有明确规定的，债权人才能享有留置权。因保管合同、运输合同、加工承揽合同发生的债权，债务人不履行债务的，债权人有留置权。当事人可以在合同中约定不得留置的物。

债权人与债务人应当在合同中约定，债权人留置财产后，债务人应当在不少于两个月的期限内履行债务。债权人与债务人在合同中未约定的，债权人留置债务人财产后，应当确定两个月以上的期限，通知债务人在该期限内履行债务。

债务人逾期仍不履行的，债权人可以与债务人协议以留置物折价，也可以依法拍卖、变卖留置物。留置物折价或者拍卖、变卖后，其价款超过债权数额的部分归债务人所有，不足部分由债务人清偿。

5）定金合同

定金应以书面形式约定，作为主合同的一部分或订立专门的定金合同。当事人在定金合同中应该约定交付定金的期限及数额。定金合同从实际交付定金之日起生效。定金数额最高不得超过主合同标的额的 20%。

9.4.4 技术合同的主要内容

1. 技术合同

技术合同是当事人就技术开发、转让、咨询或者服务订立的确定相互之间权利义务的合同。

技术合同除具备一般合同的特点外，还具备以下特征：

(1) 技术合同的标的是提供技术的行为。包括提供现存的技术成果，对尚未存在的技术进行开发以及提供与技术有关的辅助性帮助等行为，如技术开发、转让、咨询和服务行为。确定这些行为是否属于提供技术的行为，首先从合同标的所涉及的对象上看，即涉及对象是否为"技术"。技术一般指根据生产实践经验和科学原理而形成，作用于自然界一切物质设备的操作方法和技能。"技术"依不同标准可分为专利技术和专有技术，生产性技术和非生产性技术等。

(2) 技术合同的履行具有特殊性。技术合同履行因常涉及与技术有关的其他权利归属而具有与一般合同履行不同的特性。如发明权、科技成果权、转让权等，故技术合同既受债法的约束，又受知识产权制度的规范。技术合同的履行由于其标的涉及对象为“技术”的特征，形成了其履行的特殊性。

(3) 技术合同是双务、有偿合同。技术合同的当事人一方应进行开发、转让、咨询或服务，另一方应支付价款或报酬。

(4) 技术合同当事人具有广泛性和特定性。在技术合同的主体范围上，法律上没有限制，无论自然人、法人、其他组织，还是企业、事业单位，社会团体，机关法人等，均有主体资格。但通常至少一方是能够利用自己的技术力量从事技术开发、技术转让、技术服务或技术咨询的组织或个人，因此，技术合同的当事人有一定的限定性。

2. 订立技术合同的基本原则

《合同法》第三百二十三条规定："订立技术合同，应当有利于科学技术的进步，加速科学技术成果的转化、应用和推广"。技术合同的订立除应遵循《合同法》总则中的基本原则之外，还应根据技术合同自身的特点遵守技术合同的特殊基本原则。订立技术合同应当采用书面形式。

《合同法》第三百二十九条规定："非法垄断技术、妨碍技术进步或者侵害他人技术成果的技术合同无效"。这条立法目的在于：由于技术成果对社会发展具有举足轻重的作用，因而法律采取必要的措施保护技术合同当事人的合法权益；同时，又不允许当事人滥用这种权利来损害国家利益和社会公共利益。

3. 技术合同的类型

1) 技术开发合同

技术开发合同是指当事人之间就新技术、新产品、新工艺或者新材料及其系统的研究开发所订立的合同。包括委托开发合同和合作开发合同。技术开发合同应当采用书面形式。当事人之间就具有产业应用价值的科技成果实施转化，可参照技术开发合同的规定订立合同。

2) 技术转让合同

技术转让合同是指当事人就专利权转让、专利申请权转让、非专利技术转让、专利实施许可及技术引进所订立的合同。包括专利权转让、专利申请权转让、技术秘密转让、专利实施许可合同。技术转让合同应当采用书面形式。

3) 技术咨询合同

技术咨询合同是指当事人一方就特定技术项目提供可行性论证、技术预测、专题技术调查、分析评价报告等咨询服务，另一方支付咨询报酬的合同。

4) 技术服务合同

技术服务合同是指当事人一方以技术知识为另一方解决特定技术问题所订立的合同。不包括建设工程的勘察、设计、施工合同和承揽合同。

4. 技术合同的主要条款

技术合同的内容由当事人约定，一般包括以下条款：

(1) 项目名称，即技术标的名称。包括标的的类别、性质等，是区分不同类型技术合同的标志。

(2) 标的的内容、范围和要求。这是技术合同的中心条款，它要求确切表明技术合同的具体任务，写明技术合同类型、技术范围、技术条件及技术参数等，这一条款既是确定双方权利义务关系的依据，也是将来检验合同履行状况的依据。

(3) 履行的计划、期限、进度、地点和方式。履行的计划、进度表明当事人履行技术合同意思表示的科学性和真实性。合同履行期限包括合同签订日期、完成日期和合同有效期限。合同履行地点指合同当事人约定在哪一方履行及履行的具体地点和场所。合同履行方式指以什么样的手段完成,实现技术合同标的所要求的技术指标和经济指标。

(4) 技术情报和资料的保密。这是对有关技术情报和资料的公开性、限制性要求。当事人在订立合同前可以就交换技术情报和资料达成书面保密协议,即使合同达不成协议时也不影响保密协议的效力;技术合同终止后,当事人可以约定一方或各方在一定期限、一定地域内对有关情报和资料负有保密义务。

(5) 风险责任的承担。风险责任承担条款用来解决技术合同在履行中出现无法预见、无法防止、无法克服的客观原因导致部分或全部失败时,如何承担风险的问题。

(6) 技术成果的归属和收益的分成办法。该条款由于涉及双方的技术权益和经济利益,故在合同中应载明关于技术成果的权利归属、如何使用和转让以及产生的利益如何分配。

(7) 验收标准和方法。指完成合同规定任务所应达到的技术、经济指标及其鉴定方式。这是合同履行验收的依据。

(8) 价款、报酬或者使用费及其支付方式。技术合同价款、报酬或者使用费的支付方式由当事人约定,没有统一的成文标准,由双方综合市场需要、成本大小、经济利益、同类技术状况、风险大小等自由约定;支付方式可采用一次总算、一次总付或一次总算分期支付,也可以采用提成支付或者提成支付附加预付入门费等方式。

若约定提成支付的,可以按照产品价格、实施专利和使用技术秘密后新增的产值、利润或者产品的销售额的一定比例提成,也可以按照约定的其他方式计算。提成支付的比例可以采取固定比例、逐年递增比例或逐年递减比例。约定提成支付的,当事人应当在合同中约定查阅有关会计账目的办法。

(9) 违约金或损失赔偿的计算方法。指当事人违约后,一方承担违约责任而赔偿受损失一方的计算标准、方法和数额。

(10) 争议解决的方法。双方可以约定选择采用协商、调解、仲裁、诉讼等办法来解决纠纷。

(11) 术语和名词的解释。技术合同专业性较强,为避免对关键词和术语的理解发生歧义引起争议,可对合同中不特定的词语和概念进行特定的界定,以免引起误解或留下漏洞。

除以上条款外,与履行合同有关的技术背景资料、可行性论证和技术评价报告、项目报告书和计划书、技术标准、技术规范、原始设计和工艺文件,以及其他技术文档,按照当事人的约定可以作为合同的组成部分。同时,技术合同涉及专利的,应当注明发明创造的名称、专利申请人和专利权人、申请日期、申请专利号以及专利权的有效期限。

5. 职务技术成果与非职务技术成果

职务技术成果是指执行法人或其他组织的任务或者主要利用法人或其他组织的物质技术条件所完成的技术成果。主要有:

(1) 在职人员承担法人或其他组织的科学研究。

(2) 在职人员履行本岗位职责所完成的技术成果。

(3) 退休、离休、调动工作的人员在离开原法人或其他组织1年内继续承担原法人或其他组织的科学研究和技术开发课题或履行原岗位的职责所完成的课题。

非职务技术成果是指职务技术成果以外的技术成果,即完成技术成果的个人自行研究开发,主要不是利用本法人或其他组织的物质技术条件所完成的成果。即同时具备以下两个条件，才能确定非职务技术成果：

（1）该技术成果不是完成人在所在法人或其他组织承担的科学研究和技术开发课题，也不是该完成人的岗位职责，而是完成人自行研究开发的；

（2）完成该技术成果的资料、材料、设备等物质条件主要不是由本单位提供的，项目研究开发的全过程没有采用法人或其他组织未公开的技术情报和技术资料。

职务技术成果经济权利的支配权归其法人或其他组织。非职务技术成果经济权利的支配权属于完成人个人。完成技术成果的个人有在有关技术成果文件上写明自己是技术成果完成者的权利和取得荣誉证书、奖励的权利。

Chapter 10

项目 10 FIDIC 工程施工合同

任务1 FIDIC 合同条件概述

1. FIDIC 组织简介

FIDIC 是"国际咨询工程师联合会"的缩写。该组织在每个国家或地区只吸收一个独立的咨询工程师协会作为团体会员，至今已有 60 多个发达国家和发展中国家或地区的成员，因此它是国际上最具有权威性的咨询工程师组织。我国于 1996 年正式加入 FIDIC 组织。

2. FIDIC 合同条件简介

为了规范国际工程咨询和承包活动，FIDIC 先后发表过很多重要的管理性文件和标准化的合同文件范本。FIDIC 出版的各类合同条件先后有：

《土木工程施工合同条件》(1987 年第 4 版，1992 年修订版)(红皮书)；

《电气与机械工程合同条件》(1988 年第 2 版)(黄皮书)；

《土木工程施工分包合同条件》(1994 年第 1 版)(与红皮书配套使用)；

《设计-建造与交钥匙工程合同条件》(1995 年版)(橘皮书)；

《施工合同条件》(1999 年第 1 版)；

《生产设备和设计-施工合同条件》(1999 年第 1 版)；

《设计采购施工(EPC)/交钥匙工程合同条件》(1999 年第 1 版)；

《简明合同格式》(1999 年第 1 版)；

多边开发银行统一版《施工合同条件》(2005 年版)；等等。

目前作为惯例已成为国际工程界公认的标准化合同格式有适用于工程咨询的《业主/咨询工程师标准服务协议书》；适用于施工承包的《土木工程施工合同条件》、《电气与机械工程合同条件》、《设计-建造与交钥匙工程合同条件》和《土木工程施工分包合同条件》。1999 年 9 月，FIDIC 更新出版了《施工合同条件》、《工程设备与设计-建造合同条件》、《EPC 交钥匙项目合同条件》及《简明合同格式》，这些合同文件不仅被 FIDIC 成员国广泛采用，而且世界银行、亚洲开发银行、非洲开发银行等金融机构也要求在向其贷款建设的土木工程项目实施过程中使用以该文本为基础编制的合同条件。

新版的 FIDIC 合同条件，同过去版本比较具有以下特点：

(1) 在编排格式上统一化。新版中的通用条件部分均分为 20 条，条款的标题至部分条款的内容能一致的都尽可能一致。

(2) 四种新版合同条件的使用范围大大拓宽,适用的项目种类更加广泛。

(3) 与老版本相比较,新版条款的内容进行了较大的改进和补充。

(4) 在编写思想上也有了新的变化。新版本尽可能地在通用条件中作出全面而细致的规定,便于用户在专用条件中自行修改编写。

(5) 新版本对业主、承包商双方的职责、业务以及工程师的职权都有了更为严格而明确的规定,提出了更高的要求。

(6) 新版合同条件在语言上比以前的老版本简明,句子的结构也相对简单清楚,比老版本更易懂、易读。

FIDIC 与世界银行、亚洲开发银行、非洲开发银行、泛美开发银行、加勒比开发银行等国际金融机构共同工作,对 FIDIC《施工合同条件》(1999 年第 1 版)进行了修改补充,编制了用于多边开发银行提供贷款项目的合同条件——多边开发银行统一版《施工合同条件》(2005 年版)。这一版本的合同条件,不仅便于多边开发银行及其借款人使用 FIDIC 合同条件,也便于参与多边开发银行贷款项目的其他各方,如工程咨询机构、承包商等使用。

多边开发银行统一版《施工合同条件》,在通用条件中加入了以往多边开发银行在专用条件中使用的标准措辞,减少了以往对专用条件的增补和修改的数量,提高了用户的工作效率,减少了不确定性和发生争端的可能性。该合同条件与 FIDIC 其他合同条件的格式一样,包括通用条件、专用条件以及各种担保、保证、保函和争端委员会协议书的标准文本,方便用户理解和使用。

这些合同条件的文本不仅适用于国际工程,而且稍加修改后同样适用于国内工程,我国有关部委编制的适用于大型工程施工的标准化范本都以 FIDIC 编制的合同条件为蓝本。

1)《土木工程施工合同条件》

《土木工程施工合同条件》是 FIDIC 最早编制的合同文本,也是其他几个合同条件的基础。该文本适用于业主(或业主委托的第三人)提供设计的工程施工承包,以单价合同为基础(也允许其中部分工作以总价合同承包),广泛用于土木建筑工程施工、安装承包的标准化合同格式。《土木工程施工合同条件》的主要特点表现为:条款中责任的约定以招标选择承包商为前提;合同履行过程中建立以工程师为核心的管理模式。

2)《电气与机械工程合同条件》

《电气与机械工程合同条件》适用于大型工程的设备提供和施工安装,承包工作范围包括设备的制造、运送、安装和保修几个阶段。这个合同条件是在《土木工程施工合同条件》基础上编制的,针对相同情况制定的条款完全照抄《土木工程施工合同条件》的规定。与《土木工程施工合同条件》的区别主要表现为:一是该合同条件涉及的不确定风险因素较少,但实施阶段管理程序较为复杂,因此条目少款数多;二是支付管理程序与责任划分基于总价合同。该合同条件一般适用于大型项目中的部分工程。

3)《设计-建造与交钥匙工程合同条件》

FIDIC 编制的《设计-建造与交钥匙工程合同条件》是适用于总承包的合同文本,承包工作内容包括:设计、设备采购、施工、物资供应、安装、调试、保修。这种承包模式可以减少设计与施工之间的脱节或矛盾,而且有利于节约投资。该合同文本是基于不可调价的总价承包编制的合同条件。土建施工和设备安装部分的责任,基本上套用土木工程施工合同条件和电气与机械工程合同条件的相关约定。交钥匙合同条件既可以用于单一合同施工的项目,也可以作为多合同项目中的一个合同，如承包商负责提供各项设备、单项构筑物或整套设施的承包。

4)《土木工程施工分包合同条件》

FIDIC 编制的《土木工程施工分包合同条件》是与《土木工程施工合同条件》配套使用的分包合同文本。分包合同条件可用于承包商与其选定的分包商，或与业主选择的指定分包商签订的合同。分包合同条件的特点是，既要保持与主合同条件中分包工程部分规定的权利义务约定一致，又要区分负责实施分包工作当事人改变后两个合同之间的差异。

3. 合同文本的标准化

FIDIC 出版的所有合同文本结构，都是以通用条件、专用条件和其他标准化的文件格式进行编制。

1) 通用条件

所谓"通用"的含义是，工程建设项目不论属于哪个行业，也不管处于何地，只要是土木工程类的施工均可适用。条款内容涉及合同履行过程中业主和承包商各方的权利与义务；工程师(交钥匙合同中为业主代表)的权力和职责；各种可能预见的事件发生后的责任界限；合同正常履行过程中各方应遵循的工作程序，以及因意外事件而使合同被迫解除时各方应遵循的工作准则。

2) 专用条件

专用条件是相对于"通用"而言，要根据准备实施的项目的工程专业特点，以及工程所在地的政治、经济、法律、自然条件等地域特点，针对通用条件中条款的规定加以具体化。可以对通用条件中的规定进行相应补充完善、修订或取代其中的某些内容，以及增补通用条件中没有规定的条款。专用条件中条款序号应与通用条件中要说明条款的序号对应，通用条件和专用条件内相同序号的条款共同构成对某一问题的约定责任。如果通用条件内的某一条款内容完备、适用，专用条件内可不再重复此条款。

3) 标准化的文件格式

FIDIC 编制的标准化合同文本，除了通用条件和专用条件以外，还包括标准化的投标书(及附录)和协议书的格式文件。

投标书的格式文件只有一页内容，是投标人愿意遵守招标文件规定的承诺表示。投标人只需填写投标报价并签字后，即可与其他材料一起构成有法律效力的投标文件。投标书附件列出了通用条件和专用条件内涉及工期和费用内容的明确数值，与专用条件中的条款序号和具体要求相一致，以使承包商在投标时予以考虑。这些数据经承包商填写并签字确认后，合同履行过程中作为双方遵照执行的依据。

协议书是业主与中标承包商签订施工承包合同的标准化格式文件，双方只要在空格内填入相应内容，并签字盖章后合同即可生效。

任务2 FIDIC 土木工程施工合同的主要内容

《土木工程施工合同条件》是 FIDIC 最早编制的合同文本，也是其他几个合同条件的基础。《土木工程施工合同条件》的主要特点表现为：

(1) 条款中责任的约定以招标选择承包商为前提；

(2) 合同履行过程中建立以工程师为核心的管理模式；

（3）以单价合同为基础（也允许部分工作以总价合同承包）。

建设部颁发的《建设工程施工合同（示范文本）》采用了很多土木工程施工合同条件的条款，本任务仅就其中部分未采用的合同条款予以介绍。

10.2.1　合同中的部分重要词语含义

1. 合同履行中涉及的几个时间概念

1）合同工期

合同工期是所签合同内注明的完成全部工程或分部移交工程的时间，加上合同履行过程中因非承包商应负责原因导致变更和索赔事件发生后，经工程师批准顺延工期之和。合同内约定的工期指承包商在投标书附录中承诺的竣工时间。合同工期的日历天数作为衡量承包商是否按合同约定期限履行施工义务的标准。

2）施工期

从工程师按合同约定发布的“开工令”中指明的应开工之日起，至工程移交证书注明的竣工日止的日历天数为承包商的施工期。用施工期与合同工期比较，判定承包商的施工是提前竣工，还是延误竣工。

3）缺陷责任期

缺陷责任期即国内施工文本所指的工程保修期，自工程移交证书中写明的竣工日开始，至工程师颁发解除缺陷责任证书为止的日历天数。尽管工程移交前进行了竣工检验，但工程移交证书只是证明承包商的施工工艺达到了合同规定的标准，设置缺陷责任期的目的是考验工程在动态运行条件下是否达到了合同中技术规范的要求。因此，从开工之日起至颁发解除缺陷责任证书日止，承包商要对工程的施工质量负责。合同工程的缺陷责任期及分阶段移交工程的缺陷责任期，应在专用条件内具体约定，次要部位工程通常为半年；主要工程及设备大多为一年；个别重要设备也可以约定为一年半。

4）合同有效期

自合同签字日起至承包商提交给业主的“结清单”生效日止，施工合同对业主和承包商均具有法律约束力。颁发解除缺陷责任证书只是表示承包商的施工义务终止，即证明承包商的工程施工、竣工和保修义务满足合同条件的要求，但合同约定的权利义务并未完全结束，还剩有管理和结算等手续。结清单生效指业主已按工程师签发的最终支付证书中的金额付款，并退还承包商的履约保函。结清单一经生效，承包商在合同内享有的索赔权利也自行终止。

2. 合同价格

合同条件中通用条件第1.1款规定：“合同价格指中标通知书中写明的，按照合同规定，为了工程的实施、完成及其任何缺陷的修补应付给承包商的金额”。但应注意，中标通知书中写明的合同价格仅指业主接受承包商投标书中为完成全部招标范围内工程报价的金额，不能简单地理解为承包商完成施工任务后应得到的结算款额。因为合同条件内很多条款都规定，工程师根据现场情况发布非承包商应负责原因的变更指令后，如果导致承包商施工中发生额外费用所应给予的补偿，以及批准承包商索赔给予补偿的费用，都应增加到合同价格上去，所以签约时原定的合同价格在实施过程中会有所变化。大多数情况下，承包商完成合同规定的施工义务后，累计获得的工程款也不等于原定合同价格与批准的变更和索赔补偿款之和，可能比其多，也可能比其少。究其原因，涉及以下几个方面的因素：

1）合同类型特点

《土木工程施工合同条件》适用于大型复杂工程采用单价合同的承包方式。为了缩短建设周期，通常在初步设计完成后就开始施工招标，在不影响施工进度的前提下陆续发放施工图，因此承包商据以报价的工程量清单中各项工作内容项下的工程量一般为概算工程量。合同履行过程中，承包商实际完成的工程量可能多于或少于清单中的估计量。单价合同的支付原则是：按承包商实际完成工程量乘以清单中相应工作内容的单价，结算该部分工作的工程款。

2）调价款

大型复杂工程的施工期较长，通用条件中包括合同工期内因物价变化对施工成本产生影响后计算调价费用的条款，每次支付工程进度款时均要考虑约定可调价范围内项目当地市场价格的涨落变化。而这笔调价款没有包含在中标价格内，仅在合同条款中约定了调价原则和调价费用的计算方法。

3）发生应由业主承担责任的事件

合同履行过程中，可能因业主的行为或业主应承担风险责任的事件发生后，导致承包商增加施工成本，合同相应条款都规定应对承包商受到的实际损害给予补偿。

4）承包商的质量责任

合同履行过程中，如果承包商没有完全地或正确地履行合同义务，业主可凭工程师出具的证明，从承包商应得工程款内扣减该部分给业主带来损失的款额。合同条件内明确规定的情况包括：

（1）不合格材料和工程的重复检验费用由承包商承担。工程师对承包商采购的材料和施工的工程通过检验后发现质量没达到合同规定的标准，承包商应自费改正并在相同条件下进行重复检验，重复检验所发生的额外费用由承包商承担。

（2）承包商没有改正忽视质量的错误行为。当承包商不能在工程师限定的时间内将不合格的材料或设备移出施工现场，以及在限定时间内没有或无力修复缺陷工程，业主可以雇用其他人来完成，该项费用应从承包商处扣回。

（3）折价接收部分有缺陷工程。某项处于非关键部位的工程施工质量未达到合同规定的标准，如果业主和工程师经过适当考虑后，确信该部分的质量缺陷不会影响总体工程的安全运行，为了保证工程按期发挥效益，业主可以与承包商协商后折价接收。

5）承包商延误工期或提前竣工

（1）因承包商责任的延误工期。签订合同时双方需约定日拖期赔偿额和最高赔偿限额。如果因承包商应负责原因竣工时间迟于合同工期，将按日拖期赔偿额乘以延误天数计算拖期违约赔偿金，但以约定的最高赔偿限额为赔偿业主延迟发挥工程效益的最高款额。

如果合同内规定有分阶段移交的工程，在整个合同工程竣工日期以前，工程师已对部分分阶段移交的工程颁发了工程移交证书，且证书中注明的该部分工程竣工日期未超过约定的分阶段竣工时间，则全部工程剩余部分的日拖期赔偿额应相应折减。折减的原则是，将拖延竣工部分的合同金额除以整个合同工程的总金额所得比例乘以日拖期赔偿额，但不影响约定的最高赔偿限额。

（2）提前竣工。承包商通过自己的努力使工程提前竣工是否应得到奖励，在土木工程施工合同条件中列入可选择条款一类。业主要看提前竣工的工程或区段是否能让其得到提前使用的收益，而决定该条款的取舍。如果招标工作内容仅为整体工程中的部分工程且这部分工程的提前竣工不能单独发挥效益，则没有必要鼓励承包商提前竣工，可以不设奖励条款。若选用奖励条款，则需在专用条件中具体约定奖金的计算办法。FIDIC 编制的《土木工程施工合同条件应用指南》中说明，当合同内约定有部分区段工程的竣工时间和奖励办法时，为了使业主能够在完成全部工程之前占有并启用工程的某些区段提前发挥效益，约定的区段完工日期应固定不便。也就是说，不因该区段的施工过程中出现非承包商应负责原因工程师批准顺延合同工期而对计算奖励的应竣工时间予以调整(除非合同中另有规定)。

6）包含在合同价格之内的暂定金额

某些项目的工程量清单中包括有"暂定金额"款项，尽管这笔款额计入在合同价格内，但其使用却归工程师控制。暂定金额实际上是一笔业主方的备用金，工程师有权依据工程进展的实际需要，用于施工或提供物资、设备，以及技术服务等内容的开支，也可以作为供意外用途的开支。工程师有权全部使用、部分使用或完全不用。工程师可以发布指示，要求承包商或其他人完成暂定金额项内开支的工作，因此只有当承包商按工程师的指示完成暂定金额项内开支的工作任务后，才能从其中获得相应支付。由于暂定金额是用于招标文件规定承包商必须完成的承包工作之外的费用，承包商报价时不将承包范围内发生的间接费、利润、税金等摊入其中，所以他未获得暂定金额内的支付并不损害其利益。

3. 履约担保

1）履约担保的方式

为了保证承包商忠实地履行合同规定的义务，并保障业主在因承包商的严重违约受到损害时能及时获得损失补偿，合同条件规定承包商应提供第三人的履约保证作为合同的担保。保证方式可以是银行出具的履约保函，也可以是第三方法人提供的保证书。

对于银行出具的保函，大多为无条件担保，担保金额应在专用条件内约定，保函金额通常为10%合同价。如果不是银行保函，而是其他第三方保证形式的话，所规定的百分比通常要高得多，可以是合同价的20%～40%。这里还应提到的是，业主不能要求承包商预先支付一笔金额作为担保，对承包商只能要求他完成合同。因为担保金额较高且担保期限较长，担保金将冻结承包商对这笔资金的使用权，影响到资金的时间应用价值。国际承包活动中业主一般要求承包商提供银行出具的无条件履约保函。

2）履约保证的期限

保证期限是从签订合同之日起，到承包商完成全部施工、竣工、保修义务止。按照通用条件的规定，承包商应在收到中标通知书后的 28 天内，向业主提交履约保函换回投标保函，并相应通知监理工程师。保函的有效期应到监理工程师签发"解除缺陷责任证书"之日止，也就是担保承包商根据合同完成施工、竣工，并通过了缺陷责任期内的运行，修补了任何缺陷之后。

发出"解除缺陷责任证书"之后，业主就无权对该担保提出任何索赔要求，并应在证书发出的14 天之内将履约保函退还承包商。由于保函金额较高，承包商须向担保银行支付的手续费也较高，用 10%合同金额来保证缺陷责任期的保修并不合理，有时业主会在专用条件的相应条款中作出规定，或是承包商与业主协商后以补充文件的形式规定，在竣工验收合格后，承包商可以开具价值不超过履约保函金额一半的维修期保函来代替履约保函。如果施工过程中出现不应由承包商负责的事件，经监理工程师批准合同工期可以顺延的话，履约保函的有效期也应顺延。在履约保函有效期内，如果承包商严重违约，业主可以按照担保条件凭保函向银行索赔，银行不得拒付。

3）业主凭履约保证索赔的条件

由于履约保函的担保金额较高，承包商的风险很大，因此通用条件强调在任何情况下业主凭履约担保向保证人提出索赔要求前，都应预先通知承包商说明导致索赔的违约性质，即给承包商一个补救违约行为的机会。《施工合同条件》(1999 年第 1 版)的通用条件中进一步明确指出，业主按照合同规定有权依据履约保函获得索赔款的情况包括：

(1) 按照承包商因其违约行为对业主造成损害的赔偿认可，工程师依据业主索赔作出的决定或发生合同争议后仲裁人作出的决定，在这类协议或决定后 42 天内承包商未能向业主支付应付的款项。

(2) 在保修期内接到业主要求修补缺陷的通知后 42 天内，承包商未能修补缺陷。

(3) 由于承包商违约，业主按照合同条件规定提出终止合同。

合同条件相应规定，承包商免于因为业主凭履约保证对无权索赔的情况提出索赔的后果而遭受损害、损失和开支(包括法律费用和开支)。

由此可以看出，只有在承包商严重违约使得合同无法正常履行的情况下，业主才可以用履约保证索赔。在通用条件内，业主约束承包商履约的措施较多，对于较小的违约行为可以从中期支付工程进度款内扣除损失费用；一般违约行为，可以从保留金内扣款；严重违约时，用履约保函从担保人处得到损害补偿。

4. 指定分包商

1) 指定分包商的概念

通用条件规定，业主有权将部分工程项目的施工任务或涉及提供材料、设备、服务等工作内容发包给指定分包商实施。所谓“指定分包商”是由业主(或工程师)指定、选定，完成某项特定工作内容并与承包商签订分包合同的特殊分包商。

合同内规定有承担施工任务的指定分包商，大多因业主在招标阶段划分合同包时，考虑到某部分施工的工作内容有较强的专业技术要求，一般承包单位不具备相应的技术能力，但如果以一个单独的合同对待又限于现场的施工条件，工程师无法合理地进行协调管理，为避免各独立承包商之间的施工干扰，则只能将这部分工作发包给指定分包商实施。

由于指定分包商是与承包商签订分包合同，因而在合同关系和管理关系方面与一般分包商处于同等地位，对其施工过程中的监督、协调纳入承包商的管理工作之中。指定分包工作内容可能包括部分工程的施工；供应工程所需的货物、材料、设备；设计；提供技术服务等。

2) 指定分包商的特点

虽然指定分包商与一般分包商处于相同的合同地位，但二者并不完全一致，主要差异体现在以下几个方面：

(1) 选择分包单位的权利不同。承担指定分包工作任务的单位由业主或工程师选定，而一般分包商则由承包商选择。

(2) 分包合同的工作内容不同。指定分包工作属于承包商无力完成，不在合同约定应由承包商必须完成范围之内的工作，即承包商投标报价时没有摊入间接费、管理费、利润、税金的工作，因此不损害承包商的合法权益。而一般分包商的工作则为承包商承包工作范围的一部分。

(3) 工程款的支付开支项目不同。为了不损害承包商的利益，给指定分包商的付款应从暂定金额内开支。而对一般分包商的付款，则从工程量清单中相应工作内容项内支付。由于业主选定的指定分包商要与承包商签订分包合同，并需指派专职人员负责施工过程中的监督、协调、管理工作，因此也应在分包合同内具体约定双方的权利和义务，明确收取分包管理费的标准和方法。

(4) 业主对分包商利益的保护不同。尽管指定分包商与承包商签订分包合同后，按照权利义务关系指定分包商直接对承包商负责，但由于指定分包商终究是业主选定的，而且其工程款的支付从暂定金额内开支，因此在合同条件内列有保护指定分包商的条款。通用条件第 59.5 款规定，承包商在每个月末报送工程进度款支付报表时，工程师有权要求他出示以前已按指定分包合同给指定分包商付款的证明。如果承包商没有合法理由而扣押了指定分包商上个月应得工程款的话，业主有权按工程师出具的证明从本月应得款内扣除这笔金额直接付给指定分包商。对于一般分包商则无此类规定，业主和工程师不介入一般分包合同履行的监督。

(5) 承包商对分包商违约行为承担责任的范围不同。除非由于承包商向指定分包商发布了错误的指示要承担责任外，指定分包商任何违约行为给业主或第三者造成损害而导致索赔或诉讼的承包商不承担责任。如果一般分包商有违约行为，业主将其视为承包商的违约行为，按照主合同的规定追究承包商的责任。

3) 指定分包商的选择

特殊专项工作的实施要求指定分包商拥有某方面的专业技术或专门的施工设备、独特的施工方法。业主和工程师往往根据所积累的资料、信息，也可能依据以前与之交往的经验，对其信誉、技术能力、财务能力等比较了解，通过议标方式选择。若没有理想的合作者，也可以就这部分承包商不善于实施的工作内容，采用招标方式选择指定分包商。

某项工作将由指定分包商负责实施是招标文件规定，并已由承包商在投标时认可，因此他不能反对该项工作由指定分包商完成，并负责协调管理工作。但业主必需保护承包商合法利益不受侵害是选择指定分包商的基本原则，因此当承包商有合法理由时，有权拒绝某一单位作为指定分包商。为了保证工程施工的顺利进行，业主选择指定分包商应首先征求承包商意见，不能强行要求承包商接受自己有理由反对的，或是拒绝与承包商签订保障承包商利益不受损害分包合同的指定分包商。如果承包商有合法理由拒绝与业主选择的单位签订指定分包合同时，FIDIC 在《土木工程施工合同条件应用指南》中说明，可由工程师采取以下的任何一种措施：

(1) 选择另一个单位作为指定分包商；

(2) 协助修改分包合同条款，保障承包商的合法权益不受侵害；

(3) 发布“变更指令”，由承包商自己去安排该项工作的实施。

第(3)种情况是说，虽然承包商不适于完成指定分包工作，但由于采取的前两种措施都无法选出一个承包商可以接受的指定分包商，只能将这部分工作交给承包商，由他来选择分包商实施。承包商选择的实施单位即为一般分包商，必须经过工程师的审查批准方可承担该项工作。

10.2.2 业主承担的风险义务

合同履行过程中可能发生的某些风险即使是有经验的承包商在准备投标时也无法合理预见，就业主利益而言，不应要求承包商在其报价中计入这些不可合理预见风险的损害补偿费，以取得有竞争性的合理报价。合同履行过程中发生此类风险事件后，按承包商受到的实际影响给予补偿。

1. 合同条件规定的业主风险

通用条件规定，属于业主的风险包括：① 战争、敌对行动、入侵、外敌行动；② 叛乱、革命、暴动或军事政变、篡夺政权或内战；③ 核爆炸、核废料、有毒气体的污染等；④ 超音速或亚音速飞行物产生的压力波；⑤ 暴乱、骚乱或混乱，但不包括承包商及分包商的雇员因执行合同而引起的行为；⑥ 因业主在合同规定以外，使用或占用永久工程的某一区段或某一部分而造成的损失或损害；⑦ 业主提供的设计不当造成的损失；⑧ 一个有经验承包商通常无法预测和防范的任何自然力作用。

前五种风险都是业主或承包商无法预测、防范和控制的事件，损害的后果又很严重，因此合同条件又进一步将它们定义为“特殊风险”。因特殊风险事件发生导致合同的履行被迫终止时，业主应对承包商受到的实际损失（不包括利润损失）给予补偿。

2. 其他不能合理预见的风险

（1）如果遇到了现场气候条件以外的外界条件或障碍影响了承包商按预定计划施工，经工程师确认该事件属于有经验的承包商无法合理预见的情况，则承包商实际施工成本的增加和工期损失应得到补偿。

（2）汇率变化对支付外币的影响。当合同内约定给承包商的全部或部分付款为某种外币，或约定整个合同期内始终以投标截止日期前第 28 天承包商报价所依据的投标汇率为不变汇率按约定百分比支付某种外币时，汇率的实际变化对支付外币的计算不产生影响。若合同内规定按支付日当天中央银行公布的汇率为标准，则支付时需随汇率的市场浮动进行换算。由于合同期内汇率的浮动变化是双方签约时无法预计的情况，不论采用何种方式业主均应承担汇率实际变化对工程总造价影响的风险，可能对其有利，也可能不利。

（3）法令、政策变化对工程成本的影响。如果投标截止日期前第 28 天后，由于法律、法令和政策变化引起承包商实际投入成本的增加，应由业主给予补偿。若导致施工成本的减少，也由业主获得其中的好处。

10.2.3　工程师颁发证书程序

1. 颁发工程移交证书

工程移交证书在合同管理中有重要作用，一是证书中指明的竣工日期，将用于判定承包商应承担拖期违约赔偿责任，还是可获得提前竣工的奖励；二是颁发证书日，即为对已竣工工程照管责任的转移日期。

1）颁发工程移交证书的程序

工程施工达到了合同规定的“基本竣工”要求后，承包商以书面形式向工程师申请颁发工程移交证书，同时附上一份在缺陷责任期内及时完成任何未尽事宜的书面保证。

基本竣工是指工程已通过竣工检验，能够按照预定目的交给业主占用或使用，而非完成了合同规定的包括扫尾、清理施工现场及不影响工程使用的某些次要部位缺陷修复工作后的最终竣工，剩余工作允许承包商在缺陷责任期内继续完成。这样规定有助于准确判定承包商是否按合同规定的工期完成施工义务，也有利于业主尽早使用或占有工程，及时发挥工程效益。

工程师接到承包商申请后的 21 天内，如果认为已满足竣工条件，即可颁发工程移交证书；若不满意，则应书面通知承包商，指出还需完成哪些工作后才能达到基本竣工条件。承包商按指示完成相应工作并被工程师认可后，不需再次申请颁发证书，工程师应在指示工作最后一项完成的 21 天内主动签发证书。工程移交证书应说明以下主要内容：

（1）确认工程已基本竣工；

（2）注明达到基本竣工的具体日期；

（3）详细列出按照合同规定承包商在缺陷责任期内还需完成工作的项目一览表。

如果合同约定工程不同区段有不同竣工日期时，每完成一个区段均应按上述程序颁发部分工程的移交证书。

2）特殊情况下的证书颁发程序

(1）业主提前占用工程。工程师应及时颁发工程移交证书，并确认业主占用日为竣工日。提前占用或使用表明该部分工程已达到竣工要求，对工程照管责任也相应转移给业主。但承包商对该部分工程的质量缺陷仍负有责任，在缺陷责任期内出现的施工质量问题还属于承包商的责任。若是业主提前使用或照管责任导致的质量缺陷，则由业主负责。

(2）因非承包商原因导致不能进行规定的竣工检验。有时也会出现施工已达到竣工条件，但由于不应由承包商负责的主观或客观原因不能进行竣工检验。如果等条件具备进行竣工试验后再颁发移交证书，既会因推迟竣工时间而影响对承包商是否按期竣工的合理判定，也会产生在这段时间内对该部分工程的使用和照管责任不明。针对此种情况，工程师应以本该进行竣工检验日签发工程移交证书，将这部分工程移交给业主照管和使用。工程虽已接收，仍应在缺陷责任期内进行补充检验。当竣工检验条件具备后，承包商应在接到工程师指示进行竣工试验通知的14天内完成检验工作。由于非承包商原因导致缺陷责任期内进行的补检，属于承包商在投标阶段不能合理预见到的情况，该项检查试验比正常检验多支出的费用应由业主承担。

2. 颁发解除缺陷责任证书

设置缺陷责任期的目的是检验已竣工的工程在运行条件下的施工质量是否达到合同的要求。缺陷责任期内，承包商的义务主要表现在两个方面，一是按工程师颁发移交证书时开列的后续工作一览表，完成承包范围内的全部工作；二是对工程运行过程中发现的任何缺陷，按工程师的指示进行修复工作，以便缺陷责任期满时将符合合同约定条件（合理磨损除外）的工程进行最终移交。

缺陷责任期内工程圆满地通过运行考验，工程师应在期满后的28天内，向业主签发解除承包商承担工程缺陷责任的证书，并将副本送给承包商。解除缺陷责任证书是承包商已按合同规定完成全部施工义务的证明，因此该证书颁发后工程师就无权再指示承包商进行任何施工工作，承包商即可办理最终结算手续。但此时仅意味承包商与合同有关的实际义务已经完成，而合同尚未终止，剩余的双方合同义务只限于财务和管理方面的内容。业主应在证书颁发后的14天内，退还承包商的履约保证书。

缺陷责任期满时，如果工程师认为还存在影响工程运行或使用的较大缺陷，可以延长缺陷责任期、推迟颁发证书；若认为剩余的工作无足轻重，则可以书面指示承包商必须在期满后的14天内完成，而后按期颁发证书。

合同内规定有分项移交工程时，工程师将颁发多个工程移交证书。但从解除缺陷责任证书的作用来看，一个合同工程只颁发一个解除缺陷责任证书，即在最后一项移交工程的缺陷责任期满后颁发。较早到期的部分工程，通常以工程师向业主报送最终检验合格证明的形式说明该部分已通过了运行考验，并将副本送给承包商。

10.2.4 对工程质量的控制

1. 对工程质量的检查和试验

1）工程师可以进行合同内没有规定的检查和试验

为了确保工程质量，工程师可以根据工程施工的进展情况和工程部位的重要性进行合同没有规定的必要检查或试验。有权要求对承包商采购的材料进行额外的物理、化学、金相等试验；对已覆盖的

工程进行重新剥露检查;对已完成的工程进行穿孔检查。合同条件规定属于额外的检验包括:

(1) 合同内没有指明或规定的检验;

(2) 采用与合同规定不同方法进行检验;

(3) 在承包商有权控制的场所之外进行的检验(包括合同内规定的检验情况),如在工程师指定的检验机构进行。

2) 检验不合格的处理

工程师进行合同没有规定的额外检验属于承包商投标阶段不能合理预见的事件,如果检验合格,应根据具体情况给承包商以相应的费用和工期损失补偿。若检验不合格,承包商必需修复缺陷后在相同条件下进行重复检验,直到合格为止,并由其承担额外检验费用。但对于承包商未通知工程师检查而自行隐蔽的任何工程部位,工程师要求进行剥露或穿孔检查时,不论检验结果表明质量是否合格,均由承包商承担全部费用。

2. 承包商执行工程师的有关指示

1) 承包商应执行工程师发布的与质量有关的指示

除了法律或客观上不可能实现的情况以外,承包商应认真执行工程师对有关工程质量发布的指示,而不论指示的内容在合同内是否写明。例如,工程师为了探查地基覆盖层情况,要求承包商进行地质钻探或挖探坑。如果工程量清单中没有包括这项工作,则应按变更工作对待,承包商完成工作后有权获得相应补偿。

2) 调查缺陷原因

在缺陷责任期满前的任何时候,承包商都有义务根据工程师的指示调查工程中出现的任何缺陷、收缩或其他不合格之处的原因,将调查报告报送工程师,并抄送业主。调查费用由造成质量缺陷的责任方承担:

(1) 施工期间,承包商应自费进行此类调查。除非缺陷原因属于业主应承担的风险、业主采购的材料不合格、其他承包商施工造成的损害等,应由业主负责调查费用。

(2) 缺陷责任期内,只要不属于承包商使用有缺陷材料或设备、施工工艺不合格以及其他违约行为引起的缺陷责任,调查费用应由业主承担。

3. 对承包商设备的控制

工程质量的好坏和施工进度的快慢,很大程度上取决于投入施工的机械设备、临时工程在数量和型号上的满足程度。鉴于承包商投标书报送的设备计划是业主决标考虑的主要因素之一,因此合同条件规定承包商自有的施工机械、设备、临时工程和材料(不包括运送人员和材料的运输设备),一经运抵施工现场后就被视为专门为本合同工程施工所用。虽然承包商拥有所有权和使用权,但未经工程师批准不能将其中的任何一部分运出施工现场。

此项规定的目的是保证本工程的施工,并非在施工期内绝对不允许承包商将自有设备运出工地。某些使用台班数较少的施工机械在现场闲置期间,如果承包商的其他工程需要使用时,可以向工程师申请暂时运出。当工程师依据施工计划考虑该部分机械暂时不用、同意运出时,应同时指示何时必须运回以保证本工程施工之用,要求承包商遵照执行。对后期不再使用的设备,经工程师批准后承包商可以提前运出工地。

4. 工程照管责任

从开工之日起到颁发工程移交证书之日止,承包商负有照管工程的责任。在此期间,工程的任何部分、待用材料、设备出现任何损失或损坏,除了业主应承担责任事件导致的损失外,应由承包商自费弥补这些损失或损坏。办理工程移交时，工程的各方面均需达到合同规定的标准。尽管承包商不对业主风险造成的损坏负责，但当工程师提出要求时，仍应按指示修复缺陷，工程师也应批准给予承包商相应的补偿。

缺陷责任期内，业主对移交工程承担照管责任。承包商不对工程运行条件下的正常维护或维修工作承担责任，只对缺陷责任期内应继续完成扫尾或修补缺陷部分的工程，及供该部分工程使用的材料和设备负有照管责任。

任务3 FIDIC《设计-建造与交钥匙工程合同条件》……

FIDIC 编制的《设计-建造与交钥匙工程合同条件》是适用于总承包的合同文本，承包工作内容包括：设计、设备采购、施工、物资供应、安装、调试、保修。土建施工和设备安装部分的责任，基本上套用《土木工程施工合同条件》和《电气与机械工程合同条件》的相关约定。

10.3.1 合同管理的特点

1. 参与合同管理的有关各方

1）合同当事人

交钥匙合同的当事人是业主和承包商，而不指任何一方的受让人。合同中的权利义务设定为当事人之间的关系。

2）参与合同管理有关各方的关系

合同履行过程中，参与合同管理有关各方除了业主、承包商和分包商之外，还包括：

（1）业主代表。业主雇用的工程师作为业主代表，在授权范围内负责合同履行过程中的监督和管理，但无权解除承包商的任何合同责任。

（2）承包商代表。承包商雇用并经业主同意而授权任命负责合同履行管理的负责人。职责为与业主代表共同建立合同正常履行中的管理关系，以及对承包商和分包商的设计、施工提供一切必要的监督。承包商代表可以是总承包单位分立出的管理机构，也可以雇用工程师作为代表。合同条件规定的职责包括：

① 以其全部时间指导施工文件的编制和工程的实施；

② 受理合同范围内的所有通知、指示、同意、批准、证书签证、决定及其他联络；

③ 对设计和施工提供一切必要的监督；

④ 负责协调管理，包括现场与业主签订合同的其他承包商之间的协调管理工作。

2. 合同文件

构成对业主与承包商有约束力的总承包合同文件是指合同协议书；中标函；业主的要求；投标书；专用调价；通用条件；资料表；承包商的建议书等八个方面的内容。如果各文件间出现矛盾或歧义时，只有业主代表有权解释。

“业主的要求”是招标文件中发出的对工作范围、标准、设计准则、进度计划等的要求，作为承包商投标阶段据以报价的基础，还包括合同履行过程中业主对上述内容进行的任何变更或修正的书面通知。“承包商的建议书”和“资料表”是承包商随“投标书”一同递交的两个文件，前者是工程的初步设计方案和实施计划，后者是与承包工程有关的主要资料和数据(其中包括估计工程量清单和价格取费表等)。

10.3.2 工程质量管理

交钥匙合同的承包工作是从工程设计开始，到完成保修责任的全部义务，因此工作内容不像单独施工合同那样明确、具体。业主仅提出功能、设计准则等基本要求，承包商完成设计后才能确定工程实施细节，进而编制施工计划并予以完成。

1. 质量保证体系

承包商应按合同要求编制质量保证体系。在每一个设计和施工阶段开始前，均应将所有工作程序的执行文件提交业主代表，遵照合同约定的细节要求对质量保证措施加以说明。业主代表有权审查和检查其中的任何方面，对不满意之处可令其改正。

2. 对设计的质量控制

1) 承包商应保证设计质量

(1) 承包商应充分理解“业主要求”中提出的项目建设意图，依据业主提供及自行勘测考察现场情况的基本资料和数据，遵守设计规范要求完成设计工作。

(2) 业主代表对设计文件的批准，不解除承包商的合同责任。

(3) 承包商应保障业主不因其责任的侵犯专利权行为而受到损害。

2) 业主代表对设计的监督

(1) 对设计人员的监督。未在合同专用条件中注明的承包商设计人员或设计分包者，承担工程任何部分的设计任务前必须征得业主代表的同意。

(2) 保证设计贯彻业主的建设意图。尽管设计人员或设计分包者不直接与业主发生合同关系，但承包商应保障他们在所有合理时间内能随时参与同业主代表的讨论。

(3) 对设计质量的控制。为了缩短工程的建设周期，交钥匙合同并不严格要求完成整个工程的初步设计或施工图设计后再开始施工。允许某一部分工程的施工文件编制完成，经过业主代表批准后即可开始施工。业主代表对设计的质量控制主要表现在以下几个方面：

① 批准施工文件。承包商应遵守规范的标准编制足够详细的施工文件，内容中除设计文件外还应包括对供货商和施工人员实施工程提供的指导，以及对竣工后工程运行情况的描述。当施工文件的每一部分编制完毕提交审查时，业主代表应在合同约定的“审核期”内(不超过 21 天)完成批准手续。

② 监督施工文件的执行。任何施工文件获得批准前或审核期限届满前(二者较迟者)，均不得开始该项工程部分的施工。施工应严格按施工文件进行。如果承包商要求对已批准文件加以修改，应及时通知业主代表，随后按审核程序再次获得批准后才可执行。

③ 对竣工资料的审查。竣工检验前，承包商应提交竣工图纸、工程至竣工的全部记录资料、操作和维修手册请业主代表审查。

3. 对施工的质量控制

施工和竣工阶段的质量控制条款基本上套用电气与机械工程合同条件的规定，但增加了竣工后检验的内容。“竣工后检验”指某些大型工业项目在工程或区段竣工交付运行一段时间后，检验工程或设备的各项技术指标参数是否达到“业主要求”中的规定和“承包商建议书”中承诺的可接受“最低性能标准”。如果合同规定有竣工后的检验，由承包商提供检测设备，业主在承包商指导下进行。

1）业主原因延误检验

业主在设备运行期间无故拖延竣工后检验致使承包商产生附加费用，应连同利润加入合同价格内。如果非承包商原因未能在合同期内完成竣工后检验，则不再进行此项工作，视为竣工后检验已通过。

2）竣工后检验不合格

（1）未能通过竣工后检验时，承包商首先向业主提交调整和修复的建议。只有业主同意并在其认为合适的时间，才可以中断工程运行进行这类调整或修复工作，并在相同条件下重复检验工作。

（2）竣工后检验未能达到规定可接受的最低性能标准，按专用条件内约定的违约金计算办法，由承包商承担该部分工程的损害赔偿费。

10.3.3 支付管理

1. 合同计价类型

交钥匙合同在通用条件中规定采用不可调价的总价合同，但也允许双方在专用条件内约定物价浮动的调整和税费变化的调整方法，替换通用条件中的规定。

2. 工程进度款支付

1）支付程序

合同条件内规定了两种方式，一是承包商每个月末按业主代表要求的格式提交支付报表和证明材料，经业主代表批准签证后报业主支付；二是在专用条件内约定按实际进度达到里程碑计划时，依据合同约定的金额或总价百分比分阶段支付。

2）申请工程进度款支付证书的主要内容

（1）按月支付的申请报表。承包商在每个月末提交的进度款支付申请表的主要内容为：首先说明截至当月末已编制的施工文件和已实施工程的估算合同价值；然后进一步说明本月支付时涉及而又未含在上述估算中的有关项目，包括投标基准日后由于法规、政策变化导致应增加或扣减的款项，本月应扣留的保留金，动员预付款和材料预付款应支付和扣还的款项，任何经业主代表批准应支付的索赔款等；最后还应写明以前业主已支付过的进度款累计额，以便确定本月实际应支付的款额。

（2）按里程碑进度支付表。承包商的支付申请表内容与月支付申请表基本相同，但不包括材料预付款。

承包商在业主代表批准的进度计划基础上实施工程，但每个月需向业主代表报送进度报告。报告内容主要包括：设计、采购、制造、货物到达现场、施工、安装、调试及运行的进展情况说明；设备制造期间的检查、实验报告和运抵现场的实际日期或计划日期；任何可能导致环境或社会公共利益蒙受损害事件的报告；实际进度与计划进度的对比，以及计划采取的措施等。

10.3.4 变更

1. 业主代表与承包商协商变更

业主代表将变更意图通知承包商，要求他提交实施变更的建议书。建议书的内容包括：

(1) 拟订的设计和将要实施工作的说明书,以及实施的进度计划;

(2) 对已批准进度计划进行修改的建议书;

(3) 调整合同价格、竣工时间和修改合同(若需要)的建议书。

收到承包商的建议书后,业主代表应尽快予以答复,决定是否实施变更。

2. 业主代表指令变更

业主代表根据工程的实际进展情况,可以直接发布变更指令要求承包商执行。如果根据承包商后续提交的实施变更建议书又决定不进行变更,则承包商为此导致的费用(包括设计、服务费)应得到补偿。

3. 承包商提出变更要求

承包商应按业主代表批准的施工文件和进度计划实施工程。如果承包商从双方的利益出发,认为某一建议能导致降低工程施工、维护和运行费用,可以提高永久工程投产后的工作效率或价值;可能为业主带来其他利益等情况时,任何时候都可以提出变更建议。只有经过业主代表批准后,才允许实施此类变更。

任务4 FIDIC 施工分包合同条件

FIDIC 编制的《土木工程施工分包合同条件》是与《土木工程施工合同条件》配套使用的分包合同文本。分包合同条件可用于承包商与其选定的分包商,或与业主选择的指定分包商签订的合同。

10.4.1 分包工程的管理特点

1. 分包工程的合同责任

分包工程属于主合同内承包商对业主承担义务承包范围内的工作,双方在合同中约定相互之间的权利义务,但它又是承包商与分包商签订合同的标的物,分包商仅对承包商承担合同责任。由于分包工程同时存在于主从两个合同内的特点,承包商又居于两个合同当事人的特殊地位,因此承包商会将主合同中对分包工程承担的风险合理地转移给分包商。

1) 分包工程的合同价格

承包商采用邀请招标或议标方式选择分包商时,通常要求对方就分包工程进行报价,然后与其协商而形成合同。分包合同的价格应为承包商发出"中标通知书"中指明的价格。

2) 分包合同的订立

在邀请分包商报价及签订合同时,为了能让分包商合理预计分包工程施工中可能承担的风险,以及分包工程的施工满足主合同要求顺利进行,应使分包商充分了解在分包合同中应承担的义务。承包商除了提供分包工程的合同条件、图纸、技术规范和工程量清单外,还应提供主合同的投标书附录、专用条件的副本及通用条件中任何不同于标准化范本条款规定的细节。

承包商应允许分包商查阅主合同,或应分包商要求提供一份主合同副本。但以上允许查阅和提供的文件中,不包括主合同中承包商的工程量报价单及报价细节。因为在主合同中分包工程的价格是承包商合理预计风险后,在自己的施工组织方案基础上对业主进行的报价,而分包商则应根据对分包合同的理解向承包商报价。此外，承包商在分包合同履行过程中负有对分包商的施工进行监督、管理、协调责任，应收取相应的分包管理费，并非将主合同中该部分工程的价格都转付给分包商，因此分包合同的价格不一定等于主合同中所约定的该部分工程价格。

3）划分分包合同责任的基本原则

（1）保护承包商的合法权益不受损害。分包合同条件中包括了以下条款：

① 分包商应承担并履行与分包工程有关的主合同规定承包商的所有义务和责任，保障承包商免于承担由于分包商的违约行为，业主根据主合同要求承包商负责的损害赔偿或任何第三方的索赔。如果发生此类情况，承包商可以从应付给分包商的款项中扣除这笔金额，且不排除采用其他方法弥补所受到的损失。

② 不论是承包商选择的分包商，还是业主选定的指定分包商均不允许与业主有任何私下约定。

③ 为了约束分包商忠实履行合同义务，承包商可以要求分包商提供相应的履约保函。当工程师颁发解除缺陷责任证书后的28天内，将保函退还分包商。

④ 没有征得承包商同意，分包商不得将任何部分转让或分包出去。但分包合同条件也明确规定，属于提供劳务和按合同规定标准采购材料的分包行为，可以不经过承包商批准。

（2）保护分包商合法权益的规定：

① 任何不应由分包商承担责任事件导致竣工期限延长、施工成本的增加和修复缺陷的费用，均应由承包商给予补偿。

② 承包商应保障分包商免于承担非分包商责任引起的索赔、诉讼或损害赔偿，保障程度应与业主按主合同保障承包商的程度相类似(但不超过此程度)。

2. 分包合同的管理关系

分包工程的施工涉及两个合同，因此分包合同比主合同的管理更复杂。

1）业主对分包合同的管理

业主不是分包合同的当事人，对分包合同权利义务如何约定也不参与意见，与分包商没有任何合同关系。但作为工程项目的投资方和施工合同的当事人，业主对分包合同的管理主要表现为对分包工程的批准。

2）工程师对分包合同的管理

工程师仅与承包商建立监理与被监理的关系，对分包商在现场的施工不承担协调管理义务。只是依据主合同对分包工作内容及分包商的资质进行审查，行使确认权或否定权；对分包商使用的材料、施工工艺、工程质量进行监督管理。为了准确地区分合同责任，工程师就分包工程施工发布的任何指示均应发给承包商代表。分包合同内明确规定，分包商接到工程师的指示后不能立即执行，需得到承包商代表同意才可实施。

3）承包商对分包合同的管理

承包商作为两个合同的当事人，不仅对业主承担整个合同工程按预期目标实现的义务，而且对分包工程的实施负有全面管理责任。承包商需委派代表对分包商的施工进行监督、管理和协调，承担如同主合同履行过程中工程师的职责。承包商的管理工作主要通过发布一系列指示来实现。接到工程师就分包工程发布的指示后，应将其要求列入自己的管理工作内容，并及时以书面确认的形式转发给分包商令其遵照执行。也可以根据现场的实际情况自主发布有关协调、管理的指令。

10.4.2 分包工程的施工管理

1. 进度管理

1）分包工程的开工令

开工令是计算合同工期和施工期的起始时间。主合同工程的开工令由工程师发布，而分包工程的开工令则由承包商发布。如果现场有几个独立承包商同时施工，且分包商的施工有可能与其他承包商的施工产生交叉干扰时，则承包商还需报请工程师批准后才可以向分包商发布开工指令。

2）批准分包商的施工计划

分包商的施工计划是承包商施工进度计划的组成部分。分包商应按照分包合同的约定，在开始分包工程施工前将施工方案、进度计划及保障措施提交承包商代表批准。经过承包商代表批准的施工计划不仅要求分包商遵照执行，承包商代表也需按此计划进行分包工程的协调和管理。当实际进度与计划进度不符时，承包商代表有权要求分包商修改进度计划，并相应提出保证按时竣工采取的措施。

2. 对分包工程的质量监督

确保分包工程的质量是分包商的基本义务，只有分包工程的保修期满，表明质量符合主合同中的各项技术指标要求，才能解除分包商对分包工程的质量责任。承包商的管理主要体现在以下几方面：

1）监督分包商的施工工艺

分包工程施工过程中，承包商代表要随时监督分包商的施工操作，对任何忽视质量的行为发出有关指示，要求分包商及时改正。

2）对工程质量的检验

分包工程的施工达到中间验收条件或具备隐蔽条件时，应及时通知工程师，并与他共同检验。承包商对分包工程的质量只有监督权，而无确认权，只有工程师才有质量认可权。

3）督促分包商修复有缺陷的工程部位

凡是分包商责任引起的工程质量缺陷，不论是承包商代表指出的，还是工程师要求改正的缺陷部位，分包商均应在规定的期限内修复。如果分包商不按指示执行，为了履行主合同的义务，承包商有权将该部分工程接收回来，由承包商自己或雇用其他人来修复和完成，所发生的各种费用从应付给分包商的款额内扣回。

4）分包工程的移交

尽管承包商与分包商就分包工程的施工签订合同，但分包工程不向承包商单独办理移交手续。当主合同内规定分包工程是可以分阶段移交的单位工程时，承包商代表应与分包商共同按主合同规定的程序向业主办理移交手续；若主合同内没有此项规定，则待整个合同工程施工完成后，承包商将分包工程作为移交工程的一部分同时办理移交手续。

3. 分包工程的支付管理

不论是施工期内的阶段支付，还是竣工后的结算支付，承包商都要进行两个合同的支付管理。

1）分包合同的支付程序

分包商在合同约定的日期，向承包商报送该阶段施工的支付报表。承包商代表经过审核后，将其列入主合同的支付报表内一并提交工程师批准。承包商应在分包合同约定的时间内支付分包工程款,逾期支付要计算拖期利息。

2）承包商代表对支付报表的审查

接到分包商的支付报表后,承包商代表首先对照分包合同工程量清单中的工作项目、单价或价格复核取费的合理性和计算的正确性,并依据分包合同的约定扣除预付款、保留金、对分包施工支援的实际应收款项、分包管理费等后,核准该阶段应付给分包商的金额。然后,再将分包工程完成工作的项目内容及工程量,按主合同工程量清单中的取费标准计算,填入向工程师报送的支付报表内。

3）承包商不承担逾期付款责任的情况

属于工程师不认可分包商报表中的某些款项;业主拖延支付给承包商经过工程师签证后的应付款;分包商与承包商或与业主之间因涉及工程量或报表中某些支付要求发生争议等三种情况,承包商代表在应付款日之前及时将扣发或缓发分包工程款的理由通知分包商,则承包商不承担逾期付款责任。

10.4.3 分包工程的变更管理

承包商代表接到工程师依据主合同发布的涉及分包工程变更指令后,以书面确认方式通知分包商,承包商代表也有权根据工程的实际进展情况自主发布有关变更指令。

分包商执行了工程师发布的变更指令,承包商在进行变更工程量计量及对变更工程进行估价时应请分包商参加,以便合理确定分包商应获得的补偿款额和工期延长时间。承包商依据分包合同单独发布的指令大多与主合同没有关系,通常属于增加或减少分包合同规定的部分工作内容;为了整个合同工程的顺利实施而改变分包商原定的施工方法、作业次序或时间等。若变更指令的起因不属于分包商的责任,承包商应给分包商相应的费用补偿和分包合同工期的顺延。如果工期不能顺延,则要考虑赶工措施费用。

进行变更工程估价时,应参考分包合同工程量表中相同或类似工作的费率来核定。如果没有可参考项目或表中的价格不适用于变更工程时,应通过协商确定一个公平合理的费用加到分包合同价格内。

10.4.4 分包合同的索赔管理

分包合同履行过程中,当分包商认为自己的合法权益受到损害,不论事件起因于业主或工程师的责任,还是承包商应承担的义务,分包商都只能向承包商提出索赔要求,并保存影响事件发生后的现场同期纪录。

1. 应由业主承担责任的索赔事件

分包商向承包商提出索赔要求后,承包商应首先分析事件的起因和影响,并依据两个合同判明责任。如果认为分包商的索赔要求合理,且原因属于主合同约定应由业主承担风险责任或行为责任的事件,要及时按照主合同规定的索赔程序,以承包商的名义就该事件向工程师递交索赔报告。承包商应定期将该阶段为此项索赔所采取的步骤和进展情况通报分包商。这类事件可能是:

(1) 应由业主承担风险的事件,如施工中遇到了不利的外界障碍、施工图纸有错误等;

(2) 业主的违约行为,如拖延支付工程款等;

(3) 工程师的失职行为,如发布错误的指令、协调管理不利导致对分包工程施工的干扰等;

(4) 执行工程师指令后对补偿不满意,如分包商认为变更工程的估价过少等。

当事件的影响仅使分包商受到损害时,承包商的行为属于代为索赔。若承包商就同一事件也受到了损害,分包商的索赔就作为承包商索赔要求的一部分。索赔获得批准顺延的工期加到分包合同工期上去,得到支付的索赔款按照公平合理的原则转交给分包商。

承包商处理这类分包商索赔时还应注意两个基本原则:一是从业主处获得批准的索赔款为承包商就该索赔对分包商承担责任的先决条件;二是分包商没有按规定的程序及时提出索赔,导致承包商不能按主合同规定的程序提出索赔不仅不承担责任,而且为了减小事件影响致使承包商为分包商采取的任何补救措施费用由分包商承担。

2. 应由承包商承担责任的索赔事件

此类索赔产生于承包商与分包商之间,双方通过协商解决,工程师不参与索赔的处理。原因往往是由于承包商的违约行为或分包商执行承包商代表指令导致。分包商按规定程序提出索赔后,承包商代表要客观地分析事件的起因和产生的实际损害,然后依据分包合同分清责任。

任务5 其他国际工程承包合同

中国加入世界贸易组织后,建筑市场逐步向国际承建商开放,而中国的建筑企业亦会越来越多地参与海外建筑市场的项目。因此,国际工程通用的合同条件将会更加广泛地被中国建筑企业采用。除了国际咨询工程师联合会(FIDIC)的红皮书、黄皮书、橙皮书和银皮书外,美国建筑师学会制定发布的"AIA 系列合同条件",英国土木工程师学会编制的"ICE 合同条件"也通常用于世界各国的国际工程承包领域。

10.5.1 美国 AIA 系列合同条件

AIA 是美国建筑师学会(The American Institute of Architects)的简称。该学会作为建筑师的专业社团已经有一百六十多年的历史,成员遍布美国及全世界。AIA 出版的系列合同文件在美国建筑业界及国际工程承包界,特别在美洲地区具有较高的权威性,应用广泛。

AIA 系列合同文件分为 A、B、C、D、G 等系列,其中 A 系列是用于业主与承包商的标准合同文件,不仅包括合同条件,还包括承包商资格申报表。B 系列主要用于业主与建筑师之间的标准合同文件,其中包括专门用于建筑设计、室内装修工程等特定情况的标准合同文件。C 系列主要用于建筑师与专业咨询机构之间的标准合同文件。D 系列是建筑师行业内部使用的文件。G 系列是建筑师企业及项目管理中使用的文件。

AIA 系列合同文件的核心是"一般条件"(A201)。采用不同的工程项目管理模式及不同的计价方式时,只需选用不同的"协议书格式"与"一般条件"即可。如 AIA 文件 A101 与 A201 一同使用,构成完整的法律性文件,适用于大部分以固定总价方式支付的工程项目。再如 AIA 文件 A111 和 A201 一同使用,构成完整的法律性文件,适用于大部分以成本补偿方式支付的工程项目。

AIA 文件 A201 作为施工合同的实质内容,规定了业主、承包商之间的权利、义务及建筑师的职责和权限,该文件通常与其他 AIA 文件共同使用,因此被称为"基本文件"。

1987 年版的 AIA 文件 A201《施工合同通用条件》共计 14 条 68 款,主要内容包括:业主、承包商的权利与义务；建筑师与建筑师的合同管理；索赔与争议的解决；工程变更；工期；工程款的支付；保险与保函；工程检查与更正条款。

10.5.2 英国ICE合同条件

ICE是英国土木工程师学会(The Institution of Civil Engineers)的简称。该协会是设于英国的国际性组织，拥有会员8万多名，其中五分之一分布在英国以外的140多个国家和地区。该协会已有两百多年的历史，已成为世界公认的学术中心、资质评定组织及专业代表机构。ICE在土木工程建设合同方面具有高度的权威性，它编制的土木工程合同条件在土木工程中得到广泛的应用。

1991年1月，第六版的《ICE合同条件(土木工程施工)》共计71条109款，主要内容包括：工程师及工程师代表；转让与分包；合同文件；承包商的一般义务；保险；工艺与材料质量的检查；开工、延期与暂停；变更、增加与删除；材料及承包商设备的所有权；计量；证书与支付；争端的解决；特殊用途条款；投标书格式。此外ICE合同条件的最后也附有投标书格式、投标书格式附件、协议书格式、履约保证等文件。

10.5.3 亚洲地区使用的合同

1. 中国香港地区使用的合同

在香港，政府投资工程主要有两个标准合同文本，即香港政府土木工程标准合同和香港政府建筑工程标准合同。这两种标准合同的主要内容有：承包商的责任和义务；材料和工艺要求；合同期限和延期规定；维护期和工程缺陷；工程变化量和价值的计量；期中付款；违约责任；争议的解决。这两种合同都规定，承包商在某些情况下(如天气恶劣，工程量大幅度增加等)，可申请延长工期，在获批准后有权要求政府给予费用上的补偿。而私人投资工程则采用英国皇家特许测量师学会(香港分会)的标准合同。该合同除有明确的通用条款外，还有些根据法院诉讼经验而订立的默示条款(如甲方需与承包商合作，在不影响按期完工的前提下，为承建商准备好主要合同工程的场地，以便其安装设备；甲方不得阻止或干涉承包商按合同规定进行的施工等)。这些条款暗中给予承包商一种权力，使之在甲方违约的情况下可以索赔。

2. 日本的建设工程承包合同

日本的建设工程承包合同的内容规定在《日本建设业法》中。该法规定建设工程承包合同包括以下内容：工程内容；承包价款数额及支付；工程及工期变更的经济损失的计算方法；工程交工日期及工程完工后承包价款的支付日期和方法；当事人之间合同纠纷的解决方法等。

3. 韩国的建设工程承包合同

韩国的建设工程承包合同的内容也在国家颁布的法律即《韩国建设业法》中有规定。该法规定建设工程承包合同有以下内容：建设工程承包的限制；承包额的核定；承包资格限制的禁止；概算限制；建设工程承包合同的原则；承包人的质量保障责任；分包的限制；分包人的地位；分包价款的支付；分包人变更的要求；工程的检查和交接等。

Chapter 11

项目 11 建设工程索赔

任务1 索赔的基本概念

在市场经济条件下，工程索赔在工程市场中是一种正常的现象。工程索赔在国际工程市场上是合同当事人保护自身正当权益、弥补工程损失、提高经济效益的重要和有效的手段。许多国际工程项目，承包人通过成功的索赔能使工程收入的增加达到工程造价的10%～20%，有些工程的索赔额甚至超过了合同额本身。“中标靠低标，盈利靠索赔”便是许多国际承包人的经验总结。索赔管理以其本身花费较小、经济效果明显而受到承包人的高度重视。但在我国，由于工程索赔处于起步阶段，对工程索赔的认识尚不够全面、正确，在工程施工中，还存在发包人忌讳索赔，承包人索赔意识不强，监理工程师不懂如何处理索赔的现象。因此，应当加强对索赔理论和方法的研究，认真对待和理解工程索赔。

11.1.1 索赔的概念及特点

1. 索赔的概念

索赔一词具有较为广泛的含义，其一般含义是指对某事、某物权利的一种主张、要求、坚持等。工程索赔通常是指在工程合同履行过程中，合同当事人一方因非自身责任或对方不履行或未能正确履行合同而受到经济损失或权利损害时，通过一定的合法程序向对方提出经济或时间补偿的要求。索赔是一种正当的权利要求，它是发包人、工程师和承包人之间一项正常的、大量发生而且普遍存在的合同管理业务，是一种以法律和合同为依据的、合情合理的行为。

2. 索赔的特点

索赔是双向的，不仅承包人可以向发包人索赔，发包人同样也可以向承包人索赔。由于实践中发包人向承包人索赔发生的频率相对较低，而且在索赔处理中，发包人始终处于主动和有利的地位，他可以直接从应付工程款中扣抵或没收履约保函、扣留保留金甚至留置承包商的材料设备作为抵押等来实现自己的索赔要求，不存在“索”。因此在工程实践中，大量发生的、处理比较困难的是承包人向发包人的索赔，也是索赔管理的主要对象和重点内容。承包人的索赔范围非常广泛，一般认为只要因非承包人自身责任造成工程工期延长或成本增加，都有可能向发包人提出索赔。

只有实际发生了经济损失或权利损害，一方才能向对方索赔。经济损失是指发生了合同外的额外支出，如人工费、材料费、机械费、管理费等额外开支；权利损害是指虽然没有经济上的损失，但造成了一方权利上的损害，如由于恶劣气候条件对工程进度的不利影响，承包人有权要求工期延长等。因此发生了实际的经济损失或权利损害，应是一方提出索赔的一个基本前提条件。

索赔是一种未经对方确认的单方行为，它与工程签证不同。在施工过程中签证是承发包双方就额外费用补偿或工期延长等达成一致的书面证明材料和补充协议，它可以直接作为工程款结算或最终增减工程造价的依据，而索赔则是单方面行为，对对方尚未形成约束力，这种索赔要求能否得到最终实现，必须要通过确认（如双方协商、谈判、调解或仲裁、诉讼）后才能实现。

归纳起来，索赔具有如下一些本质特点：① 索赔是要求给予补偿（赔偿）的一种权利、主张；② 索赔的依据是法律法规、合同文件及工程建设惯例，但主要是合同文件；③ 索赔是因非自身原因导致的，要求索赔一方没有过错；④ 与原合同相比较，已经发生了额外的经济损失或工期损害；⑤ 索赔必须有切实有效的证据；⑥ 索赔是单方行为，双方还没有达成协议。

许多人一听到"索赔"两字，很容易联想到争议的仲裁、诉讼或双方激烈的对抗，因此往往认为应当尽可能避免索赔，担心因索赔而影响双方的合作或感情。实质上索赔的性质属于经济补偿行为，而不是惩罚。索赔是一种正当的权利或要求，是合情、合理、合法的行为，它是在正确履行合同的基础上争取合理的偿付，不是无中生有、无理争利。索赔同守约、合作并不矛盾、对立，索赔本身就是市场经济中合作的一部分，只要是符合有关规定的、合法的或者符合有关惯例的，就应该理直气壮地、主动地向对方索赔。大部分索赔都可以通过和解或调解等方式获得解决，只有在双方坚持已见而无法达成一致时才会提交仲裁或诉诸法院求得解决，即使诉诸法律程序，也应当被看成是遵法守约的正当行为。索赔的关键在于"索"，你不"索"，对方就没有任何义务主动地来"赔"，同样"索"得乏力、无力，即索赔依据不充分、证据不足、方式方法不当，也是很难成功的。国际工程承包的实践经验告诉我们，一个不敢、不会索赔的承包人最终必然是要亏损的。

3. 索赔与违约责任的区别

（1）索赔事件的发生，不一定在合同文件中有约定；而工程合同的违约责任，则必然是合同所约定的。

（2）索赔事件的发生，可以是一定行为造成（包括作为和不作为），也可以是不可抗力事件所引起的；而追究违约责任，必须要有合同不能履行或不能完全履行的违约事实的存在，发生不可抗力可以免除追究当事人的违约责任。

（3）索赔事件的发生，可以是合同当事人一方引起，也可以是任何第三人行为引起；而违反合同则是由于当事人一方或双方的过错造成的。

（4）一定要有造成损失的结果才能提出索赔，因此索赔具有补偿性；而合同违约不一定要造成损失结果，因为违约具有惩罚性。

（5）索赔的损失结果与被索赔人的行为不一定存在法律上的因果关系，如因发包人指定分包人原因造成承包人损失的，承包人可以向发包人索赔等；而违反合同的行为与违约事实之间存在因果关系。

11.1.2 索赔的起因

引起工程索赔的原因非常多和复杂，主要有以下几个方面：

1. 工程项目的特殊性

现代工程规模大、技术性强、投资额大、工期长、材料设备价格变化快。工程项目的差异性大、综合性强、风险大，使得工程项目在实施过程中存在许多不确定的变化因素，而合同则必须在工程开工前签订，它不可能对工程项目所有的问题都能作出合理的预见和规定，而且发包人在工程实施过程中还会有许多新的决策，这一切使得合同变更比较频繁，而合同变更必然会导致项目工期和成本的变化。

2. 工程项目内外部环境的复杂性和多变性

工程项目的技术环境、经济环境、社会环境、法律环境的变化，诸如地质条件变化、材料价格上涨、货币贬值、国家政策法规的变化等，会在工程实施过程中经常发生，使得工程的实际情况与计划实施过程不一致，这些因素同样会导致工程工期和费用的变化。

3. 参与工程建设主体的多元性

由于工程参与单位多，一个工程项目往往会有发包人、总承包人、工程师、分包人、指定分包人、材料设备供应人等众多参加单位，各方面的技术、经济关系错综复杂，相互联系又相互影响，只要一方失误，不仅会造成自己的损失，而且会影响其他合作者，造成他人损失，从而导致索赔和争执。

4. 工程合同的复杂性及易出错性

工程合同文件多且复杂，经常会出现措辞不当、缺陷、图纸错误，以及合同文件前后自相矛盾或者可作不同解释等问题，容易造成合同双方对合同文件理解不一致，从而出现索赔。

5. 投标的竞争性

现代工程市场竞争激烈，承包人的利润水平逐步降低，在竞标时，大部分靠低标价甚至保本价中标，回旋余地较小。特别是，在招标投标过程中，每个合同专用文件内的具体条款，一般是由发包人自己或委托工程师、咨询单位编写后列入招标文件，编制过程中承包人没有发言权，虽然承包人在投标书的致函内和与发包人进行谈判过程中，可以要求修改某些对他风险较大的条款内容，但不能要求修改的条款数目过多，否则就构成对招标文件有实质上的背离被发包人拒绝，因而工程合同在实践中往往发包人与承包人风险分担不公，把主要风险转嫁于承包人一方，稍遇条件变化，承包人即处于亏损的边缘，这必然迫使承包人寻找一切可能的索赔机会来减轻自己承担的风险。因此索赔实质上是工程实施阶段承包人和发包人之间在承担工程风险比例上的合理再分配，这也是目前国内外工程市场上，索赔无论在数量、款额上呈增长趋势的一个重要原因。

以上这些问题会随着工程的逐步开展而不断暴露出来，使工程项目必然受到影响，导致工程项目成本和工期的变化，这就是索赔形成的根源。因此，索赔的发生，不仅是一个索赔意识或合同观念的问题，从本质上讲，索赔也是一种客观存在。

11.1.3 索赔管理的特点和原则

要健康地开展索赔工作，必须全面认识索赔，完整理解索赔，端正索赔动机，才能正确对待索赔，规范索赔行为，合理地处理索赔事件。因此发包人、工程师和承包人应对索赔管理的特点有全面的认识和理解。

1. 索赔工作贯穿工程项目始终

合同当事人要做好索赔工作，必须从签订合同起，直至履行合同的全过程中，认真注意采取预防保护措施，建立健全索赔业务的各项管理制度。

在工程项目的招标、投标和合同签订阶段，作为承包人应仔细研究工程所在国的法律、法规及合同条件，特别是关于合同范围、义务、付款、工程变更、违约及罚款、特殊风险、索赔时限和争议解决等条款，必须在合同中明确规定当事人各方的权利和义务，以便为将来可能的索赔提供合法的依据和基础。

在合同执行阶段，合同当事人应密切关注对方的合同履行情况，不断地寻求索赔机会；同时自身应严格履行合同义务，防止被对方索赔。

一些缺乏工程承包经验的承包人，由于对索赔工作的重要性认识不够，往往在工程开始时并不重视，等到发现不能获得应当得到的偿付时才匆忙研究合同中的索赔条款，汇集所需要的数据和论证材料，但已经陷入被动局面，有的经过旷日持久的争执、交涉乃至诉诸法律程序，仍难以索回应得的补偿或损失，影响了自身的经济效益。

2. 索赔是一门融工程技术和法律于一体的综合学问和艺术

索赔问题涉及的层面相当广泛，既要求索赔人员具备丰富的工程技术知识与实际施工经验，使得索赔问题的提出具有科学性和合理性，符合工程实际情况，又要求索赔人员通晓法律与合同知识，使得提出的索赔具有法律依据和事实证据，并且还要求在索赔文件的准备、编制和谈判等方面具有一定的艺术性，使索赔的最终解决表现出一定程度的伸缩性和灵活性。这就对索赔人员的素质提出了很高的要求，他们的个人品格和才能对索赔成功的影响很大。索赔人员应当是头脑冷静、思维敏捷、处事公正、性格刚毅且有耐心的具有以上多种才能的综合人才。

3. 影响索赔成功的相关因素多

索赔能否获得成功，除了上述各方面的条件以外，还与企业的项目管理基础工作密切相关，主要有以下四个方面：

（1）合同管理。合同管理与索赔工作密不可分，有的学者认为索赔就是合同管理的一部分。从索赔角度看，合同管理可分为合同分析和合同日常管理两部分。合同分析的主要目的是为索赔提供法律依据。合同日常管理则是收集、整理施工中发生事件的一切记录，包括图纸、订货单、会谈纪要、来往信件、变更指令、气象图表、工程照片等，并加以科学归档和管理，形成一个能清晰描述和反映整个工程全过程的数据库，其目的是为索赔及时提供全面、正确、合法、有效的各种证据。

（2）进度管理。工程进度管理不仅可以指导整个施工的进程和次序，而且可以通过计划工期与实际进度的比较、研究和分析，找出影响工期的各种因素，分清各方责任，及时地向对方提出延长工期及相关费用的索赔，并为工期索赔值的计算提供依据和各种基础数据。

（3）成本管理。成本管理的主要内容有编制成本计划，控制和审核成本支出，进行计划成本与实际成本的动态比较分析等，它可以为索赔提供各种费用的计算数据和其他信息。

（4）信息管理。索赔文件的提出、准备和编制需要大量工程施工中的各种信息，这些信息要在索赔时限内高质量地准备好，离开当事人平时的信息管理是不行的。应该采用计算机进行信息管理。

4. 索赔应遵循的原则

（1）客观性原则。合同当事人提出的任何索赔要求，首先必须是真实的。合同当事人必须认真、及时、全面地收集有关证据，实事求是地提出索赔要求。

（2）合法性原则。当事人的任何索赔要求，都应当限定在法律和合同许可的范围内。没有法律上或合同上的依据不要盲目索赔，或者当事人所提出的索赔要求至少不为法律所禁止。

(3) 合理性原则。索赔要求应合情合理，一方面要采取科学合理的计算方法和计算基础，真实反映索赔事件造成的实际损失，另一方面，也要结合工程的实际情况，兼顾对方的利益，不要滥用索赔，多估冒算，漫天要价。

11.1.4 工程索赔的作用

随着世界经济全球化和一体化进程的加快，中国引进外资和涉外工程要求按照国际惯例进行工程索赔管理，中国建筑业走向国际建筑市场同样要求按国际惯例进行工程索赔管理。工程索赔的健康开展，对于培育和发展建筑市场，促进建筑业的发展，提高工程建设的效益，将发挥非常重要的作用。工程索赔的作用主要有如下几个方面：

(1) 索赔是合同和法律赋予正确履行合同者免受意外损失的权利，索赔是当事人一种保护自己、避免损失、增加利润、提高效益的重要手段。

(2) 索赔是落实和调整合同双方经济责、权、利关系的手段，也是合同双方风险分担的又一次合理再分配，离开了索赔，合同责任就不能全面体现，合同双方的责、权、利关系就难以平衡。索赔促使工程造价更合理，索赔的正常开展，可以把原来工程报价中的一些不可预见费用，改为实际发生的损失支付，有助于降低工程报价，使工程造价更为实事求是。

(3) 索赔是合同实施的保证。索赔是合同法律效力的具体体现，对合同双方形成约束条件，特别能对违约者起到警戒作用，违约方必须考虑违约后的后果，从而尽量减少其违约行为的发生。

(4) 索赔对提高企业和工程项目管理水平起着重要的促进作用。我国承包人在许多项目上提不出或提不好索赔，与其企业管理松散混乱、计划实施不严、成本控制不力等有着直接关系；没有正确的工程进度网络计划就难以证明延误的发生及天数；没有完整翔实的记录，就缺乏索赔定量要求的基础。因而索赔有利于促进双方加强内部管理，严格履行合同，有助于双方提高管理素质，加强合同管理，维护市场正常秩序。

(5) 索赔有助于政府转变职能，使合同当事人双方依据合同和实际情况实事求是地协商工程造价和工期，可以使政府从烦琐的调整概算和协调双方关系等微观管理工作中解脱出来。

(6) 索赔有助于承发包双方更快地熟悉国际惯例，熟练掌握索赔和处理索赔的方法与技巧，有助于对外开放和对外工程承包的开展。

但是，也应当强调指出，如果承包人单靠索赔的手段来获取利润并非正途。往往一些承包人采取有意压低标价的方法以获取工程，为了弥补自己的损失，又试图靠索赔的方式来获取利润。从某种意义上讲，这种经营方式有很大的风险。能否得到索赔机会是难以确定的，其结果也不可靠，采用这种策略的企业也很难长久维持。因此承包人运用索赔手段来维护自身利益，以求增加企业效益和谋求自身发展，应基于对索赔概念的正确理解和全面认识，既不必畏惧索赔，也不可利用索赔搞投机钻营。

任务2 索赔事件及其发生率

索赔事件又称干扰事件，是指那些使实际情况与合同规定不符合，最终引起工期和费用变化的事件。不断地追踪、监督索赔事件就是不断地发现索赔机会。

11.2.1 承包人索赔事件

在工程实践中，承包人可以提出的索赔事件通常有以下几种。

1. 发包人违约（风险）

（1）发包人未按合同约定完成基本工作。如：发包人未按时交付合格的施工现场及行驶道路、接通水电等；未按合同规定的时间和数量交付设计图纸和资料；提供的资料不符合合同标准或有错误（如工程实际地质条件与合同提供资料不一致）等。

（2）发包人未按合同规定支付预付款及工程款等。一般合同中都有支付预付款和工程款的时间限制及延期付款计息的利率要求。如果发包人不按时支付，承包人可据此规定向发包人索要拖欠的款项并索赔利息，敦促发包人迅速偿付。对于严重拖欠工程款，导致承包人资金周转困难，影响工程进度，甚至引起终止合同的严重后果，承包人则必须严肃地提出索赔，甚至诉讼。

（3）发包人应该承担的风险发生。由于发包人承担的风险发生而导致承包人的费用损失增大时，承包人可据此提出索赔。许多合同规定，承包人不仅对由此而造成工程、发包人或第三人的财产破坏和损失及人身伤亡不承担责任，而且发包人应保护和保障承包人不受上述特殊风险后果的损害，并免于承担由此而引起的与之有关的一切索赔、诉讼及其费用。相反，承包人还应当可以得到由此损害引起的任何永久性工程及其材料的付款及合理的利润，以及一切修复费用、重建费用及上述特殊风险而导致的费用增加。如果由于特殊风险而导致合同终止，承包人除可以获得应付的一切工程款和损失费用外，还可以获得施工机械设备的撤离费用和人员遣返费用等。

（4）发包人或工程师要求工程加速。当工程项目的施工计划进度受到干扰，导致项目不能按时竣工，发包人的经济效益受到影响时，有时发包人或工程师会要求承包人加班赶工来完成工程项目，承包人不得不在单位时间内投入比原计划更多的人力、物力与财力进行施工，以加快施工进度。

直接指令加速。如果工程师指令比原合同日期提前完成工程，或者发生可原谅延误，但工程师仍指令按原合同完工日期完工，承包人就必须加快施工速度，这种根据工程师的明示指令进行的加速就是直接指令加速。一项工程遇到各种意外情况或工程变更而必须延展工期，但是发包人由于自己的原因（例如，该工程已出售给买主，需要按协议时间移交给买主），坚持不予展期，这就迫使承包人要加班赶工来完成工程，从而导致成本增加，承包人可以要求赔偿工程延误使现场管理费、附加费用增加的损失，同时要求补偿赶工措施费用，例如加班工资、新增设备租赁和使用费、分包的额外成本等。但必须注意，只有非承包人过错引起的施工加速才是可补偿的，如果承包人发现自己的施工比原计划落后了而自己加速施工以赶上进度，则发包人无义务给予补偿，承包人还应赔偿发包人一笔附加监理费，因发包人多支付了监理费。

推定加速。在有些情况下，虽然工程师没有发布专门的加速指令，但客观条件或工程师的行为已经使承包人合理意识到工程施工必须加速，这就是推定加速。推定加速与直接指令加速在合同实施中的意义是一样的，只是在确定是否存在推定指令时，双方比较容易产生分歧，不像直接指令加速那样明确。为了证明推定加速已经发生，承包人必须从以下几个方面来证明自己被迫比原计划更快地进行了施工：① 工程施工遇到了可原谅延误，按合同规定应该获准延长工期；② 承包人已经特别提出了要求延长工期的索赔申请；③ 工程师拒绝或未能及时批准延长工期；④ 工程师已以某种方式表明工程必须按合同时间完成；⑤ 承包人已经及时通知工程师，工程师的行为已构成了要求加速施工的推定指令；⑥ 这种推定加速实际上造成了施工成本的增加。

【案例 11-1】 Y 公司承建一栋大型办公楼。承包人计划将基础开挖的松土倒在需要填高修建停车场的地方，但由于开工的头 8 个月当地下了大雨，土质非常潮湿，实际上无法采用这种施工方法，承包人几次口头或书面要求发包人给予延长工期。

如果延长工期，就可以等到土质干燥后再使用原计划的以挖补填的方法。但发包人坚持：在承包人提交来自"认可部门"(如气象局)的证明文件证明该气候确实是非常恶劣之前，不批准延期。

为了按期完成工程，承包人只得将基础开挖的湿土运走，再运来干土填筑停车场。承包人因此向发包人提出了额外成本索赔。在承包人第一次提出延期要求的 16 个月以后，发包人同意因大雨和湿土而延长工期，但拒绝承包人的上述额外成本补偿索赔，因为合同中并没有保证以挖补填法一定是可行的。承包人坚持认为自己按发包人的要求进行了加速施工，所以提交仲裁。仲裁人考察了下列三个方面因素，同意承包人的意见：

(1) 承包人遇到了可原谅延误。仲裁人没有从承包人所抱怨的天气情况是否已经构成有理的延期因素这一点本身来考虑，而是从发包人最终批准了延期，从而承认了气候条件特别恶劣这一点来推论。

(2) 承包人已经及时提出了延长工期的要求。仲裁人认为承包人的口头要求及随后与发包人的会议已满足这一要求，何况之后又提交了书面材料。

(3) 承包人在投标时已将自己的施工方案列入投标书中，而发包人没有提出异议，那么实际上已形成合同条件。现在遇到的情况实际上属于不可预料的情况，而承包人已及时通报发包人，因此引起的工期延长和额外费用的增加，发包人应给予赔偿。具体数额可按实际损失，双方协商解决。

(5) 设计错误、发包人或工程师错误的指令或提供错误的数据等造成工程修改、停工、返工、窝工，发包人或工程师变更原合同规定的施工顺序，打乱了工程施工计划等。由于发包人和工程师原因造成的临时停工或施工中断，特别是根据发包人和工程师不合理指令造成了工效的大幅度降低，从而导致费用支出增加，承包人可提出索赔。

(6) 发包人不正当地终止工程。由于发包人不正当地终止工程，承包人有权要求补偿损失，其数额是承包人在被终止工程上的人工、材料、机械设备的全部支出，以及各项管理费用、保险费、贷款利息、保函费用的支出(减去已结算的工程款)，并有权要求发包人赔偿其盈利损失。

2. 不利的自然条件和客观障碍

不利的自然条件和客观障碍，是指一般有经验的承包人无法合理预料到的不利的自然条件和客观障碍。"不利的自然条件"中不包括气候条件，而是指投标时经过现场调查及根据发包人所提供的资料都无法预料到的其他不利自然条件，如地下水、地质断层、溶洞、沉陷等。"客观障碍"是指经现场调查无法发现、发包人提供的资料中也未提到的地下(上)人工建筑物及其他客观存在的障碍物，如下水道、公共设施、坑、井、隧道、废弃的旧建筑物、其他水泥砖砌物，以及埋在地下的树木等。

由于不利的自然条件及客观障碍，常常导致涉及变更、工期延长或成本大幅度增加，承包人可以据此提出索赔要求。

3. 工程变更

由于发包人或工程师指令增加或减少工程量、增加附加工程、修改设计、变更施工顺序、提高质量标准等，造成工期延长和费用增加，承包人可对此提出索赔。注意：由于工程变更减少了工作量，也要进行索赔。比如在住房施工过程中，发包人提出将原来的100栋减为70栋，承包人可以对管理费、保险费、设备费、材料费（如已订货）、人工费（多余人员已到）等进行索赔。工程变更索赔通常是索赔的重点，但应注意，其变更绝不能由承包人主动提出建议，而必须由发包人提出，否则不能进行索赔。

4. 工期延长和延误

工期延长和延误的索赔通常包括两方面：一是承包人要求延长工期；二是承包人要求偿付由于非承包人原因导致工程延误而造成的损失。一般这两方面的索赔报告要求分别编制，因为工期和费用索赔并不一定同时成立。如果工期拖延的责任在承包人方面，则承包人无权提出索赔。

5. 工程师指令和行为

如果工程师在工作中出现问题、失误或行使合同赋予的权力造成承包人的损失，发包人必须承担相应合同规定的赔偿责任。工程师指令和行为通常表现为：工程师指令承包人加速施工、进行某项工作、更换某些材料、采取某种措施或停工，工程师未能在规定的时间内发出有关图纸、指示、指令或批复（如发予材料订货及进口许可过晚），工程师拖延发布各种证书（如进度付款签证、移交证书、缺陷责任合格证书等），工程师的不适当决定和苛刻检查等。因为这些指令（包括指令错误）和行为而造成的成本增加和（或）工期延误，承包人可以索赔。

6. 合同缺陷

合同缺陷常常表现为合同文件规定不严谨甚至前后矛盾、合同规定过于笼统、合同中的遗漏或错误。这不仅包括商务条款中的缺陷，也包括技术规范和图纸中的缺陷。在这种情况下，一般工程师有权作出解释，但如果承包人执行工程师的解释后引起成本增加或工期延长，则承包人可以索赔，工程师应给予证明，发包人应给予补偿。一般情况下，发包人作为合同起草人，他要对合同中的缺陷负责，除非其中有非常明显的含糊或其他缺陷，根据法律可以推定承包人有义务在投标前发现并及时向发包人指出。

7. 物价上涨

由于物价上涨的因素，带来了人工费、材料费，甚至施工机械费的不断增长，导致工程成本大幅度上升，承包人的利润受到严重影响，也会引起承包人提出索赔要求。

8. 国家政策及法律、法规变更

国家政策及法律、法规变更，通常是指直接影响工程造价的某些政策及法律法规的变更，比如限制进口、外汇管制或税收及其他收费标准的提高。就国际工程而言，合同通常都规定：如果在投标截止日期前的第28天以后，由于工程所在国家或地方的任何政策和法规、法令或其他法律、规章发生了变更，导致承包人成本增加，对承包人由此增加的开支，发包人应予补偿；相反，如果导致费用减少，则也应由发包人收益。就国内工程而言，因国务院各有关部门、各级建设行政主管部门或其授权的工程造价管理部门公布的价格调整，比如定额、取费标准、税收、上缴的各种费用等，可以调整合同价款，如未予调整，承包人可以要求索赔。

9. 货币及汇率变化

就国际工程而言，合同一般规定：如果在投标截止日期前的第28天以后，工程所在国政府或其授权机构对支付合同价格的一种或几种货币实行货币限制或货币汇兑限制，发包人应补偿承包人因此而受到的损失。如果合同规定将全部或部分款额以一种或几种外币支付给承包人，则这项支付不应受上述指定的一种或几种外币与工程所在国货币之间的汇率变化的影响。

10. 其他承包人干扰

其他承包人干扰是指其他承包人未能按时、按序进行并完成某项工作、各承包人之间配合协调不好等而给本承包人的工作带来干扰。大中型工程，往往会有几个独立承包人在现场施工，由于各承包人之间没有合同关系，工程师有责任组织协调好各个承包人之间的工作；否则，将会给整个工程和各承包人的工作带来严重影响，引起承包人的索赔。比如，某承包人不能按期完成自己那部分工作，其他承包人的相应工作也会因此而拖延，此时，被迫延迟的承包人就有权向发包人提出索赔。在其他方面，如场地使用、现场交通等，各承包人之间也都有可能发生相互干扰的问题。

11. 其他第三人原因

其他第三人原因通常表现为因与工程有关的其他第三人的问题而引起的对本工程的不利影响，如：银行付款延误、邮路延误、港口压港等。如发包人在规定时间内依规定方式向银行寄出了要求向承包人支付款项的付款申请，但由于邮路延误，银行迟迟没有收到该付款申请，因而造成承包人没有在合同规定的期限内收到工程款。在这种情况下，由于最终表现出来的结果是承包人没有在规定时间内收到款项，所以，承包人往往向发包人索赔。对于其他第三人原因造成的索赔，发包人给予补偿后，应该根据发包人与第三人签订的合同规定或有关法律规定再向第三人追偿。

11.2.2 发包人索赔事件

发包人可以提出的索赔事件通常有以下几种。

1. 施工责任

当承包人的施工质量不符合施工技术规程的要求，或在保修期满后未完成应该负责修补的工程时，发包人有权向承包人追究责任。如果承包人未在规定的时限内完成修补工作，发包人有权雇用他人来完成工作，发生的费用由承包人负担。

2. 工期延误

在工程项目的施工过程中，由于承包人的原因，使竣工日期拖后，影响到发包人对该工程的使用，给发包人带来经济损失时，发包人有权对承包人进行索赔，即由承包人支付延期竣工违约金。建设工程施工合同中的延期违约金，通常是由发包人在招标文件中确定的。

3. 承包人超额利润

如果工程量增加很多(超过合同约定的某个限值：如有效合同价的 15%)，使承包人预期的收入增大，因工程量增加承包人并不增加固定成本，合同价格应由双方讨论调整，发包人有权收回部分超额利润。由于法规的变化导致承包人在工程实施中降低了成本，产生了超额利润，也应重新调整合同价格，收回部分超额利润。

4. 指定分包商的付款

在工程承包人未能提供已向指定分包商付款的合理证明时，发包人可以直接按照工程师的证明书，将承包人未付给指定分包商的所有款项(扣除保留金)付给该分包商，并从应付给承包人的任何款项中如数扣回。

5. 承包人不履行的保险费用

如果承包人未能按合同条款指定的项目投保，并保证保险有效，发包人可以投保并保证保险有效，发包人所支付的必要的保险费可在应付给承包人的款项中扣回。

6. 发包人合理终止合同或承包人不正当地放弃工程

如果发包人合理地终止承包人的承包，或者承包人不合理地放弃工程，则发包人有权从承包人手中收回由新的承包人完成工程所需的工程款与原合同未付部分的差额。

由于工伤事故给发包方人员和第三方人员造成的人身或财产损失的索赔，以及承包人运送建筑材料及施工机械设备时损坏了公路、桥梁或隧洞，交通管理部门提出的索赔也属于发包人索赔事件。

上述这些事件能否作为索赔事件，进行有效的索赔，还要看具体的工程和合同背景、合同条件，不可一概而论。

11.2.3 索赔事件的发生率

近年来，由于土木建筑市场竞争激烈，索赔无论在数量或金额上都呈不断递增的趋势，已引起发包人、承包人及有关各方越来越多的关注。美国某机构曾对政府管理的各项工程的索赔事件进行了系统调查，其结果可作为参考。

1. 索赔次数和索赔成功率

被调查的22项工程中，共发生施工索赔427次，平均每项工程索赔约20次，其中378次为单项索赔，49次为综合索赔。单项索赔中有17次、综合索赔中有12次，皆因证据不足而被对方撤销，撤销率占6.8%，即索赔成功率为93.2%，单项索赔成功率为95.5%，综合索赔成功率为75.5%。工程索赔率（即索赔成功后获得的赔偿费占合同额的比例）为：增量索赔率6%，减量索赔率为0.37%。

2. 索赔与工期延长

在313次增量索赔中，有80次索赔同时要求延长工期，要求延期的索赔次数占增量索赔总数的25.6%，每项索赔平均延长20天。

3. 索赔的比例分布

在被调查的工程中，索赔主要是由于设计错误、工程变更、现场条件变化、恶劣气候和罢工及其他等五种因素造成（见表11-1）。

4. 相关因素分析

调查结果表明：

(1) 工程规模越大，施工索赔的机会和次数就越多。其中大于500万美元的工程共发生索赔次数151次，占总次数的48%，获得的赔偿费达391.7万美元，占总赔偿费的64%。

(2) 中标的标价低于次低标价的幅度越大，索赔发生率就越高。据统计，低于次低标价10%以内中标的工程，其索赔发生次数为34次，占索赔总次数的13%，获得赔偿费83.1万美元，占赔偿总额的15%。而低于次低标价10%以上中标的工程，共发生索赔231次，占索赔总次数的87%，获得赔偿费481.2万美元，占赔偿总额的85%。

表 11-1　索赔的比例分布

索赔因素	比例分布
设计错误	是引起索赔的主要因素或种类，其出现次数占增量索赔的 46%，获得的赔偿费占赔偿总额的 40%
工程变更	是引起索赔的重要因素或类别，分随意性变更和强制性变更两种，前者是指业主因最初工作范围规定不周或要求增减工作量所作的变更；后者是指因法规或规程变化所作的工程规模的变更，两种变更的索赔次数在增量索赔中占 26%，获得的赔偿费占赔偿总额的 28%
现场条件变化	是指现场施工条件与合同规定不符，这些索赔次数占 15%，获得的赔偿费占 13%
恶劣气候和罢工	这两类索赔基本上是要求延长工期，因而因恶劣气候与罢工所获准的延期占全部延期的 60%
其他	包括终止合同和停工等一些不常发生的索赔，共占 2%，获得的赔偿费占 19%

【案例 11-2】 世界银行贷款项目鲁布革水电站引水系统工程，是我国第一个实行国际招标和按国际惯例运行的试点项目。该工程合同价为 8463 万元人民币，仅为标底价 14 958 万元的 56.6%，合同工期为 1597 天，最后工程实际提前四个月完成。在工程实施过程中，共发生 21 起单项费用索赔和 1 起工期索赔。按造成索赔的原因分析，由于发包人违约引起的索赔有 7 起，占总数的 33.3%，占第一位。由于供应当地材料的指定分包商违约引起的索赔有 6 起，占总数的 28.6%，占第二位。其他单独原因分别引起的次数都很少。

从各类索赔金额所占比重分析，不利自然条件索赔虽然只有 2 次，但其金额却占索赔总额的 61.2%，居第一位。分包商违约索赔占第二位，索赔金额占总额的 20.5%。发包人违约索赔额占 10.7%，位于第三。同其他国际工程合同相比，合同缺陷和工程变更造成的索赔所占比重较小。

鲁布革工程承包人的索赔总额为 229.1 万人民币，占合同总额的 2.7%。咨询专家认为：如此低额的索赔在大型国际土建合同实践中是少见的，这是一个不具有普遍性的特例，主要原因有以下几点：

(1) 合同工程相对简单，招标时的设计达到较好的深度，使得实施中工程变更很少。

(2) 合同文件比较完善、严密。

(3) 双方都具有较强的合同意识，能够恪守合同，在处理索赔事件时都能本着实事求是的态度，通过协商解决。

(4) 日本承包人为了能更好地进入中国建筑市场，忽略了许多根据合同条款可以索赔的事件。如不可预见的较大不良地质条件造成的生产率降低和其后加速施工增加的额外费用；实际地下渗水量数倍于发包人提供的数据，造成开挖工作面淹没带来的额外费用；由于人民币贬值造成的成本增加等。

任务3　索赔证据

索赔的依据主要是法律、法规及工程建设惯例，尤其是双方签订的工程合同文件。由于不同的具体工程有不同的合同文件，索赔的依据也就不完全相同，合同当事人的索赔权利也不同。

索赔证据是当事人用来支持其索赔成立或和索赔有关的证明文件和资料。索赔证据作为索赔文件的组成部分，在很大程度上关系到索赔的成功与否。证据不全、不足或没有证据，索赔是很难获得成功的。

在工程项目的实施过程中，会产生大量的工程信息和资料，这些信息和资料是开展索赔的重要依据。如果项目资料不完整，索赔就难以顺利进行。因此在施工过程中应始终做好资料积累工作，建立完善的资料记录和科学管理制度，认真系统地积累和管理合同文件、质量、进度及财务收支等方面的资料。对于可能会发生索赔的工程项目，从开始施工时就要有目的地收集证据资料，系统地拍摄现场，妥善保管开支收据，有意识地为索赔文件积累必要的证据材料。

1. 常见的索赔证据

（1）各种合同文件，包括工程合同及附件、中标通知书、投标书、标准和技术规范、图纸、工程量清单、工程报价单或预算书、有关技术资料和要求等。具体的如发包人提供的水文地质、地下管网资料，施工所需的证件、批件、临时用地占地证明手续、坐标控制点资料等。

（2）经工程师批准的承包人施工进度计划、施工方案、施工组织设计和具体的现场实施情况记录。各种施工报表有：① 驻地工程师填制的工程施工记录表，这种记录能提供关于气候、施工人数、设备使用情况和部分工程局部竣工等情况；② 施工进度表；③ 施工人员计划表和人工日报表；④ 施工用材料和设备报表。

（3）施工日志及工长工作日志、备忘录等。施工中发生的影响工期或工程资金的所有重大事情均应写入备忘录存档，备忘录应按年、月、日顺序编号，以便查阅。

（4）工程有关施工部位的照片及录像等。保存完整的工程照片和录像能有效地显示工程进度。因而除了标书上规定需要定期拍摄的工程照片和录像外，承包人自己应经常注意拍摄工程照片和录像，注明日期，作为自己查阅的资料。

（5）工程各项往来信件、电话记录、指令、信函、通知、答复等。有关工程的来往信件内容常常包括某一时期工程进展情况的总结以及与工程有关的当事人，尤其是这些信件的签发日期对计算工程延误时间具有很大参考价值。因而来往信件应妥善保存，直到合同全部履行完毕，所有索赔均获解决时为止。

（6）工程各项会议纪要、协议及其他各种签约、定期与发包人雇员的谈话资料等。发包人雇员对合同和工程实际情况掌握第一手资料，与他们交谈的目的是摸清施工中可能发生的意外情况，会碰到什么难处理的问题，以便做到事前心中有数，一旦发生进度延误，承包人即可提出延误原因，说明延误原因是发包人造成的，为索赔埋下伏笔。在施工合同的履行过程中，发包人、工程师和承包人定期或不定期的会谈所作出的决定或决议，是施工合同的补充，应作为施工合同的组成部分，但会谈纪要只有经过各方签署后方可作为索赔的依据。发包人与承包人、承包人与分包人之间定期或临时召开的现场会议讨论工程情况的会议记录，能被用来追溯项目的执行情况，查阅发包人签发工程内容变动通知的背景和签发通知的日期，也能查阅在施工中最早发现某一重大情况的确切时间。另外这些记录也能反映承包人对有关情况采取的行动。

（7）发包人或工程师发布的各种书面指令书和确认书，以及承包人的要求、请求、通知书。

（8）气象报告和资料。如有关天气的温度、风力、雨雪的资料等。

（9）投标前发包人提供的参考资料和现场资料。

（10）施工现场记录。工程各项有关设计交底记录、变更图纸、变更施工指令等，工程图纸、图纸变更、交底记录的送达份数及日期记录，工程材料和机械设备的采购、订货、运输、进场、验收、使用等方面的凭据及材料供应清单、合格证书，工程送电、送水、道路开通、封闭的日期及数量记录，工程停电、停水和干扰事件影响的日期及恢复施工的日期等。

(11) 工程各项经发包人或工程师签认的签证。如承包人要求预付通知，工程量核实确认单。

(12) 工程结算资料和有关财务报告。如工程预付款、进度款拨付的数额及日期记录，工程结算书、保修单等。

(13) 各种检查验收报告和技术鉴定报告。由工程师签字的工程检查和验收报告反映出某一单项工程在某一特定阶段竣工的程度，并记录了该单项工程竣工的时间和验收的日期，应该妥为保管。如：质量验收单、隐蔽工程验收单、验收记录；竣工验收资料、竣工图。

(14) 各类财务凭证。需要收集和保存的工程基本会计资料包括工卡、人工分配表、注销薪水支票、工人福利协议、经会计师核算的薪水报告单、购料定单收讫发票、收款票据、设备使用单据、注销账应付支票、账目图表、总分类账、财务信件、经会计师核证的财务决算表、工程预算、工程成本报告书、工程内容变更单等。工人或雇请人员的薪水单据应按日期编存归档，薪水单上费用的增减能揭示工程内容增减的情况和开始的时间。承包人应注意保管和分析工程项目的会计核算资料，以便及时发现索赔机会，准确地计算索赔的款额，争取合理的资金回收。

(15) 其他，包括分包合同、官方的物价指数、汇率变化表以及国家、省、市有关影响工程造价、工期的文件、规定等。

【案例 11-3】 某公司承包的一幢地下 2 层、地上 30 层的钢筋混凝土高层建筑，合同规定结构施工工期仅为 13.5 个月，合同规定每拖期一天罚款 6000 美元。

开工之初，许多人都预计要拖期一个月。但在施工过程中，项目经理部严格管理，设立专职管理人员，及时收集、整理、保存各种资料和来往函件，他们根据合同中不可抗力条款，从当地天文台、气象台取得日降水量超过 25 毫米、6 小时内风速连续超过 7 级的气候资料，及时与工程师办理了签证，成功地向发包人索赔 40 天工期，并在原定的工期内完成了合同范围内的结构施工。

【案例 11-4】 在一起施工合同纠纷诉讼案件中，由于某工程承包公司采取了与国际惯例相接轨的管理方式，在施工过程中设立专职人员，根据签证和索赔的不同需求，按不同标准分类积累资料，做到所有的设计资料、图纸及设计变更通知均有原始的交接签收记录，由发包人、承包人双方及监理方参加的共 84 次每周例会都有详细的书面记录及其各方负责人的签名。

此外施工中重大问题的会议纪要、双方信函往来以及技术措施的确定、设备选型以及造型改变和相关技术要求等都留有包括照片在内的书面资料。对提出的 102 项工程索赔都能配套提供原始设计图纸、设计变更资料、发包人书面指令、变更后发生的购料合同、发票以及实物或现场照片等多项相互说明的书面证据材料。

这些严密、齐全的原始资料，成为一个能够清楚说明整个施工过程真实情况的巨大宝库。根据这些证据他们不仅反驳了发包人提出的质量与工期延误索赔款 611.5 万美元，而且还成功地索回工程欠款、签证增加款、索赔款及利息共计 161.56 万美元和 554.74 万人民币。

2. 索赔证据的基本要求

(1) 真实性：索赔证据必须是在实施合同过程中确实存在和实际发生的，是施工过程中产生的真实资料，能经得住推敲。

(2) 及时性：索赔证据的取得及提出应当及时。这种及时性反映了承包人的态度和管理水平。

(3) 全面性：所提供的证据应能说明事件的全部内容。索赔报告中涉及的索赔理由、事件过程、影响、索赔值等都应有相应证据，不能零乱和支离破碎。

(4) 关联性：索赔的证据应当与索赔事件有必然联系，并能够互相说明、符合逻辑，不能互相矛盾。

(5) 有效性：索赔证据必须具有法律效力。一般要求证据必须是书面文件，有关记录、协议、纪要必须是双方签署的；工程中重大事件、特殊情况的记录、统计必须由工程师签证认可。

【案例 11-5】 某国一个石油码头的建设。某承包人在 1978 年 6 月 12 日向发包人提出投标条件，8 月 7 日一个咨询公司代表发包人发回一个信函内容说：发包人有意接受该承包人 6 月 12 日的投标书，建议承包人考虑向有关厂商发出钢板桩的订货，并提出了钢板桩的具体尺寸；承包人在认为需要进入施工现场的时候，可以随时进入。

两周以后承包人与钢板桩的厂商签订了合同并通知了发包人，三周以后，承包人的一些临时工棚及部分设备、小型翻铲和部分安装工人进入了现场，并开始作业。十二周后，咨询公司突然代表发包人通知承包人：发包人决定放弃该石油码头的建设，要求承包人撤除、拆除现场已建的设施及设备，恢复原状。

承包人为此提出索赔，索赔项目如下：拆除费用 4826 美元，临时工棚、房屋租金 1200 美元，开办费 10 000 美元，钢板桩解除合同赔偿费 7295 美元（以上合计 23 321 美元）；利润（上几项和×30%=6996.3 美元），管理费 2500 美元，总索赔 32 817.3 美元。

双方提请仲裁，结果承包人索赔未能成功：

(1) 中标前往来信函未构成准法律文件；

(2) 咨询公司通知承包人只是有意接受而不是同意接受，而承包人又未向发包人要求发出中标通知书（候补也有效，发包人不答复属默认）；

(3) 钢板桩订货也只是建议，考虑去订货而不是指示去订货；

(4) 承包人进入现场也没有明确有法律效力的指示。

由于承包人没有法律效力的文件，所以仲裁结果是发包人不予赔偿。

任务4 索赔文件

11.4.1 索赔文件的一般内容

索赔文件也称索赔报告，它是合同一方向对方提出索赔的书面文件，它全面反映了一方当事人对一个或若干个索赔事件的所有要求和主张，对方当事人也是通过对索赔文件的审核、分析和评价来认可、要求修改、反驳甚至拒绝索赔，索赔文件也是双方进行索赔谈判或调解、仲裁、诉讼的依据，因此索赔文件的表达与内容对索赔的解决有重大影响，索赔方必须认真编写索赔文件。

在合同履行过程中，一旦出现索赔事件，承包人应该按照索赔文件的构成内容，及时向发包人提交索赔文件。单项索赔文件的一般内容如下：

1. 题目

索赔报告的标题应该简要准确地概括索赔的中心内容。如：关于××事件的索赔。

2. 事件

详细描述事件过程，主要包括：事件发生的工程部位，发生的时间、原因和经过，影响的范围以及承包人当时采取的防止事件扩大的措施，事件持续时间，承包人已经向发包人或工程师报告的次数及日期，最终结束影响的时间，事件处置过程中的有关主要人员办理的有关事项等。也包括双方的信件交往、会谈，并指出对方如何违约，证据的编号等。

3. 理由

理由是指索赔的依据，主要是法律依据和合同条款的规定。合理引用法律和合同的有关规定，建立事实与损失之间的因果关系，说明索赔的合理合法性。

4. 结论

结论指出事件造成的损失或损害及其大小，主要包括要求补偿的金额及工期，这部分只需列举各项明细数字及汇总数据即可。

5. 详细计算书（包括损失估价和延期计算两部分）

为了证实索赔金额和工期的真实性，必须指明计算依据及计算资料的合理性，包括损失费用、工期延长的计算基础、计算方法、计算公式及详细的计算过程及计算结果。

6. 附件

附件包括索赔报告中所列举事实、理由、影响等各种编过号的证明文件和证据、图表。

对于一揽子索赔，其格式比较灵活，它实质上是将许多未解决的单项索赔加以分类和综合整理。一揽子索赔文件往往需要很大的篇幅甚至几百页材料来描述细节。一揽子索赔文件的主要组成部分如下：① 索赔致函和要点；② 总情况介绍（叙述施工过程、对方失误等）；③ 索赔总表（将索赔总数细分、编号，每一条目写明索赔内容的名称和索赔额）；④ 上述事件详述；⑤ 上述事件结论；⑥ 合同细节和事实情况；⑦ 分包人索赔；⑧ 工期延长的计算和损失费用的估算；⑨ 各种证据材料等。

11.4.2 索赔文件的编写要求

编写索赔文件需要实际工作经验，索赔文件如果起草不当，会失去索赔方的有利地位和条件，使正当的索赔要求得不到合理解决。对于重大索赔或一揽子索赔，最好能在律师或索赔专家的指导下进行。编写索赔文件的基本要求有以下几点：

1. 符合实际

索赔事件要真实、证据确凿。索赔的根据和款额应符合实际情况，不能虚构和扩大，更不能无中生有，这是索赔的基本要求。这既关系到索赔的成败，也关系到承包人的信誉。一个符合实际的索赔文件，可使审阅者看后的第一印象是合情合理，不会立即予以拒绝。相反，如果索赔要求缺乏根据，不切实际地漫天要价，使对方一看就极为反感，甚至连其中有道理的索赔部分也被置之不理，不利于索赔问题的最终解决。

2. 说服力强

(1) 符合实际的索赔要求，本身就具有说服力，但除此之外索赔文件中责任分析应清楚、准确。一般索赔所针对的事件都是由于非承包人责任而引起的，因此，在索赔报告中要善于引用法律和合同中的有关条款，详细、准确地分析并明确指出对方应负的全部责任，并附上有关证据材料，不可在责任分析上模棱两可、含糊不清。对事件叙述要清楚明确，不应包含任何估计或猜测。

(2) 强调事件的不可预见性和突发性。说明即使一个有经验的承包人对事件不可能有预见或有准备，也无法制止，并且承包人为了避免和减轻该事件的影响和损失已尽了最大的努力，采取了能够采取的措施，从而使索赔理由更加充分，更易被对方接受。

(3) 论述要有逻辑。明确阐述由于索赔事件的发生和影响，使承包人的工程施工受到严重干扰，并为此增加了支出，拖延了工期。应强调索赔事件、对方责任、工程受到的影响和索赔之间有直接的因果关系。

3. 计算准确

索赔文件中应完整列入索赔值的详细计算资料，指明计算依据、计算原则、计算方法、计算过程及计算结果的合理性，必要的地方应详细说明。计算结果要反复校核，做到准确无误，要避免高估冒算。计算上的错误，尤其是扩大索赔款的计算错误，会给对方留下恶劣的印象，对方会认为提出的索赔要求太不严肃，其中必有多处弄虚作假，从而直接影响索赔的成功。

4. 简明扼要

索赔文件在内容上应组织合理、条理清楚，各种定义、论述、结论正确，逻辑性强，既能完整地反映索赔要求，又要简明扼要，使对方很快地理解索赔的本质。索赔文件最好采用活页装订，印刷清晰。同时，用语应尽量婉转，避免使用强硬、不客气的语言。

任务5 索赔工作程序

索赔工作程序是指从索赔事件产生到最终处理全过程所包括的工作内容和工作步骤。由于索赔工作实质上是承包人和发包人在分担工程风险方面的重新分配过程，涉及双方的众多经济利益，因而是一项烦琐、细致、耗费精力和时间的工作。因此，合同双方必须严格按照合同规定办事，按合同规定的索赔工作程序，才能有机会获得索赔的成功。

11.5.1 承包人的索赔

具体工程的索赔工作程序，应根据双方签订的施工合同进行。在工程实践中，比较详细的索赔工作程序一般可分为如下主要步骤：

1. 索赔意向通知

索赔意向通知是一种维护自身索赔权利的文件。在工程实施过程中，承包人发现索赔机会或意识到存在潜在的索赔机会后，要做的第一件事是要在合同规定的时间内将自己的索赔意向，用书面形式及时通知发包人或工程师，亦即向发包人或工程师就某一个或若干个索赔事件表示索赔愿望、要求或声明保留索赔的权利。索赔意向的提出是索赔工作程序的第一步，其关键是抓住索赔机会，及时提出索赔意向。

索赔意向通知，一般仅仅是向发包人或工程师表明索赔意向，所以应当简明扼要。通常只要说明以下几点内容：索赔事由发生的时间、地点、简要事实情况和发展动态；索赔所依据的合同条款和主要理由；索赔事件对工程成本和工期产生的不利影响。

FIDIC 合同条件及我国建设工程施工合同条件都规定：承包人应在索赔事件发生后的 28 天

内，将其索赔意向以正式函件通知工程师。反之，如果承包人没有在合同规定的期限内提出索赔意向或通知，承包人则会丧失在索赔中的主动和有利地位，发包人和工程师也有权拒绝承包人的索赔要求，这是索赔成立的有效和必备条件之一。因此在实际工作中，承包人应避免合理的索赔要求由于未能遵守索赔时限的规定而导致无效。在实际的工程承包合同中，对索赔意向提出的时间限制不尽相同，只要双方经过协商达成一致并写入合同条款即可。

施工合同要求承包人在规定期限内首先提出索赔意向，是基于以下考虑：

(1) 提醒发包人或工程师及时关注索赔事件的发生、发展等全过程。

(2) 为发包人或工程师的索赔管理做准备，如可进行合同分析、收集证据等。

(3) 如属发包人责任引起索赔，发包人有机会采取必要的改进措施，防止损失的进一步扩大。

对于承包人来讲，索赔意向通知可以对其合法权益起到保护作用，使承包人避免“因被称为‘志愿者’而无权取得补偿”的风险。

2. 索赔资料的准备

从提出索赔意向到提交索赔文件，是属于承包人索赔的内部处理阶段和索赔资料准备阶段。此阶段的主要工作有：

(1) 跟踪和调查干扰事件，掌握事件产生的详细经过和前因后果。

(2) 分析干扰事件产生原因，划清各方责任，确定由谁承担，并分析这些干扰事件是否违反了合同规定，是否在合同规定的赔偿或补偿范围内，即确定索赔根据。

(3) 损失或损害调查或计算。通过对比实际和计划的施工进度和工程成本，分析经济损失或权利损害的范围和大小，并由此计算出工期索赔和费用索赔值。

(4) 收集证据。从干扰事件产生、持续直至结束的全过程，都必须保留完整的当时记录，这是索赔能否成功的重要条件。在实际工作中，许多承包人的索赔要求都因没有或缺少书面证据而得不到合理解决，这个问题应引起承包人的高度重视。

(5) 起草索赔文件。按照索赔文件的格式和要求，将上述各项内容系统反映在索赔文件中。

索赔的成功很大程度上取决于承包人对索赔作出的解释和真实可信的证明材料。即使抓住合同履行中的索赔机会，如果拿不出索赔证据或证据不充分，其索赔要求往往难以成功或被大打折扣。因此，承包人在正式提出索赔报告前的资料准备工作极为重要。这就要求承包人注意记录和积累保存工程施工过程中的各种资料，并可随时从中提取与索赔事件有关的证明资料。

3. 索赔文件的提交

承包人必须在合同规定的索赔时限内向发包人或工程师提交正式的书面索赔文件。FIDIC 合同条件和我国建设工程施工合同条件都规定，承包人必须在发出索赔意向通知后的 28 天内或经工程师同意的其他合理时间内，向工程师提交一份详细的索赔文件和有关资料，如果干扰事件对工程的影响持续时间长，承包人则应按工程师要求的合理间隔（一般为 28 天），提交中间索赔报告，并在干扰事件影响结束后的 28 天内提交一份最终索赔报告。如果承包人未能按时间规定提交索赔报告，则就失去了对该项事件请求补偿的索赔权利，此时承包人所受到损害的补偿，将不超过工程师认为应主动给予的补偿额，或把该事件损害提交仲裁解决时，仲裁机构依据合同和同期纪录可以证明的损害补偿额。

4. 工程师对索赔文件的审核

工程师是受发包人的委托和聘请，对工程项目的实施进行组织、监督和控制。在发包人与承包人之间的索赔事件发生、处理和解决过程中，工程师是个核心人物。工程师在接到承包人的索赔文件后，必须以完全独立的身份，站在客观公正的立场上审查索赔要求的正当性，必须对合同条件、协议条款等有详细的了解，以合同为依据来公平处理合同双方的利益纠纷。工程师应该建立自己的索赔档案，密切关注事件的影响和发展，有权检查承包人的有关同期纪录材料，随时就记录内容提出不同意见或认为应予以增加的记录项目。

工程师根据发包人的委托或授权，对承包人索赔的审核工作主要分为判定索赔事件是否成立和核查承包人的索赔计算是否正确、合理两个方面，并可在发包人授权的范围内作出自己独立的判断。

承包人索赔要求的成立必须同时具备如下四个条件：

(1) 与合同相比较，事件已经造成了承包人实际的额外费用增加或工期损失。

(2) 造成费用增加或工期损失的原因不是由于承包人自身的责任所造成。

(3) 这种经济损失或权利损害也不是由承包人应承担的风险所造成。

(4) 承包人在合同规定的期限内提交了书面的索赔意向通知和索赔文件。

上述四个条件没有先后主次之分，并且必须同时具备，承包人的索赔才能成立。其后工程师对索赔文件的审查重点主要有两步：

第一步，重点审查承包人的申请是否有理有据，即承包人的索赔要求是否有合同依据，所受损失确属不应由承包人负责的原因造成，提供的证据是否足以证明索赔要求成立，是否需要提交其他补充材料等。

第二步，工程师应以公正的立场、科学的态度，重点审查并核算索赔值的计算是否正确、合理，分清责任，对不合理的索赔要求或不明确的地方提出反驳和质疑，或要求承包人作出进一步的解释和补充，并拟订自己计算的合理索赔款项和工期延展天数。

5. 工程师与承包人协商补偿额和工程师索赔处理意见

工程师核查后初步确定应予补偿的额度，往往与承包人的索赔报告中要求的额度不一致，甚至差额较大，主要原因大多为对承担事件损害责任的界限划分不一致、索赔证据不充分、索赔计算的依据和方法分歧较大等，因此双方应就索赔的处理进行协商。通过协商达不成共识的话，工程师有权单方面作出处理决定，承包人仅有权得到所提供的证据满足工程师认为索赔成立那部分的付款和工期延展。不论工程师通过协商与承包人达成一致，还是他单方面作出的处理决定，批准给予补偿的款额和延展工期的天数如果在授权范围之内，则可将此结果通知承包人，并抄送发包人。补偿款将计入下月支付工程进度款的支付证书内，发包人应在合同规定的期限内支付，延展的工期加到原合同工期中去。如果批准的额度超过工程师的权限，则应报请发包人批准。

对于持续影响时间超过 28 天以上的工期延误事件，当工期索赔条件成立时，对承包人每隔 28 天报送的阶段索赔临时报告审查后，每次均应作出批准临时延长工期的决定，并于事件影响结束后 28 天内承包人提出最终的索赔报告后，批准延展工期总天数。应当注意的是，最终批准的总延展天数，不应少于以前各阶段已同意延展天数之和。规定承包人在事件影响期间每隔 28 天提出一次阶段报告，可以使工程师能及时根据同期纪录批准该阶段应予延展工期的天数，避免事件影响时间太长而不能准确确定索赔值。

工程师经过对索赔文件的认真评审，并与发包人、承包人进行了较充分的讨论后，应提出自己的索赔处理决定。通常，工程师的处理决定不是终局性的，对发包人和承包人都不具有强制性的约束力。

我国建设工程施工合同条件规定，工程师收到承包人送交的索赔报告和有关资料后应在 28

天内给予答复,或要求承包人进一步补充索赔理由和证据。如果工程师在28天内既未予答复、也未对承包人提出进一步的要求,则视为承包人提出的该项索赔要求已经认可。

6. 发包人审查索赔处理

当索赔数额超过工程师权限范围时,由发包人直接审查索赔报告,并与承包人谈判解决,工程师应参加发包人与承包人之间的谈判,工程师也可以作为索赔争议的调解人。发包人首先根据事件发生的原因、责任范围、合同条款审核承包人的索赔文件和工程师的处理报告,再依据工程建设的目的、投资控制、竣工投产日期要求以及针对承包人在施工中的缺陷或违反合同规定等的有关情况,决定是否批准工程师的处理决定。例如,承包人某项索赔理由成立,工程师根据相应条款的规定,既同意给予一定的费用补偿,也批准延展相应的工期,但发包人权衡了施工的实际情况和外部条件的要求后,可能不同意延展工期,而宁愿给承包人增加费用补偿额,要求他采取赶工措施,按期或提前完工,这样的决定只有发包人才有权作出。索赔报告经发包人批准后,工程师即可签发有关证书。对于数额比较大的索赔,一般需要发包人、承包人和工程师三方反复协商才能作出最终处理决定。

7. 承包人是否接受最终索赔处理,可能提出仲裁或诉讼

如果承包人同意接受最终的处理决定,索赔事件的处理即告结束。如果承包人不同意,则可根据合同约定,将索赔争议提交仲裁或诉讼,使索赔问题得到最终解决。在仲裁或诉讼过程中,工程师作为工程全过程的参与者和管理者,可以作为见证人提供证据、进行答辩。

工程项目实施中会发生各种各样、大大小小的索赔、争议等问题,应该强调:合同各方应该争取尽量在最早的时间、最低的层次,尽最大可能以友好协商的方式解决索赔问题,不要轻易提交仲裁或诉讼。因为对工程争议的仲裁或诉讼往往是非常复杂的,要花费大量的人力、物力、财力和精力,对工程建设也会带来不利,有时甚至是严重的影响。

【案例 11-6】 非洲某水电工程项目,由法国和意大利的一家联营体承包人施工,发包人聘请的工程师来自澳大利亚。工程项目资金来自五个不同国家的银行贷款。合同于1980年1月授标,并于1983年8月全部完工。合同原定价格为2500万美元,承包人认为至少要额外补偿1800万美元。

由于协商达不成一致意见,承包人于1983年6月向国际商会提出仲裁请求。1983年底,双方各自指定了一名仲裁员。发包人聘请的是英国律师,承包人聘请的是法国律师,这两名仲裁员又指定一名瑞士人作为首席仲裁员。仲裁在第三国英国伦敦进行,并采用比利时的仲裁程序法。

1984年6月,仲裁员察看现场,1985年1至2月,在伦敦进行了6个星期的听证会。1985年4月,仲裁庭作出第一个决定:承包人应得到全部额外费用的60%的补偿。

接下来的工作就是具体计算额外费用究竟是多少。仲裁员详细了解工程量等情况后,于1986年1月作出裁决:发包人应给予承包人1200万美元的补偿。

本仲裁前后经过了近3年时间,相当于整个工程的建设期,仅仲裁费就花了约500万美元。

11.5.2 发包人的索赔

根据我国《建设工程施工合同》规定,因承包人原因不能按照协议书约定的竣工日期或工程师同意顺延的工期竣工,或因承包人原因工程质量达不到协议书约定的质量标准,或承包人不履行合同义务或不按合同约定履行义务或发生错误而给发包人造成损失时,发包人也应按合同约定的索赔时限要求,向承包人提出索赔。

任务6 索赔的技巧与艺术

索赔工作既有科学严谨的一面，又有艺术灵活的一面。对于一个确定的索赔事件往往没有预定的、确定的解，它受制于双方签订的合同文件、各自的工程管理水平和索赔能力以及处理问题的公正性、合理性等因素。因此索赔成功不仅需要令人信服的法律依据、充足的理由和正确的计算方法，索赔的策略、技巧和艺术也相当重要。如何看待和对待索赔，实际上是个经营战略问题，是承包人对利益、关系、信誉等方面的综合权衡。首先承包人应防止两种极端倾向：

(1) 只讲关系、义气和情意，忽视应有的合理索赔，致使企业遭受不应有的经济损失。

(2) 不顾关系，过分注重索赔，斤斤计较，缺乏长远和战略目光，以致影响合同关系、企业信誉和长远利益。

此外，合同双方在开展索赔工作时，还要注意以下索赔技巧和艺术：

(1) 索赔是一项十分重要和复杂的工作，涉及面广，合同当事人应设专人负责索赔工作，指定专人收集、保管一切可能涉及索赔论证的资料，并加以系统分析研究，做到处理索赔时以事实和数据为依据。对于重大的索赔，双方应不惜重金聘请专家（懂法律和合同，有丰富的施工管理经验，懂会计学，了解施工中的各个环节，善于从图纸、技术规范、合同条款及来往信件中找出矛盾、找出有依据的索赔理由）指导，组成强有力的谈判小组。

(2) 正确把握提出索赔的时机。索赔过早提出，往往容易遭到对方反驳或在其他方面可能施加的挑剔、报复等；过迟提出，则容易留给对方借口，索赔要求遭到拒绝。因此索赔方必须在索赔时效范围内适时提出。如果老是担心或害怕影响双方合作关系，有意将索赔要求拖到工程结束时才正式提出，可能会事与愿违，适得其反。

(3) 及时、合理地处理索赔。索赔发生后，必须依据合同的准则及时地对索赔进行处理。如果承包人的合理索赔要求长时间得不到解决，单项工程的索赔积累下来，有时可能影响整个工程的进度。此外，拖到后期综合索赔，往往还牵涉利息、预期利润补偿、工程结算以及责任的划分、质量的处理等，大大增加了处理索赔的困难。因此，尽量将单项索赔在执行过程中加以解决，这样做不仅对承包人有益，同时也体现了处理问题的水平，既维护了发包人的利益，又照顾了承包人的实际情况。

(4) 加强索赔的前瞻性，有效避免过多索赔事件的发生。由于工程项目的复杂多变、现场条件及气候环境的变化、标书及施工说明中的错误等因素不可避免，索赔是不可避免的。在工程的实施过程中，工程师要将预料到的可能发生的问题及时告诉承包人，避免由于工程返工所造成的工程成本上升，这样也可以减轻承包人的压力，减少其想方设法通过索赔途径弥补工程成本上升所造成的利润损失。另外，工程师在项目实施过程中，应对可能引起的索赔有所预测，及时采取补救措施，避免过多索赔事件的发生。

(5) 注意索赔程序和索赔文件的要求。承包人应该以正式书面方式向工程师提出索赔意向和索赔文件，索赔文件要求根据充分、条理清楚、数据准确、符合实际。

(6) 索赔谈判中注意方式方法。合同一方向对方提出索赔要求，进行索赔谈判时，措辞应婉转，说理应透彻，以理服人，而不是得理不让人，尽量避免使用抗议式提法，在一般情况下少用或不用如“你方违反合同”“使我方受到严重损害”等类词句，最好采用“请求贵方作公平合理的调整”“请在××合同条款下加以考虑”等，既要正确表达自己的索赔要求，又不伤害双方的和气和感情，以达到索赔的良好效果。如果对于合同一方一次次合理的索赔要求，对方拒不合作或置之不理，并严重影响工程的正常进行，索赔方可以采取较为严厉的措辞和切实可行的手段，以实现自己的索赔目标。

(7) 索赔处理时作适当必要的让步。在索赔谈判和处理时应根据情况作出必要的让步，扔“芝麻”抱“西瓜”，有所失才有所得。可以放弃金额小的小项索赔，坚持大项索赔。这样使对方容易作出让步，达到索赔的最终目的。

(8) 发挥公关能力。除了进行书信往来和谈判桌上的交涉外，有时还要发挥索赔人员的公关能力，采用合法的手段和方式，营造适合索赔争议解决的良好环境和氛围，促使索赔问题的早日和圆满解决。

索赔既是一门科学，同时又是一门“艺术”，它是一门融自然科学、社会科学于一体的边缘科学，涉及工程技术、工程管理、法律、财会、贸易、公共关系等在内的众多学科知识，因此索赔人员在实践过程中，应注重对这些知识的有机结合和综合应用，不断学习，不断体会，不断总结经验教训，才能更好地开展索赔工作。

任务7 反索赔

11.7.1 反索赔的概念及作用

1. 反索赔的基本概念

反索赔，顾名思义就是反驳、反击或防止对方提出的索赔，不让对方索赔成功。对于反索赔的含义一般有两种理解：第一种，认为承包人向发包人提出补偿要求即为索赔，而发包人向承包人提出补偿要求则认为是反索赔；第二种，认为索赔是双向的，发包人和承包人都可以向对方提出索赔要求，任何一方对对方提出的索赔要求的反驳、反击则认为是反索赔。本书采用第二种对反索赔的理解。

在工程项目实施过程中，当合同一方提出索赔，合同另一方面对对方提出的索赔要求和索赔文件，可能会有如下三种选择：① 全部认可对方的索赔，包括索赔值数额；② 全部否决对方的索赔；③ 部分否决对方的索赔。

如果对方提出的索赔依据充分，证据确凿，计算合理，另一方应实事求是地认可对方的索赔要求，赔偿或补偿对方的经济损失或损害，反之则应以事实为根据，以法律(合同)为准绳，反驳、拒绝对方不合理的索赔要求或索赔要求中的不合理部分，这就是反索赔。

2. 索赔与反索赔的辩证关系

索赔表现为当事人自觉地将索赔管理作为工程及合同管理的重要组成部分，成立专门机构认真研究索赔方法，总结索赔经验，不断提高索赔成功率；在工程实施过程中，能仔细分析合同缺陷，主动寻找索赔机会，为己方争取应得的利益。而反索赔在索赔管理策略上表现为防止被索赔，不给对方留下可以索赔的漏洞，使对方找不到索赔机会；在工程管理中体现为签署严密合理、责任明确的合同条款，并在合同实施过程中，避免己方违约；在索赔解决过程中表现为，当对方提出索赔时，对其索赔理由予以反驳，对其索赔证据进行质疑，指出其索赔计算的问题，以达到尽量减少索赔额度，甚至完全否定对方索赔要求的目的。

因此，完整的索赔管理应该包括索赔和反索赔两个方面，两者密不可分，相互影响、相互作用。通过索赔可以追索损失，获得合理的经济补偿，而通过反索赔则可以防止损失发生，保证工程项目的经济利益。如果把索赔比作进攻，那么反索赔就是防御。在工程合同实施过程中，一方提出索赔，一般都会遇到对方的反索赔，对方不太可能立即予以认可，索赔和反索赔都不太可能一次成功，合同当事人必须能攻善守、攻守相济，才能立于不败之地。

如前所述，索赔是双向的，不仅承包人可以向发包人索赔，发包人也同样可以向承包人索赔，因此，反索赔也是双向的。例如在工程项目实施过程中承包人向发包人提出索赔，而发包人则反索赔；同时发包人又可能向承包人提出索赔，承包人则必须反索赔。索赔与反索赔之间的关系有时是错综复杂的。由于工程项目的复杂性，对于干扰事件常常双方都负有责任，所以索赔中有反索赔，反索赔中又有索赔。发包人或承包人不仅要对对方提出的索赔进行反驳，而且要反驳对方对己方索赔的反驳。

3. 反索赔的作用

在合同实施过程中，合同双方都在进行合同管理，都在寻找索赔机会。干扰事件发生后合同双方都企图推卸自己的合同责任，并向对方提出索赔，因此不能进行有效的反索赔，同样会蒙受经济损失，反索赔与索赔具有同等重要的地位，其作用主要表现在：

（1）减少或预防损失的发生。由于合同双方利益不一致，索赔与反索赔又是一对矛盾，如果不能进行有效的、合理的反索赔，就意味着对方索赔获得成功，则必须满足对方的索赔要求，支付赔偿费用或满足对方延长工期、免于承担误期违约责任等要求。因此，有效的反索赔可以预防损失的发生，即使不能全部反击对方的索赔要求，也可能减少对方的索赔值，保护自己正当的经济利益。

（2）一次有效的反索赔不仅会鼓舞工程管理人员的信心和勇气，有利于整个工程的施工和管理，也会影响对方的索赔工作，使对方的索赔工作受到合理的“打击”。相反地，如果不进行有效的反索赔，则是对对方索赔工作的默认，会使对方索赔人员的“胆量”越来越大，被索赔者会在心理上处于劣势，处于“被动挨打”地位，丧失工作中的主动权。

（3）做好反索赔工作不仅可以全部或部分否定对方的索赔要求，使自己免于损失，而且可以从中重新发现索赔机会，找到向对方索赔的理由，有利于摆脱被动局面，变守为攻，能达到更好的反索赔效果，并为自己索赔工作的顺利开展提供帮助。

（4）反索赔工作与索赔一样，也要进行合同分析、事态调查、责任分析、审查对方索赔报告等项工作，既要有反击对方的合同依据，又要有事实证据，离开了企业平时良好的基础管理工作，反索赔同样也是不能成功的。因此有效的反索赔有赖于企业实施科学、严格的基础管理。正确开展反索赔工作，也会促进和提高企业的基础管理工作的水平。

11.7.2 反索赔的内容

1. 反索赔的基本内容

反索赔的工作内容可包括两个方面：一是防止对方提出索赔；二是反击或反驳对方的索赔要求。

1）防止对方提出索赔

要成功地防止对方提出索赔，应采取积极防御的策略。首先是自己严格履行合同中规定的各项义务，防止自己违约，并通过加强合同管理，使对方找不到索赔的理由和根据，使自己处于不能被索赔的地位。如果合同双方都能很好地履行合同义务，没有损失发生，也没有合同争议，索赔与反索赔从根本上也就不会产生。其次，如果在工程实施过程中发生了干扰事件，则应立即着手研究和分析合同依据，收集证据，为提出索赔或反击对手的索赔做好两手准备。再次，体现积极防御策略的常用手段是先发制人，首先向对方提出索赔。因为在实际工作中干扰事件的产生常常双方均负有责任，原因错综复杂且互相交叉，一时很难分清谁是谁非。首先提出索赔，既可防止自己因超过索赔时限而失去索赔机会，又可争取索赔中的有利地位，打乱对方的工作步骤，争取主动权，并为索赔问题的最终处理留下一定的余地。

2）反击或反驳对方的索赔要求

如果对方先提出了索赔要求或索赔报告，则自己一方应采取各种措施来反击或反驳对方的索赔要求。常用的措施有：第一是抓住对方的失误，直接向对方提出索赔，以对抗或平衡对方的索赔要求，达到最终解决索赔时互作让步或互不支付的目的，如发包人常常通过找出工程中的质量问题、工程延期等问题，对承包人处以罚款，以对抗承包人的索赔要求，达到少支付或不支付索赔的目的；第二是针对对方的索赔报告，进行仔细、认真的研究和分析，找出理由和证据，证明对方索赔要求或索赔报告存在不符合实际情况和合同规定、没有合同依据或事实证据、索赔值计算不合理或不准确等问题，反击对方不合理的索赔要求或索赔要求中的不合理部分，推卸或减轻自己的赔偿责任，使自己不受或少受损失。

2. 反击或反驳索赔报告

一方向对方提出索赔要求，由于所站立场不同，在其索赔报告中一般会存在以下问题：① 不能清楚、客观地说明索赔事实；② 不能准确、合理地根据合同及法律规定证明自己的索赔资格；③ 不能准确计算和解释所要求的索赔金额（时间），往往夸大索赔值；④ 希望通过索赔弥补自己的全部损失，包括因自己责任引起的损失；⑤ 由于自己管理存在问题，不能准确评估双方应负责任范围；⑥ 期望留有余地与对方讨价还价等。

因此，充分研究和反击对方的索赔报告，是反索赔的重要内容之一。

反击或反驳索赔报告，即根据双方签订的合同及事实证据，找出对方索赔报告中的漏洞和薄弱环节，以全部或部分否定对方的索赔要求。一般来说，对于任何一份索赔报告，总会存在这样或那样的问题，因为索赔方总是从自己的利益和观点出发，所提出的索赔报告或多或少会存在诸如索赔理由不足、引用对自己有利的合同条款、推卸责任或转移风险、扩大事实根据甚至无中生有、索赔证据不足或没有证据及索赔值计算不合理、漫天要价等问题。如果对这样的索赔要求予以认可，则使自己受到经济损失，也有失公正、公平、合理原则。因此，对对方提出的索赔报告必须进行全面的、系统的研究、分析、评价，找出问题，反驳其中不合理的部分，为索赔及反索赔的合理解决提供依据。

对对方索赔报告的反驳或反击，一般可从以下几个方面进行：

(1) 索赔意向或报告的时限性。审查对方在干扰事件发生后，是否在合同规定的索赔时限内提出了索赔意向或报告，如果对方未能及时提出书面的索赔意向和报告，则将失去索赔的机会和权利，对方提出的索赔则不能成立。

(2) 索赔事件的真实性。索赔事件必须是真实可靠的，符合工程实际状况，不真实、不肯定或仅是猜测甚至无中生有的事件是不能提出索赔的，索赔当然也就不能成立。

(3) 干扰事件原因、责任分析。如果干扰事件确实存在，则要通过对事件的调查，分析事件产生的原因和责任归属。如果事件责任是由于索赔者自己疏忽大意、管理不善、决策失误或因其自身应承担的风险等造成，则应由索赔者自己承担损失，索赔不能成立。如果合同双方都有责任，则应按各自的责任大小分担损失。只有确属是自己一方的责任时，对方的索赔才能成立。在工程承包合同中，发包人和承包人都承担着风险，甚至承包人的风险更大些。凡属于承包人合同风险的内容，如一般性天旱或多雨、一定范围内的物价上涨等，发包人一般不会接受这些索赔要求。根据国际惯例，凡是遇到偶然事故影响工程施工时，承包人有责任采取力所能及的一切措施，防止事态扩大，尽力挽回损失。如确有事实证明承包人在当时未采取任何措施，发包人可拒绝承包人要求的损失补偿。

【案例 11-7】 某承包人通过投标获得一项工业厂房的施工合同，他是按招标文件中介绍的地质情况以及标书中的挖方余土可用作道路基础垫层用料而计算的标价。工程开工后，发现挖出的土方十分潮湿易碎，不符合路基垫层要求，承包人怕被指责施工质量低劣而造成返工，不得不将余土外运，并另外运进路基填方土料。为此，承包人提出了费用索赔。

但工程师经过审核认为：投标报价时，承包人承认考察过现场，并已了解现场情况，包括地表以下条件、水文条件等，认为换土纯属承包人自己的事，拒绝补偿任何费用。承包人则认为这是发包人提供的地质资料不实所造成的。

工程师则认为：地质资料是正确的，钻探是在旱季进行，而施工时却处于雨季期，承包人应当自己预计到这一情况和风险，仍坚持拒绝索赔，认为事件责任不在发包人，此项索赔不能成立。

(4) 索赔理由分析。索赔理由分析就是分析对方的索赔要求是否与合同条款或有关法规一致，所受损失是否属于不应由对方负责的原因所造成。反索赔与索赔一样，要能找到对自己有利的法律条文或合同条款，才能推卸自己的合同责任，或找到对对方不利的法律条文或合同条款，使对方不能推卸或不能全部推卸自己的合同责任，这样可从根本上否定对方的索赔要求。

(5) 索赔证据分析。索赔证据分析就是分析对方所提供的证据是否真实、有效、合法，是否能证明索赔要求成立。证据不足、不全、不当，没有法律证明效力或没有证据，索赔是不能成立的。

(6) 索赔值审核。如果经过上述的各种分析、评价，仍不能从根本上否定对方的索赔要求，则必须对索赔报告中的索赔值进行认真细致的审核，审核的重点是索赔值的计算方法是否合情合理，各种取费是否合理、适度，有无重复计算，计算结果是否准确等。

3. 对工期索赔值的审核

对工期索赔值的审核，除了上述有关要求外，还应注意以下几点：

(1) 干扰事件是否发生在关键线路上。只有位于关键线路上的工作内容的滞后，才会影响到竣工日期。如果受干扰事件影响的工作项目不在关键线路上，则不会影响工程的竣工日期，工期索赔值即为零。如果受干扰事件影响的工作项目开始不在关键线路上，但由于它的延期而影响了其他工作项目的进度，而使该项工作变成了关键线路上的工作，则应选择合理的计算方法，计算其合理的工期索赔值。因此，受干扰事件影响的某项工作的延误时间并不一定即为工期索赔值。

(2) 是否有重复计算。有些延误工期可能是多种原因相互重叠造成的，亦即某一原因造成工期延误期间，又发生了影响工程进展的其他原因。如在恶劣气候条件下工程不能施工，此时又正逢附近地区因恶劣气候造成道路中断，施工用的砂、石、水泥等材料不能运入现场也影响了施工，此时承包人不应将气候影响施工天数与道路中断影响施工天数，叠加起来要求展延工期。因为二者是同一因素在同一时段内的影响，因此叠加的天数就含有了重复计算的内容，应予以剔除。

(3) 共同或交叉延期。在审核索赔报告时，最容易发生纠纷的是施工中出现的共同或交叉延期，即在同一时间内发生了两种或两种以上的、不同责任的延期。这种共同延期，一般双方都有责任。例如，发包人未能及时交付施工图纸而影响工程开工，与此同时，承包人的材料与设备亦未能及时运到工地，也影响了按时开工。如果发包人坚持认为："工程拖期的责任在承包人方面，因为你的设备、材料未及时到场，即使我方按规定日期提供图纸，你同样也不能按时开工等……"。这样的论述显得论据不足，也必然会遭到承包人的反驳，从而引起纠纷，对于这种共同或交叉延期，如果合同有规定，按合同规定处理。如果合同没有规定，则应实事求是，分清责任，各负其责，完全拒绝或全部接受对方的工期索赔值都显不妥。

(4) 无权要求承包人缩短合同工期。工程师有审核、批准承包人延展工期的权力，但他不可以扣减合同工期。也就是说，工程师有权指示承包人删减掉某些合同内规定的工作内容，但不能要求承包人相应缩短合同工期。如果要求提前竣工，这项工作属于合同的变更。

4. 对费用索赔值的审核

费用索赔所涉及的款项较多，如人工费、材料费、设备费、分包费、保函费、保险费、利息、管理费及利润等，内容庞杂。对于一个特定的索赔事件，一般仅涉及其中的某几项。审核费用索赔值时，应首先检查取费项目的合理性，然后审查选用的计算方法、费用分摊方法是否合理、取费费率是否正确、计算是否准确、有无重复取费等。主要注意以下几点：

(1) 在索赔报告中，对方为推卸责任，常常会以自己的全部实际损失作为索赔值的计算基础，在审核索赔报告时，必须扣除两个因素的影响：一是合同规定的对方应承担的风险或我方的免责；二是由对方报价失误或工程管理失误等造成的损失。

(2) 索赔值的计算基础是合同报价，或在合同报价的基础上按合同规定进行调整。而在实际工程中，索赔方常常用自己实际的工程量、生产效率、工资水平、价格水平等作为索赔值的计算基础，而过高地计算了索赔值。例如变更工程的单价，在不超过合同总额一定幅度(如 25%)内的工程量变化，应以原工程量表中的单价为准，即使原单价报价太低或有失误。

(3) 重复取费。工程量表中的单价是综合单价，不仅含有直接费，还包括间接费、风险费、辅助施工机械费、管理费和利润等项目的摊销成本，在索赔计算中不应有重复取费。

(4) 窝工和停工损失。发包人与承包人对窝工和停工损失的计算常常会不一致。承包人对设备的窝工和停工可能会按台班计价，人工的窝工和停工按日工计价。发包人或工程师的计算通常是：因窝工和停工而闲置的设置按设备折旧率或租赁费计算，人工的损失则考虑这部分人员调完成其他工作时因工作效率降低引起的失误费用，一般用工效乘以一个测算的降效系数来计算这部分生产效率损失，而且只按成本费用计算，不包括利润。

(5) 利润损失。索赔值中是否能包含利润损失，是一个比较复杂的问题，也是发包人与承包人经常争议的问题之一。一般来说，在以下三种情况下可允许承包人计算利润损失：

第一是合同延期，如果因发包人原因(如违约、合同变更等)造成了合同延期，则应允许利润索赔，这是基于承包人对其他工程盈利机会的损失，也就是由于延期承包人不得不继续在本工程保留原已安排用于其他工程的人员、设备和流动资本等(相当于"盈利机构")，从而失去在其他工程盈利的机会。在这种情况下，承包人可以索赔的利润与发包人违约或变更引起的额外成本之间没有逻辑上的必然联系，它不是以本合同额外工作的数量或直接损失的程度为依据，而是以该"盈利机构"的潜在盈利能力为依据。

第二是合同解除，如果因发包人违约等造成了工程全部完成之前的合同解除，此时承包人可以就剩余未完成合同的利润损失(及总部管理费损失)提出索赔。也就是假定工程全部完工情况下的合同总价值，减去承包人已经收到的付款数，再减去剩余工作的成本所得出的差数(如果有)即为承包人可以索赔的利润。

第三是合同变更，对于变更工程通常是以价格为基础计价的，它当然可以包括利润因素。

值得注意的是，索赔值的计算方法多种多样且无统一的标准，选用一种对自己有利的计算方法，可能会使自己获利不少。因此，审核者不能沿着对方索赔计算的思路去验证其计算是否正确无误，而是应该设法寻找一种既合理又对自己有利的计算方法，去反驳对方的索赔计算，剔除其中的不合理部分，减少损失。

由于工程实践中大量存在的是承包人向发包人的索赔，因此反索赔就成为发包人或工程师在索赔管理中的重要任务和工作。归纳起来，发包人或工程师可以对承包人的索赔提出质疑的情况有：① 索赔事项不属于发包人或工程师的责任，而是其他第三方的责任；② 发包人和承包人共同负有责任，承包人必须划分和证明双方责任大小；③ 事实依据不足；④ 合同依据不足；⑤ 承包人未遵守合同规定的索赔程序；⑥ 合同中的开脱责任条款已经免除了发包人的补偿责任；⑦ 承包人以前已经放弃(明示或暗示)了索赔要求；⑧ 承包人没有采取适当措施避免或减少损失；⑨ 承包人必须提供进一步的证据；⑩ 承包人的损失计算夸大等。

索赔和反索赔都必须遵循“以事实为依据，以合同为准绳”的原则，离开了这一点，就不是真正意义上的索赔与反索赔。在实际工作中，处理索赔问题时，合同双方不仅要考虑索赔和反索赔本身的合理、合法性，有时可能还需要综合考虑其他一些因素，如对方目前的财务状况，拒绝该项索赔可能会对工程施工产生的不利影响，索赔处理可能带来的派生问题以及今后双方的合作等问题。

因此，索赔和反索赔处理结果都应有利于工程项目总体目标的实现，有助于工程项目的顺利实施和完成，这是合同双方的根本利益所在。

任务8 工期索赔

11.8.1 工程延误的合同规定及要求

工程延误是指工程实施过程中任何一项或多项工作实际完成日期迟于计划规定的完成日期，从而可能导致整个合同工期的延长。工程工期是施工合同中的重要条款之一，涉及发包人和承包人多方面的权利和义务关系。

工程延误对合同双方一般都会造成损失。发包人因工程不能及时交付使用、投入生产，就不能按计划实现投资效果，失去盈利机会，损失市场利润；承包人因工期延误而增加工程成本，如现场工人工资开支、机械停滞费用、现场和企业管理费等，生产效率降低，企业信誉受到影响，最终还可能导致合同规定的误期损害赔偿费处罚。因此工程延误的后果是形式上的时间损失，实质上的经济损失，无论是发包人还是承包人，都不愿意无缘无故地承担由工程延误给自己造成的损失。工程工期是发包人和承包人经常发生争议的问题之一，工期索赔在整个索赔中往往占据很高的比例，是承包人索赔的重要内容之一。

1. 关于工程延误的合同一般规定

如果由于非承包人自身原因造成工程延误，在工程合同和房屋建造合同中，通常都规定承包人有权向发包人提出工期延长的索赔要求，如果能证实因此造成了额外的损失或开支，承包人还可以要求经济赔偿，这是施工合同赋予承包人要求延长工期的正当权利。

2. 关于误期损害赔偿费的合同一般规定

如果由于承包人自身原因未能在原定的或工程师同意延长的合同工期内竣工时，承包人则应承担误期损害赔偿费，这是施工合同赋予发包人的正当权利。具体内容主要有两点：

(1) 如果承包人没有在合同规定的工期内或按合同有关条款重新确定的延长期限内完成工程时，工程师将签署一个承包人延期的证明文件；

(2) 根据此证明文件，承包人应承担违约责任，并向发包人赔偿合同规定的延期损失。

发包人可从自己掌握的已属于或应属于承包人的款项中扣除该项赔偿费，且这种扣款或支付，不应解除承包人对完成此项工程的责任或合同规定的承包人的其他责任与义务。

3. 承包人要求延长工期的目的

(1) 根据合同条款的规定，免去或推卸自己承担误期损害赔偿费的责任。

(2) 确定新的工程竣工日期及其相应的保修期。

(3) 确定与工期延长有关的赔偿费用，如由于工期延长而产生的人工费、材料费、机械费、分包费、现场管理费、总部管理费、利息、利润等额外费用。

11.8.2 工程延误的分类、识别与处理原则

1. 工程延误的分类和识别

1) 按工程延误原因划分

(1) 因发包人及工程师自身原因或合同变更原因引起的延误。

① 发包人拖延交付合格的施工现场。在工程项目前期准备阶段，由于发包人没有及时完成征地、拆迁、安置等方面的有关前期工作，或未能及时取得有关部门批准的施工执照或准建手续等，造成施工现场交付时间推迟，承包人不能及时进驻现场施工，从而导致工程拖期。

【案例 11-8】 上海市某工程施工中发生有关拆迁的工期索赔。由于施工现场××路一侧的旧有配电房直接阻挡了承包人的施工，使承包人的导墙和地下连续墙施工停工 10 天，承包人提出 10 天的工期索赔。

发包人认为该导墙施工不在关键线路上而加以拒绝。

承包人在对工程网络计划分析后，证明由于拖延 10 天使该导墙施工从原来的非关键线路变成了关键线路，最后发包人同意了 3 天的工期顺延。

② 发包人拖延交付图纸。发包人未能按合同规定的时间和数量向承包人提供施工图纸，尤其是目前国内较多的边设计、边施工的项目，从而引起工期索赔。

【案例 11-9】 某工程屋顶梁的配筋图未能及时交付给承包人，原定于 5 月 20 日交付的图纸一直拖延至当年的 6 月底。

由于图纸交付延误导致钢筋订货发生困难(订货半个月后交付钢筋)，因此原定 6 月中旬开始施工的屋顶梁钢筋绑扎拖至 8 月初。该地区 8 月份遇到恶劣的气候条件导致工程延误 1 周。

最后承包人向发包人提出 8 周的工期索赔。

③ 发包人或工程师拖延审批图纸、施工方案、计划等。

④ 发包人拖延支付预付款或工程款。

⑤ 发包人提供的设计数据或工程数据延误。如有关放线的资料不准确。

⑥ 发包人指定的分包商违约或延误。

⑦ 发包人未能及时提供合同规定的材料或设备。

【案例 11-10】 某工程因发包人指定分包商分包的地下连续墙施工出现质量问题，结构倾斜，基坑平面尺寸减小，影响了总承包商的正常施工，因而总承包商向发包人提出了工期索赔。

【案例 11-11】 某工程由发包人负责供应商品混凝土，但由于供应商产品供不应求，不能及时供应发包人要求的商品混凝土，导致承包人楼板浇筑不能按原计划执行，因此承包人向发包人提出了 2 周的工期索赔要求。

⑧ 发包人拖延关键线路上工序的验收时间，造成承包人下一道工序施工延误。工程师对合格工程要求拆除或剥露部分工程予以检查，造成工程进度被打乱，影响后续工程的开展。

⑨ 发包人或工程师发布指令延误，或发布的指令打乱了承包人的施工计划。发包人或工程师原因暂停施工导致的延误。发包人对工程质量的要求超出原合同的约定。

⑩ 发包人设计变更或要求修改图纸，发包人要求增加额外工程，导致工程量增加，工程变更或工程量增加引起施工程序的变动。发包人的其他变更指令导致工期延长等。

(2) 因承包人原因引起的延误。

由承包人原因引起的延误一般是其内部计划不周、组织协调不力、指挥管理不当等原因引起的。如：

① 施工组织不当，如出现窝工或停工待料现象。

② 质量不符合合同要求而造成的返工。

③ 资源配置不足，如劳动力不足，机械设备不足或不配套，技术力量薄弱，管理水平低，缺乏流动资金等造成的延误。

④ 开工延误。

⑤ 劳动生产率低。

⑥ 承包人雇用的分包人或供应商引起的延误等。

显然，上述延误难以得到发包人的谅解，也不可能得到发包人或工程师给予延长工期的补偿。承包人若想避免或减少工程延误的罚款及由此产生的损失，只有通过加强内部管理或增加投入，或采取加速施工的措施。

(3) 不可控制因素导致的延误。

① 人力不可抗拒的自然灾害导致的延误。如有记录可查的特殊反常的恶劣天气、不可抗力引起的工程损坏和修复。

【案例 11-12】 某工程施工中，由于持续下雨，雨量是过去 20 年平均值的两倍，致使承包人的施工延误了 34 天，承包人要求工程师予以顺延工期。

监理工程师认为延误时间中的一半(17 天)是一个有经验的承包人无法预料的，另外的 17 天为承包人应承担的正常气候所影响，即同意延长工期 17 天。

② 特殊风险，如战争、叛乱、革命、核装置污染等造成的延误。

③ 不利的自然条件或客观障碍引起的延误等。如现场发现化石、古钱币或文物。

【案例 11-13】 鲁布革引水系统 C2 区遇到了相当大的断层及许多大小溶洞，导致施工难度增大，生产效率降低，工期拖延了 4.5 个月。承包人提出了工期索赔。

为了不影响工程按期投产，工程师只批准该单位工程延期 3 个月，其余 1.5 个月承包人必须通过加速施工赶回。

【案例 11-14】 某土方工程施工中，发现地下有一现场勘察中未曾发现的供水管道，于是采取将该管道改线的办法，导致工程量增加，工期延长，为此承包人提出 4 个月的工期索赔。

④ 施工现场中其他承包人的干扰。

⑤ 合同文件中某些内容的错误或互相矛盾。

⑥ 罢工及其他经济风险引起延误，如政府抵制或禁运而造成工程延误；

【案例 11-15】 某施工合同在履行过程中，承包人因下述三项原因提出工期索赔 20 天：

第一，由于设计变更，承包人等待图纸全部停工 7 天；

第二，在同一范围内承包人的工人在两个高程上同时作业，工程师考虑施工安全而下令暂停上部工程施工而延误工期 5 天；

第三，因下雨影响填筑工程质量，工程师下令工程全部停工 8 天，等填筑材料含水量降到符合要求后再进行作业。

工程师应批准承包人展延工期如下：

首先，由于设计变更，承包人等待图纸的 7 天停工不属于承包人的责任，应给予工期补偿。

其次，考虑现场施工人员安全而下达的暂时停工令，责任在承包人施工组织不合理，不应批准工期延展。

最后，因下雨影响填筑工程的施工质量，要根据当时的降雨记录来划分责任归属。如果雨量和持续时间超过构成异常恶劣的气候影响或不可抗力标准，则应按有经验的承包人不可能合理预见的异常恶劣自然条件的条款，批准展延 8 天工期。如果没有超过合同内约定的标准，尽管工程师下达了暂停施工令，但责任原因属于承包人应承担的风险，即承包人报送工程师批准的施工进度计划中，他不是按一年 365 天组织施工，而是除了节假日外还应充分估计到不利于施工的天数而进行施工组织。因此在这种情况下，不应批准该部分的展延工期要求。

2）按工程延误的可能结果划分

（1）可索赔延误。

可索赔延误是指非承包人原因引起的工程延误，包括发包人或工程师的原因和双方不可控的因素引起的延误，并且该延误工序或作业一般应在关键线路上，此时承包人可提出补偿要求，发包人应给予相应的合理补偿。根据补偿内容的不同，可索赔延误可以进一步分为以下三种情况：

① 只可索赔工期的延误。这类延误是由发包人、承包人双方都不可预料、无法控制的原因造成的延误，如上文所述的不可抗力、异常恶劣气候条件、特殊社会事件、其他第三方原因等引起的延误。对于这类延误，一般合同规定：发包人只给予承包人延长工期，不给予费用损失的补偿。但有些合同条件（如 FIDIC 合同条件）中对一些不可控因素引起的延误，如“特殊风险”和“发包人风险”引起的延误，发包人还应给予承包人费用损失的补偿。

② 只可索赔费用的延误。这类延误是指由于发包人或工程师的原因引起的延误，但发生延误的活动对总工期没有影响，而承包人却由于该项延误负担了额外的费用损失。在这种情况下，承包人不能要求延长工期，但可要求发包人补偿费用损失，前提是承包人必须能证明其受到了损失或发生了额外费用，如因延误造成的人工费增加、材料费增加、劳动生产率降低等。

③ 可索赔工期和费用的延误。这类延误主要是由于发包人或工程师的原因而直接造成工期延误并导致经济损失。如发包人未及时交付合格的施工现场，既造成承包人的经济损失，又侵

犯了承包人的工期权利。在这种情况下，承包人不仅有权向发包人索赔工期，而且还有权要求发包人补偿因延误而发生的、与延误时间相关的费用损失。在正常情况下，对于此类延误，承包人首先应得到工期延长的补偿。但在工程实践中，由于发包人对工期要求的特殊性，对于即使因发包人原因造成的延误，发包人也不批准任何工期的延长，即发包人愿意承担工期延误的责任，却不希望延长总工期。发包人这种做法实质上是要求承包人加速施工。由于加速施工所采取的各种措施而多支出的费用，就是承包人提出费用补偿的依据。

（2）不可索赔延误。

不可索赔延误是指因可预见的条件或在承包人控制之内的情况，或由于承包人自己的问题与过错而引起的延误。如果没有发包人或工程师的不合适行为，没有上面所讨论的其他可索赔情况，则承包人必须无条件地按合同规定的时间实施和完成施工任务，而没有资格获准延长工期，承包人不应向发包人提出任何索赔，发包人也不会给予工期或费用的补偿。相反，如果承包人未能按期竣工，还应支付误期损害赔偿费。

3）按延误事件之间的时间关联性划分

（1）单一延误。单一延误是指在某一延误事件从发生到终止的时间间隔内，没有其他延误事件的发生，该延误事件引起的延误称为单一延误或非共同延误。

（2）共同延误。当两个或两个以上的单个延误事件从发生到终止的时间完全相同时，这些事件引起的延误称为共同延误。共同延误的补偿分析比单一延误要复杂。

（3）交叉延误。当两个或两个以上的延误事件从发生到终止只有部分时间重合时，称为交叉延误。由于工程项目是一个复杂的系统工程，影响因素众多，常常会出现多种原因引起的延误交织在一起，这种交叉延误的补偿分析比较复杂。实际上，共同延误是交叉延误的一种特殊情况。

4）按延误发生的时间分布划分

（1）关键线路延误。

关键线路延误是指发生在工程网络计划关键线路上的延误。由于在关键线路上全部工序的总持续时间即为总工期，因而任何工序的延误都会造成总工期的推迟，因此，非承包人原因引起的关键线路延误，必定是可索赔延误。

（2）非关键线路延误。

非关键线路延误是指在发生工程网络计划非关键线路上的延误。由于非关键线路上的工序可能存在机动时间，因而当非承包人原因发生非关键线路延误时，会出现两种可能性：

① 延误时间少于该工序的机动时间。在此种情况下，所发生的延误不会导致整个工程的工期延误，因而发包人一般不会给予工期补偿。但若因延误发生额外开支时，承包人可以提出费用补偿要求。

② 延误时间多于该工序的机动时间。此时，非关键线路上的延误会全部或部分转化为关键线路延误，从而成为可索赔延误。

2. 工程延误的一般处理原则

1）一般处理原则

工程延误的影响因素可以归纳为两大类：第一类是合同双方均无过错的原因或因素而引起的延误，主要指不可抗力事件和恶劣气候条件等；第二类是由于发包人或工程师原因造成的延误。

一般来说，根据工程惯例对于第一类原因造成的工程延误，承包人只能要求延长工期，很难或不能要求发包人赔偿损失。而对于第二类原因，假如因发包人的原因造成的延误已影响了关键线路上的工作，承包人既可要求延长工期，又可要求相应的费用赔偿；如果发包人的原因造成的延误仅影响非关键线路上的工作，且延误后的工作仍属非关键线路，而承包人能证明因此引起的损失或额外开支，则承包人不能要求延长工期，但完全有可能要求费用赔偿。

2）共同和交叉延误的处理原则

共同延误可分两种情况：在同一项工作上同时发生两项或两项以上延误；在不同的工作上同时发生两项或两项以上延误，是从对整个工程的综合影响方面讲的"共同延误"。

第一种情况主要有以下几种基本组合：

(1) 可索赔延误与不可索赔延误同时存在。在这种情况下，承包人无权要求延长工期和费用补偿。可索赔延误与不可索赔延误同时发生时，则可索赔延误就变成不可索赔延误，这是工程索赔的惯例之一。

(2) 两项或两项以上可索赔工期的延误同时存在，承包人只能得到一项工期补偿。

(3) 可索赔工期的延误与可索赔工期和费用的延误同时存在，承包人可获得一项工期和费用补偿。

(4) 两项只可索赔费用的延误同时存在，承包人可得两项费用补偿。

(5) 一项可索赔工期的延误与两项可索赔工期和费用的延误同时存在，承包人可获得一项工期和两项费用补偿。即：对于多项可索赔延误同时存在时，费用补偿可以叠加，工期补偿不能叠加。

第二种情况比较复杂。由于各项工作在工程总进度表中所处的地位和重要性不同，同等时间的相应延误对工程进度所产生的影响也就不同。所以对这种共同延误的分析就不像第一种情况那样简单。比如，不同工作上发包人延误（可索赔延误）和承包人延误（不可索赔延误）同时存在，承包人能否获得工期延长及经济补偿？对此应通过具体分析才能回答。首先我们要分析不同工作上发包人延误和承包人延误分别对工程总进度造成了什么影响，然后将两种影响进行比较，对相互重叠部分按第一种情况的原则处理。最后，看看剩余部分是发包人延误还是承包人延误造成的，如果是发包人延误造成的，则应该对这一部分给予延长工期和经济补偿；如果是承包人延误造成的，就不能给予任何工期延长和经济补偿。对其他几种组合的共同延误也应具体问题具体分析。

对于交叉延误，可能会出现以下几种情况，具体分析如下：

(1) 在初始延误是由承包人原因造成的情况下，随之产生的任何非承包人原因的延误都不会对最初的延误性质产生任何影响，直到承包人的延误缘由和影响已不复存在。因而在该延误时间内，发包人原因引起的延误和双方不可控制因素引起的延误均为不可索赔延误。

(2) 如果在承包人的初始延误已解除后，发包人原因的延误或双方不可控制因素造成的延误依然在起作用，那么承包人可以对超出部分的时间进行索赔。

(3) 反之，如果初始延误是由于发包人或工程师原因引起的，那么其后由承包人造成的延误将不会使发包人摆脱（尽管有时或许可以减轻）其责任。此时承包人将有权获得从发包人的延误开始到延误结束期间的工期延长及相应的合理费用补偿。

(4) 如果初始延误是由双方不可控制的因素引起的，那么在该延误时间内，承包人只可索赔工期，而不能索赔费用。只有在该延误结束后，承包人才能对由发包人或工程师原因造成的延误进行工期和费用索赔。

3. 工期索赔的计算方法

工程承包实践中，对工期索赔量的计算有下面几种方法。

（1）工期分析法。即依据合同工期的网络进度计划图或横道图计划，考察承包商按监理工程师的指示，完成各种原因增加的工程量所需的工时，以及工序改变的影响，算出实际工期以确定工期补偿量。

（2）实测法。有时干扰事件直接发生在关键线路上或一次性地发生在一个项目上，造成总工期的延误。这时可通过查看施工日志、变更指令等资料，直接将这些资料中记载的延误时间作为工期索赔值。如承包人按工程师的书面工程变更指令，完成变更工程所用的实际工时即为工期索赔值。

（3）比例类推法。按照合同文件中规定的同类工作进度计算工期延长。比例类推法简单、方便，易于被人们理解和接受，但不尽科学、合理，有时不符合工程实际情况，且对有些情况如发包人变更施工次序等不适用，甚至会得出错误的结果，在实际工作中应予以注意，正确掌握其适用范围。

（4）工时分析法。某一工种的分项工程项目延误事件发生后，按实际施工的程序统计出所用的工时总量，然后按延误期间承担该分项工程工种的全部人员投入来计算要延长的工期。

【案例 11-16】 某高层住宅楼工程，开工初期，由于发包人提供的地下管网坐标资料不准确，于是经双方协商，由承包人经过多次重新测算得出准确资料，花费 5 周时间。在此期间，整个工程几乎陷于停工状态，于是承包人直接向发包人提出 5 周的工期索赔。

4. 工期索赔管理的基本思路

加强工程进度控制，尽量避免和减少工程延误。关于工程延误问题，应尽量避免和减少，使工程能按期或提早完工，发挥其工程效益。要防止工程延误的发生，就必须做到以下几点：

（1）不管是工程师还是发包人和承包人，都必须熟悉和掌握有关合同条件和技术规范，严格遵守和执行合同。

（2）作为发包人应多协调、少干预；必须尽量避免由于行政命令的干扰引起的工程延误。

（3）应尽量避免由于图纸延迟发出、征地拆迁延误、工程暂停和不按程序办理工程变更等引起的延期。

（4）工程师必须掌握第一手原始资料，认真做好“监理日志”等原始记录，以了解工地现场的实际情况。

（5）工程师必须对承包人的进度计划安排给予充分重视。

11.8.3　费用索赔的费用构成

1. 可索赔费用的分类

1）按可索赔费用的性质划分

在工程实践中，承包人的费用索赔包括额外工作索赔和损失索赔。额外工作索赔费用包括额外工作实际成本及其相应利润。对于额外工作索赔，发包人一般以原合同中的适用价格为基础，或者以双方商定的价格或工程师确定的合理价格为基础给予补偿。实际上，进行合同变更、追加额外工作，可索赔费用的计算相当于一项工作的重新报价。损失索赔包括实际损失索赔和可得利益索赔。实际损失是指承包人多支出的额外成本；可得利益是指如果发包人不违反合同，承包人本应取得的、但因发包人违约而丧失了的利益。

计算额外工作索赔和损失索赔的主要区别是：前者的计算基础是价格，而后者的计算基础是成本。

2）按可索赔费用的构成划分

基于企业定额或地方定额的角度，可索赔费用按项目构成可分为直接费和间接费。其中直接费包括人工费、材料费、机械设备费、分包费，间接费包括现场和公司总部管理费、保险费、利息及保函手续费等项目。可索赔费用计算的基本方法是按上述费用构成项目分别分析、计算，最后汇总求出总的索赔费用。

按照工程惯例，承包人对索赔事项的发生原因负有责任的有关费用；承包人对索赔事项未采取减轻措施，因而扩大的损失费用；承包人进行索赔工作的准备费用；索赔金额在索赔处理期间的利息、仲裁费用、诉讼费用等是不能索赔的，因而不应将这些费用包含在可索赔费用中。

2. 常见索赔事件的费用构成

索赔费用的主要组成部分，同建设工程施工合同价的组成部分相似。由于我国关于施工合同价的构成规定与国际惯例不尽一致，所以在索赔费用的组成内容上也有所差异。按照我国现行工程量清单计价规则规定，建筑安装工程合同价一般包括分部分项工程费、措施项目费、其他项目费、规费和税金。而国际上的惯例是将建筑安装工程合同价分为直接费、间接费、利润三部分。

从原则上说，凡是承包人有索赔权的工程成本的增加，都可以列入索赔的费用。但是，对于不同原因引起的索赔，可索赔费用的具体内容则有所不同。索赔方应根据索赔事件的性质，分析其具体的费用构成内容。

此外，索赔费用的构成因工程所在地国家或地区的不同而不同，即使在同一国家或地区，随着合同条件具体规定的不同，索赔费用的项目构成也会不同。索赔费用主要包括的项目如下：

1）人工费

人工费主要包括生产工人的工资、津贴、加班费、奖金等。对于索赔费用中的人工费部分来说，主要是指完成合同之外的额外工作所花费的人工费用；由于非承包人责任的工效降低所增加的人工费用；超过法定工作时间的加班费用；法定的人工费增长以及非承包人责任造成的工程延误导致的人员窝工费；相应增加的人身保险和各种社会保险支出等。

在以下几种情况下，承包人可以提出人工费的索赔：

（1）因发包人增加额外工程，或因发包人或工程师原因造成工程延误，导致承包人人工单价的上涨和工作时间的延长。

（2）工程所在国法律、法规、政策等变化而导致承包人人工费用方面的额外增加，如提高当地雇用工人的工资标准、福利待遇或增加保险费用等。

（3）若由于发包人或工程师原因造成的延误或对工程的不合理干扰打乱了承包人的施工计划，致使承包人劳动生产率降低，导致人工工时增加的损失，承包人有权向发包人提出生产率降低损失的索赔。

2）材料费

可索赔的材料费主要包括：① 由于索赔事项导致材料实际用量超过计划用量而增加的材料费；② 由于客观原因导致材料价格大幅度上涨；③ 由于非承包人责任工程延误导致的材料价格上涨；④ 由于非承包人原因致使材料运杂费、采购与保管费用的上涨；⑤ 由于非承包人原因致使额外低值易耗品使用等。

在以下两种情况下，承包人可提出材料费的索赔：

① 由于发包人或工程师要求追加额外工作、变更工作性质、改变施工方法等，造成承包人的材料耗用量增加，包括使用数量的增加和材料品种或种类的改变。

② 在工程变更或发包人延误时，可能会造成承包人材料库存时间延长、材料采购滞后或采用代用材料等，从而引起材料单位成本的增加。

3）机械设备使用费

可索赔的机械设备使用费主要包括：

(1) 由于完成额外工作增加的机械设备使用费。

(2) 非承包人责任致使的工效降低而增加的机械设备闲置、折旧和修理费分摊、租赁费用。

(3) 由于发包人或工程师原因造成的机械设备停工的窝工费。机械设备台班窝工费的计算，如系租赁设备，一般按实际台班租金加上每台班分摊的机械调进调出费计算；如系承包人自有设备，一般按台班折旧费计算，而不能按全部台班费计算，因台班费中包括了设备使用费。

(4) 非承包人原因增加的设备保险费、运费及进口关税等。

4）现场管理费

现场管理费是某单个合同发生的、用于现场管理的总费用，一般包括现场管理人员的费用、办公费、通信费、差旅费、固定资产使用费、工具用具使用费、保险费、工程排污费，供热、水及照明费等。它一般约占工程总成本的5%～10%。索赔费用中的现场管理费是指承包人完成额外工程、索赔事项工作以及工期延长、延误期间的工地管理费。在确定分析索赔费用时，有时把现场管理费具体又分为可变部分和固定部分。所谓可变部分是指在延期过程中可以调到其他工程部位（或其他工程项目）上去的那部分人员和设施；所谓固定部分是指施工期间不易调动的那部分人员或设施。

5）总部管理费

总部管理费是承包人企业总部发生的、为整个企业的经营运作提供支持和服务所发生的管理费用，一般包括总部管理人员费用、企业经营活动费用、差旅交通费、办公费、通信费、固定资产折旧、修理费、职工教育培训费用、保险费、税金等。它一般约占企业总营业额的3%～10%。索赔费用中的总部管理费主要指的是工程延误期间所增加的管理费。

6）利息

利息，又称融资成本或资金成本，是企业取得和使用资金所付出的代价。融资成本主要有两种：额外贷款的利息支出和使用自有资金引起的机会损失。只要因发包人违约（如发包人拖延或拒绝支付各种工程款、预付款或拖延退还扣留的保留金）或其他合法索赔事项直接引起了额外贷款，承包人有权向发包人就相关的利息支出提出索赔。利息的索赔通常发生于下列情况：

(1) 发包人拖延支付预付款、工程进度款或索赔款等，给承包人造成较严重的经济损失，承包人因而提出拖付款的利息索赔。

(2) 由于工程变更和工期延误增加投资的利息。

(3) 施工过程中发包人错误扣款的利息。

7）分包商费用

索赔费用中的分包商费用是指分包商的索赔款项，一般也包括人工费、材料费、机械设备使用费等。因发包人或工程师原因造成分包商的额外损失，分包商首先应向承包人提出索赔要求和索赔报告，然后以承包人的名义向发包人提出分包工程增加费及相应管理费用索赔。

8）利润

对于不同性质的索赔，取得利润索赔的成功率是不同的。在以下几种情况下，承包人一般可以提出利润索赔：① 因设计变更等变更引起的工程量增加；② 施工条件变化导致的索赔；③ 施工范围变更导致的索赔；④ 合同延期导致机会利润损失；⑤ 由于发包人的原因终止或放弃合同带来预期利润损失等。

最后还包括相应保函费、保险费、银行手续费及其他额外费用的增加等。

3. 索赔费用的计算方法

根据合同条件的规定有权利要求索赔时，采用正确的计价方法论证应获得的索赔费用，对顺利地解决索赔要求有着决定性的意义。实践证明，如果采用不合理的计价方法，没有事实根据地扩大索赔款额，漫天要价，往往使本来可以顺利解决的索赔要求搁浅，甚至失败。因此，客观地分析索赔费用的组成部分，并采取合理的计算方法，是取得索赔成功的重要环节。

在工程索赔中，索赔费用的计算方法甚多。每个工程项目的索赔费用计算方法，也往往因索赔事项的不同而相异。

1）实际费用法

实际费用法亦称为实际成本法，是工程索赔计价时最常用的计算方法，它实质上就是额外费用法（或称额外成本法）。

实际费用法计算的原则是，以承包商为某项索赔工作所支付的实际开支为根据，向业主要求经济补偿。每一项工程索赔的费用，仅限于由于索赔事项引起的、超过原计划的费用，即额外费用，也就是在该项工程施工中所发生的额外人工费、材料费和设备费，以及相应的管理费。这些费用即是施工索赔所要求补偿的经济部分。

用实际费用法计算时，在直接费（人工费、材料费、设备费等）的额外费用部分的基础上，再加上应得的间接费和利润，即是承包商应得的索赔金额。因此，实际费用法客观地反映了承包商的额外开支或损失，为经济索赔提供了精确而合理的证据。

由于实际费用法所依据的是实际发生的成本记录或单据，所以，在施工过程中系统而准确地积累记录资料，是非常重要的。这些记录资料不仅是施工索赔所必不可少的，亦是工程项目施工总结的基础依据。

2）总费用法

总费用法即总成本法，就是当发生多次索赔事项以后，重新计算出该工程项目的实际总费用，再从这个实际总费用中减去投标报价时的估算总费用，即为要求补偿的索赔总额，即：

索赔费用＝实际总费用－投标报价估算费用

采用总成本法时，一般要有以下的条件：

（1）由于该项索赔在施工时的特殊性质，难于或不可能精准地计算出承包商损失的款额，即额外费用。

（2）承包商对工程项目的报价（即投标时的估算总费用）是比较合理的。

（3）已开支的实际总费用经过逐项审核，认为是比较合理的。

（4）承包商对已发生的费用增加没有责任。

（5）承包商有较丰富的工程施工管理经验和能力。

在施工索赔工作中，不少人对采用总费用法持批评态度。因为实际发生的总费用中，可能包括了由于承包商的原因（如施工组织不善，工效太低，浪费材料等）而增加了的费用；同时，投标报价时的估算费用却因想竞争中标而过低。因此，这种方法只有在实际费用难以计算时才使用。

3）修正的总费用法

修正的总费用法是对总费用法的改进，即在总费用计算的原则上，对总费用法进行相应的修改和调整，去掉一些比较不确切的可能因素，使其更合理。

用修正的总费用法进行的修改和调整内容，主要如下：

（1）将计算索赔款的时段仅局限于受到外界影响的时间（如雨季），而不是整个施工期。

（2）只计算受影响时段内的某项工作所受影响的损失，而不是计算该时段内所有施工工作所受的损失。

（3）在受影响时段内受影响的某项工程施工中，使用的人工、设备、材料等资源均有可靠的记录资料，如工程师的施工日志、现场施工记录等。

（4）与该项工作无关的费用，不列入总费用中。

（5）对投标报价时的估算费用重新进行核算。按受影响时段内该项工作的实际单价进行计算，乘以实际完成的该项工作的工程量，得出调整后的报价费用。

经过上述各项调整修正后的总费用，已相当准确地反映出实际增加的费用，作为给承包商补偿的款额。据此，按修正后的总费用法支付索赔款的公式是：

索赔费用＝某项工作调整后的实际总费用－该项工作的报价费用

修正的总费用法，同未经修正的总费用法相比较，有了实质性的改进，使它的准确程度接近于“实际费用法”，容易被业主及工程师所接受。因为修正的总费用法仅考虑实际上已受到索赔事项影响的那一部分工作的实际费用，再从这一实际费用中减去投标报价书中的相应部分的估算费用。如果投标报价的费用是准确而合理的，则采用此修正的总费用法计算出来的索赔费用，很可能同采用实际费用法计算出来的索赔费用十分贴近。

4）分项法

分项法是按每个索赔事件所引起损失的费用项目分别分析计算索赔值的一种方法。在实际中，绝大多数工程的索赔都采用分项法计算。

分项法计算通常分三步：

（1）分析每个或每类索赔事件所影响的费用项目，不得有遗漏。这些费用项目通常应与合同报价中的费用项目一致；

（2）计算每个费用项目受索赔事件影响后的数值，通过与合同价中的费用值进行比较即可得到该项费用的索赔值；

（3）将各费用项目的索赔值汇总，得到总费用索赔值。分项法中索赔费用主要包括该项工程施工过程中所发生的额外人工费、材料费、施工机械使用费、相应的管理费以及应得的间接费和利润等。由于分项法所依据的是实际发生的成本记录或单据，所以，施工过程中，对第一手资料的收集整理就显得非常重要了。

5）合理价值法

合理价值法是一种按照公正调整理论进行补偿的做法，亦称为按价偿还法。

在施工过程中，当承包商完成了某项工程但受到经济亏损时，便有权根据公正调整理论要求经济补偿。但是，或由于该工程项目的合同条款对此没有明确的规定，或者由于合同已被终止，在这种情况下，承包商按照合理价值法的原则仍然有权要求对已经完成的工作取得公正合理的经济补偿。

对于合同范围以外的额外工程，或者施工条件完全变化了的施工项目，承包商亦可根据合理价值法的原则，得到合理的索赔款。

一般认为，如果该工程项目的合同条款中有明确的规定，即可按此合同条款的规定计算索赔款，而不必采用合理价值法来索取经济补偿。

在施工索赔实践中，按照合理价值法获得索赔比较困难。这是因为工程项目的合同条款中没有经济亏损补偿的具体规定，而且工程已经完成，业主和工程师一般不会轻易再予以支付。在这种情况下，一般是通过调解机构，如合同上诉委员会，或通过法律判决途径，按照合理价值法原则判定索赔款，解决索赔争端。